西安石油大学优秀学术著作出版基金资助

超级13Cr不锈钢局部腐蚀

鱼 涛　朱世东　袁军涛　著

化学工业出版社
·北京·

内 容 简 介

《超级 13Cr 不锈钢局部腐蚀》全书共 5 章，主要基于超级 13Cr 不锈钢在苛刻环境中服役所遭受的局部腐蚀，重点对点蚀、应力腐蚀和缝隙腐蚀进行了分析，并对其他局部腐蚀类型（电偶腐蚀、腐蚀疲劳、冲蚀、磨蚀）进行了介绍。

《超级 13Cr 不锈钢局部腐蚀》可供从事石油天然气开发、新材料研制、过程装备腐蚀与防护、石油专用管腐蚀与防护及相关学科的研究人员和技术人员阅读，也可供高等院校相关专业师生参考。

图书在版编目（CIP）数据

超级 13Cr 不锈钢局部腐蚀/鱼涛，朱世东，袁军涛著. —北京：化学工业出版社，2021.8

ISBN 978-7-122-39673-0

Ⅰ.①超… Ⅱ.①鱼…②朱…③袁… Ⅲ.①不锈钢-腐蚀-研究 Ⅳ.①TG142.71

中国版本图书馆 CIP 数据核字（2021）第 157084 号

责任编辑：李 玹　　文字编辑：葛文文 陈小滔

责任校对：边 涛　　装帧设计：韩 飞

出版发行：化学工业出版社（北京市东城区青年湖南街 13 号 邮政编码 100011）

印 装：涿州市般润文化传播有限公司

787mm×1092mm 1/16 印张 15 字数 371 千字 2021 年 8 月北京第 1 版第 1 次印刷

购书咨询：010-64518888　　售后服务：010-64518899

网 址：http://www.cip.com.cn

凡购买本书，如有缺损质量问题，本社销售中心负责调换。

定 价：98.00 元

前言

随着工业化水平的提高和经济的发展，对石油、天然气等能源的需求日益增加，为缓解能源紧张，油气勘探开采范围逐渐扩大至管材服役工况条件恶劣的地区。目前，我国油气勘探开发正逐步向塔里木、四川盆地等深部、复杂地层推进。完井与开发过程中的苛刻环境致使普通材质的油套管材料无法满足其严苛的耐蚀性需要，为了保证生产的安全与高效，高强度和韧性匹配、具有良好耐蚀性能及成本相对较低的超级13Cr马氏体不锈钢成为油气井钻采过程中的首选耐蚀材料。

经过众多研究者多年的努力，超级13Cr马氏体不锈钢已经实现由进口到出口的转变，在塔里木、西南、长庆等油气田得到大批量应用的同时，成批出口到美国、加拿大等国，并成功打开中东市场大门。然而，在现场应用的过程中，依然出现或多或少的局部腐蚀，导致管材因腐蚀发生穿孔、断裂等而失效。笔者在国家自然科学基金、陕西省自然科学基金、中国石油天然气集团公司应用基础研究、国家油气重大专项示范工程建设、中国石油科技创新基金等项目的支持下，对超级13Cr马氏体不锈钢在完井和开发过程中所遭受的点腐蚀、应力腐蚀、缝隙腐蚀等方面做了大量的研究与探索。

书中第2章、第5章由鱼涛执笔，第3章由朱世东执笔，第4章由袁军涛执笔，屈撑囤编写其他章节并负责全书的统稿工作。

本书由西安石油大学优秀学术著作出版基金、中国石油天然气集团公司石油科技图书出版专项基金联合资助出版。在编写过程中，参考了国内外多位学者的研究结果，得到了西安石油大学多位老师和研究生以及中国石油集团石油管工程技术研究院诸位领导和专家的大力支持和帮助，在此深表感谢。

限于编者学识水平，书中不足和疏漏之处在所难免，恳请读者给予批评指正！

编　者

2021年5月

目录

第1章 绪论 1

1.1 “三超”油气井需求 1
1.2 超级13Cr不锈钢研究现状 2
1.3 腐蚀类型 2
1.3.1 均匀腐蚀 3
1.3.2 局部腐蚀 3
参考文献 6

第2章 点蚀 10

2.1 概述 10
2.2 夹杂物与热处理 10
2.2.1 夹杂物 10
2.2.2 热处理 14
2.3 酸化环境 25
2.3.1 不同温度 25
2.3.2 不同酸化循环阶段 26
2.3.3 不同部位 31
2.4 完井液环境 32
2.4.1 形貌与组分 32
2.4.2 电位分布 33
2.5 开发环境 35
2.5.1 Cl^-浓度的影响 35
2.5.2 温度的影响 36
2.5.3 醋酸的影响 40
2.5.4 时间的影响 44
2.5.5 单质硫的影响 45
2.5.6 CO_2分压的影响 47
2.5.7 不同气氛的影响 48
2.6 气液相环境 49
2.7 临界点蚀温度 51
2.8 材质评价 55
2.8.1 四种13Cr系列钢 55
2.8.2 酸化压裂模拟环境 58
参考文献 63

第3章 应力腐蚀 67

3.1 概述 67
3.2 腐蚀环境 69
3.2.1 完井液环境 69
3.2.2 开发环境 80
3.3 残余应力 84
3.3.1 残余应力的影响 85
3.3.2 残余应力的来源 85
3.3.3 残余应力的消除方法 88
3.4 应力腐蚀评价 89
3.4.1 标准条件 89
3.4.2 实际工况 94
3.5 全尺寸下管材的腐蚀行为 114
3.5.1 研究方法 116
3.5.2 断裂位置和形态 116
3.5.3 油管内表面腐蚀坑及裂纹 120
3.5.4 油管接头螺纹密封

性能 121
3.5.5 油管机械性能 122
3.5.6 断裂过程 123
3.6 防护技术 125
3.6.1 缓蚀剂种类 125
3.6.2 丙炔醇 130
3.6.3 季铵盐 133
参考文献 137

第 4 章 缝隙腐蚀 144

4.1 概述 144
4.2 闭塞区内的临界 pH 以及其影响因素 144
4.2.1 极化时间 144
4.2.2 极化电流密度 146
4.2.3 离子通道 148
4.2.4 温度 149
4.3 缝隙腐蚀电化学腐蚀特征 150
4.3.1 温度的影响 150
4.3.2 矿化度的影响 159
4.3.3 pH 的影响 163
4.4 在含 CO_2 模拟地层水中的缝隙腐蚀 166
4.4.1 无应力条件下的缝隙腐蚀 167
4.4.2 应力条件下的缝隙腐蚀 174
4.5 高温高压气井生产阶段管柱缝隙腐蚀 180
参考文献 181

第 5 章 其他腐蚀类型 183

5.1 概述 183
5.2 腐蚀疲劳 183
5.2.1 试验条件 184
5.2.2 扩展曲线 185
5.2.3 断口形貌 186
5.2.4 产物膜能谱 186
5.2.5 影响因素 187
5.3 电偶腐蚀 189
5.3.1 超级 13Cr 不锈钢与其他铬钢 190
5.3.2 超级 13Cr 不锈钢与 4145H 钻铤 190
5.3.3 超级 13Cr 不锈钢与 P110 碳钢 194
5.3.4 超级 13Cr 不锈钢与 N80 碳钢 200
5.4 冲蚀 203
5.4.1 影响因素 204
5.4.2 交互作用 209
5.4.3 数值模拟 218
5.5 磨蚀 220
5.5.1 13CrS-13Cr 磨损 220
5.5.2 其他材料磨损 224
参考文献 230

第1章 绪 论

1.1 “三超”油气井需求

近几年来，油气田开发中的超深油气井越来越多，井下油管柱所面临的腐蚀环境越来越苛刻，对油管柱的耐蚀性提出了更高的要求，如高温高压或超高温高压环境、高 Cl^- 浓度环境下的耐 CO_2 腐蚀性能和耐点蚀性能，油管柱力学性能，以及“三超”（超深、超高温、超高压）气井油套管柱的可靠性设计与完整性评价等方面。由于油气井较深，井底温度和压力均较高，如伴随较高 CO_2 含量和 Cl^- 浓度，油管柱服役时所遭受的腐蚀是非常严重的，普通碳钢或低合金钢油管柱根本无法满足其耐蚀性要求。

当前，我国油气田勘探开发的工况环境发生了很大变化，“三超”、严重腐蚀、非常规、特殊工艺和特殊结构井等油气井管柱服役环境日趋复杂，现有技术仍不能满足安全与经济性要求，对油气井管材与管柱提出了更高的要求。所以，必须持续发展油气井管柱完整性技术，为油气井管柱服役安全及油田高效、经济开发提供技术支撑。西部“三超”高含 CO_2 气井环境及压裂酸化工况复杂，由于高温、高压、复杂腐蚀介质环境、大载荷压裂及酸化作业工艺、反复开关井引发的动载效应的联合作用，油管泄漏和腐蚀严重。在役油气井管柱在生产和使用过程中产生的各种缺陷及损伤往往使其服役性能偏离原始设计，复杂环境下安全风险凸显，失效事故频发。全国油气田套损井比例居高不下，已超过10%，油管腐蚀比较普遍，钻柱构件断裂频繁。需要深入研究含缺陷油气井管柱缺陷检测、安全评价、风险评估、寿命预测、维修补强等关键技术。从油气井管柱全寿命周期的安全可靠性及经济性出发，深入开展复杂工况油气井管柱完整性技术研究，建立油气井管柱完整性管理体系和配套的支撑技术体系，保障油气田安全、经济、高效勘探开发和长期安全运行。

目前，13Cr不锈钢已经开始应用于我国的油气田开发中，API-13Cr马氏体不锈钢管被美国石油学会列为适用于湿性 CO_2 环境的代表性石油管。13Cr不锈钢管主要靠添加质量分数12%～14%的Cr在表面形成一定程度的钝化膜来提高材料的 CO_2 腐蚀抗力，因此具有优良的耐 CO_2 腐蚀性能，其在油气田开发过程中的需求量也在逐年增长。然而，API-13Cr不锈钢在使用中也存在一些问题，例如在温度高于100℃或 CO_2 分压较高（＞2.0MPa）时其耐蚀性急剧下降，导致其应用受到限制。近年来随着深井的开发，油井的腐蚀条件不断恶化，包括高温、高 CO_2 分压和高浓度 Cl^-，13Cr不锈钢常常表现出耐 CO_2 腐蚀性能不足的缺点。研究表明，普通13Cr不锈钢在高温时的均匀腐蚀、中温时的点蚀和低温时的硫化物应力开裂（SSC）都表现出局限性。

鉴于普通13Cr不锈钢的不足，超级13Cr不锈钢材料开始进入市场。相对于普通的

13Cr不锈钢，超级13Cr不锈钢中合金元素含量更高，可面对更加恶劣的使用环境，其耐CO_2腐蚀和耐CO_2/H_2S性能更好，因而成为近年来开发的新型油套管钢。超级13Cr不锈钢是在API-13Cr基础上加入了Ni、Mo、Cu等合金元素，相对于普通13Cr不锈钢而言，超级13Cr不锈钢含碳量更低，合金元素成分更高，具有高强度、低温韧性和较强抗腐蚀性能的综合特点。由于超级13Cr马氏体不锈钢含碳量比传统马氏体不锈钢低，而且不锈钢中增加了适量的镍和钼，因而耐蚀性得到明显提高。

我国塔里木油田的高压气井，其井下腐蚀环境苛刻，井深一般都在5000m以上，有些井深甚至达到7000多米，属于超深超高压气井。这类气井腐蚀环境具有井下温度高（100℃以上，最高达到173℃）、井底压力高（超过100MPa）、介质腐蚀性强（CO_2分压高达3.5MPa，Cl^-含量高达150g/L以上）等特点，这将不可避免地对油套管造成破坏。因此，塔里木油田在一些高含CO_2区块（如迪那、克拉、克深和大北等）广泛采用JFE-13Cr-110-1、JFE-13Cr-110-2、BG-13Cr-110S等超级13Cr不锈钢，以避免或减缓CO_2腐蚀带来的油管穿孔、失效等严重危害。

1.2 超级13Cr不锈钢研究现状

目前，对超级13Cr不锈钢CO_2腐蚀研究的主要侧重因素为温度、CO_2分压、Cl^-浓度和pH等。温度对超级13Cr不锈钢的均匀腐蚀和局部腐蚀都有重要的影响。韩燕等研究表明：超级13Cr不锈钢的平均腐蚀速率是随着温度的升高而增大的。温度对于局部腐蚀的影响比平均腐蚀速率更明显，超级13Cr不锈钢的点蚀程度与温度的变化不是呈线性关系的，随着温度升高，点蚀程度先增大，继续升温点蚀减少，而在120℃时点蚀最为严重。同样的结果也得到了赵国仙等的印证，其研究表明超级13Cr不锈钢在温度达到150℃时，其局部腐蚀形成的点蚀坑可达到41μm的深度；继续升高温度，腐蚀速率反而会降低。与普通13Cr不锈钢相比，超级13Cr不锈钢在高温下的抗CO_2腐蚀性能有了很大的改善，在180℃时也能表现出良好的抗均匀腐蚀与局部腐蚀性能。研究表明，在温度为165℃，CO_2分压为0.68MPa，pH为3.7并且有少量H_2S时仍未发现缝隙腐蚀的发生，说明超级13Cr不锈钢的抗缝隙腐蚀性能同样出色。

CO_2分压对超级13Cr不锈钢的腐蚀速率影响表现为CO_2分压升高，其点蚀敏感性也随之增大。这是由于CO_2分压增加，腐蚀介质中的pH随之降低，超级13Cr不锈钢表面腐蚀产物膜的稳定性变差，进而加速了膜的溶解，导致点蚀发生的概率增大。但当温度大于150℃时，增加CO_2分压，腐蚀速率不会随之增加。Kimur Mitsuo等的实验表明超级13Cr在CO_2分压为3.0MPa时，极限使用温度为160℃。

由现场应用调查可知，超级13Cr不锈钢依然存在因Cl^-应力腐蚀开裂而导致油管刺穿以及多种腐蚀共同作用而引起的失效等问题。

1.3 腐蚀类型

腐蚀以多种形式发生，这主要取决于多种因素，如材质、介质环境以及腐蚀后的产物。

1.3.1 均匀腐蚀

均匀腐蚀被定义为金属的表面溶解，是均匀的一种腐蚀现象，例如在含有强酸性介质环境条件下使用不锈钢就发生此类型的腐蚀，它是迄今为止研究最多的一种腐蚀类型。它通常以每年腐蚀掉多少厚度为计算单位，如 mm/a。在这种情况下，基于文献中的数据可预测设备寿命，从而进行设计设备的选材。由于均匀腐蚀比较容易测量和预测，所以该类腐蚀危险性比较小。

1.3.2 局部腐蚀

局部腐蚀是指接触腐蚀介质的金属表面上仅有局部的区域发生腐蚀，也就是说局部区域遭受的腐蚀比较严重，而其他区域的表面相对完好。在油气工业中，局部腐蚀是发生最为频繁也是最为严重的腐蚀类型。

腐蚀产物膜的不均匀形成和局部破裂是影响局部 CO_2 腐蚀最关键的因素，文献中多数的研究主要是在单相流条件下研究碳酸亚铁膜的形成和破裂与局部腐蚀的关系，而在双相流或多相流条件下的研究比较少，尽管这种流态在油田现场是普遍的。

通常认为，局部腐蚀过程有两个主要的步骤：形核和发展。在 CO_2 环境中，在金属表面形成的一层具有保护性的碳酸亚铁膜是腐蚀过程的副产物。近来，Sun 研究发现当部分保护性的膜层形成时，局部腐蚀就可能发生。众所周知，当完整的具有保护性的膜层形成时，腐蚀速率较低。反之亦然，当没有保护性的膜层形成时，均匀腐蚀速率较高。无论什么时候，当腐蚀性环境处于这两者之间时，局部腐蚀就可能因为腐蚀过程的随机性而发生。局部腐蚀又可分为多种类型，如电偶腐蚀等。

1.3.2.1 点蚀

点蚀又称点腐蚀、小孔腐蚀或孔蚀，其特征是在表面几乎无腐蚀的情况下形成许多小孔，孔的深度往往大于孔的直径，严重时发生穿孔。腐蚀介质含氧和氯离子及与金属金相组织缺陷等协同作用是产生点蚀的主要根源。

点蚀之所以被大家所熟知，是从 Baylis 研究 CO_2 腐蚀开始的。统计点蚀坑的数量、尺寸和分布是比较困难的，而一些简单的参数例如过饱和度和点蚀因子等能较好地表述局部腐蚀再现性。点蚀因子被定义为因腐蚀而产生的点蚀坑的最大深度与平均腐蚀速率的比值，如果该比值较低，如接近于 0，这意味着是均匀腐蚀，而比值较高时，如接近于 1，意味着局部腐蚀的发生。

点蚀是一个随机的过程，很难预测。它仅发生在表面非常小的区域内并且腐蚀相当严重，形成深的孔洞，腐蚀速率也相当大，并且金属失效大多数与点蚀有关。通常认为发生点蚀是因为在坑腔内与金属管柱的表面存在局部电化学浓度电池，并且经常发生在低流速条件下。

雷冰在研究超级 13Cr 不锈钢油管钢在模拟高温高压气井环境中（酸化→返排残酸→采出水）点蚀行为的发展变化时发现，超级 13Cr 不锈钢在服役过程中的点蚀主要在返排残酸阶段产生。残酸是引起超级 13Cr 不锈钢点蚀的主要原因，在返排残酸期间点蚀速率为 7.56mm/a，采出水期间点蚀速率为 0.47mm/a，点蚀坑深度的统计规律符合 Gumbel 分布，点蚀坑呈浅碟形，且点蚀多分布于井筒的中温区（80～100℃）。

在高温高压的 Cl^-/CO_2 腐蚀环境中，超级 13Cr 不锈钢极易发生点蚀，且温度升高，点蚀程度先加重后减弱，在 120℃时点蚀坑数量最多，尺寸最大，点蚀最严重。随着 Cl^- 浓度的升高，超级 13Cr 不锈钢的点蚀趋于严重，在温度为 150℃的气相环境中，其最大局部腐蚀速率达 2.14mm/a，最大局部腐蚀坑深度达 41μm。

在 CO_2/H_2S 共存条件下，超级 13Cr 不锈钢的点蚀随着 Cl^- 浓度的增大而越来越严重，当 Cl^- 的质量浓度为 160g/L 时，其最大点蚀深度达 28μm；超级 13Cr 不锈钢的点蚀电位随温度升高、Cl^- 浓度增大以及 H_2S 气体的存在而降低，而 CO_2 对其影响不大。

张国超采用电化学测试和化学浸泡两种方法确定了超级 13Cr 不锈钢的临界点蚀温度（CPT）分别为 41.3℃和 37.3℃。当温度低于 CPT 时，材料表面形成孔径小于 30μm 的点蚀坑，蚀坑处于亚稳态；而当温度高于 CPT 时，为点蚀的发展提供了条件，形成稳定的点蚀。

林冠发发现进口超级 13Cr 不锈钢的点蚀速率是国产超级 13Cr 不锈钢的 2 倍，点蚀程度介于 A-1 和 A-2 级之间；而国产超级 13Cr 不锈钢尽管点蚀程度仅为 A-1 级，但蚀坑的直径较大且深，这将给管柱带来巨大的穿孔隐患。

1.3.2.2 电偶腐蚀

电偶腐蚀又称为接触腐蚀。两种电化学性质不同的材料相互接触组成电偶对，电解质溶液构成电子和离子的传导体，在与周围介质环境构成回路时，这种腐蚀原电池会加快电位较低金属的表面溶解速度，而降低电位较高金属的表面溶解速度，这种现象称为电偶腐蚀。但是，目前尚未见到电偶腐蚀在 H_2S 和 CO_2 环境中的腐蚀电位排序。

不同材料电位间的数量级不能被用于预测电偶腐蚀的严重性，因为电化学电位是热力学函数，而不是腐蚀发生的反应动力，决定电偶腐蚀严重程度的是表面动力学。

流速能破坏阳极部分所形成的钝化膜，使得裸露的基体遭受更加严重的腐蚀。电偶腐蚀也能协同移除易遭受腐蚀的合金的钝化膜。表面的剪切应力是液体流动作用的一种方式。

在不同浓度 NaCl 溶液中，13Cr 不锈钢与 N80 不锈钢之间均存在明显的电位差，13Cr 不锈钢与 N80 不锈钢偶接时均会发生不同程度的电偶腐蚀，电偶对中 N80 不锈钢作为阳极被加速腐蚀，而 13Cr 不锈钢作为阴极得到保护，超级 13Cr-N80 油管钢电偶对必须经过加装防护后方可偶接使用。随着 NaCl 溶液浓度的增大，超级 13Cr-N80 油管钢电偶对的电偶电流密度减小，电偶对中 N80 不锈钢的腐蚀程度降低，且其表面的腐蚀产物主要由 Fe_3O_4 组成。

研究表明，当超级 13Cr 不锈钢与 N80 不锈钢组成电偶对时，两者的电偶电位分别为 −508mV 和 −717mV，均较其自腐蚀电位负移，电偶电流高达 8.3μA/cm^2，两者不易偶接使用。在超级 13Cr 不锈钢与 P110 碳钢偶接时，无论是小试样模拟试验还是实物试验，P110 碳钢作为阳极，腐蚀均加剧，腐蚀速率增大，在电偶处发生明显局部腐蚀，而超级 13Cr 不锈钢作为阴极被保护，腐蚀减缓，腐蚀速率减小。

油气田生产过程中，异种金属的接触往往不可避免。由于油气田管道所用材料之间的差异，再加上腐蚀电解质溶液介质环境作为工况条件，满足了电偶腐蚀发生的条件，必然会导致电偶腐蚀的发生。其中，电位较正的金属为阴极，发生阴极反应，使其腐蚀过程受到抑制；而电位较负的金属为阳极，发生阳极反应，使其腐蚀过程得到加速。实际溶液中异种金属的电偶腐蚀行为不仅与组成电偶对的两种材料的电学性质有关，而且与溶液介质的性质（包括溶液电导率、pH 以及溶液中离子的作用等）、阴阳极面积比、电偶对间距、温度、流速以及其他腐蚀形态等因素有关。

1.3.2.3 缝隙腐蚀

缝隙腐蚀也是一种常见的局部腐蚀。金属一旦遭受缝隙腐蚀，将会在缝隙内呈现深浅不一、沟缝状的蚀坑或深孔。缝隙可以有以下几种类型：①金属构件连接处的缝隙；②金属裂纹缝隙；③金属与非金属间缝隙。

其中存在危害性的阴离子（如 Cl^-）和缝隙是产生缝隙腐蚀必须具备的两个条件。至于缝宽的大小并非是一般肉眼可以观察到的，其宽度一般为 0.025～0.1mm，使得侵蚀液能进入缝内，又能使液体在缝内停滞。

油管由于结构的局部差异，在管道内壁的局部位置常常出现砂泥、结垢、杂屑等沉积物或附着物，无形中形成了缝隙，给缝隙腐蚀创造了条件。

1.3.2.4 应力腐蚀

应力腐蚀是一种复杂的现象，迄今没有一种机理可以解释所有的应力腐蚀。但对于超级 13Cr 不锈钢而言，阳极溶解模型对此机理的解释更为合理。超级 13Cr 不锈钢虽然在 CO_2 环境下具有较好的抗均匀腐蚀和抗局部腐蚀性能，但抗 H_2S 应力开裂的性能较差。

对于承载构件来讲，其开裂应力远低于实际中使用应力的条件。应力腐蚀开裂（SCC）是超级 13Cr 不锈钢腐蚀失效的主要形式，其中温度、Cl^- 浓度、H_2S、基体组织是主要影响因素。总体来说，温度和 Cl^- 浓度对超级 13Cr 不锈钢油管的塑性变形的影响比对抗拉强度的影响更大。研究表明，在 3.5% NaCl 溶液中，当温度小于 60℃时，超级 13Cr 不锈钢 SCC 的倾向性小，应力腐蚀的程度较轻；当温度大于 80℃时，超级 13Cr 不锈钢的 SCC 倾向性大，应力腐蚀较为严重。当 NaCl 溶液浓度小于 15%时，超级 13Cr 不锈钢的抗 SCC 性能好；NaCl 溶液浓度大于 25%时，抗 SCC 的性能差，应力腐蚀较严重。Cl^- 和 H_2S 等离子的存在与钝化膜中的阳离子结合形成了可溶性氯化物，使得其点蚀敏感性增强，并降低了力学性能。基体组织方面，在原奥氏体晶界与条束之间有细小粒状碳化物析出，不能提供很好的阻碍作用。

（1）温度的影响

Linne 发现室温下超级 13Cr 不锈钢在 0.01MPa H_2S 分压和 200g/L 的 NaCl 溶液中不发生 SCC，并且在 pH 不低于 3.5 的环境中可以替代双相不锈钢（DDS），高温（180℃）下在含 0.01MPa H_2S 的 25%盐中也未发生 SSC 现象。

姚小飞发现超级 13Cr 不锈钢在温度低于 60℃时应力腐蚀的程度较轻；当温度高于 80℃时，应力腐蚀的程度严重。随温度的升高，超级 13Cr 不锈钢油管钢应力腐蚀开裂的倾向性增大，应力腐蚀开裂敏感性指数 k_σ 和 k_ε 均呈现增大的趋势，且 k_ε 比 k_σ 增大的趋势更显著。

（2）Cl^- 的影响

当 NaCl 溶液浓度低于 15%时，超级 13Cr 不锈钢应力腐蚀的程度较轻；而当 NaCl 溶液浓度大于 25%时，其应力腐蚀的程度严重。随溶液 Cl^- 浓度的增大，超级 13Cr 不锈钢抗 SCC 性能降低，应力腐蚀开裂的倾向增大，应力腐蚀开裂敏感性指数 k_σ 和 k_ε 均呈现增大的趋势，且 k_ε 比 k_σ 增大的趋势更显著。

(3) 完井液盐水的影响

超级 13Cr 不锈钢在 1.0MPa CO_2 分压、密度为 1.318kg/L 的 $CaCl_2$ 完井液中，应力腐蚀开裂敏感性随应力增加而提高，随温度提高而增大，在温度为 150℃时的失效形式为沿晶型应力腐蚀开裂。溶解氧增加了超级 13Cr 不锈钢 SCC 敏感性，减少溶解氧在一定程度上能减缓腐蚀开裂的发生。在温度、溶解氧和醋酸等因素的共同作用下，当 E_{corr} 处于阳极极化曲线的活化-钝化转化区间时，应力腐蚀开裂的敏感性最大。

在塑性应变区，不除氧的 33%$CaCl_2$ 盐水中，醋酸促进了超级 13Cr 不锈钢的 SCC，而在除氧条件下，醋酸抑制了 SCC；硫氰酸钠、钼酸钠不能抑制超级 13Cr 不锈钢的 SCC，但月桂酸能够抑制 SCC。在弹性应变区，在 150℃、CO_2 饱和的无氧 33%$CaCl_2$ 盐水中，在 75%屈服应力的条件下均能发生 SCC，其敏感电位区间为−400～−300mV。

(4) H_2S 的影响

超级 13Cr 不锈钢在标准工况条件下具有很高的 SSC 敏感性。裂纹起源于表面点蚀坑处，H_2S 腐蚀性气体的存在及 Cl^- 浓度的升高明显增加了超级 13Cr 不锈钢的 SSC 敏感性。在 CO_2 分压为 2MPa、H_2S 分压为 1MPa、温度为 140℃、Cl^- 浓度分别为 120g/L 和 160g/L 的模拟工况条件下，超级 13Cr 不锈钢发生 SSC 的敏感性降低，没有发生开裂现象。

1.3.2.5 磨蚀

在起下钻过程或轴向压力作用下油管发生屈曲变形后，套管与油管之间往往会发生往复式磨损，造成局部管壁均匀减薄。尤其在深井、超深井高温高压环境中，壁厚减薄使油井管的抗内压或抗外挤能力降低，将直接影响管柱安全。

超级 13Cr 不锈钢由普通 13Cr 添加 Ni、Mo、Cu 等元素发展而成，其碳含量减小到 0.03%左右，抑制了 Cr 析出为 Cr 的碳化物。Cr 含量稳定在较高的水平，能够有效地防止腐蚀的发生，因此超级 13Cr 不锈钢油管在高温、高压、高酸性油气井得以广泛应用。目前 P110 套管用钢常采用 API SPEC 5CT 标准油套管用钢，但如果超级 13Cr 油管与 P110 套管之间发生摩擦产生磨损，就会给安全生产带来很大的风险。

参考文献

[1] Wang L W, Zhai W, Cai B, et al. 220℃ ultra-temperature fluid in high pressure and high temperature reservoirs[C]. OTC, 2016.

[2] Shadravan A, Amani M. HPHT 101: what every engineer or geoscientist should know about high pressure high temperature wells[C]. SPE, 2012.

[3] Galindo K A, Debille J P, Espagen BJL, et al. Fluorous-based drilling fluid for ultra-high temperature wells[C]. SPE, 2013.

[4] 牛新明，张进双，周号博．“三超”油气井井控技术难点及对策[J]. 石油钻采技术，2017，45(4): 1-7.

[5] 徐军．超级马氏体不锈钢腐蚀性能的影响因素研究[D]. 昆明：昆明理工大学，2011.

[6] Chellappan M, Lingadurai K, Sathiya P. Characterization and optimization of TIG welded supermartensitic stainless steel using TOPSIS[J]. Materials Today: Proceedings, 2017, 4(2): 1662-1669.

[7] Huizinga S, Liek W E. Limitations for the application of 13Cr steel in oil and gas production environments[C]//Corrosion 1997. Houston: NACE International, 1997.

[8] Asahi H, Hara T, Sugiyama M. Corrosion performance of modified 13Cr OCTG[C]//Corrosion 1996. Houston: NACE International, 1996.

[9] 王斌，周小虎，李春福，等．钻井完井高温高压 H_2S/CO_2 共存条件下套管、油管腐蚀研究[J]. 天然气工业，2007，27(2): 67-69.

[10] Asahi H, Hara T, Kawakami A, et al. Development of sour resistant modified 13Cr OCTG[C]//Corrosion 1995. Houston, NACE International, 1995.

[11] Sunaba T, Honda H, Tompe Y O, et al. Corrosion experience of 13Cr steel tubing and laboratory evaluation of super 13Cr steel in sweet environments containing acetic acid and trace amounts of H_2S[C]//Corrosion 2009. Houston, NACE International, 2009.

[12] Popperling R, Niederhoff K A, Fliethmann J, et al. Cr13LC steels for OCTG, flowline and pipeline applications [C]//Corrosion 1997. Houston: NACE International, 1997.

[13] Cooling P J, Kermani M B, Martin J W, et al. The application limits of alloyed 13%Cr tubular steels for downhole duties[C]//Corrosion 1998. Houston: NACE International, 1998.

[14] Abayarathna D, Kane R D. Definition of safe service use limits for use of stainless alloys in petrolium production [C]//Corrosion 1997. Houston: NACE International, 1997.

[15] Marchebois H, Leyer J, Orlans-Joliet B. SSC performance of a super 13%Cr martensitic stainless steel for OCTG: three-dimensional fitness-for-purpose mapping according to p_{H_2S}, pH and chloride content [C]//Corrosion 2007. Houston: NACE International 2007.

[16] 李琼玮，奚运涛，董晓焕，等．超级 13Cr 油套管在含 H_2S 气井环境下的腐蚀试验[J]. 天然气工业，2012，32(12): 106-109.

[17] 高博，钟洋，赵格，等．高温高含二氧化碳条件下五种含 Cr 钢适用性评价[J]. 装备环境工程，2020，17(11): 60-65.

[18] 吕祥鸿，赵国仙，杨延清，等．13Cr 钢高温高压 CO_2 腐蚀电化学特性研究[J]. 材料工程，2004(10): 16-20.

[19] Felton P, Schofield M J. Understanding the high temperature corrosion behavior of modified 13Cr martensitic OCTG [C]//53th NACE Annual Conference, San Diego, California, March 25-27, 1998. Houston: Omnipress, 1998.

[20] Ibrahim M Z, Hudson N, Selamat K. Corrosion behavior of super 13Cr martensitic stainless steels in completion fluids[C]//58st NACE Annual Conlerence, Houston, Texas, April 3—7, 2005. Houston: Omnipress, 2003.

[21] Hashizume S J. Performance of high strength low C-13Cr martensitic stainless steel[C]//62nd NACE Annual Conference. Houston: Omnipress, 2007.

[22] 周波，崔润炯，刘建中．增强型 13Cr 钢抗 CO_2 腐蚀套管的研制[J]. 钢管，2006，36(6): 22-26.

[23] 常泽亮，岳小琪，李岩，等．超级 13Cr 油管在不同完井液中的应力腐蚀开裂敏感性[J]. 腐蚀与防护，2018，39(7): 549-554.

[24] 张国超，张涵，牛坤，等．高温高压下超级 13Cr 不锈钢抗 CO_2 腐蚀性能[J]. 材料保护，2012(6): 58-60.

[25] 陈博，郝喆，白慧文，等．不同环境下不锈钢腐蚀类型及研究现状[J]. 全面腐蚀控制，2014，28(7): 15-19.

[26] 谢香山．高性能油井管的发展及其前景[J]. 上海金属，2000，22(3): 3-12.

[27] Ueda M, Amaya H, Kondo K, et al. Corrosion resistance of weldable super13Cr stainless steel in H_2S containing CO_2 environments [C]//Corrosion 1996. Houston, Texas: NACE International, 1996.

[28] Scoppio L, Barteri M, Cumino G. Sulfide stress cracking resistance of super martensitic stainless steel for OCTG [J]. Corrosion, 1997, 3(3): 45-55.

[29] 蔡文婷，赵国仙，魏爱玲．超级 13Cr 与镍基合金 UNS N08028 钝化膜耐蚀性研究[J]. 石油化工应用，2011，30(2): 9-13.

[30] Sato N. Interfacial ion-selective diffusion layer and passivation of metal anodes [J]. Electrochem. Acta, 1996, 41(9): 1525-1532.

[31] 王少兰，费敬银，林西华，等．高性能耐蚀管材及超级 13Cr 研究进展[J]．腐蚀科学与防护技术，2013，25(4)：322-326.

[32] 韩燕，赵雪会，白真权，等．不同温度下超级 13Cr 在 Cl^-/CO_2 环境中的腐蚀行为[J]．腐蚀与防护，2011，32(5)：366-369.

[33] Cayard M S，Kane R D．Serviceability of 13Cr tubulars in oil and gas production environments [C]//Corrosion 1998. Houston：NACE International，1998.

[34] Joosten M W，Kolts J，Hembree J W，et al．Organic acid corrosion in oil and gas production [C]//Corrosion 2002. Houston：NACE International，2002.

[35] Sunaba T，Honda H，Tomoe Y．Localized corrosion performance evaluation of CRAs in sweet environments with acetic acid at ambient temperature and 180℃[C]//Corrosion 2010．Houston：NACE International，2010.

[36] 刘亚娟，吕祥鸿，赵国仙，等．超级 13Cr 马氏体不锈钢在入井流体与产出流体环境中的腐蚀行为研究[J]．材料工程，2012(10)：17-23.

[37] 刘艳朝，常泽亮，赵国仙，等．超级 13Cr 不锈钢在超深超高压高温油气井中的腐蚀行为研究 [J]．热加工工艺，2012，41(10)：71-75.

[38] 刘虎，何雄坤，赵松柏，等．超深储层改造液对完井管柱的腐蚀与缓蚀[J]．油田化学，2021，38(1)：157-161.

[39] Sakamoto S，Maruyama K，Kaneta H．Corrosion property of API and modified 13Cr steels in oil and gas environment [C]//Corrosion 1996. Houston：NACE International，1996.

[40] Ikeda A，Ueda M．Corrosion behaviour of Cr containing steels predicting CO_2 corrosion in oil and gas Industry [J]. Corrosion，1985，37(2)：121-129.

[41] 姚小飞，谢发勤，吴向清，等．超级 13Cr 钢在不同温度 NaCl 溶液中的膜层电特性与腐蚀行为[J]．中国表面工程，2012，25(5)：73-78.

[42] 雷冰，马元泰，李瑛，等．模拟高温高压气井环境中 HP2-13Cr 的点蚀行为研究[J]．腐蚀科学与防护技术，2013，25(2)：100-104.

[43] 张国超，林冠发，雷丹，等．超级 13Cr 不锈钢的临界点蚀温度[J]．腐蚀与防护，2012，33(9)：777-779.

[44] 林冠发，宋文磊，王咏梅，等．两种 HP13Cr110 钢腐蚀性能对比研究[J]．装备环境工程，2010，7(6)：183-186.

[45] 要玉宏，刘江南，王正品，等．模拟油气田环境中 HP13Cr 和 N80 油管钢的 CO_2 腐蚀行为[J]．腐蚀与防护，2011，32(5)：352-354.

[46] Linne C P，Blanchard F，Guntz G C，et al．Corrosion performances of modified 13Cr for OCTG in oil and gas environments [C]//Corrosion 1997．Houston：NACE International，1997.

[47] 吕祥鸿，赵国仙，王宇，等．超级 13Cr 马氏体不锈钢抗 SSC 性能研究[J]．材料工程，2011 (2)：17-21.

[48] 姚小飞，谢发勤，吴向清，等．温度对超级 13Cr 油管钢慢拉伸应力腐蚀开裂的影响[J]．石油矿场机械，2012，41(9)：50-53.

[49] 姚小飞，谢发勤，吴向清，等．Cl^- 浓度对超级 13Cr 油管钢应力腐蚀开裂行为的影响[J]．材料导报，2012，26(9)：38-41.

[50] 刘克斌，周伟民，植田昌克，等．超级 13Cr 钢在含 CO_2 的 $CaCl_2$ 完井液中应力腐蚀开裂行为[J]．石油与天然气化工，2007，36(3)：222-226.

[51] 周伟民．13Cr 和 Super13Cr 不锈钢在 CO_2 饱和的 $CaCl_2$ 完井液中的应力腐蚀开裂[D]．武汉：华中科技大学，2007.

[52] 朱世东，李金灵，马海霞，等．超级 13Cr 不锈钢腐蚀行为研究进展[J]．腐蚀科学与防护技术，2014，26(2)：183-186.

[53] 蔡文婷．HP13Cr 不锈钢油管材料在含高氯离子环境中的抗腐蚀性能[D]. 西安：西安石油大学，2011.

[54] 郑伟．油田复杂环境超级 13Cr 油套管钢 CO_2 腐蚀行为研究[D]．西安：西安石油大学，2015.

[55] 樊恒，骆佳楠，李鹏宇，等．腐蚀形貌简化对完井管柱剩余强度的影响分析[J]．石油机械，2016，44(8)：65-70.

[56] 吕祥鸿，赵国仙，张建兵，等．超级 13Cr 马氏体不锈钢在 CO_2 及 H_2S/CO_2 环境中的腐蚀行为[J]．北京科技大学学报，2010，32(2)：207-212.

[57] 刘艳朝，赵国仙，薛艳，等．超级 13Cr 钢在高温高压下的抗 CO_2 腐蚀性能[J]．全面腐蚀控制，2011，25(11)：29-34.

[58] Hashizume S, Masamura K, Yamazaki K. Performance of high strength super 13%Cr martensitic stainless steels [C]//Corrosion 2003. Houston: NACE International, 2003.

[59] 马燕．超级13Cr不锈钢在CO_2环境下的腐蚀机理研究[J]. 西安：西安石油大学，2014.

[60] 李春福．油气开发过程中的CO_2腐蚀机理及防护技术研究[D]. 成都：西南石油学院，2005.

[61] Tamaki A A. New 13Cr OCTG for high temperature and high chloride environment[C]//Corrosion 1989. Houston: NACE International, 1989.

[62] Linne C P, Blanchard F, Guntz G C. Corrosion performances of modfied 13Cr for OCTG in oil and gas environments [C]//Corrosion 1997. Houston: NACE International, 1997.

[63] Marchebois H, Alami H E. Sour service limits of 13Cr and super 13Cr stainless steels for OCTG: effect of environmental factors[C]//Corrosion 2009. Houston: NACE International, 2009.

[64] Sakamoto S, Maruyama K, Kaneta H. Corrosion property of API and modified property of API modified 13Cr steels in oil and gas environment[C]//Corrosion 1996. Houston: NACE International, 1996.

[65] 张国超．超级13Cr不锈钢油套管材料在CO_2环境下的腐蚀行为研究[J]. 西安：西安石油大学，2012.

[66] Turnbull A, Coleman D, Griffiths A J, et al. Effectiveness of corrosion inhibitors in retarding the rate of propagation of localized corrosion[J]. Corrosion, 2003, 59(3): 250-257.

[67] Baylis, John R. How to avoid loss by pipe corrosion[J]. Water Works Engineering, 1930, 83: 13-14.

[68] Hara T, Asahi H, Kaneta H. Effect of flow velocity on carbon dioxide corrosion behaviour in oil and gas environments[C]//Corrosion 1998. Houston: NACE International, 1998.

[69] Sun Y, Nešić S. A parametric study and modelling on localized CO_2 corrosion in horizontal wet gas flow[C]. Corrosion 2004. Houston NACE International, 2004.

[70] Hu S D, Wei J F, Cai R, et al. Corrosion failure analysis of high strength grade super 13Cr- 110 tubing string [J]. Engineering Failure Analysis, 2011, 18(8): 2222.

[71] Ke M, Joel B. Corrosion behavior of various 13 chromium tubulars in acid stimulation fluids[C]//SPE International Symposium on Oilfield Corrosion. Houston: SPE, 2004.

第2章 点 蚀

2.1 概述

随着深井、超深井开发的不断深入，油套管的工作环境也日趋复杂。在深井、超深井中，油套管可能面临高温（英国北海 Erskine 气田 176.7℃、挪威北海 Kristin 气田 170℃），高压（Erskine 气田 96.5MPa、塔里木油田克深区块 105MPa）及高腐蚀环境（高浓度 CO_2）等问题。当井筒内流体含 CO_2 时，CO_2 溶于凝析水中从而形成有利于 CO_2 腐蚀的环境。该环境中油套管的腐蚀通常表现为局部腐蚀，如点蚀、轮藓状腐蚀以及台面状腐蚀等。

在油套管材料开发中，主要通过改变 Cr、Ni、Mo 等元素的含量来改变材料的性能。其中 Cr 元素主要用来提高材料的防腐蚀性能；Ni 元素主要用来改善材料的延展性；而 Mo 元素主要对材料的抗点蚀性能和抗缝隙腐蚀性能有显著的影响。在湿 CO_2（不含 H_2S 或低 H_2S 分压）环境下，可以选用的油套管材料有超级 13Cr、22Cr 双相不锈钢等。与普通 13Cr 不锈钢相比，超级 13Cr 不锈钢主要是降低了钢中的 C 含量，添加了 Mo、Ni、Cu 等合金元素，从而大大提高了材料的抗局部腐蚀性能。虽然超级 13Cr 不锈钢的防腐蚀性能、延展性及抗点蚀性能都不如 22Cr 双相不锈钢，但考虑到 22Cr 双相不锈钢的成本远远高于超级 13Cr 不锈钢，因此超级 13Cr 不锈钢在含 CO_2 高温高压气井中的使用量不断增加。

当不锈钢处于特定介质中，经过一定时间后，会发生不同程度的腐蚀，如果腐蚀仅仅集中在不锈钢的某些特定局部并向纵深方向发展，就形成了小孔状腐蚀坑，而不锈钢的其他大部分表面仍保持钝态，这种局部小面积的腐蚀现象，叫作孔蚀，又称为点蚀。点蚀的发生起始于材料表面，尤其是试样表面夹杂物脱落的位置，这些区域极易造成点蚀的萌生和发展，经过形核和长大两个阶段，最终向材料表面以下的纵深方向迅速扩展直至穿孔。研究表明，随着温度升高，点蚀倾向性增强，而且在 H_2S/CO_2 腐蚀环境中，由于 H_2S 腐蚀性气体的存在，点蚀倾向性明显增大，当 Cl^- 的质量浓度为 160g/L 时，试样表面已经出现明显的点蚀，其最大点蚀深度可达 28μm。管材点蚀会产出两种主要的危害：一种是腐蚀穿孔；另一种则是造成应力腐蚀开裂（SCC）。因此，点蚀破坏具有极大的隐蔽性和破坏力。

2.2 夹杂物与热处理

2.2.1 夹杂物

张春霞等在 10% HCl＋3% HAc＋1% HF＋0.1% 缓蚀剂中进行试验，试验温度为

80℃，试验周期为3h。试验结束后，采用Hirox KH-7700三维共聚焦显微镜对夹杂物所在位置经腐蚀试验后的形貌进行了三维扫描成像。对夹杂物在酸化作业溶液环境中的腐蚀行为进行了跟踪，发现了D类夹杂物对超级13Cr不锈钢在该腐蚀环境下的有害作用。

图2-1为在3个试片中观察到的夹杂物的基本形貌。从图中可以看出，试验钢中存在的夹杂物主要为D类夹杂物。由于颗粒较大，可以归类为DS。夹杂物的尺寸最大的宽度达到80μm，如图2-1(a)所示，按照GB/T 10561—2005进行评级为3级。在试验钢中还发现有其他较小尺寸的DS夹杂物，如图2-1(b)和(c)所示。图2-1(b)中的夹杂物宽度为40μm，评级为2级。图2-1(c)中的夹杂物宽度为21μm，评级为1级。另外，在图2-1(a)中还可以看到在圆形夹杂物的边缘有深灰色的三角形区域。对图2-1(a)中的夹杂物进行能谱分析，分析结果如图2-2所示。能谱分析结果表明，夹杂物主要由Ca、Al、Si、Mg和O组成，具有复合夹杂物的特征。在扫描电子显微镜（SEM）中还观察到夹杂物边缘的三角形区域为微裂纹。

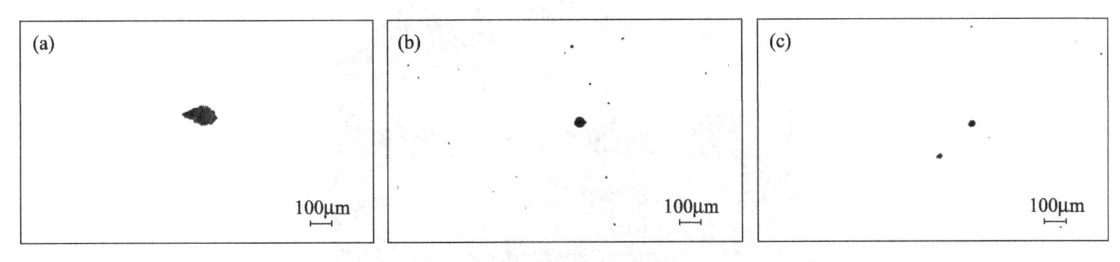

图2-1 钢中的不同尺寸夹杂物金相形貌

(a) 80μm；(b) 40μm；(c) 21μm

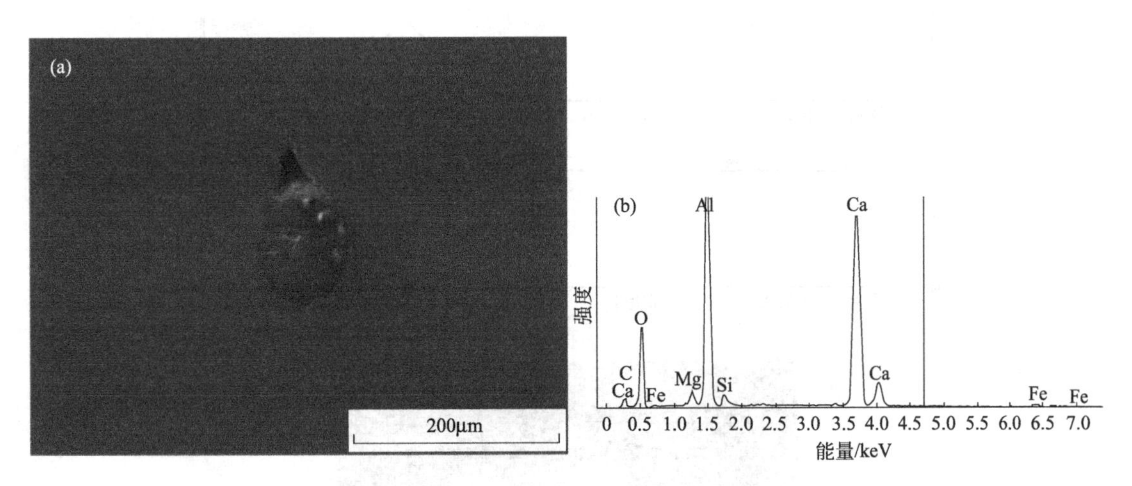

图2-2 钢中夹杂物的SEM形貌和能谱

(a) SEM形貌；(b) 能谱

图2-3为图2-1中各试样经酸化溶液腐蚀后，采用三维共聚焦显微镜拍摄到夹杂物位置处形成点蚀孔的三维照片及宽深方向与纵深方向的投影。从图中可以看出，夹杂物在HCl＋HF＋HAc的酸性环境下都发生了剥落并形成点蚀坑。由点蚀坑在纵深和宽深方向上的投影图中可以看出，图2-3(a)中的点蚀坑长211μm，宽178μm，深度为148μm，若不考虑微裂纹的影响，只是考虑夹杂物宽度，则该点蚀由夹杂物引起的深宽比为148：178＝0.83。图2-3(b)中点蚀坑的长、宽、深尺寸分别为58μm、55μm和12μm，深宽比为

12：55=0.22。图2-3(c)中点蚀坑的长、宽、深尺寸分别为53μm、45μm和5μm，深宽比为5：45=0.11。与图2-1中夹杂物的形貌及尺寸相比，经过酸化腐蚀后，夹杂物的位置处形成了点蚀坑，点蚀坑的基本形貌保持了夹杂物的基本形貌，但在长、宽等几何尺寸上超过了夹杂物的原始尺寸。原夹杂物颗粒的宽度比例为80：40：21≈4：2：1，经过酸化腐蚀试验后深宽比为0.83：0.22：0.11≈8：2：1。

对于不锈钢，其耐蚀的基本原理是不锈钢的表面在空气或者腐蚀介质中形成的钝化膜对基体的保护作用。超级13Cr体系的钝化膜组成是Cr、Ni、Mo的氧化物。由于非金属夹杂物，如本文中的D类夹杂物的组成主要是Ca、Mg、Al、Si的氧化物，夹杂物的存在破坏了钝化膜的完整性。将表面含有夹杂物的金属置于腐蚀溶液体系中，夹杂物与基体的界面处

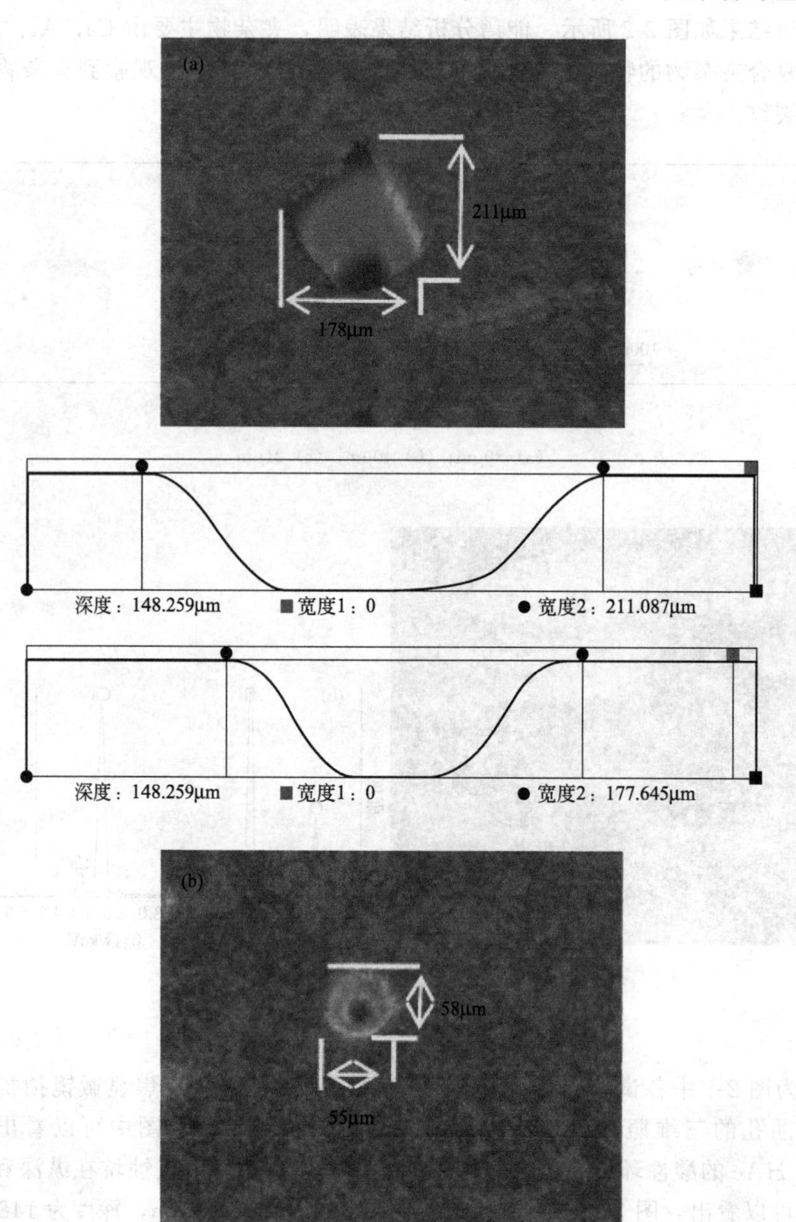

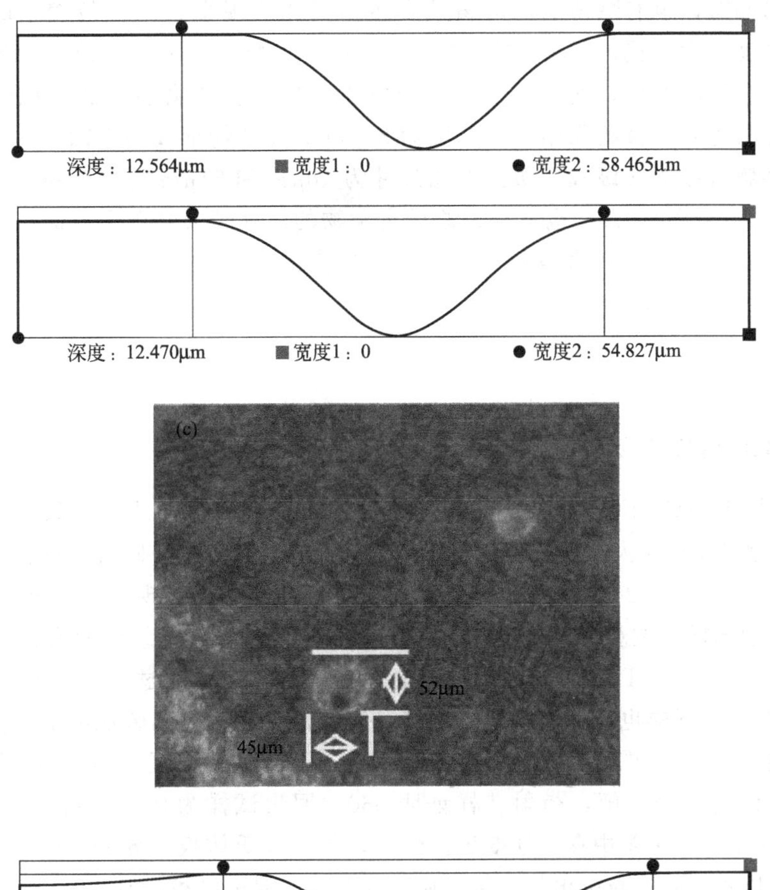

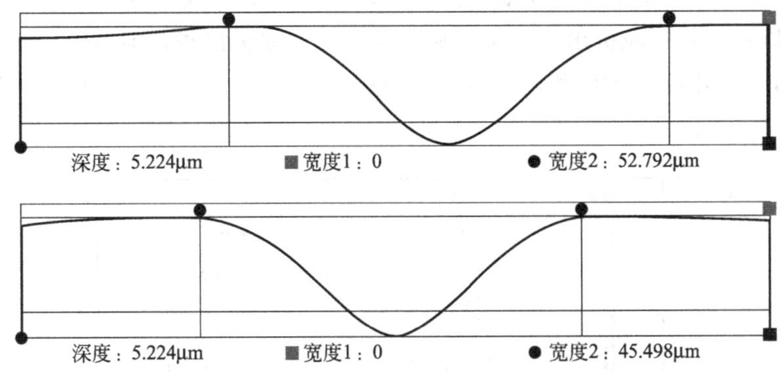

图 2-3　钢中不同尺寸的夹杂物位置处形成的点蚀三维照片和投影

(a) 原夹杂宽度 80μm；(b) 原夹杂宽度 40μm；(c) 原夹杂宽度 21μm

由于电位差异会快速发生电化学反应，导致金属基体的阳极反应。因此，夹杂物的界面位置优先发生腐蚀，导致夹杂物的剥落从而形成点蚀，且点蚀形核后内部的自催化效应导致点蚀快速生长。

从经过酸化腐蚀的夹杂物形成的点蚀结果看，体积较大的大型夹杂物所形成的点蚀坑的体积与原夹杂物尺寸相比明显增大。大型的夹杂物往往与基体难以形成紧密的结合，正如图 2-1(a) 中所示，夹杂物在基体结合的界面处形成了微裂纹，微裂纹成为腐蚀性介质直接进入基体的通道，且微裂纹的存在导致微区腐蚀性环境更加恶劣，从而更易发生腐蚀，形成的腐蚀坑的深宽比也更大。而较小的夹杂物，由于酸化溶液的腐蚀作用较强，在形成点蚀的同时，也有减薄的均匀腐蚀发生，因此所观察到的颗粒较小的夹杂物所形成的点蚀的深度不大，同时体积与原夹杂物尺寸相比变化不大。因此，大型夹杂物的存在不仅使得点蚀容易发生，而且点蚀造成的危害也更大。从腐蚀试验造成的点蚀坑的深宽比来看，等级达到3级的原始尺寸宽度为80μm的夹杂物形成的点蚀坑的深宽比达到了0.83，而夹杂物等级为2级和1级的原始尺寸为40μm和21μm的夹杂物所形成点蚀坑的深宽比分别是0.22和0.11。也就是说原始夹杂物的尺寸越大，则形成的点蚀坑的深度也越大，相应的腐蚀造成的危害也越大。因此，在产品制造过程中控制夹杂物的尺寸是提高产品耐蚀性的重要手段。

2.2.2 热处理

2.2.2.1 组织结构与形貌

图2-4为超级13Cr不锈钢淬火、560℃回火、620℃回火试样的X射线衍射（XRD）分析结果。淬火和560℃回火试样表现为马氏体晶体结构，而620℃回火试样包含马氏体和奥氏体衍射峰，说明经过620℃回火后，超级13Cr不锈钢组织中出现了逆变奥氏体相。图2-5是对三种热处理试样的微观组织分析。图2-5(a）表明淬火试样的组织为典型的板条马氏体，板条的特征在图2-5(b）TEM图中更为清晰，并且其晶体结构通过图2-5(c）的衍射花样得到证实。560℃回火试样也显示出马氏体组织，但经回火后，它的微观组织与淬火试样有明显的区别［图2-5(d)］。图2-5(e）说明560℃回火试样组织中出现了一些颗粒析出相，并可能伴随着马氏体的部分分解，衍射花样证明560℃回火试样为马氏体结构。图2-5(h）和(i）证明了620℃回火组织中存在逆变奥氏体相，位于马氏体板条界处。而且，在板条束界面及内部都可以观察到颗粒析出相，属于典型的回火沉淀析出相。但是，由于这些析出相的体积分数较小，并不能在XRD和透射电子显微镜（TEM）衍射结果中观察到与之相对应的特征。

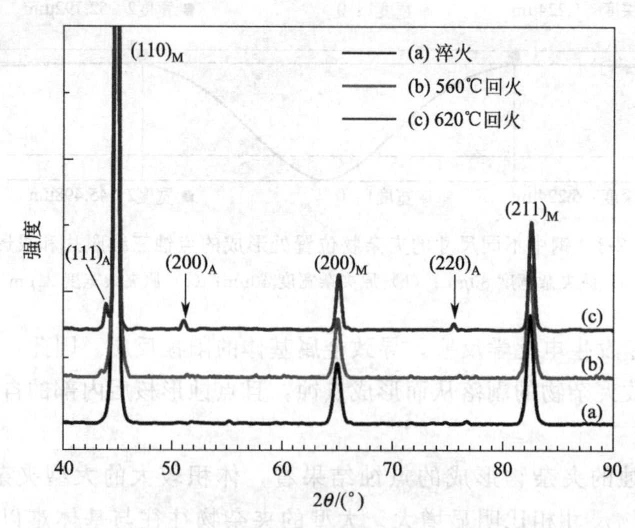

图2-4 超级13Cr不锈钢在不同热处理温度下的XRD图谱

图2-6为620℃回火试样的TEM及能谱分析结果。对图2-6(a）中马氏体/奥氏体过渡区域进行TEM-EDS分析，结果如图2-6(b）所示，需要注意的是，由于图2-6(b）的结果

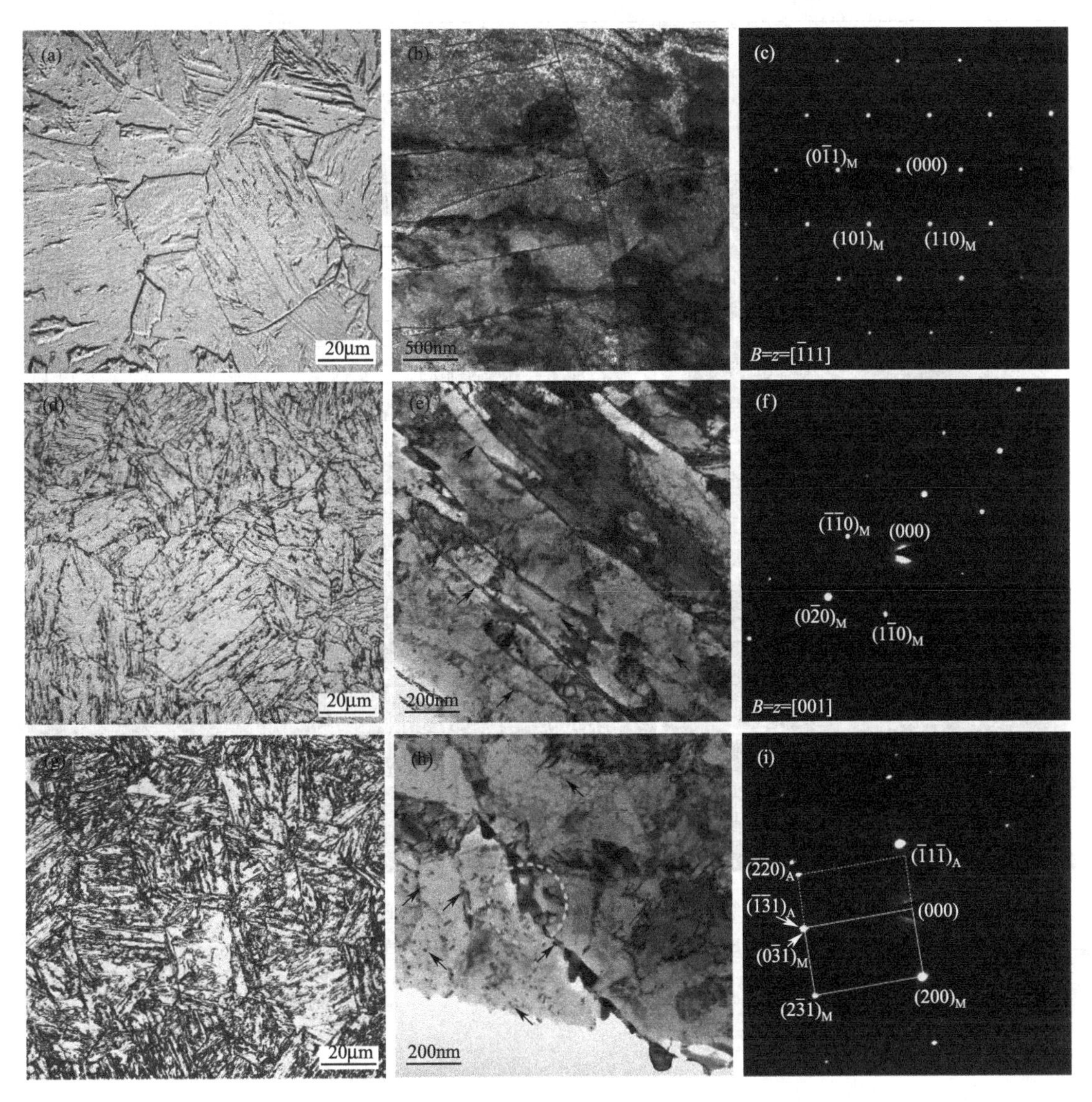

图 2-5　不同热处理下的超级 13Cr 不锈钢金相、TEM 明亮的现场图像及电子衍射图谱

(a)～(c) 淬火；(d)～(f) 560℃回火；(g)～(i) 620℃回火

为背散射电子成像，图中马氏体板条之间的较亮区域应聚集有比马氏体基体原子序数更高的元素，对于超级 13Cr 不锈钢而言，很可能为 Ni、Mo 等元素。图 2-6 (b) 中的 Ni 含量变化曲线显示，在较亮区域 Ni 的含量升高至 10%，证实了上述的推测，也说明该亮区属于逆变奥氏体相。此外，在 Ni 峰的左侧位置出现了 Cr 的富集，这可能是由于马氏体板条界处析出了富 Cr 碳化物，即富 Cr 碳化物存在于马氏体板条和逆变奥氏体相之间。有研究表明，碳化物的析出会诱导其周围区域 Ni 元素的富集，从而为奥氏体的形核创造条件。图 2-6(c) 是马氏体/奥氏体界面处的高分辨 TEM 图像，其对应的快速傅里叶逆变换和傅里叶变换 (IFFT/FFT) 图像见图 2-6(d)～(f)，进一步证明了马氏体和奥氏体相存在。由此可知，超级 13Cr 不锈钢经过淬火＋620℃回火的热处理后，在马氏体板条界位置形成了逆变奥氏体相。

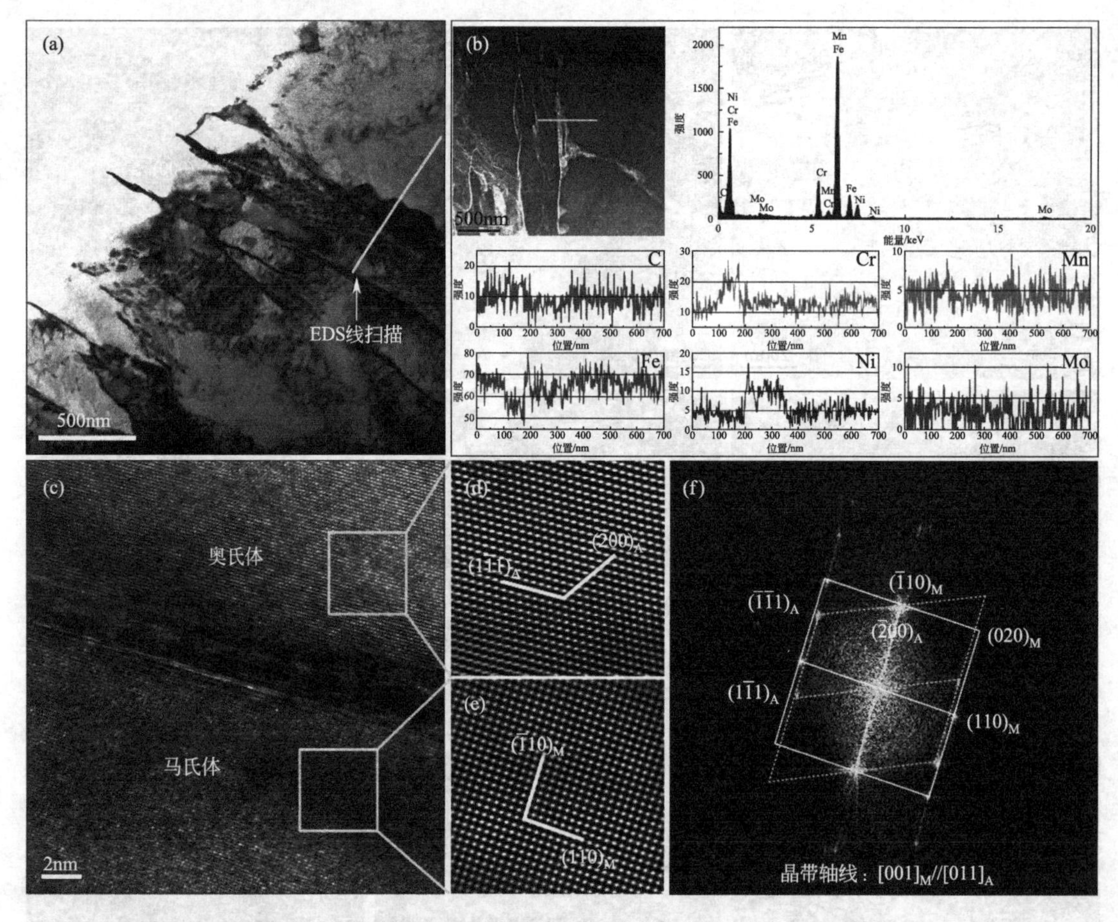

图 2-6　超级 13Cr 不锈钢在 620℃回火后的 TEM 和 EDS 图

(a) TEM 图；(b) EDS 线扫图；(c) 马氏体/奥氏体界面处的 HRTEM 图；

(d)、(e) 是 (c) 中标注区域的 IFFT；(f) 是 (c) 中 HRTEM 的 FFT

2.2.2.2　极化特征

图 2-7 是超级 13Cr 不锈钢试样在 3.5%NaCl 溶液中的开路电位（OCP）曲线。三种热处理试样的开路电位变化趋势相同：在前 600s 迅速正移，然后逐渐趋于稳态，直到 1h 后开路电位基本维持不变，说明体系达到稳态。Macdonald 使用暂态腐蚀电位模型，对这种开路电位正移的现象进行了理论预测。该模型预测了 C-22 合金的开路电位逐渐正移并达到平台值，与本试验的结果类似。由于开路电位测试前，试样经过了阴极极化去膜处理，开路电位的正移及趋于稳定的过程反映了钝化膜在试样表面生长和趋于稳态厚度的过程。试验发现淬火试样开路电位最正［－286mV（vs SCE)］，620℃回火试样的开路电位居中［－299mV（vs SCE)］，而 560℃回火试样开路电位最负［－310mV（vs SCE)］。

三种热处理试样的动电位极化曲线如图 2-8 所示。其中，淬火试样的自腐蚀电位最正［－280mV（vs SCE)］，620℃回火试样的自腐蚀电位为－298mV（vs SCE)，560℃回火试样的自腐蚀电位为－311mV（vs SCE)，自腐蚀电位的顺序与图 2-7 中开路电位的顺序一致。此外，560℃回火试样具有最低的点蚀电位和最大的维钝电流密度，而 620℃回火试样具有最正的点蚀电位且维钝电流密度与淬火试样十分接近。在高电位区间，淬火试样和 560℃回

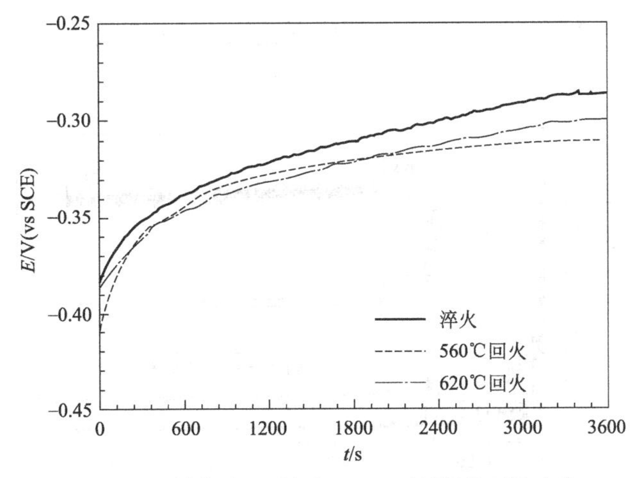

图 2-7　不同热处理后超级 13Cr 不锈钢的开路电位

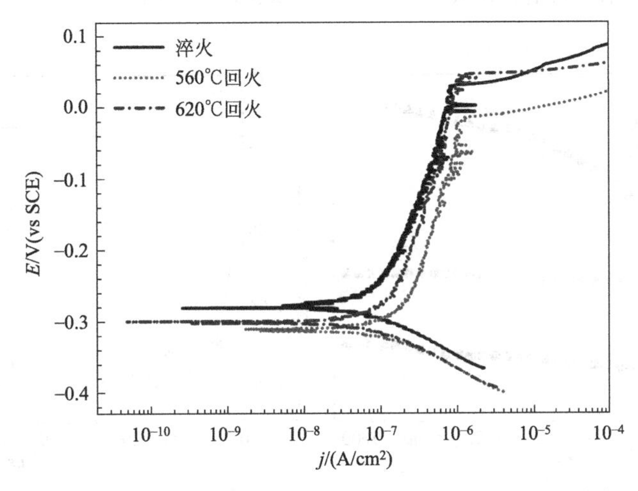

图 2-8　不同热处理后超级 13Cr 不锈钢的动电位极化曲线

火试样出现了大量的亚稳态点蚀现象，620℃试样的亚稳态点蚀电流峰则很少。由此可见，试样经 620℃回火处理后，比 560℃回火试样有更高的点蚀阻力和更低的腐蚀速率。

于－100mV（vs SCE）对三种试样进行恒电位极化，结果如图 2-9 所示。可以看到，在该电位下出现了大量的电流峰。每一个电流峰代表钝化膜破裂、点蚀形核、再钝化的亚稳态点蚀过程。显然，560℃回火试样产生了最多的亚稳态点蚀。淬火和 620℃回火试样的稳态电流密度非常接近，分别为 $0.04\mu A/cm^2$ 和 $0.07\mu A/cm^2$，而 560℃试样的电流密度为 $0.7\mu A/cm^2$，高出前者约一个数量级，这一结果和图 2-8 中的维钝电流密度规律一致。此外，从图 2-9 中的插图可以看出，恒电位极化曲线的“背景噪声”也具有明显差异，560℃回火试样的“噪声”幅值和数量显著高于其他两种试样。一般而言，“背景噪声”与试样表面小的活性点数量呈正相关关系，这些活性点容易发生钝化膜破裂-再钝化过程，即产生所谓的亚稳态点蚀。可见，620℃回火试样比 560℃回火试样具有更佳的亚稳态点蚀阻力。

为比较不同热处理试样的亚稳态点蚀特征，对恒电位极化结果进行统计分析，如图 2-10 所示。试验总时间为 7200s，每 200s 统计一次亚稳态点蚀数。图 2-10(a) 中的 N_t 表示亚稳态点蚀的累积数量。显然 N_t 值在试验的初始阶段迅速增加，然后增速趋于平缓直

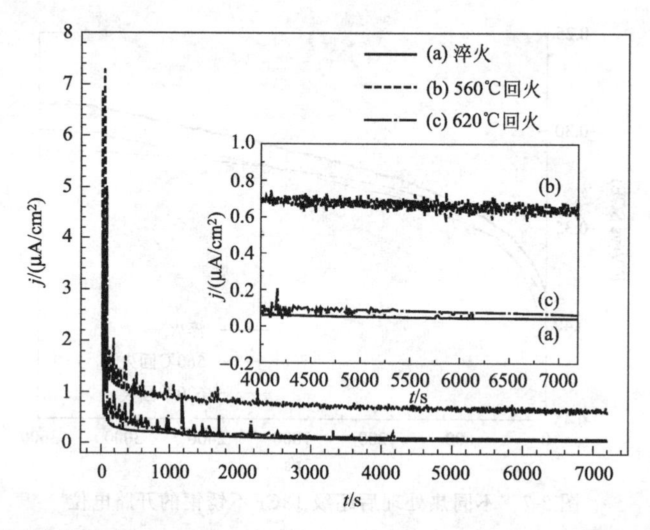

图 2-9　不同热处理后超级 13Cr 不锈钢在－100mV（vs SCE）下的恒电位极化曲线

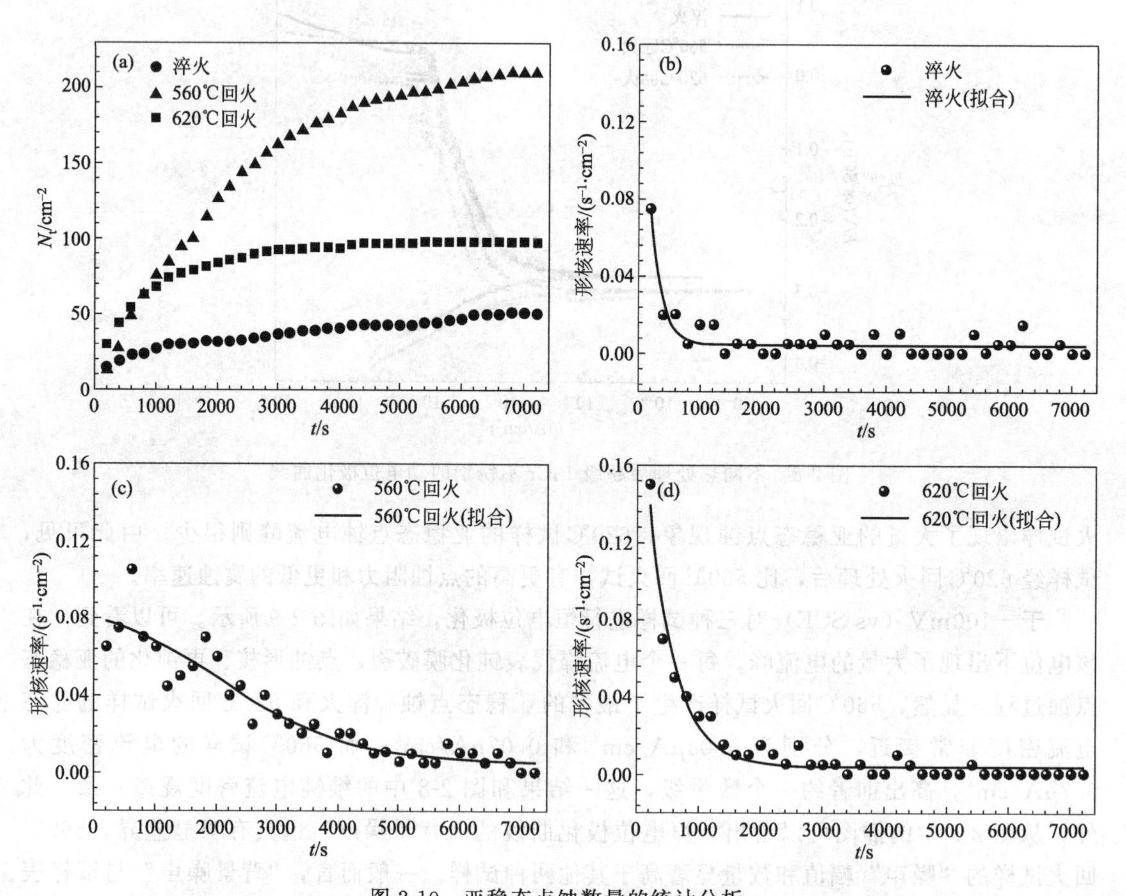

图 2-10　亚稳态点蚀数量的统计分析

(a) 累积数量；(b)、(c)、(d) 分别为淬火、560℃回火、620℃回火试样的亚稳态点蚀形核速率

至基本不变。620℃试样在 2500s 试验后 N_t 值达到恒定，亚稳态点蚀总数为 98cm^{-2}。560℃试样 N_t 值在 7200s 后仍未达到恒定，点蚀总数为 210cm^{-2}。淬火试样的亚稳态点蚀数最少，点蚀总数为 51cm^{-2}。图 2-10(b)～(d) 分别是淬火、560℃回火、620℃回火试样

的亚稳态点蚀形核速率曲线。形核速率（n_t）可以通过式(2-1) 计算。

$$n_t = dN/dt \approx \Delta N/\Delta t \tag{2-1}$$

式中，n_t 是超级 13Cr 不锈钢的形核速率；N 是单位统计时间（t）内的亚稳态点蚀数，本研究中 t 为 200s。

图 2-10 中的实线为 Origin 8.5 软件自带的 Boltzmann 函数非线性拟合结果。可见，n_t 在开始阶段降低，然后逐渐趋近于一恒定值（≈0）。由于 n_t 直接影响亚稳态点蚀累积数量（N_t），所以三种试样 n_t 的变化也具有与图 2-10(a) 相似的规律，即淬火试样 n_t 最先趋于稳定（约 1000s），620℃回火试样 n_t 在 2500s 后趋于稳定，而 560℃回火试样 n_t 在 7200s 后仍未稳定。n_t 在一定时间后降至接近于 0 是因为亚稳态点蚀往往萌生于试样表面的活性点，一旦这些位置发生亚稳态点蚀并再钝化，就没有可用的活性点供亚稳态点蚀形核。

2.2.2.3 脉冲特征

图 2-11 为恒电位脉冲试验结果，其中图 2-11(a) 显示施加电位在 E_1 [−100mV (vs SCE)] 和 E_2 [250mV (vs SCE)] 两个值之间往复变化，从而得到图 2-11(b)～(d) 的电流密度-时间曲线。当电位由 E_1 陡增至 E_2 时，电流出现正峰值，然后迅速恢复至与原始电流几乎相同的数值；当电位由 E_2 陡降至 E_1 时，电流出现负峰值，然后迅速恢复。正电流峰是金属基体溶解、钝化膜生长和双电层电容充电综合作用的结果，负电流峰是金属离子

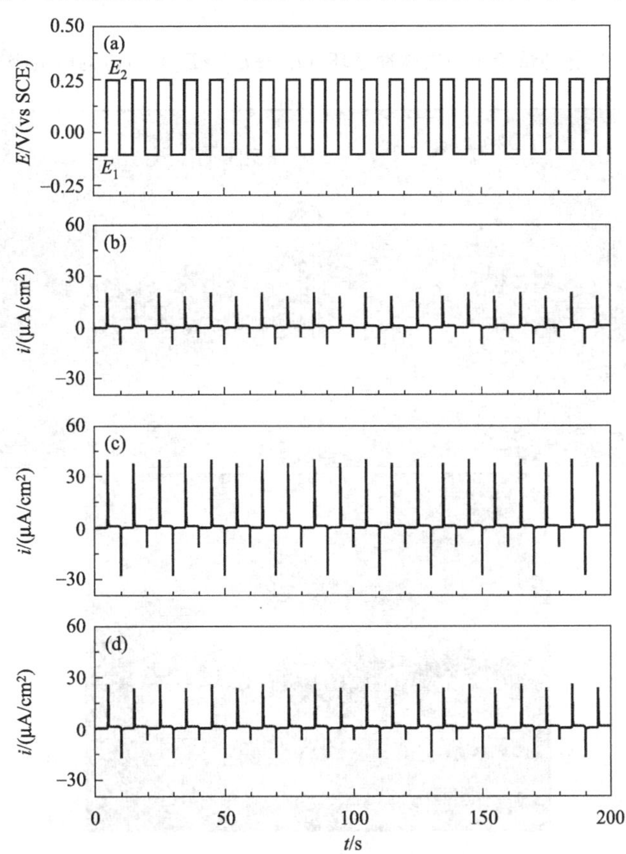

图 2-11 超级 13Cr 不锈钢的恒电位脉冲曲线

(a) 电位-时间曲线；(b)、(c)、(d) 分别为淬火、560℃回火、620℃回火试样电流密度-时间曲线

还原、钝化膜溶解、双电层电容放电综合作用的结果，在点蚀试验中，主要关注的是正电流峰。Gao 等报道了双相不锈钢在恒电位脉冲试验中类似的电流波动现象。一般认为，恒电位脉冲方法更容易控制点蚀过程，且便于比较电流峰值的大小。总体比较可以看出，在 200s 的试验时间内，正电流峰值总体较为稳定，三种试样的正电流峰值大小明显不同。图 2-12 是对恒电位脉冲试验中的一组脉冲电流峰值的比较。可以看出，正电流峰值的大小顺序为 560℃回火试样＞620℃回火试样＞淬火试样，该结果与图 2-8 和图 2-9 中的电流密度顺序一致。

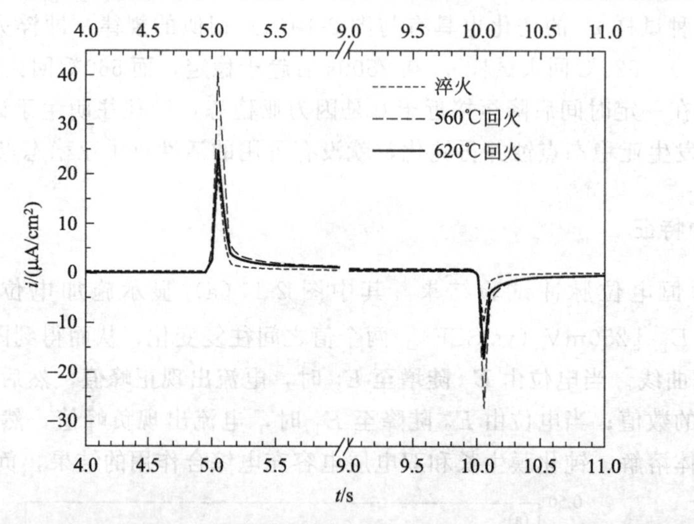

图 2-12　恒电位脉冲试验中一次脉冲循环（$E_1 \to E_2 \to E_1$）对应的电流密度-时间曲线

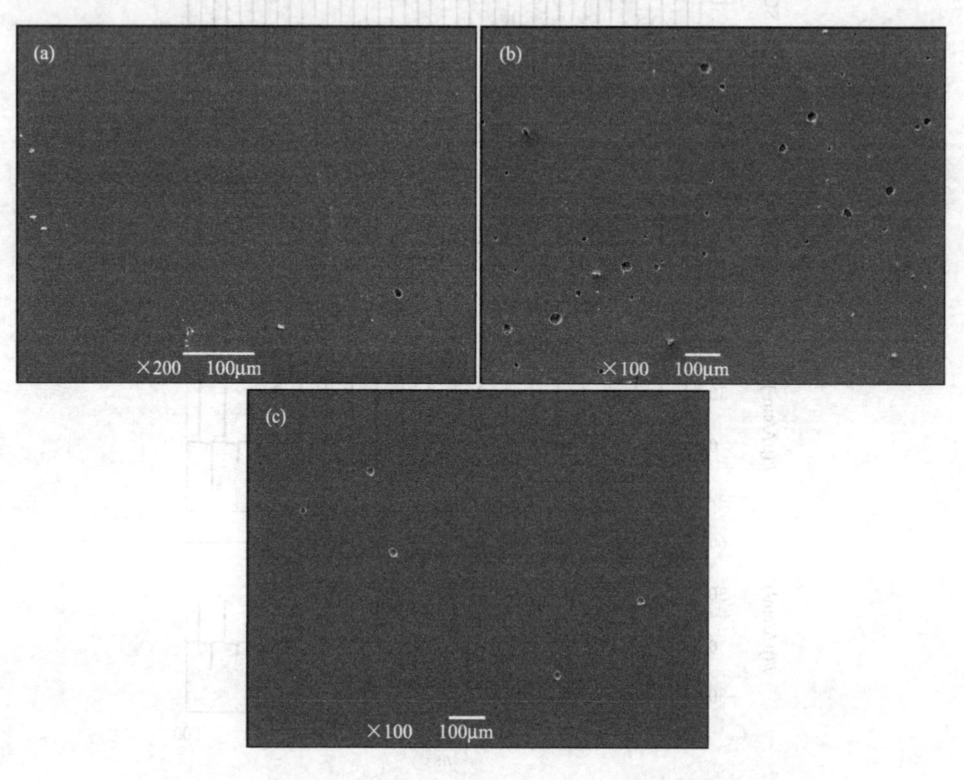

图 2-13　超级 13Cr 不锈钢试样恒电位脉冲试验后的点蚀形貌

（a）淬火试样；（b）560℃回火试样；（c）620℃回火试样

恒电位脉冲试验中，因为E_2电位高于试样的点蚀电位，在维持E_2电位阶段试样表面会发生稳态点蚀，点蚀的数量与试样的耐点蚀能力相关。因此，可以对比相同外加电位下（E_2）工作电极表面的点蚀情况，结果如图2-13所示。与620℃回火试样相比，560℃试样具有更高的蚀孔密度和更大的蚀孔尺寸，而淬火试样点蚀密度最低。560℃回火试样的蚀孔直径尺寸较分散，这种特征符合连续形核-生长机理，即蚀孔生长过程中，不断有新的点蚀产生，使得蚀孔的尺寸分布不均匀。相比而言，620℃回火试样的尺寸十分接近，说明这些区域的蚀孔在萌生后不断生长，且没有新的蚀孔形核，这类点蚀特征符合即时形核-生长机理。560℃和620℃回火试样不同的点蚀形核-生长机理，说明试样表面的点蚀形核位置具有不同的特性，可能与逆变奥氏体有关。

2.2.2.4 TEM-EDS分析

从电化学分析结果可知，620℃回火试样（含逆变奥氏体）比560℃回火试样（不含逆变奥氏体）具有更高的点蚀阻力。为了研究逆变奥氏体对超级13Cr不锈钢点蚀行为的影响

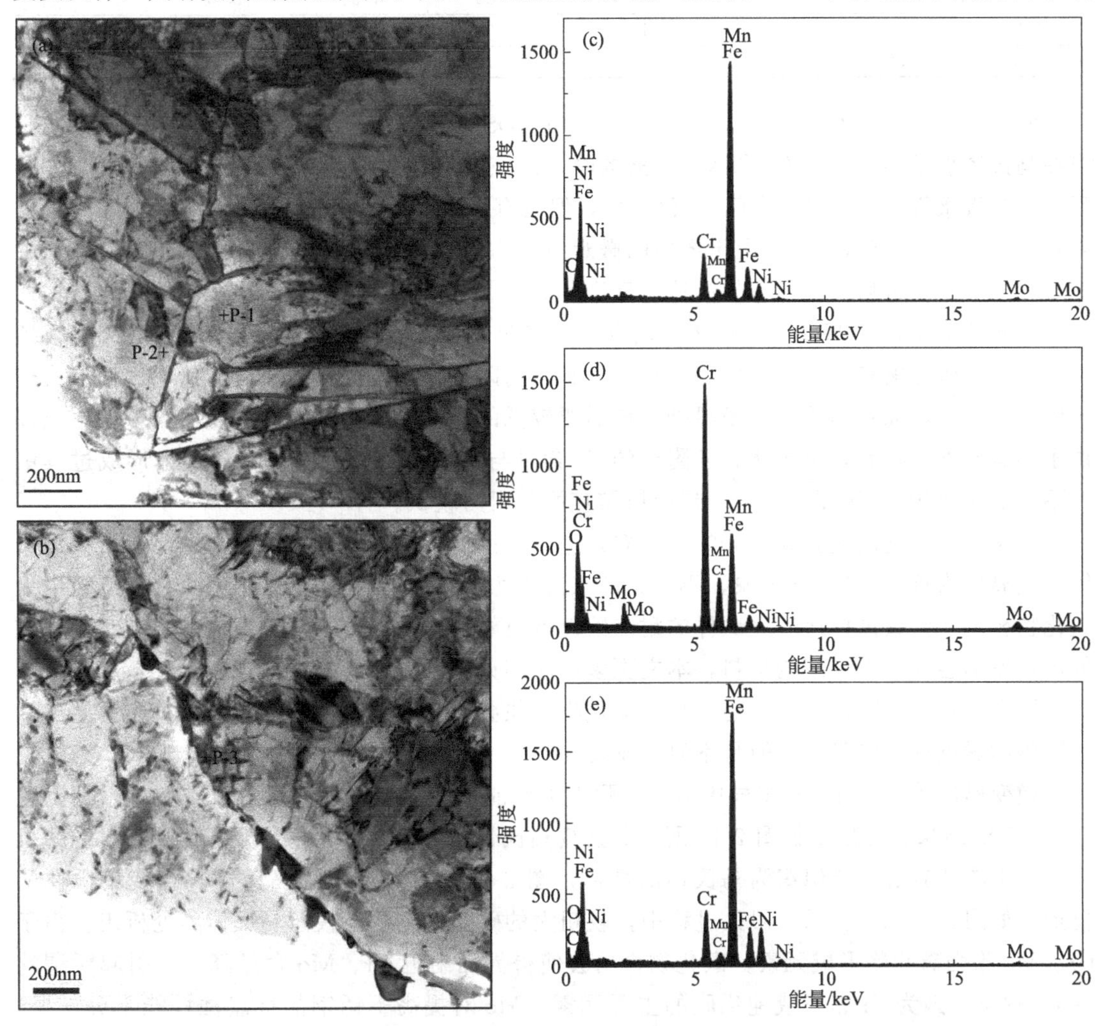

图2-14 560℃和620℃回火试样的TEM-EDS图

(a) 560℃试样；(b) 620℃试样；(c)～(e) 分别为扫描点P-1、P-2和P-3的EDS图

机理，对 560℃和 620℃回火试样的微观组织及各相的化学成分进行 TEM-EDS 分析，结果如图 2-14 所示。其中，P-1、P-2 和 P-3 分别对应图 2-14(a) 和 (b) 中的 EDS 扫描点，化学成分见表 2-1。可见，马氏体板条基体处（P-1）含 Cr13.10%、Ni6.01%，除 Mo 含量稍低外，与超级 13Cr 不锈钢基体的成分非常接近。逆变奥氏体相（P-3）Ni 和 Mo 的含量分别为 10.20%和 1.12%，约为马氏体板条基体的 2 倍，而 Cr 的含量（12.50%）也与基体相近。这一结果与 Vignal 等报道的不锈钢中马氏体和奥氏体相 Cr、Ni 和 Mo 的含量相似。碳化物相（P-2）的 Cr、Mo 和 Mn 的含量分别为 53.03%、8.98%和 5.33%，显著高于 P-1 和 P-3 位置对应元素的含量，但碳化物中 Ni 含量却非常低，仅有 1.84%。由此可知，马氏体板条界处析出了富 Cr 和 Mo 的碳化物。Song 和 Lu 也在类似的回火温度下，观察到了马氏体板条界处析出富铬的 $M_{23}C_6$ 型碳化物的现象。

表 2-1 TEM-EDS 扫描点 P-1、P-2 和 P-3（图 2-14）的成分

单位：%（质量分数）

元素	C	Cr	Ni	Mo	Mn	Fe	O
P-1	—	13.10	6.01	0.55	1.36	78.98	—
P-2	—	53.03	1.84	8.98	5.33	23.47	7.35
P-3	0.20	12.50	10.20	1.12	1.28	70.51	4.19

图 2-15 是 560℃和 620℃回火试样的 TEM-EDS 线扫描结果。图 2-15(a) 中的能谱线扫描在马氏体板条界处出现 Cr 和 Mo 元素的峰，而在该位置并没有观察到 Ni 峰，说明 560℃回火后在板条界处析出了 $M_{23}C_6$ 碳化物相，但没有析出奥氏体相。图 2-15(b)、(c) 中板条界处出现 Cr、Ni 和 Mo 峰，由于图中的微观组织均为背散射电子成像，图 2-15(b)、(c) 中板条界处的白亮区域应富集有较高原子序数的元素，如 Ni 和 Mo。由于 Cr 和 Mo 的富集代表碳化物的析出，Ni 峰说明奥氏体相的存在，可见超级 13Cr 经 620℃回火后，马氏体板条界处析出了碳化物和逆变奥氏体相。通常，碳化物附近存在较明显的成分起伏，因而成为奥氏体的形核点，而且马氏体板条界处形核需要较低的表面能，进一步为逆变奥氏体的形核提供了能量条件。再者，奥氏体相及附近的 Cr 含量与基体相近，说明逆变奥氏体形成过程中并不会显著地排斥 Cr 原子，因而形核所需克服的阻力较低。

通常，在敏化温度区间（600～800℃）进行回火后，由于碳化物析出导致晶界（或马氏体板条界）附近产生贫 Cr 现象，不锈钢的点蚀阻力会降低。由此不难理解，由于组织中无碳化物析出，淬火试样比回火试样的耐点蚀性能更好。但是，由于淬火试样的塑性、韧性较低，一般不会作为工程结构材料，本文更多关注淬火+回火处理的试样。

回火过程中，随回火温度的升高，碳化物往往会长大，导致贫 Cr 程度加剧，超级 13Cr 不锈钢的耐点蚀性能降低。但是本研究发现 620℃回火试样的点蚀阻力反而高于 560℃试样。由于逆变奥氏体相在 620℃试样中形成，耐点蚀性能提高应当与该相的形成有关。根据上述 TEM-EDS 结果，提出了如图 2-16 所示的逆变奥氏体提高超级 13Cr 不锈钢耐点蚀性能的机理，其中图 2-16(a) 是组织为马氏体的情形，图 2-16(b) 是组织为马氏体+逆变奥氏体的情形。如图 2-16(a) 所示，回火过程中，较粗大的碳化物主要在板条马氏体界处析出。由于 Cr、Mo 为强碳化物形成元素，碳化物析出会使得界面附近 Cr、Mo 含量降低，引起所谓的贫 Cr 现象。因为 Cr 是形成钝化膜的主要元素，Mo 对提高不锈钢的抗点蚀性能十分重要，所以板条界附近 Cr、Mo 含量的降低会使得这些部位抗点蚀能力降低。

一方面，碳是奥氏体的形成元素，回火过程中，逆变奥氏体在碳化物附近形核，对碳有一

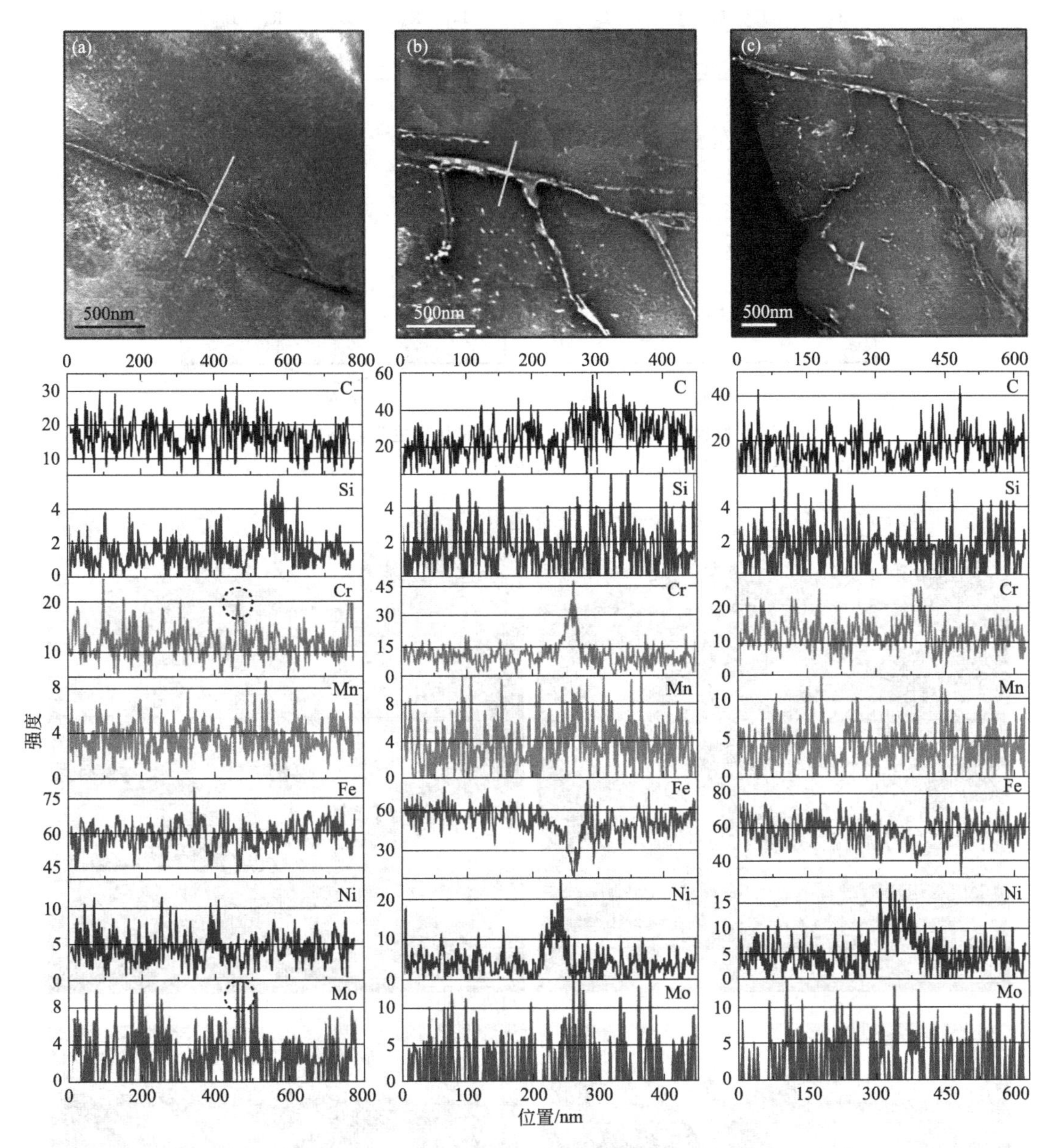

图 2-15 超级 13Cr 不锈钢 560℃和 620℃回火试样的 TEM-EDS 图像

(a) 560℃；(b) 和 (c) 620℃

定的消耗作用，一定程度上抑制了碳化物的析出和长大。另一方面，逆变奥氏体的形成受扩散控制，且形成过程并不会显著排 Cr（图 2-15），同时由于 Cr 元素浓度梯度的存在，势必伴随着 Cr 从基体向贫 Cr 区的扩散。因此，逆变奥氏体降低了碳化物析出相附近的贫 Cr 程度，使得这些部位的抗点蚀性能提高。此外，逆变奥氏体相中 Ni、Mo 含量较高（表 2-1），而 Ni 可以提高不锈钢的点蚀电位，Mo 能够显著提高钝化膜的修复能力，因而逆变奥氏体相具有更高的耐蚀性能。图 2-17 的 TEM 形貌反映了逆变奥氏体相良好的耐蚀性能，在高氯酸电解液双喷减薄处理后，马氏体板条界处条状的逆变奥氏体仍未被腐蚀，形成似“栅栏”状的形貌。由于马氏体/奥氏体相之间形成的微腐蚀电池属于大阳极小阴极，对耐蚀性能的不利影响十分有限。综上可知，马氏体＋逆变奥氏体的复相组织能够提高超级 13Cr 不锈钢的耐点蚀性能。

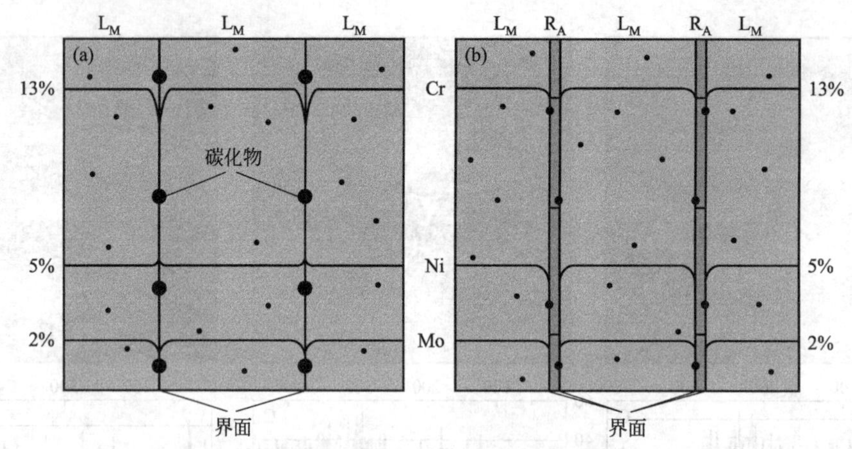

图 2-16 逆变奥氏体对超级 13Cr 不锈钢耐点蚀性能影响的机理示意图

(a) 板条马氏体 (L_M) 组织；(b) 板条马氏体 (L_M)＋逆变奥氏体 (R_A) 组织

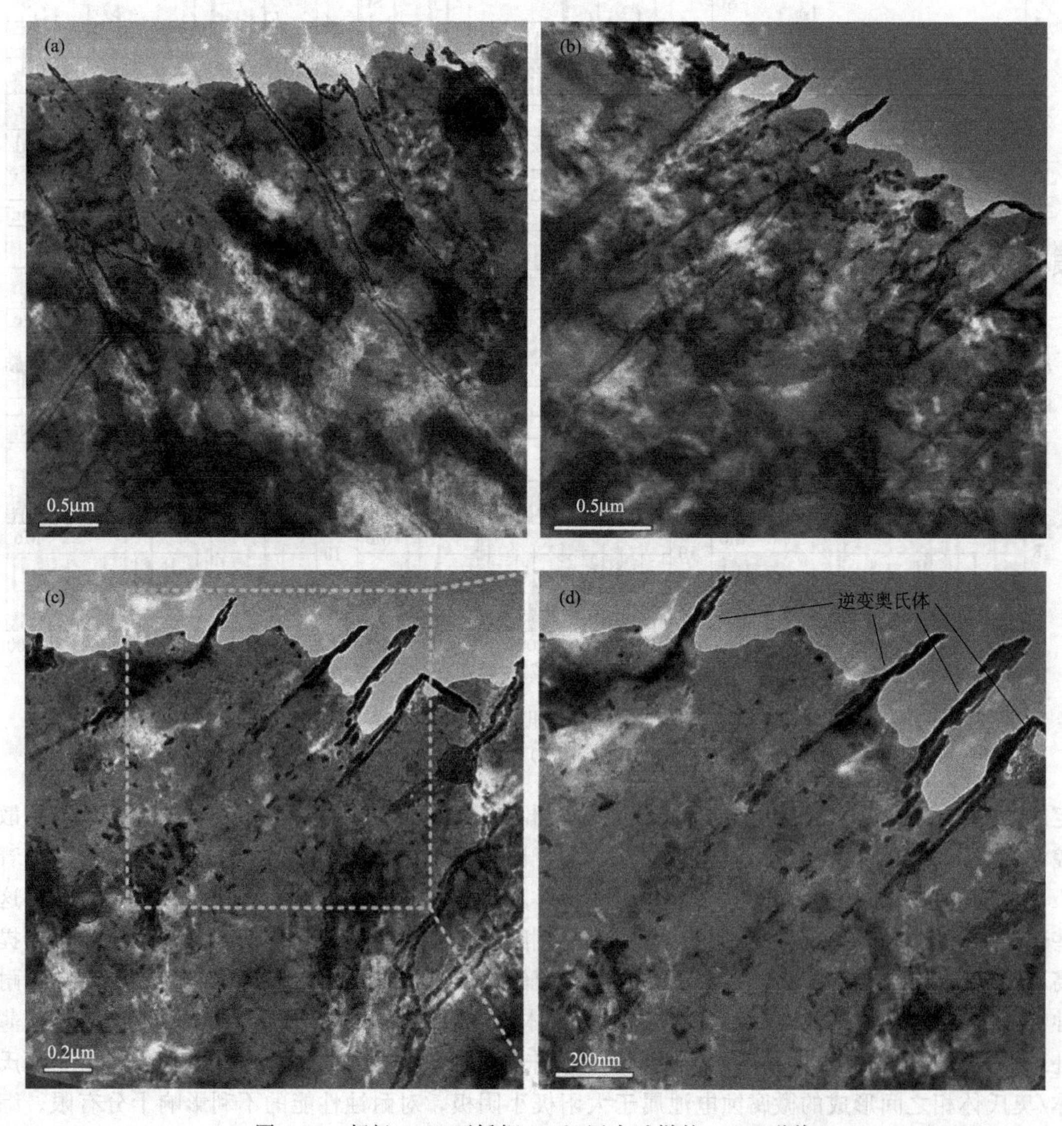

图 2-17 超级 13Cr 不锈钢 620℃回火试样的 TEM 形貌

2.3　酸化环境

2.3.1　不同温度

图 2-18 为超级 13Cr 马氏体不锈钢在 60℃和 160℃时鲜酸腐蚀试验后的试样形貌（其平均腐蚀速率分别为 1.24mm/a 和 88.46mm/a，在 1 级标准范围内）。从图中可以看出，试样处理之前缓蚀剂成膜良好，60℃时的试样经过处理后表面光亮。通过观察微观腐蚀形貌后发现，60℃试样表面的点蚀并不是很明显。当温度为 160℃时，试样表面已经出现非常明显的点蚀现象。

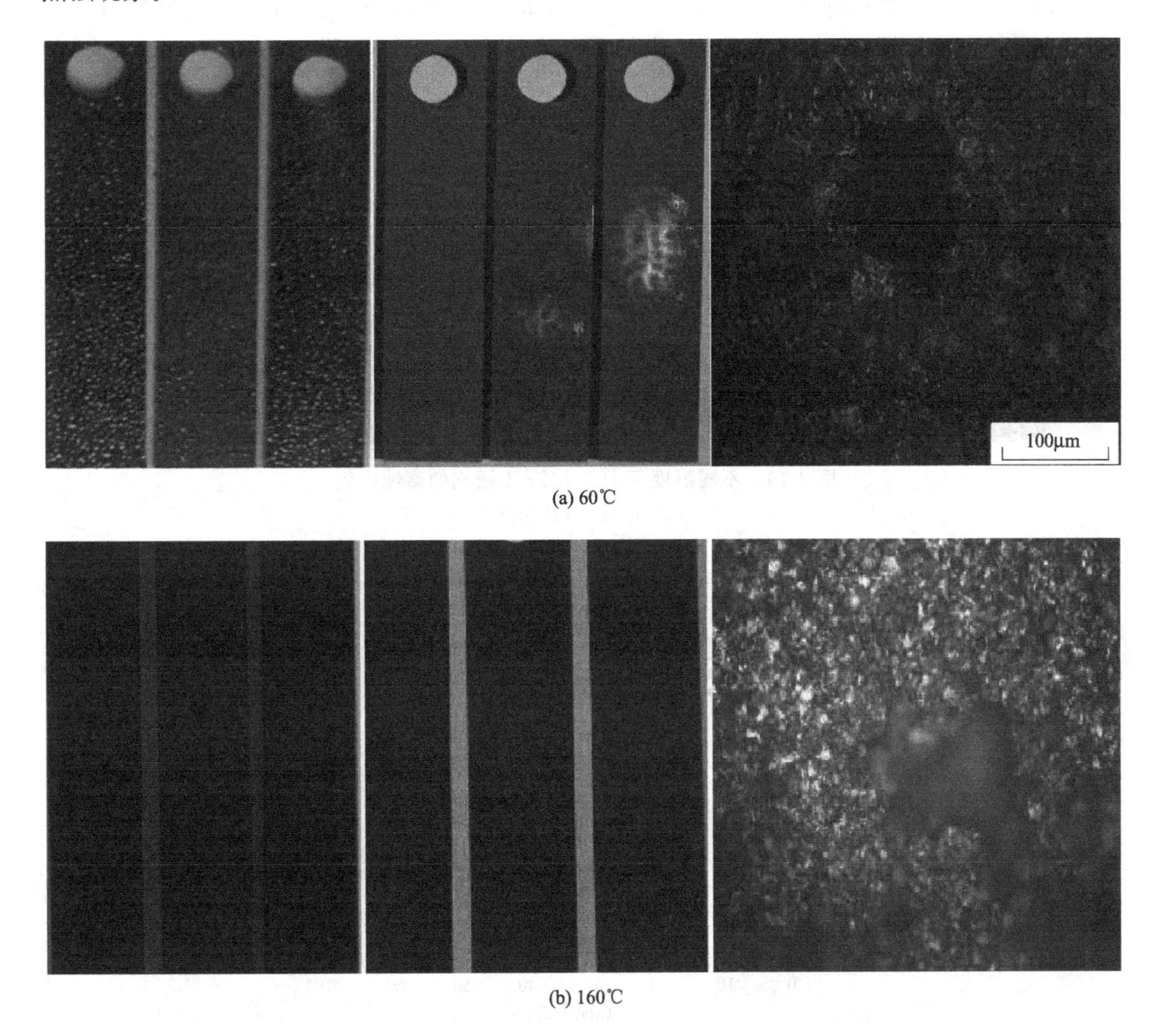

(a) 60℃

(b) 160℃

图 2-18　不同温度下鲜酸腐蚀试验后的试样处理前后宏观与微观形貌

表 2-2 是不同温度下超级 13Cr 马氏体不锈钢的平均点蚀速率和最大点蚀深度。由表可见，点蚀深度以及平均点蚀速率随温度的升高而逐渐增大，160℃时点蚀深度最大。结合图 2-18 可以看出，温度的升高能够显著提高平均点蚀速率，同时也能够促进点蚀深度的增加。

表 2-2 不同温度下鲜酸所引起的点蚀

温度/℃	最大点蚀坑深度/μm	平均点蚀深度/mm	平均点蚀速率/(mm/a)
60	12	8.1	52.56
160	62	45.2	271.56

总体而言，随温度的增高，点蚀深度以及平均点蚀速率增大明显，点蚀严重程度逐渐变大。

CO_2 存在会改变超级 13Cr 不锈钢的腐蚀形态，图 2-19 为超级 13Cr 不锈钢在温度 120℃、总压 10MPa、CO_2 分压 3.2MPa 和温度 95℃、总压 10MPa、CO_2 分压 3.2MPa 两种条件下的腐蚀形貌，可见两种条件下均出现了不同程度的点蚀。在 120℃全程酸化条件下，JFE-13Cr 的点蚀坑深度为 8～17μm，点蚀速率为 1.59mm/a；在 95℃全程酸化条件下，JFE-13Cr 的点蚀坑深度为 26～67μm，点蚀速率为 6.50mm/a，如图 2-20 所示。

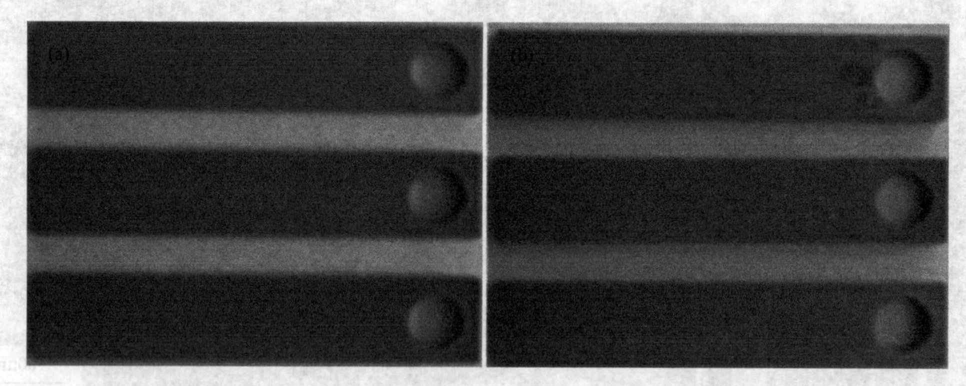

图 2-19 不同温度下 JFE-13Cr 不锈钢的腐蚀形貌

(a) 120℃；(b) 95℃

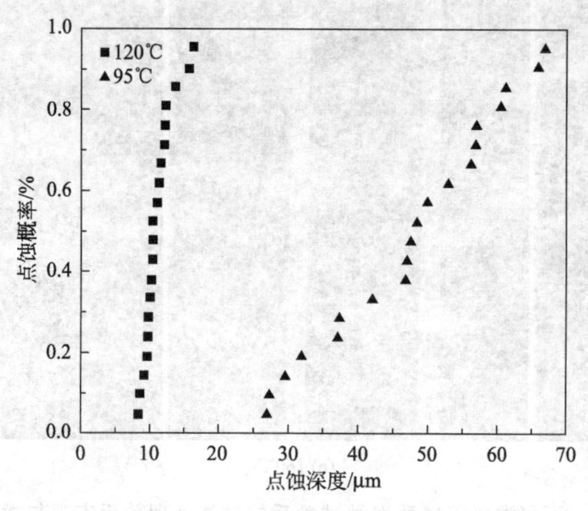

图 2-20 点蚀深度的概率统计分布

2.3.2 不同酸化循环阶段

2.3.2.1 点蚀过程与形态

酸化液配方（质量分数）为 15％HCl＋1.5％HF＋3％HAc＋4.5％缓蚀剂（TG201）；

用 $CaCO_3$ 将酸化后的残液调至 pH＝4～5，即为残酸溶液。根据油气井采出液各类离子浓度的调研结果，确定模拟采出水所加盐类为 7.77g/L $MgCl_2$、17.90g/L $CaCl_2$、0.56g/L Na_2SO_4、3.58g/L $NaHCO_3$，采出水浸泡期间持续通入饱和 CO_2。根据实际工况下的处理时间，确定实验室模拟处理过程为：90℃酸化 2h ⟶ 90℃残酸浸泡 7d ⟶ 90℃采出水浸泡 7d。A 代表 90℃酸化 2h 过程，B 代表 90℃残酸浸泡 7d 过程，C 代表 90℃采出水浸泡 7d 过程，总过程简写为 A ⟶ B ⟶ C。

采用体式显微镜观察 HP2-13Cr 在各处理阶段的点蚀坑的宏观形貌变化，如图 2-21 所示。从图 2-21(a) 中的 A 可看出，90℃鲜酸处理 2h 后（A 阶段），材料表面被红色的 TG201 缓蚀剂膜覆盖，缓蚀剂膜的微观 SEM 形貌如图 2-22 所示。从图 2-22(a) 可以看出，缓蚀剂膜均匀覆盖在材料表面，白色突起颗粒是由基体腐蚀产物的堆积造成的；从图 2-22(b) 可以看出，缓蚀剂膜并未完整地覆盖住整个表面，有少量大小不一的规则圆形孔洞，使基体这部分区域未被保护，而这些孔洞的产生是由于未被缓蚀剂覆盖的区域在酸液中腐蚀，产生 H_2 从基体表面逸出，阻碍了缓蚀剂的吸附。结合宏观照片［图 2-21(a) 中 A］和微观 SEM 图（图 2-22），可以发现，酸化过程中，缓蚀剂不能完整地覆盖住整个表面，腐蚀发生于基体未被保护的区域。A 阶段去除缓蚀剂膜后的基体腐蚀宏观形貌如图 2-21(b) 中 A 所示，可以看出，基体大部分区域受到了较好的保护，但仍有少量小的点蚀坑产生。点蚀坑的形貌如图 2-23(a) 所示，由于酸化时间的限制，点蚀坑小且浅。

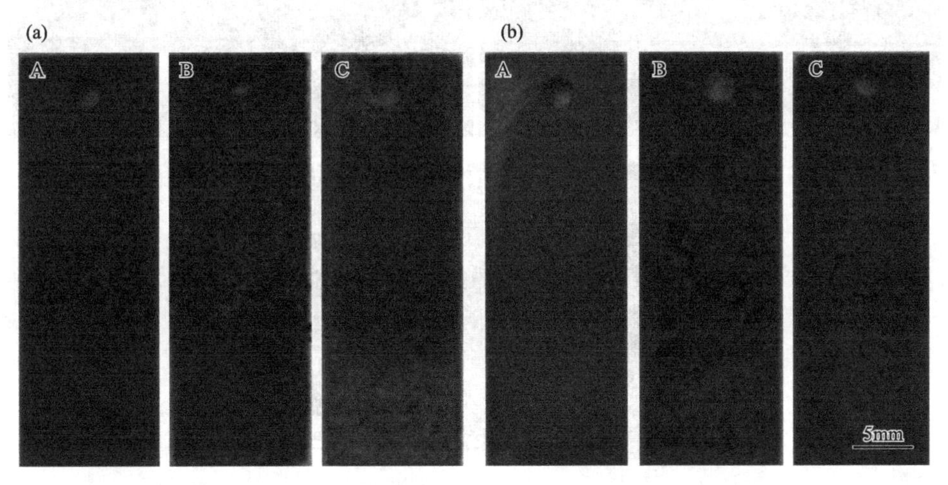

图 2-21　未除产物膜和去除产物膜的 HP2-13Cr 腐蚀形貌图

(a) 未去除产物膜；(b) 去除产物膜

经鲜酸浸泡 2h，然后残酸处理 7d 后（A ⟶ B）的腐蚀形貌如图 2-21(a) 中 B 所示。从图中可以看出，酸化后的试样经 7d 残酸处理后，表面的产物膜变得疏松，而且有部分区域破裂穿孔，易发生膜下腐蚀；去除产物膜后基体的腐蚀形貌如图 2-21(b) 中 B 所示，材料产生了明显的点蚀，点蚀坑的形貌如图 2-23(b) 所示，点蚀坑直径较大，但深度较小，为明显的浅碟形点蚀坑。比较 A ⟶ B 阶段与单一 A 阶段，材料的点蚀行为发生了明显变化，说明在返排残酸环境下，材料受到了显著的点蚀破坏。

经鲜酸浸泡 2h，然后残酸浸泡 7d，最后采出水浸泡 7d（A ⟶ B ⟶ C）后的腐蚀形貌如图 2-21(a) 中 C 所示。相比于残酸阶段，产物膜表面出现白色的沉积盐，但仍然疏松，部分区域鼓包、破裂。去除产物膜后，基体的腐蚀形貌如图 2-21(b) 中 C 所示，点蚀坑形

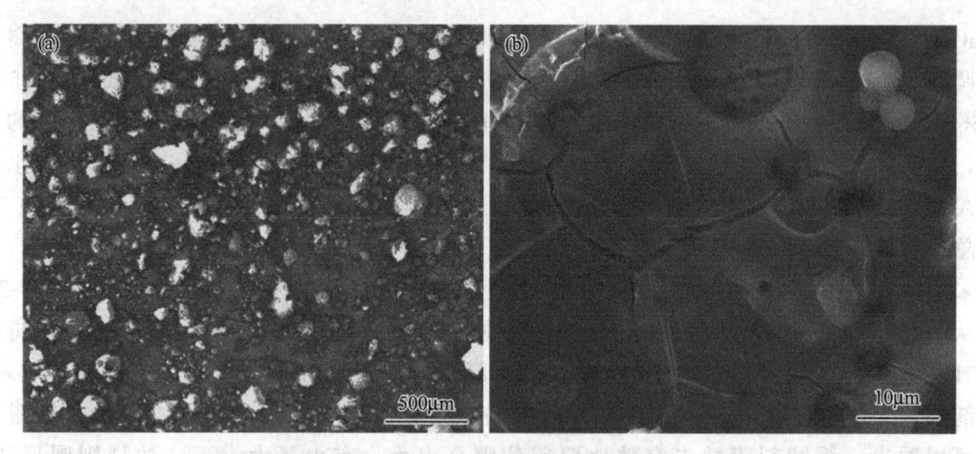

图 2-22 HP2-13Cr 鲜酸酸化后的腐蚀形貌 SEM 图

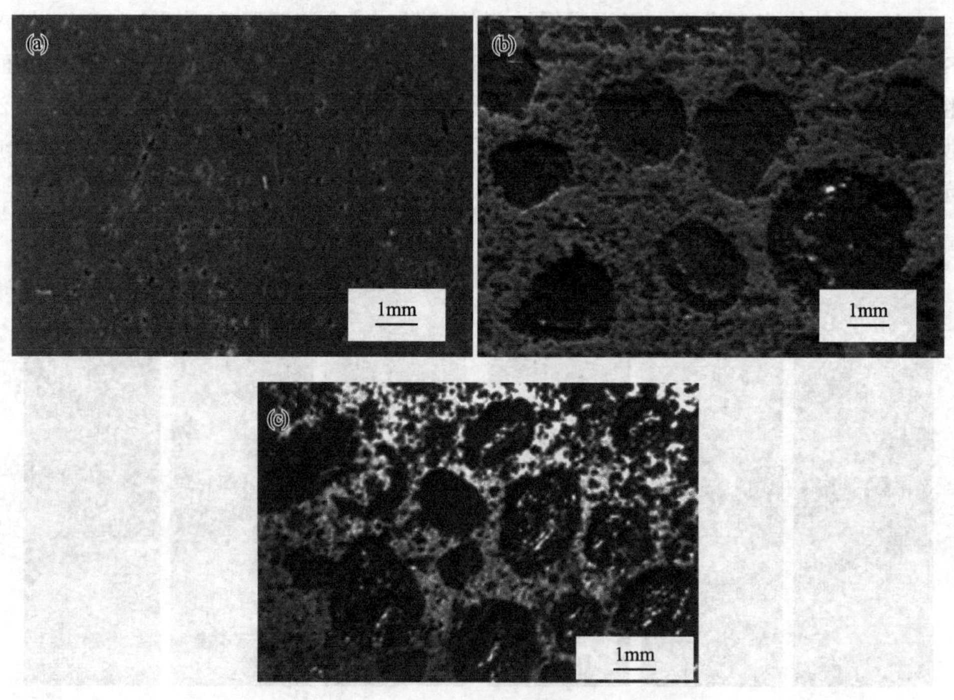

图 2-23 13Cr 不同腐蚀阶段的点蚀形貌图

(a) A 阶段；(b) B 阶段；(c) C 阶段

貌如图 2-23(c) 所示，点蚀形貌较 A ⟶B 阶段无明显变化。从 HP2-13Cr 在不同阶段的点蚀形貌可知：在酸化阶段（A），由于缓蚀剂的部分覆盖，材料产生少量点蚀，但由于酸化时间限制，酸化阶段产生的点蚀坑并未继续发展；酸化后的试样继续经历返排残酸阶段（A ⟶B）后，表面产生明显的点蚀坑，点蚀坑呈浅碟形；残酸阶段产生的点蚀坑继续经历采出水阶段（A ⟶B ⟶C）后无显著变化。综上所述，HP2-13Cr 在服役过程中的点蚀行为主要在返排残酸阶段产生，残酸是引起 HP2-13Cr 点蚀的主要原因。

2.3.2.2 点蚀坑深度分析

采用光学显微镜测量试样表面点蚀坑的深度，得到 HP2-13Cr 在不同阶段点蚀坑深度的变化，如图 2-24 所示。由图可知，HP2-13Cr 酸化 2h 后（A）的点蚀坑平均深度为 0.027mm，最大深度为 0.036mm；酸化后继续残酸处理（A ⟶B）7d，点蚀坑平均深度为 0.172mm，最大深度为 0.304mm；继续采出水处理 7d 后，点蚀坑平均深度发展至 0.181mm，最大深度发展至 0.306mm。点蚀坑深度的变化主要集中在残酸浸泡阶段，与前部分的点蚀坑形貌分析相吻合。实际施工过程中，酸化期间的腐蚀环境虽然恶劣，但周期较短，不是材料腐蚀破坏的主要环境。返排残酸和采出水周期较长，腐蚀性介质含量大，是油管钢发生腐蚀破坏的主要环境。从研究结果看，HP2-13Cr 的点蚀行为发生在残酸阶段，在采出水阶段有所发展。HP2-13Cr 残酸阶段平均点蚀坑深度的绝对变化量为 0.172mm－0.027mm＝0.145mm；采出水期间平均点蚀坑深度的绝对变化量为 0.181mm－0.172mm＝0.009mm，以此来计算返排残酸和采出水期间的点蚀速率，得到 $v_{残酸}=7.56$mm/a，$v_{采出水}=0.47$mm/a。

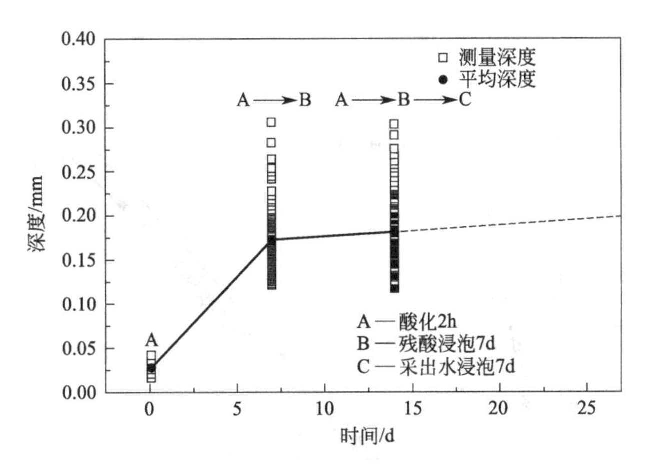

图 2-24 不同腐蚀阶段的点蚀坑深度发展

点蚀的产生和发展是一个随机过程，适合用统计学理论进行研究。研究证明，点蚀坑的深度分布服从 Gumbel 第一类近似函数：

$$FI(x)=\exp\{-\exp[-(x-\lambda)/\alpha]\}$$

式中，$FI(x)$ 表示点蚀坑深度不超过 x 的概率；x 为点蚀坑深度的随机变量；λ 和 α 为统计参量。

根据 Gumbel 分析方法，首先做出点蚀坑深度的累积概率分布图，具体过程如下：将所测得的 N 个点蚀坑深度按从小到大顺序排列，然后与累积概率 P 作图。其中累积概率 P 定义为：

$$P=n/(N+1)$$

式中，n 为各点蚀坑深度在排列中对应的序列值；N 表示统计的点蚀坑总数。酸化过程（A）产生的点蚀坑较少，$N=21$；A ⟶B 及 A ⟶B ⟶C 过程产生的点蚀坑多且明显，二者 $N=89$。所得到的累积概率分布如图 2-25 所示。三种过程下产生的点蚀坑深度分布与之前的分析结果一致。在累积概率分布图基础上，以递减变量 $-\ln[\ln(1/P)]$ 为纵坐标，以点蚀坑深度为横坐标，得到点蚀坑的 Gumbel 分布图，如图 2-26 所示。研究认为，若得到的曲线有很好的直线规律，则说明所得到的分布符合 Gumbel 分布。由图 2-26 可知，HP2-13Cr 在三种处理过程中的点蚀坑分布均符合 Gumbel 分布。

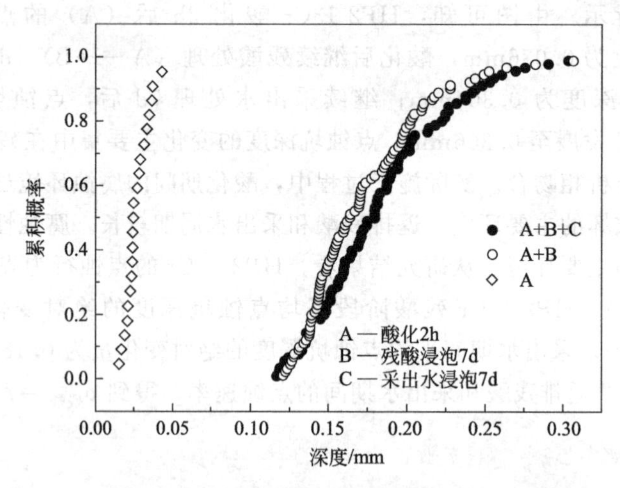

图 2-25 不同阶段点蚀坑深度的累积分布概率图

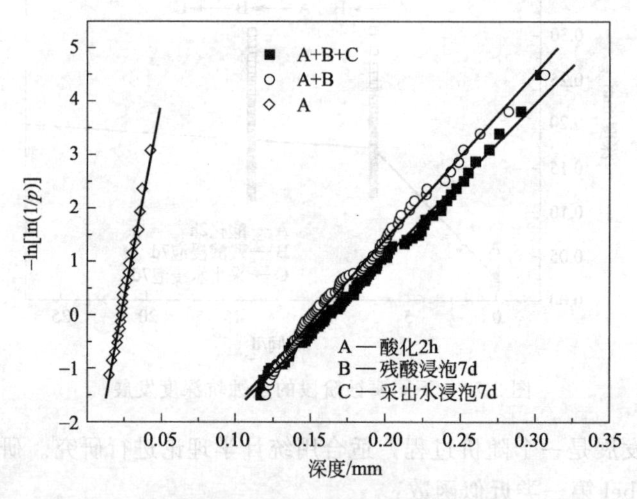

图 2-26 不同腐蚀阶段点蚀坑深度的 Gumbel 分布图

2.3.2.3 点蚀原因分析

根据 ASTM 标准，可以根据点蚀坑的截面变化，将点蚀坑分为 7 种形态，如图 2-27 所示。

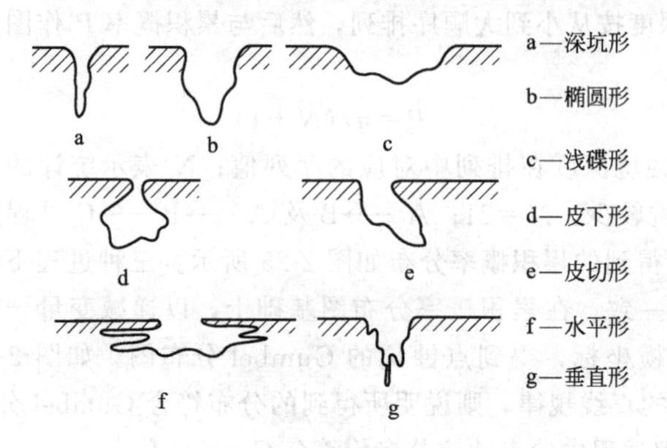

图 2-27 不同类型点蚀坑的截面形貌

观察 A ⟶B ⟶C 过程产生的点蚀坑的截面形貌，如图 2-28 所示，点蚀坑呈浅碟形。

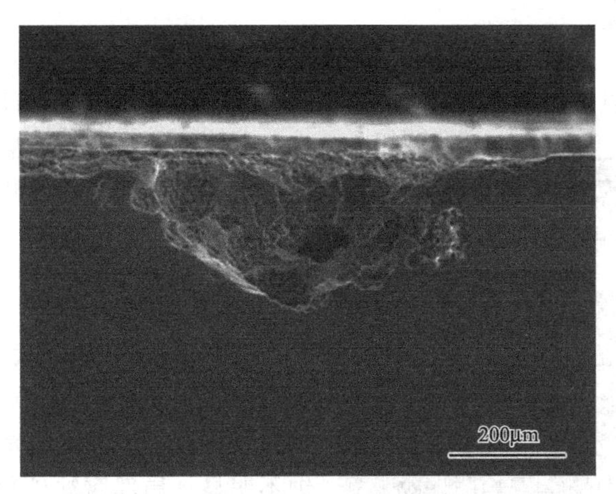

图 2-28　A ⟶B ⟶C 处理后的点蚀坑截面形貌

油管钢在实际服役过程中，经历鲜酸和残酸阶段后，表面会附上一层缓蚀剂与腐蚀产物混合的膜。当这层膜较疏松，与基体的结合较差时，经腐蚀液浸泡后会出现局部的剥离、起泡，形成膜内的局部腐蚀环境，产生点蚀。在腐蚀发展的过程中，膜的存在阻碍了膜内外的传质过程，造成膜内的侵蚀性粒子浓度进一步上升，加速了点蚀的发展。

2.3.3　不同部位

刘亚娟等参照 GB/T 10561—2005 标准，得到超级 13Cr 马氏体不锈钢 D 型夹杂为 1 级，DS 型夹杂为 1.5 级（直径<30μm）。

图 2-29 为循环酸化试验后超级 13Cr 马氏体不锈钢试样管体和接箍部分的宏观形貌。由图 2-29 可以看出，循环酸化试验结束后在接箍、管体及结合部位没有出现明显的局部腐蚀迹象。

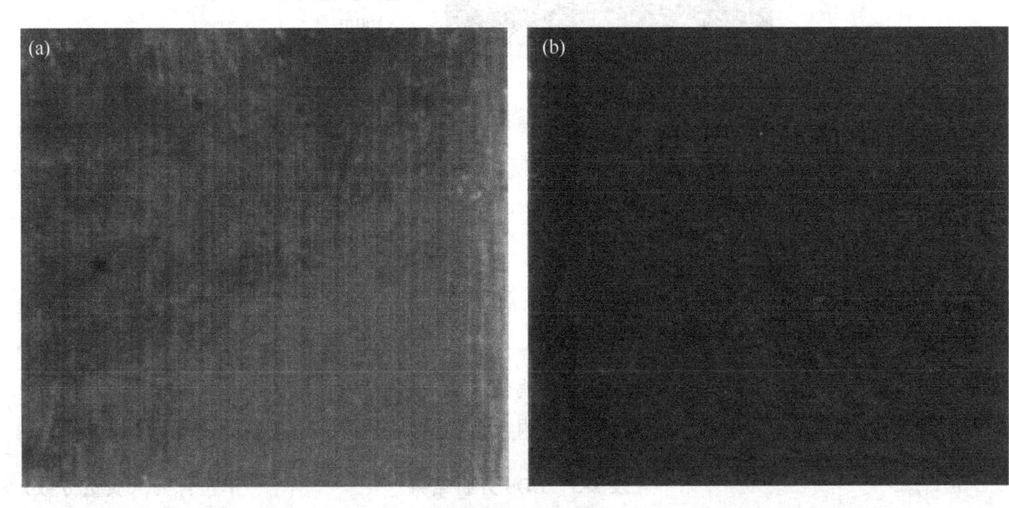

图 2-29　超级 13Cr 马氏体不锈钢管体与接箍经循环酸化后的宏观形貌

(a) 管体；(b) 接箍

2.4 完井液环境

完井液是新井从钻开产层到正式投产前，由于作业需要而使用的任何接触产层的液体。油气井完井的目的是要最大限度地沟通地层间的通道，从而保证油气井获得最高的产率。

图 2-30 高温高压环境腐蚀后试样的表面形貌

2.4.1 形貌与组分

从图 2-30 可知：试样表面均存在局部腐蚀现象，但仍比较光滑，说明超级 13Cr 不锈钢材料在该环境下主要发生局部腐蚀，均匀腐蚀不明显；局部腐蚀外径约 3～5μm，多呈点状，点蚀形貌符合椭圆形（圆形）腐蚀坑的表面特点。

试样表面局部腐蚀区域的 SEM 形貌及能谱见图 2-31，能谱分析结果见表 2-3。

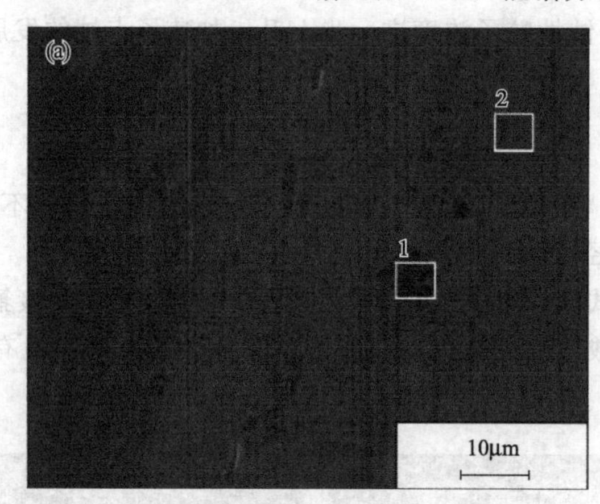

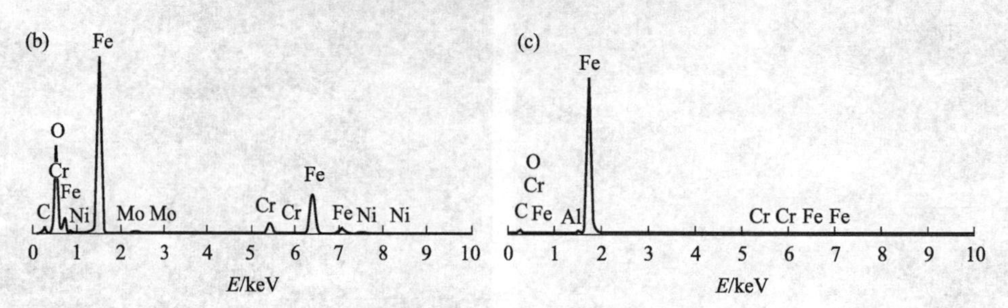

图 2-31 试样表面局部腐蚀区域 SEM 形貌及能谱

(a) SEM 形貌；(b) 点 1 能谱；(c) 点 2 能谱

表 2-3 EDS 分析结果 单位：%（质量分数）

元素	C	O	Cr	Fe	Ni	Mo	Al
点 1	3.33	17.56	7.16	68.45	2.46	1.05	—
点 2	11.25	1.12	1.51	85.20	—	—	0.92

从图 2-31 可以看出，除划痕外，试样表面含有少量腐蚀坑，并且腐蚀坑比较浅。由此可知，超级 13Cr 油管钢在该腐蚀环境下的腐蚀以局部腐蚀为主。由表 2-3 中数据可知，腐蚀坑附近（点 1 处）O 元素含量远高于无腐蚀坑的位置（点 2 处），推测腐蚀坑附近发生了吸氧腐蚀，主要生成铁的氧化物。

为进一步验证试样表面的元素分布，对腐蚀坑表面进行 EDS 面扫描，结果见图 2-33。由 EDS 面扫描结果可以看出，试样表面局部腐蚀位置处 O 元素含量明显高于其他部位，并且腐蚀坑周围出现贫铬区。由于铬含量降低，试样抗蚀能力下降，从而在腐蚀介质作用下易发生局部腐蚀；并且在 O 元素共同作用下，试样表面的 Fe 生成了某种 Fe 的氧化物，从而形成了局部腐蚀坑。

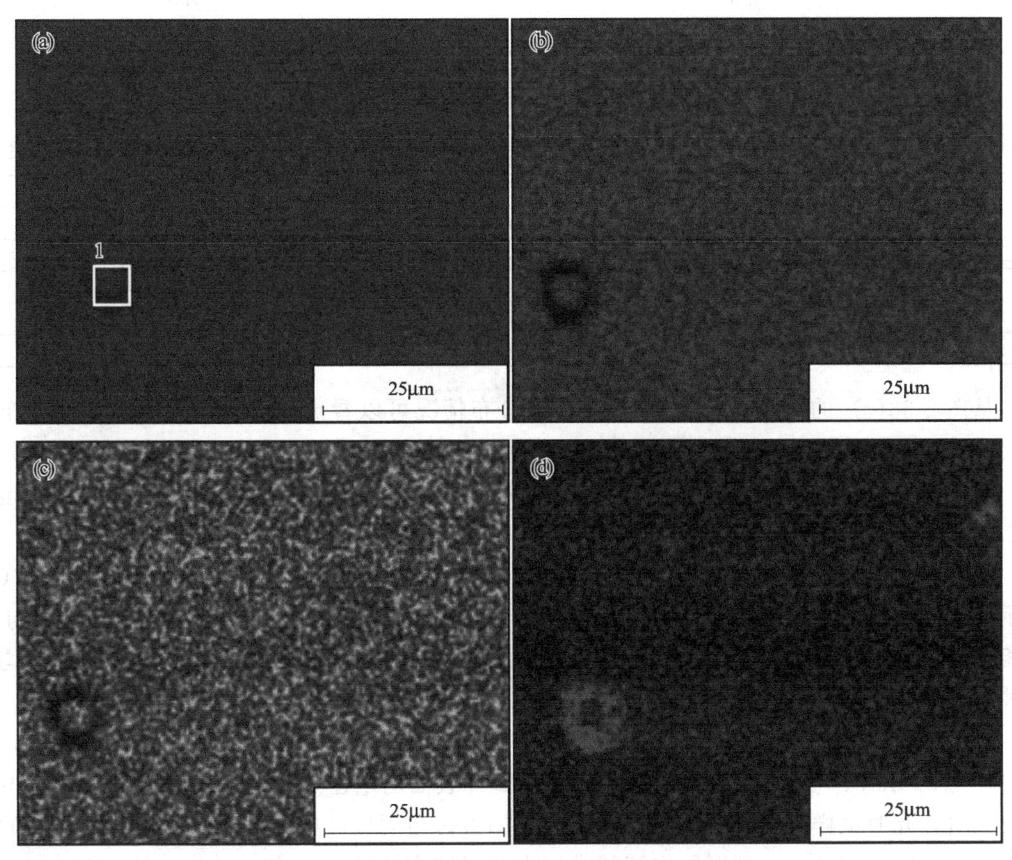

图 2-32　试样表面 EDS 面扫描

(a) 选择面；(b) Fe；(c) Cr；(d) O

2.4.2　电位分布

图 2-33 为不同浸泡时间后的扫描开尔文探针测量（SKP）电位分布的 Gauss 拟合曲线，其拟合公式为：

$$E=E_0+\frac{A}{w\sqrt{\pi/2}}e^{-2\frac{(x-x_c)^2}{w^2}} \tag{2-2}$$

式中，A 为常数；E_0 为纵坐标（电位）偏移量；x_c 为集中分布的电位；w 为电位分布的集中程度，该值越小，则电位分布越集中于 x_c。拟合分析结果见表 2-4。

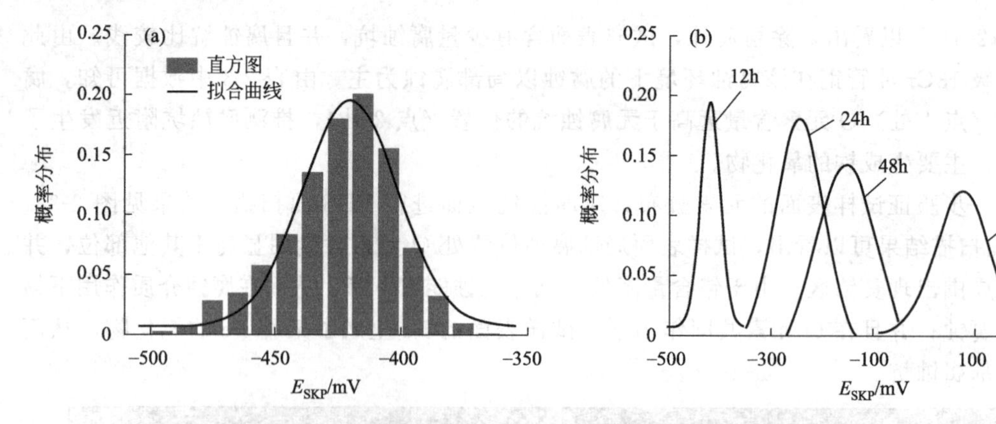

图 2-33　超级 13Cr 不锈钢油管在饱和 CO_2 的甲酸盐溶液中 SKP 电位分布拟合曲线

(a) 初始电位；(b) 浸泡不同时间后的电位

表 2-4　超级 13Cr 不锈钢油管在饱和 CO_2 的甲酸盐溶液中浸泡不同时间后表面 SKP 电位 Gauss 拟合

t/h	x_c/mV	w
0	−420.2	0.179
12	−408.0	0.175
24	−246.5	0.174
48	−153.9	0.151
72	74.9	0.131

从图 2-33(a) 的 0h 空白试样表面的电位分布情况可以看出，空白试样表面电位分布较均匀，三维立体图也比较平坦。由图 2-33 和表 2-4 中数据可知，初始电位较负，基本分布于−420mV 左右，电位范围为−505～−355mV，电位差为 150mV。在这种情况下，超级 13Cr 不锈钢油管的阳极、阴极分布存在很大程度的不规则性，活性点随机分布。

随着浸泡时间的延长，试样表面的电位朝正向移动，试样表面的电位变化如图 2-33(b) 所示。浸泡 12h 后超级 13Cr 不锈钢电位在−519～−334mV 之间，电位差为 185mV，与 0h 时相比电位差有所增加，但增加幅度不大，可知在这个时间段内材料表面主要发生的是均匀腐蚀，点蚀效果不明显。

浸泡 24h、48h 后超级 13Cr 不锈钢电位分别为−351～−131mV 及−268～−48mV，电位差均为 220mV，与 0h 时的空白试样相比，试样表面的电位差明显增加，阳极区出现电位的极大值，此时试样表现出一定的局部腐蚀。阳极区与阴极区的电位差是驱动腐蚀发生的主要驱动力，电位差越大，则腐蚀电流越大，由此可知腐蚀正在加速。

浸泡 72h 后超级 13Cr 不锈钢电位为−95～221mV，腐蚀电位进一步上升，电位差增大到 316mV，且从电位分布图上可以看出，阳极区出现一个明显的电位峰，由此可知局部腐蚀在之前的基础上进一步发展，该区域有发展成点蚀坑的趋势。

高温高压环境下腐蚀形貌与微区电化学中局部腐蚀形貌相同，由此可知超级 13Cr 不锈钢油管在腐蚀环境中产生的局部腐蚀主要为椭圆形蚀坑。点蚀的发生分为萌生和发展两个阶段。点蚀的萌生也称为点蚀的形核。由超级 13Cr 不锈钢在甲酸盐溶液中浸泡后的表面 SKP 电位分布拟合曲线可知，随着浸泡时间的增加，电位分布会出现明显的阴极区域和阳极区域。这是因为在超级 13Cr 不锈钢表面的活性区域发生均匀腐蚀及局部腐蚀。点蚀主要发生在材料表面薄弱环节，包括表面组织不均匀处、化学成分不均匀处以及夹杂物、位错露头等位置。同时，在这些表面薄弱环节极易形成微观腐蚀原电池，使点蚀向试样内部继续扩展，导致局部腐蚀的程度远大于平均腐蚀的程度。

点蚀发生后，局部腐蚀以蚀孔为中心向四周扩散。此时，点蚀坑周围处于活性状态，而点蚀坑以外周围的金属被腐蚀产物膜覆盖，处于钝化状态。蚀孔内外形成了活化-钝化电池，由于阴极区域大于阳极区域，活化-钝化电池具有大阴极小阳极的特点，点蚀进一步加剧。

点蚀的发展理论中公认度比较高的是蚀孔内闭塞腐蚀电池自催化效应。点蚀形核以后，金属在蚀坑内就会处于活化溶解状态，此时蚀坑为阳极；而在蚀坑的外表面，金属处于钝化状态，即阴极状态。此时腐蚀坑底活化区域与腐蚀坑外表面钝化区域形成了小阳极大阴极的活化-钝化电池，从而加速了蚀坑的溶解。在蚀坑底部金属溶解的主要反应方程式为：

$$Fe \longrightarrow Fe^{2+} + 2e^- \tag{2-3}$$

$$Cr \longrightarrow Cr^{3+} + 3e^- \tag{2-4}$$

$$Ni \longrightarrow Ni^{2+} + 2e^- \tag{2-5}$$

金属表面的阴极反应方程式可表示为：

$$O_2 + 2H_2O + 4e^- \longrightarrow 4OH^- \tag{2-6}$$

腐蚀坑内的 Fe^{2+} 向外扩散，与阳极区域的 OH^- 产生二次反应，即：

$$Fe^{2+} + 2OH^- \longrightarrow Fe(OH)_2 \downarrow \tag{2-7}$$

$$4Fe(OH)_2 + 2H_2O + O_2 \longrightarrow 4Fe(OH)_3 \downarrow \tag{2-8}$$

蚀坑的孔口处形成的 $Fe(OH)_3$ 沉淀会阻挡溶液的离子交换，由于蚀坑内部的离子无法与外部交换，在腐蚀坑底部形成了闭塞区域。闭塞区域外富氧而闭塞区域内缺氧，从而在蚀孔内外形成了氧浓差电池，使电蚀坑内金属的阳极溶解进一步加速。

2.5 开发环境

2.5.1 Cl^- 浓度的影响

超级13Cr不锈钢油套管钢在30℃下不同质量分数NaCl溶液中的极化电流密度与点蚀电位的关系如图2-34所示。在同一温度和NaCl质量分数条件下，随着极化电位的增加，初期试样的电流密度并没有明显改变，但极化电位达到一定程度后，电流密度明显增加并且增加速度逐步加快，然后在并不太大的极化电位范围内急剧增大，基本呈线性变化。通过线性部分所作的直线与极化电位的横轴相交，交点所对应的电位就是发生点蚀的临界极化电位。另外，随着NaCl质量分数的增加，材料的临界点蚀电位下降，也就是说材料的点蚀敏感性增强，这说明材料的耐点蚀能力随着 Cl^- 质量分数的增加而降低。这主要是因为当介质中含有活性 Cl^- 和极化电位达到临界点蚀电位时，Cl^- 优先选择性地吸附在钝化膜上，与钝化膜中的阳离子结合而溶解，造成钝化膜的局部破坏，导致点蚀的发生，腐蚀电流密度就会显著增大。

超级13Cr油套管钢良好的耐蚀性来自其表面钝化膜的稳定性和致密性。该钝化膜不断向溶液中溶解和通过内部Cr形成新的钝化层来保持动态平衡。当钝化膜处于稳定状态时，膜的生长速率和溶解速率相等，处于相对的动态平衡。

但是对于局部区域而言，特别是极化电位超过临界点蚀电位时，钝化膜的生长和溶解速率并不相同，溶解的速率要大于生长的速率。当腐蚀介质中存在 Cl^- 时，在钝化膜某点局部的阳极电流密度高于临界电流密度时，该区域的电场强度明显变大，导致离子的快速迁移，从而使溶液中的 Cl^- 向这一局部区域快速富集。Cl^- 可在金属表面吸附，破坏钝化膜，介质

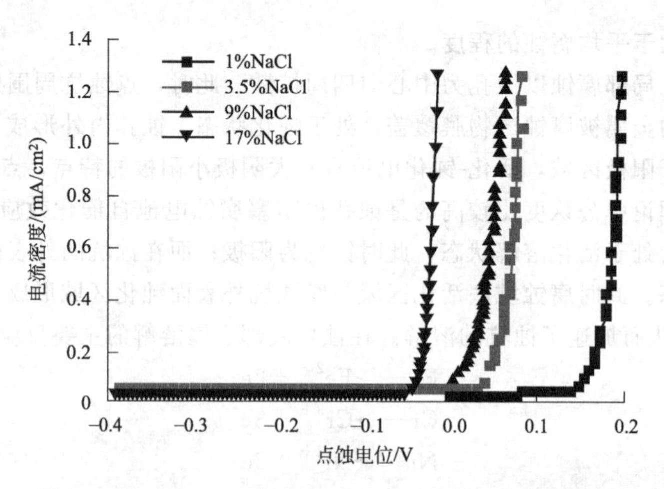

图 2-34　超级 13Cr 不锈钢在 30℃下不同质量分数的 NaCl 溶液中的极化电流密度与点蚀电位的关系

扩散速率增大，腐蚀速率提高，穿透力强，腐蚀沿纵向发展从而导致点蚀的发生。

2.5.2　温度的影响

郑伟研究了超级 13Cr 在更高温度下的金相显微特征，如图 2-35 所示。可以看出，随温度

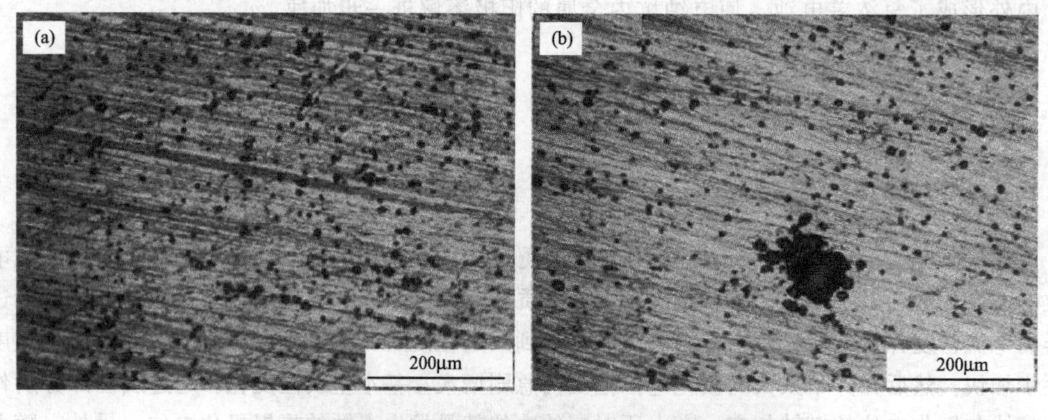

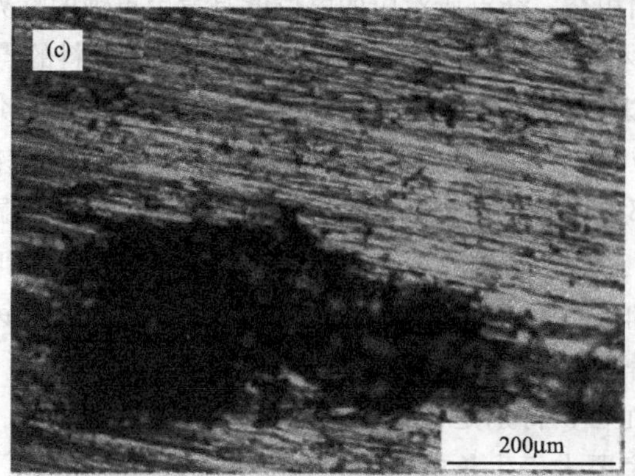

图 2-35　超级 13Cr 油套管钢点蚀的金相分析

(a) 60℃；(b) 80℃ (c) 100℃

升高，点蚀的尺寸逐渐增大，到100℃时，点蚀发展为长度约400μm的点蚀坑，由点蚀引发了局部腐蚀，腐蚀程度加重。这说明温度对超级13Cr油套管钢在NaCl溶液中发生腐蚀有一定的影响，随溶液温度的升高，其抗腐蚀性能降低，发生腐蚀的倾向性增大。这可能是因为随温度升高，Cl^-活性增强，更易与钝化膜中的阳离子结合成可溶性氯化物，导致钝化膜的破坏。

60℃、80℃、100℃对应的点蚀电位分别为−0.24V、−0.27V、−0.36V，随温度升高，超级13Cr的点蚀电位下降，这是因为随温度的升高，Cl^-活性增强，更易与钝化膜中的阳离子结合成可溶性氯化物，导致钝化膜的破坏，腐蚀速率增大。

韩燕等也发现超级13Cr不锈钢在不同温度条件下均发生了不同程度的点蚀，且温度升高，点蚀坑的数量增多。在120℃时，点蚀坑数量最多，温度继续升高时，点蚀坑数量减少。在试验条件下，超级13Cr不锈钢在120℃温度下点蚀最易发生。不同温度下的金相与SEM图如图2-36和图2-37所示。

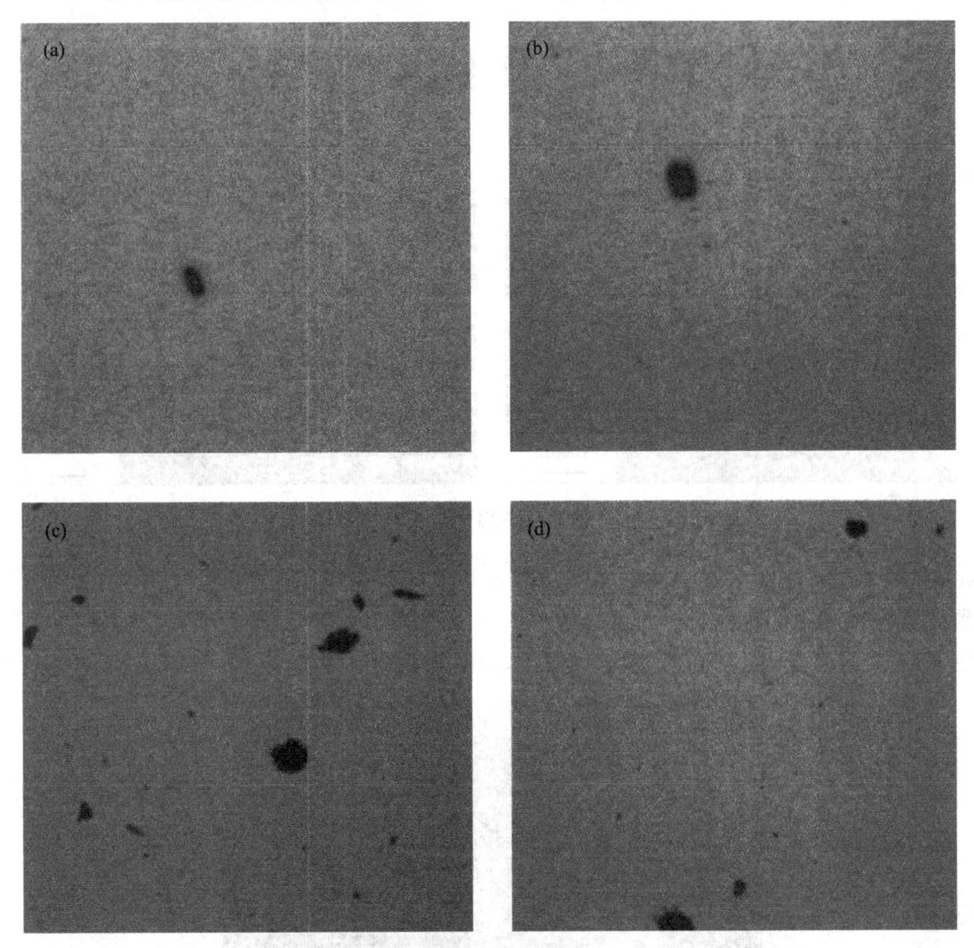

图2-36 腐蚀表面金相形貌（X500）

(a) 60℃；(b) 90℃；(c) 120℃；(d) 150℃

60℃时试样表面未出现明显的腐蚀产物膜，还保留试验前的原始打磨痕迹。随温度升高，点蚀倾向性增大，120℃时点蚀坑深度及数量最多。根据相关文献报告，当温度升到120℃时，超级13Cr不锈钢的极化电阻降低，点蚀电位负移，使点蚀加剧；超过120℃后，点蚀电位和再钝化电位逐渐正移，且由于均匀腐蚀加快，超级13Cr不锈钢表面膜层的增厚

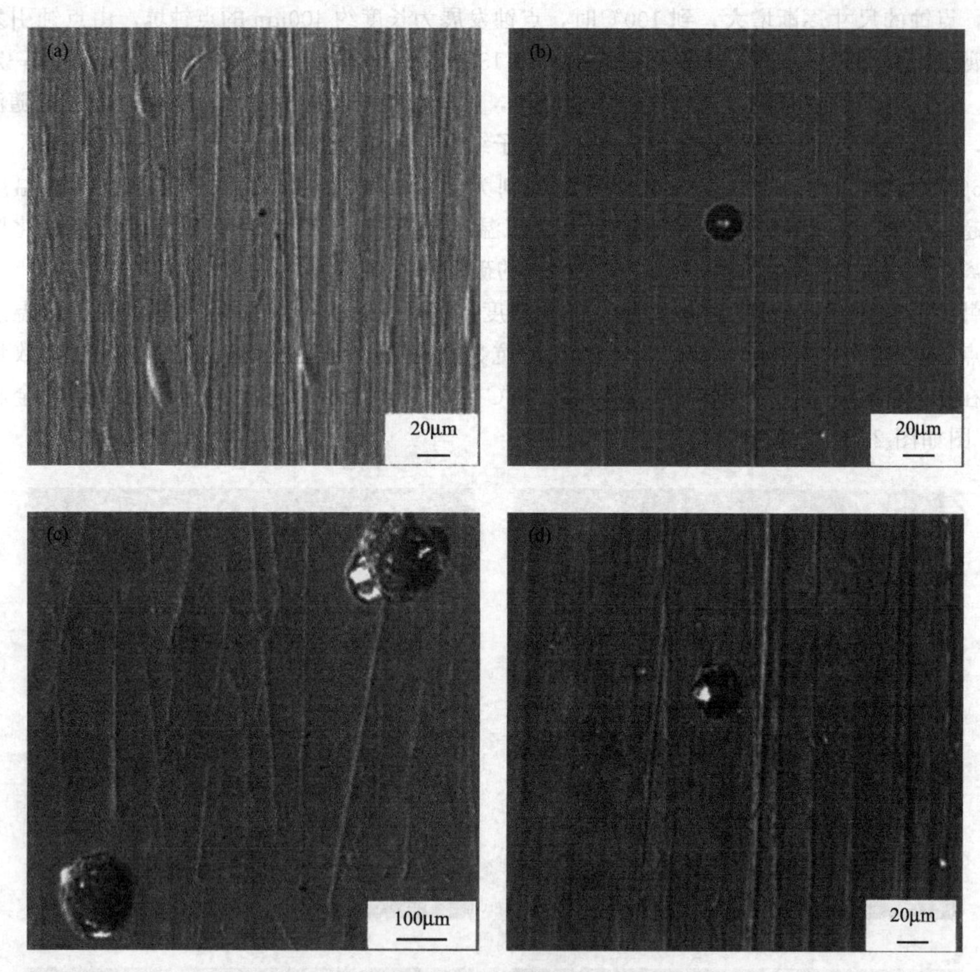

图 2-37　不同温度下腐蚀后表面 SEM 形貌

(a) 60℃；(b) 90℃；(c) 120℃；(d) 150℃

也导致点腐蚀速率下降。

图 2-38 及表 2-5 为 120℃时超级 13Cr 不锈钢点蚀坑内腐蚀产物 EDS 分析位置及结果。

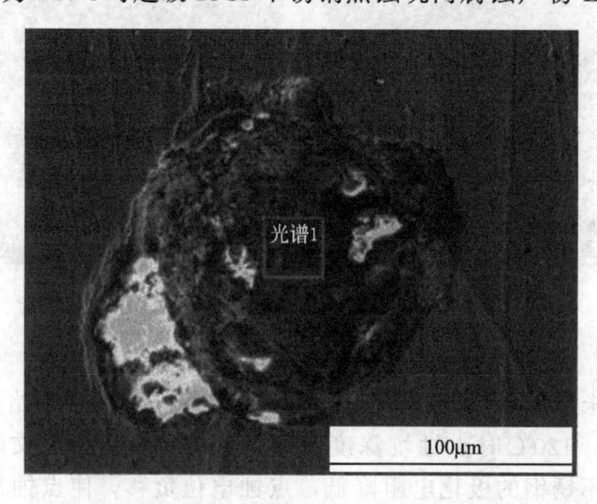

图 2-38　120℃下点蚀坑内腐蚀产物 EDS 分析位置

点蚀坑内出现了O、S、P等夹杂物形成元素，这表明点蚀极有可能起源于试样表面夹杂物位置，这些区域极易造成点蚀的萌生和发展。在点蚀坑内部还存在质量分数为3%的Cl元素，这表明Cl元素对超级13Cr不锈钢点蚀的形成起到诱发作用。

表2-5 EDS分析结果 单位：%

元素	C	O	S	Cl	Cr	Fe	Ni	P
质量分数	2.96	20.61	1.00	3.09	20.63	47.87	3.16	0.65
原子分数	8.58	44.93	1.08	3.03	13.82	15.83	1.87	0.86

图2-39和表2-6为120℃时超级13Cr不锈钢点蚀坑腐蚀产物的EDS分析位置和结果。腐蚀产物中出现O、Si、S和Ca等夹杂物的形成元素，这表明点蚀起源于材料表面夹杂物脱落的位置，这些区域是造成点蚀的萌生和发展的主要原因。由表2-6可以看出，在点蚀坑内还存在少量的Cl元素，这说明Cl元素在一定程度上促进了材料点蚀的形成。当超级13Cr不锈钢浸入含有Cl^-的腐蚀介质时，由于Cl^-活性较强，它很快会吸附在材料表面形成的钝化膜上，钝化膜中的阳离子与Cl^-结合而溶解，造成了钝化膜的局部损坏，导致点蚀的发生。另外，Cl元素极易置换钝化膜薄弱部位的氧原子，金属表面钝化膜发生溶解，开始出现点腐蚀。综上所述，Cl^-可溶解钝化膜，从而导致了点蚀的发生。

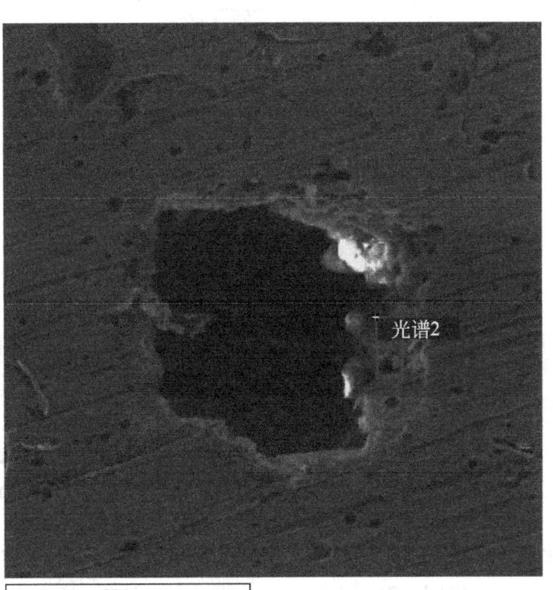

图2-39 点蚀坑腐蚀产物EDS分析位置

表2-6 腐蚀产物EDS分析结果 单位：%

元素	C	O	Na	Si	S	Cl	K	Ca	Cr	Fe	Br
质量分数	55.66	25.26	3.66	1.27	0.53	5.04	0.53	0.80	1.85	4.71	0.69
原子分数	68.77	23.43	2.36	0.67	0.25	2.11	0.20	0.29	0.53	1.25	0.13

图2-40为试验结束后试样表面XRD结果。经过7天的腐蚀试验，超级13Cr不锈钢试样表面未发现CO_2腐蚀产物$FeCO_3$，均为不锈钢基体成分。由于单质Cr的标准电极电位较低，在空气中极易生成氧化物及氢氧化物膜，这层产物膜致密，不易脱落，且标准电极电位很高，可以有效地保护材料免受CO_2腐蚀。因此，在本试验条件下的CO_2腐蚀环境中，超级13Cr不锈钢表面上未发现CO_2的腐蚀产物$FeCO_3$。

综上所述，造成超级13Cr不锈钢点蚀的原因有两个：13Cr不锈钢钝化膜存在薄弱部位（如非金属夹杂物第二相、晶粒边界等），由于含Cr量较低，能量较高，这些薄弱部位极易被腐蚀形成点蚀。钝化的钢浸入含Cl^-的腐蚀性介质中，Cl^-就吸附到金属表面的钝化膜上，钝化膜薄弱部位的氧原子极易被Cl^-置换。在高浓度Cl^-的情况下，金属成为阳极，吸入Cl^-时金属的溶解超电压比吸入氧时的超电压低，故使局部地区的钝化行为丧失，金属发生溶解，开始出现点蚀。点蚀一旦发生，阳极部位连续的高电流密度使此处金属始终保持活

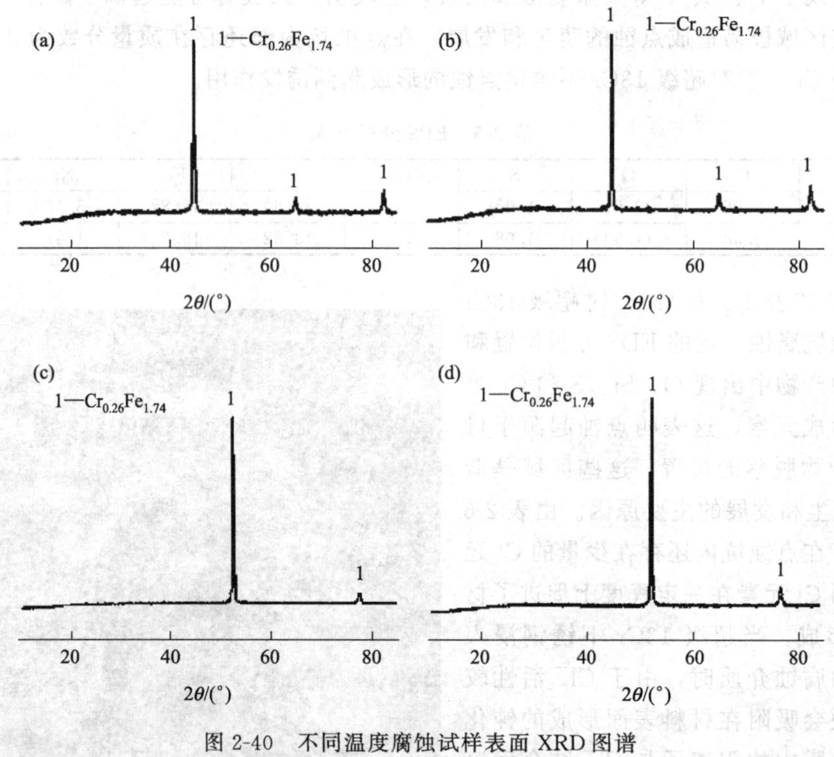

图 2-40　不同温度腐蚀试样表面 XRD 图谱

(a) 60℃；(b) 90℃；(c) 120℃；(d) 150℃

化状态，这时 Cl^-（及其他阴离子）被不断地输送到点蚀坑内，造成 Cl^- 的浓缩，点蚀速率加快，腐蚀加剧。

图 2-41 为超级 13Cr 不锈钢在 CO_2 分压为 2.5MPa 时，在不同条件下的点蚀形貌的金相显微组织。可以看出，在 CO_2 腐蚀环境中，超级 13Cr 的点蚀比较轻微，随温度升高，点蚀倾向性增大。在 H_2S/CO_2 腐蚀环境中，由于 H_2S 腐蚀性气体的存在，点蚀倾向性明显增大，当 Cl^- 浓度为 160g/L 时，试样表面已经出现明显的点蚀形貌［见图 2-41(f)］，其最大点蚀深度可达 28μm。

2.5.3　醋酸的影响

金属和合金点蚀是工业系统材料失效的主要原因之一。由于点蚀的复杂性，控制点蚀十分困难。点蚀包括两个主要过程：点蚀形核和核生长。有学者认为坑的萌生是由于局部位置的随机波动导致无源膜层破裂。形核后，核可立即再钝化或生长再钝化。通常，这个过程被认为是亚稳态点蚀。如果一个亚稳态核可以无限增长，它就会变成一个稳定的核。

众所周知，与烃类共同产生的二氧化碳、挥发性有机酸等酸性气体构成了实际油气系统的腐蚀环境。醋酸（HAc）是最丰富的挥发性有机酸之一，在水溶液中浓度可达百万分之几千。

现场经验表明，HAc 是凝析油管道发生局部腐蚀的重要因素之一。当油气管道中存在气相 HAc 时，它与 CO_2 一起溶解在水溶液中，然后 HAc 分解成氢离子和醋酸根，可以表示为：

$$HAc \longrightarrow H^+ + Ac^- \tag{2-9}$$

图2-41 超级13Cr不锈钢点蚀形貌的金相显微分析

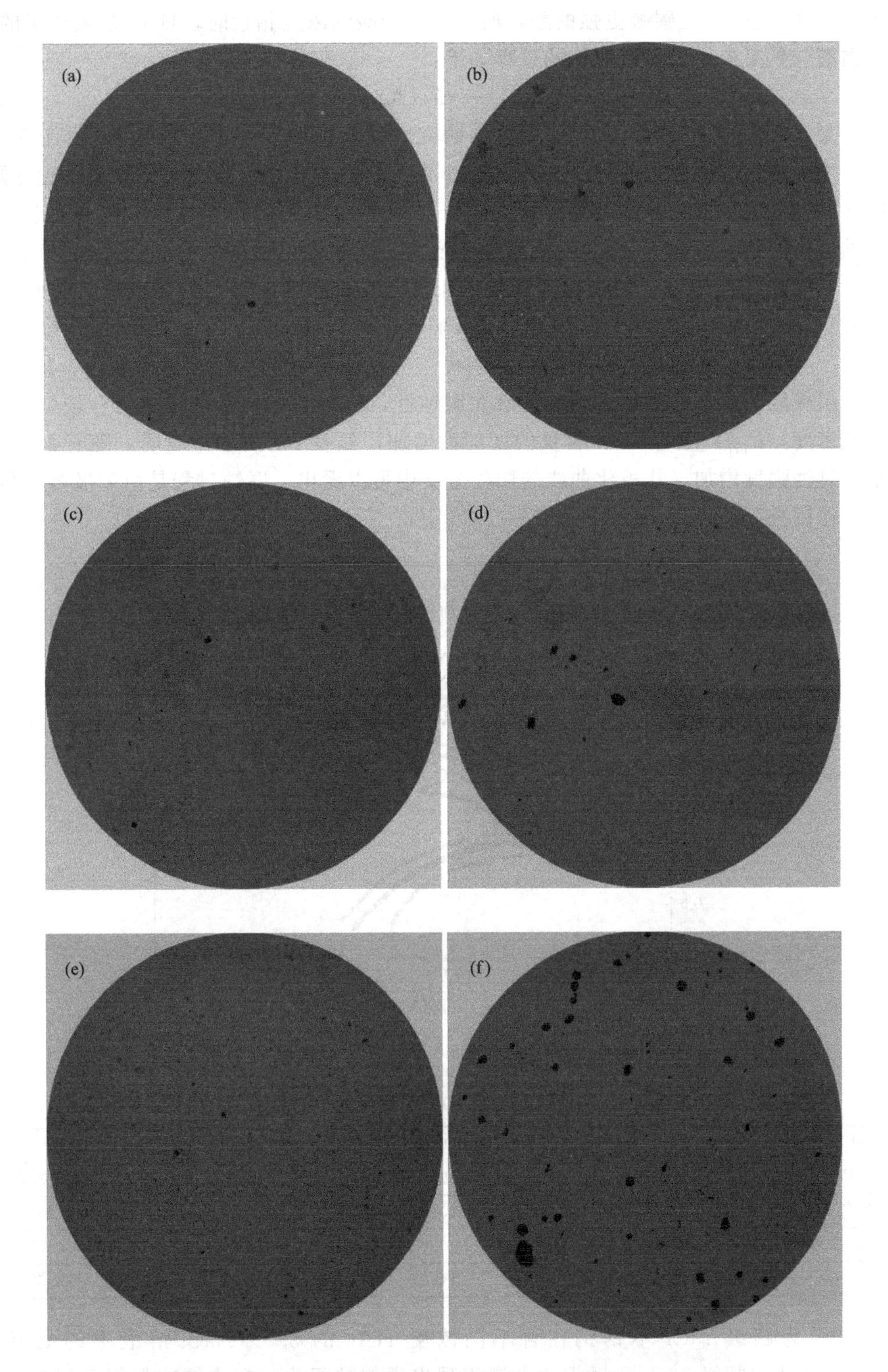

图2-41 超级13Cr不锈钢点蚀形貌的金相显微分析（100×）

(a) 60℃；(b) 100℃；(c) 140℃；(d) 180℃；(e) 140℃，H_2S分压1MPa，Cl^-浓度80g/L；(f) 140℃，H_2S分压1MPa，Cl^-浓度160g/L

由于 HAc 是一种比碳酸更强的酸，所以当两种酸的浓度相近时，HAc 是氢离子的主要来源。醋酸与铁反应生成醋酸亚铁的过程如下：

$$Fe+2HAc \longrightarrow Fe(Ac)_2+H_2\uparrow \tag{2-10}$$

近年来，有关 HAc 存在下 CO_2 腐蚀的研究文献陆续发表。一些研究报道了在有 HAc 存在的情况下腐蚀性增强，而另一些研究报道了 HAc 作为一种抑制剂，导致腐蚀速率降低。

图 2-42 为超级 13Cr 不锈钢在含不同 HAc 浓度的 3.5% NaCl 溶液中的电位动态极化曲线。腐蚀电位（E_{corr}）随 HAc 含量的增加而增大，即腐蚀电位的偏移量为正，如表 2-7 所示。此外，如图 2-42 所示，所有极化曲线的阳极分支都存在明显的钝化区域。然而，阳极 Tafel 斜率（b_a）小于含有 HAc 的阳极 Tafel 斜率（b_a），这说明 HAc 在腐蚀过程中起着一定的作用。与阳极分支相比，极化曲线的阴极分支发生明显的变化。可以看出，HAc 的加入增加了阴极限流，从而提高了阴极的潜在腐蚀性，这与 Crolet 等的结果吻合较好。此外，腐蚀电流密度（i_{corr}）随着 HAc 含量的增加而增加，如表 2-7 所示。表明，随着 HAc 含量的增加，腐蚀强度增加。从极化曲线的阳极分支中可以看出，腐蚀过程是由阳极溶解和阴极扩散共同作用控制的。

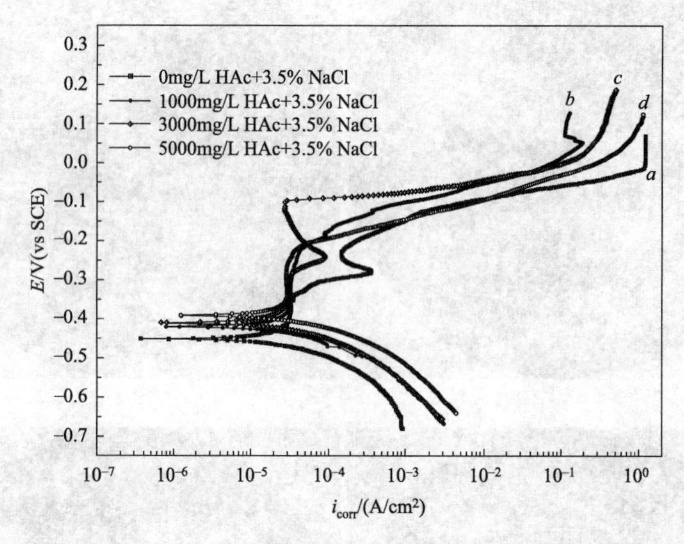

图 2-42 90℃时 3.5%NaCl 溶液中加入不同含量 HAc 的电位动态极化曲线

表 2-7 90℃超级 13Cr 不锈钢在不同 HAc 含量的氯化钠溶液中的极化曲线参数

HAc 含量	0mg/L	1000mg/L	3000mg/L	5000mg/L
E_{corr}/V	−0.451	−0.419	−0.407	−0.387
b_a/(V/dec)	0.069	0.145	0.132	0.156
b_c/(V/dec)	−0.049	−0.055	−0.060	−0.054
i_{corr}/($\mu A/cm^2$)	11.35	14.87	16.64	19.52

图 2-43 为超级 13Cr 不锈钢在含不同浓度 HAc 的 3.5%NaCl 溶液中的尼奎斯特（Nyquist）曲线。超级 13Cr 不锈钢的光谱表现出类似的行为，在中频或低频区域包含两个具有中等阻抗大小的凹陷半圆，这说明形成了一种常见的耐钝化膜。结果表明，压下半圆的直径随 HAc 的增加而减小，表明腐蚀强度增加。此外，凹陷的半圆可能是由微观表面粗糙度和多孔腐蚀产物膜的存在造成的。

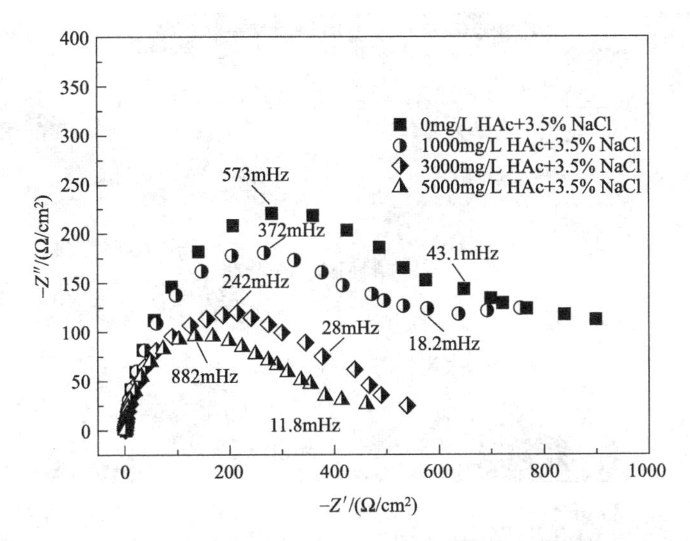

图 2-43 90℃时在 3.5%NaCl 溶液中加入不同含量 HAc 得到的尼奎斯特曲线

图 2-44 为超级 13Cr 不锈钢尼奎斯特曲线对应的等效电路，其拟合参数见表 2-8。可见，R_t 值随 HAc 含量的增加而稳定下降，在 HAc 达 5000mg/L 时约下降 50%，说明加入 HAc 可增强电极的腐蚀侵蚀。同时，R_{pit} 值的量值较小，说明点蚀的成核和生长过程比点蚀的修复过程要快，其中修复过程是由离子通过点蚀坑的电流获得的。其原因可能是 HAc 的添加使得均匀腐蚀替代了局部腐蚀，钝化处理不足以修复钝化膜中的凹坑。此结果与极化曲线基本一致。此外，根据腐蚀电化学原理，CPE 指数 n 从 0.460 变为 0.405，这表明电化学腐蚀过程不是纯电容或电阻行为，其中 CPE 分别代表电容（$n=1$，$Q=R$）和电阻（$n=1$，$Q=C$）的变化。

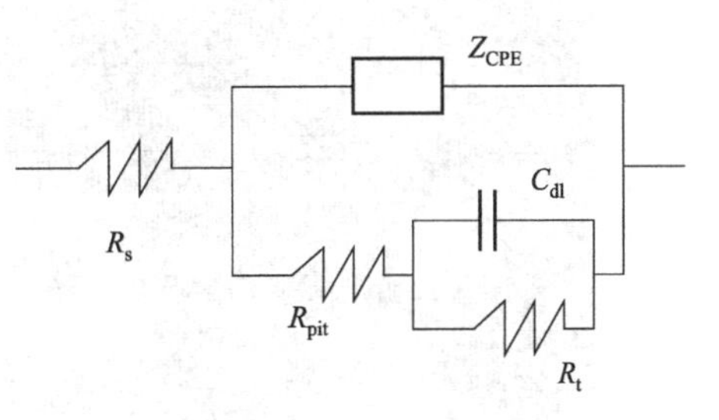

图 2-44 超级 13Cr 不锈钢尼奎斯特曲线对应的等效电路

表 2-8 交流阻抗拟合参数

参数	0mg/L	1000mg/L	3000mg/L	5000mg/L
$R_s/(\Omega/cm^2)$	0.2129	0.1939	0.1915	0.1985
$R_{pit}/(\Omega/cm^2)$	0.0288	0.0193	0.0397	0.0281
$C_{dl}/(\Omega/cm^2)$	234.5×10^{-6}	323.7×10^{-6}	349.1×10^{-6}	296.8×10^{-6}
$R_t/(\Omega\cdot cm^2)$	921.9	810.4	565.5	469.3

图 2-45 为超级 13Cr 不锈钢在含不同浓度 HAc 的 3.5% NaCl 溶液中的 SEM 图像。很明显，超级 13Cr 不锈钢在含 0mg/L、1000mg/L、3000mg/L 和 5000mg/L HAc 情况下腐蚀坑的直径分别为 210.9μm、243.6μm、345.6μm 和 243.6μm，表明腐蚀坑直径随 HAc 的增加而增大。此外，随着 HAc 浓度的升高，在试样表面腐蚀坑周边会形成更多的腐蚀坑，它们是次生坑。一般来说，点蚀被认为是钝化膜的局部击穿导致裸金属在氯离子等腐蚀性离子的存在下迅速溶解并与酸作用的结果。

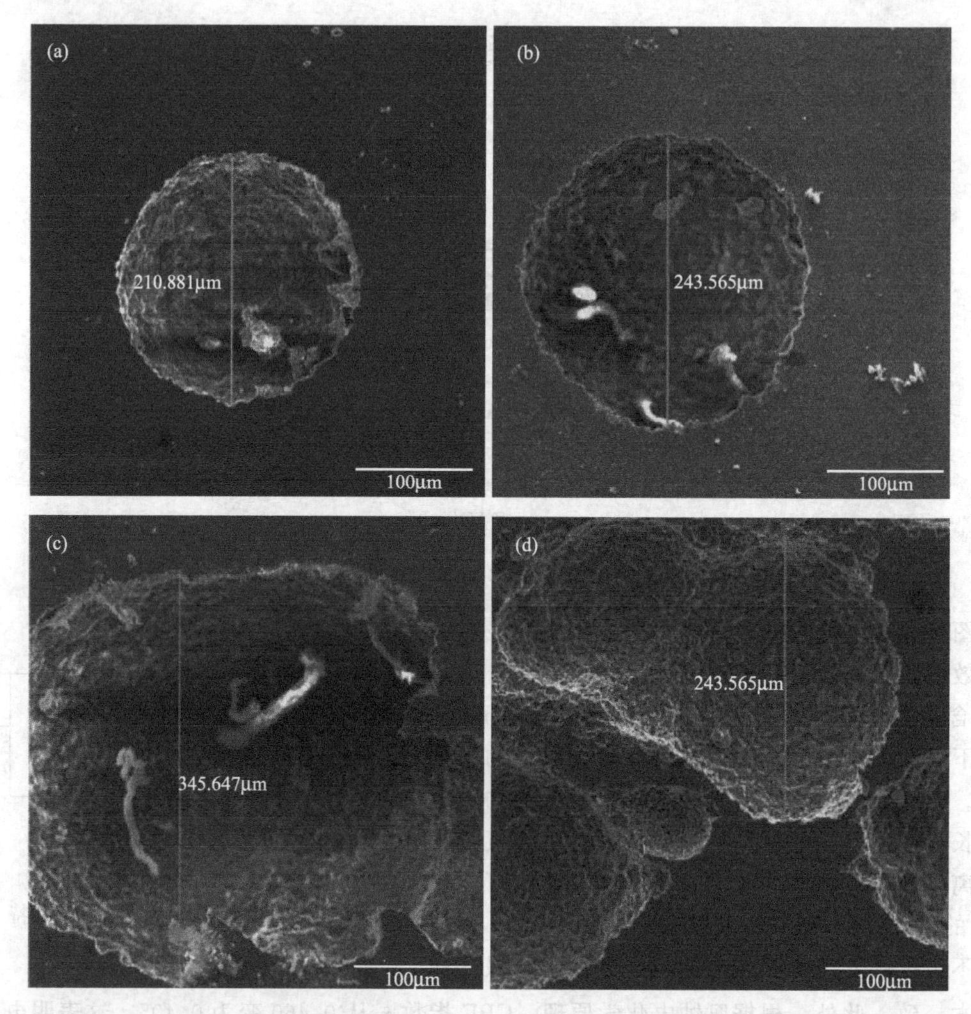

图 2-45　90℃条件下超级 13Cr 不锈钢在含不同 HAc 用量的 3.5%NaCl 溶液时的 SEM 图

(a) 0mg/L；(b) 1000mg/L；(c) 3000mg/L；(d) 5000mg/L

2.5.4　时间的影响

图 2-46 为不同实验周期下 JFE-13Cr 不锈钢阳极极化曲线和点蚀电位，其模拟油田采出水介质为：CO_3^{2-} 0mg/L、HCO_3^- 189mg/L、OH^- 0mg/L、Cl^- 128000mg/L、SO_4^{2-} 430mg/L、Ca^{2+} 8310mg/L、Mg^{2+} 561mg/L、K^+ 6620mg/L、Na^+ 7650mg/L，其在 50℃时的点蚀电位范围是−0.227～−0.168V。

在温度为 50℃的地层水环境下进行恒电位点蚀生长加速试验，试验后测量 JFE-13Cr 各试样的最大点蚀深度，结果如表 2-9 所示。

表 2-9　JFE-13Cr 最大点蚀深度　单位：μm

试验周期	3h	6h	9h	12h	24h	48h
①	3.620	8.440	12.778	16.846	25.829	35.708
②	3.448	8.662	13.189	17.017	24.905	36.78
③	2.900	7.832	12.164	13.632	26.27	33.261

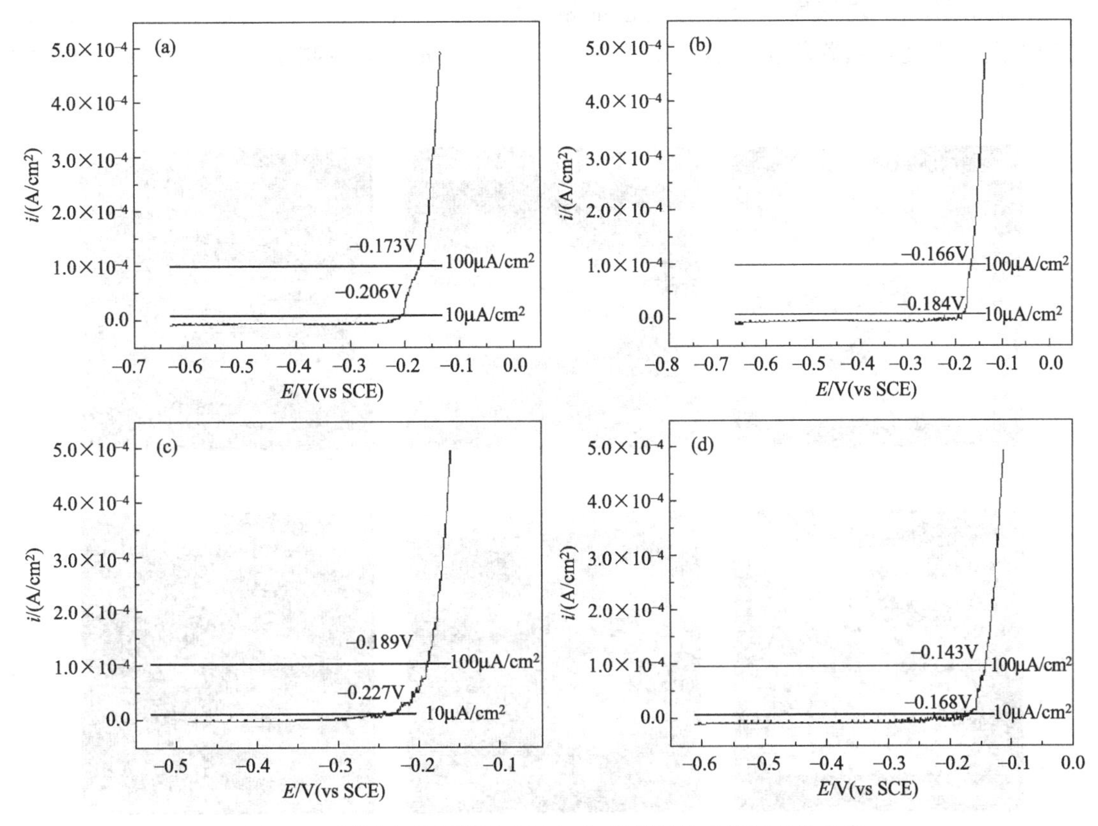

图 2-46 不同实验周期下 JFE-13Cr 阳极极化曲线和点蚀电位

(a) 3h；(b) 6h；(c) 12h；(d) 24h

可见，在 50℃地层水的条件下，随着试验周期的延长，并且在恒定极化电位下，初期形成的点蚀一直处于生长状态，即 JFE-13Cr 的最大点蚀深度随试验周期的增加而增大。

2.5.5 单质硫的影响

图 2-47 为 Cl^- 浓度为 40g/L、反应时间为 14d、反应温度为 60℃时，L360 钢在单质硫含量分别为 5g/L、10g/L、15g/L、20g/L、50g/L 的反应条件下，去除腐蚀产物后试样的 3D 形貌图，表 2-10 中的数据为 L360 钢点蚀坑深度的统计表。由图 2-47 和表 2-10 可以看出，单质硫含量不同时，L360 钢点蚀特征有明显的差别，当单质硫含量为 5g/L 时，L360 钢表面点蚀比较明显，此时的平均点蚀深度为 13.412μm，测得的最大点蚀深度为 14.455μm；当单质硫含量为 10g/L、15g/L，此时经过酸洗后的基体表面凹凸不平，平均点蚀深度分别为 17.798μm、15.067μm，最大点蚀深度分别为 21.683μm、17.228μm；当单质硫含量为 20g/L 时，在试样表面可以明显地观察到成片的点蚀坑，此时试样表面的点蚀坑较大且开口宽度也比较大，此时的平均点蚀深度为 30.456μm，测得的最大点蚀深度为 36.138μm；当单质硫含量为 50g/L 时，L360 钢的平均点蚀深度为 20.776μm，测得的最大点蚀深度为 28.91μm。在一定范围内，当单质硫含量逐渐增大时，试样的蚀孔平均深度和最大深度逐渐增大，且当平均腐蚀速率较大时，试样的点蚀

更为明显，蚀孔平均深度、最大深度也都相对增大。由此可见，无论是平均点蚀深度还是最大点蚀深度，随着单质硫含量的升高，均呈现出先变大后减小的规律，与失重规律相一致。

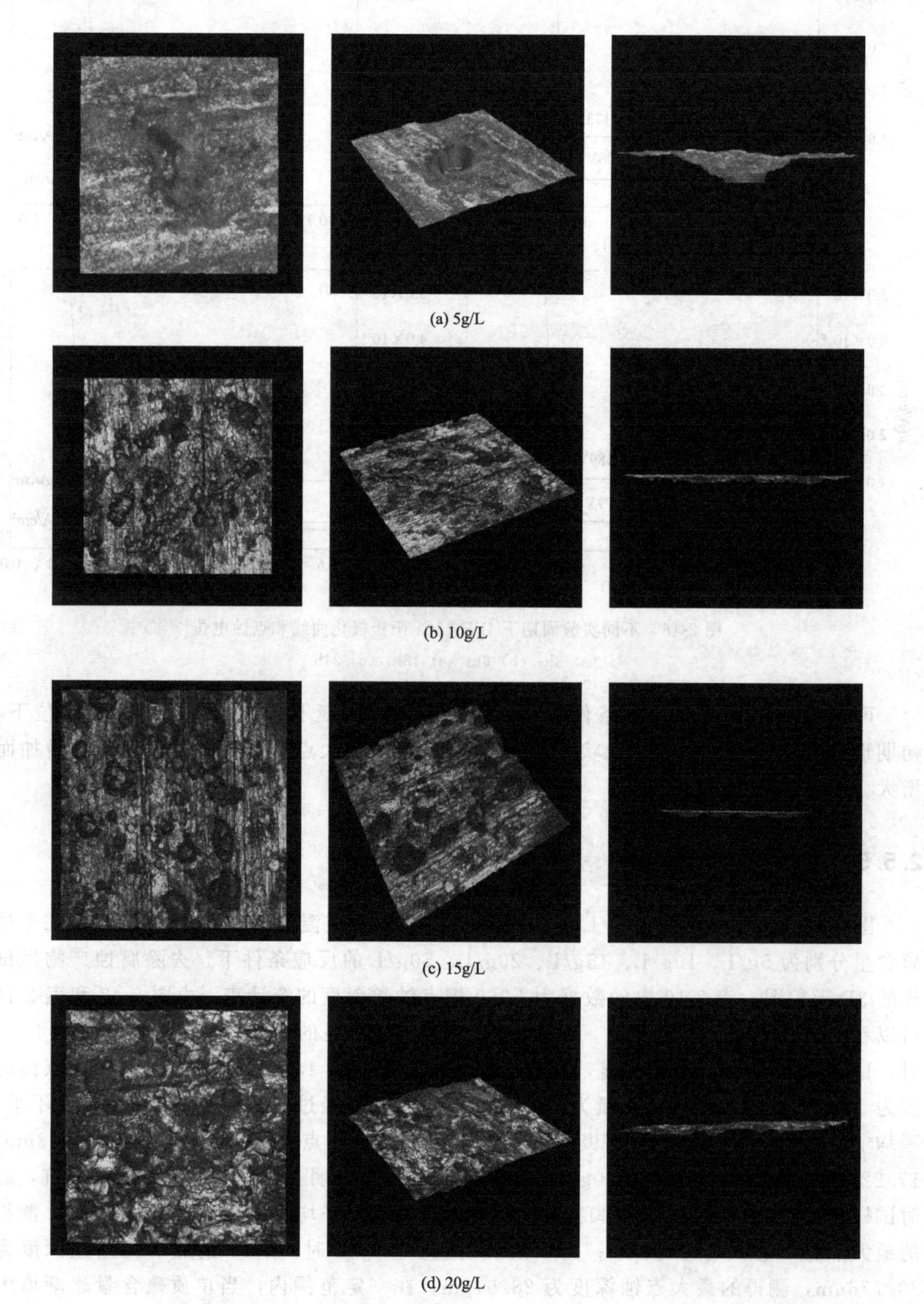

(a) 5g/L

(b) 10g/L

(c) 15g/L

(d) 20g/L

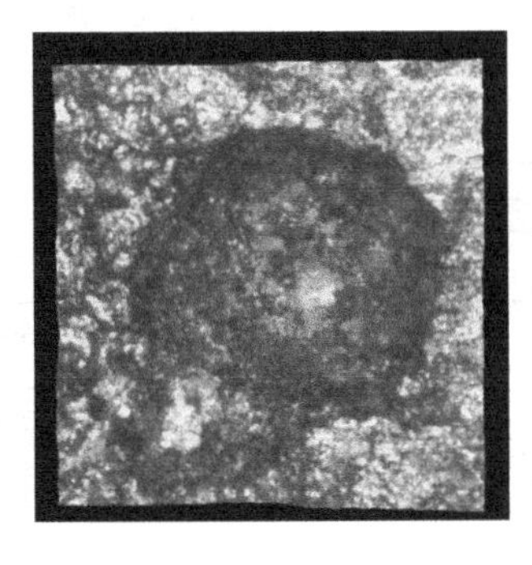
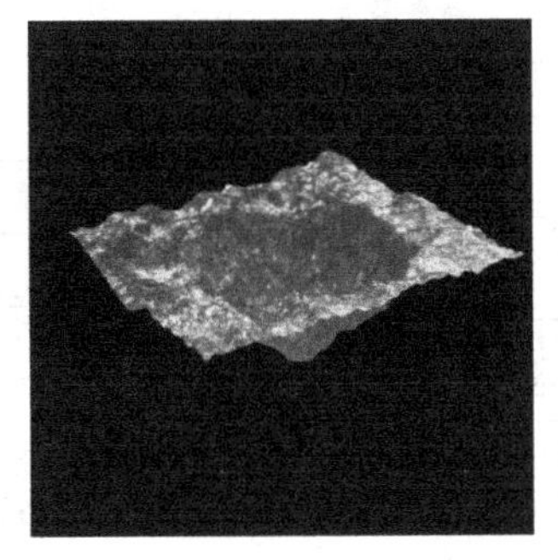
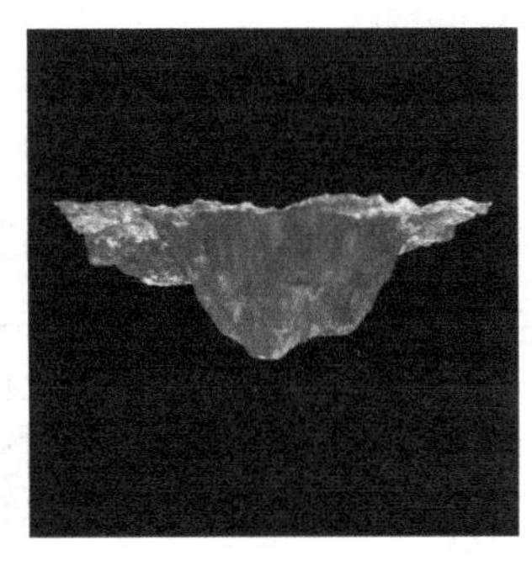

(e) 50g/L

图 2-47　不同单质硫含量下 L360 钢 3D 形貌图

表 2-10　不同单质硫含量下 L360 钢点蚀深度统计表

单质硫含量/(g/L)	平均点蚀深度/μm	最大点蚀深度/μm
5	13.412	14.455
10	17.798	21.683
15	15.067	17.228
20	30.456	36.138
50	20.776	28.91

2.5.6　CO_2 分压的影响

在试验模拟的 CO_2 环境下，超级 13Cr 不锈钢的腐蚀速率随温度、CO_2 分压，Cl^- 浓度的升高呈现出先增大后降低的趋势，温度为 180℃、CO_2 分压为 3MPa、Cl^- 为 50g/L 时分别达到最大。该试验条件下超级 13Cr 不锈钢的最大腐蚀速率为 0.08mm/a，为中度腐蚀，表现出良好的耐腐蚀性能。超级 13Cr 不锈钢材料表面未检测出 CO_2 的腐蚀产物 $FeCO_3$，其主要靠 Cr 元素在表面富集形成钝化膜来抵抗腐蚀，而元素 Cr 主要以 Cr_2O_3 的形式存在于表面钝化膜中。

姚鹏程等在 CO_2 分压分别为 2.0MPa、2.8MPa、3.2MPa、3.6MPa，Cl^- 浓度为 128000mg/L 时进行试验，试验结束后对试片表面腐蚀产物进行清洗，试片表面点蚀情况较为明显，利用激光共聚焦显微镜测量试片的最大点蚀深度。JFE-13Cr 最大点蚀深度随 CO_2 分压的升高明显增大，在 CO_2 分压为 3.6MPa 时，最大点蚀深度达到 34.458μm，点蚀速率达 0.838mm/a，如图 2-48 所示。

CO_2 腐蚀情况复杂，腐蚀形态分为均匀腐蚀和局部腐蚀，腐蚀过程受多种因素影响，CO_2 分压、温度、pH、介质成分及流速流态对 CO_2 腐蚀均有影响。CO_2 分压直接影响腐蚀速率，并且有一定的决定性作用，目前也是 CO_2 腐蚀强度的主要判定依据。温度一般通过影响 CO_2 溶解度和反应物与生成物间的传质速度而间接影响腐蚀速率。温度的升高虽能促进反应的进行，但随着反应的进行，$FeCO_3$ 产物膜形成速度也将加快，从而阻止腐蚀反应的进行。pH 并不直接影响腐蚀速度，而是通过影响阴极的析氢反应及表面产物膜的扩散溶解过程，从而对腐蚀速率产生影响。一般来说，pH 增大，氢离子浓度降低，抑制氢的还原反应，从而降低腐蚀反应的速率。并且随着 pH 的升高，$FeCO_3$ 的溶解度下降，基体表面附近的 Fe^{2+} 沉积为 $FeCO_3$ 膜。在实际工况下，腐蚀介质成分通常较为复杂，不仅含有

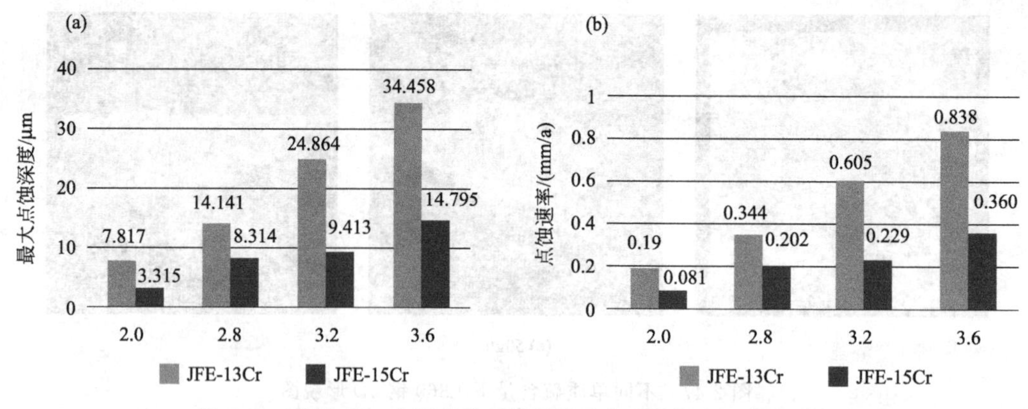

图 2-48　不同 CO_2 分压条件下试样的最大点蚀深度及点蚀速率

(a) 最大点蚀深度；(b) 点蚀速率

Ca^{2+}、Mg^{2+}、HCO_3^-、Cl^- 等离子，并且有 O_2、H_2S 等溶解性气体，有时也会造成介质pH的改变。介质的流速及流态对 CO_2 腐蚀过程也有一定影响。一般在低流速时形成较均匀的防护膜，随着流速的增大，防护膜覆盖不均匀造成局部腐蚀即点蚀。相较于静态条件，动态条件下流动的介质能够使腐蚀产生的离子迅速离开基体附近，并且流动产生的剪切力可能会破坏已经产生的腐蚀产物膜，促进反应发生。

2.5.7　不同气氛的影响

图 2-49 为超级13Cr不锈钢在不同气氛条件下点蚀电位的测量结果，从图中可以看出，在 N_2、CO_2、H_2S 气氛中超级13Cr不锈钢的点蚀电位分别为0.076V、0.1V、−0.236V。H_2S 的存在，显著降低了超级13Cr不锈钢的点蚀电位，增加材料点蚀的敏感性，促进超级13Cr不锈钢的SSC；而 CO_2 对超级13Cr不锈钢点蚀电位的影响不大，这也是13Cr马氏体不锈钢在 CO_2 腐蚀控制方面得到广泛的应用，而在 H_2S 腐蚀控制方面的应用受到一定限制的主要原因。

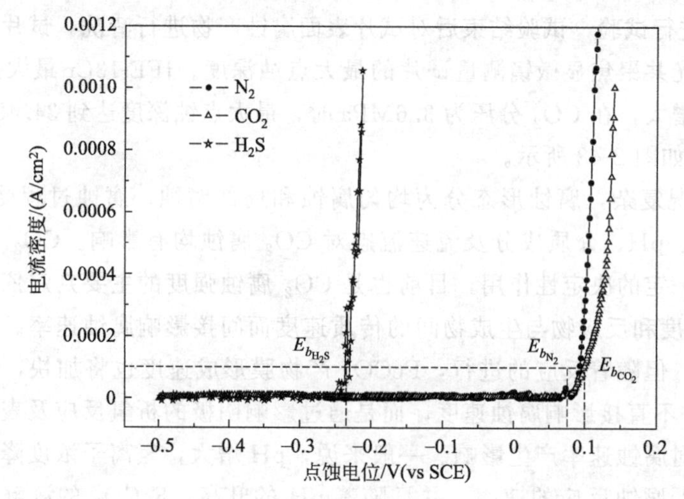

图 2-49　N_2、CO_2 及 H_2S 腐蚀条件下超级13Cr不锈钢的点蚀电位

2.6 气液相环境

图 2-50 为超级 13Cr 马氏体不锈钢液相及气相腐蚀试样表面的金相显微分析。可以看出，不论是气相环境还是液相环境，在同一温度下，随着 Cl^- 浓度的升高，超级 13Cr 不锈钢的点蚀速率呈稍微上升的趋势，在 150℃下 Cl^- 浓度为 160000mg/L 附近时最严重。通过计算可知，最大值可达 2.14mm/a，其最大点蚀坑深度可达 41μm；在 150℃下 Cl^- 浓度小

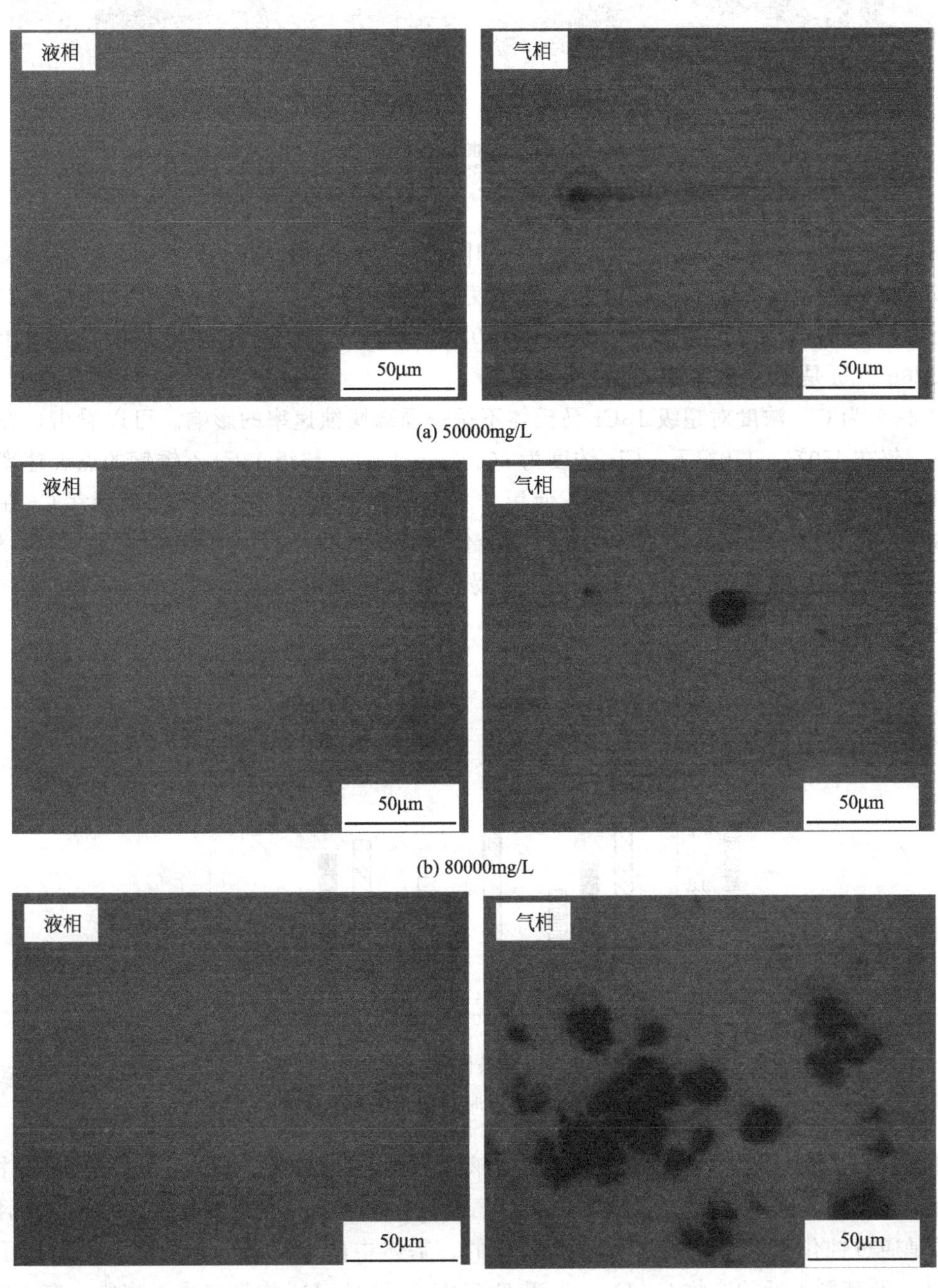

(a) 50000mg/L

(b) 80000mg/L

(c) 110000mg/L

图 2-50

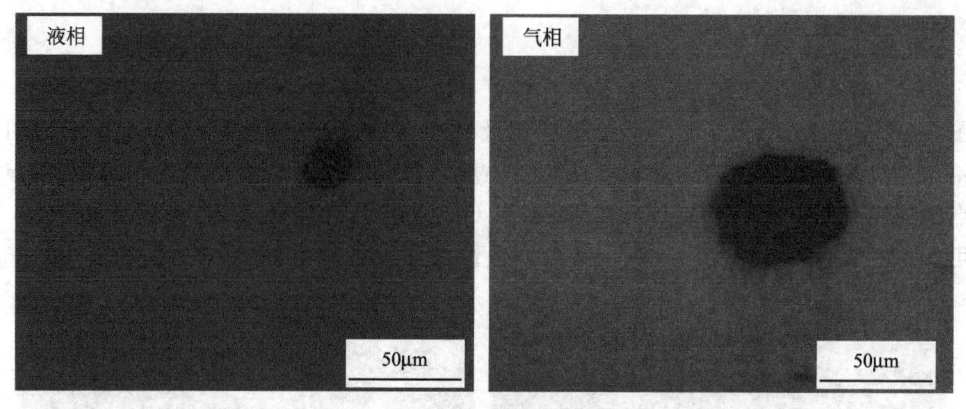

(d) 160000mg/L

图2-50　150℃不同Cl^-浓度下超级13Cr马氏体不锈钢局部腐蚀的金相显微组织

于110000mg/L的液相环境中无点蚀发生。相同条件下，超级13Cr不锈钢在气相环境中的点蚀较液相环境中的严重。Tiziana把点蚀程度分为5个级别，当点蚀坑的数目大于25，蚀坑的深度小于5μm时（即最大点蚀速率小于0.26mm/a），材料的抗点蚀性能符合要求。因此，0.26mm/a是最大点蚀速率的经验判据。

图2-51为Cl^-浓度对超级13Cr马氏体不锈钢局部腐蚀速率的影响。可以看出，在气相环境下，仅在150℃、170℃下，Cl^-浓度为50000mg/L时，超级13Cr不锈钢的点蚀速率低于点蚀判据0.26mm/a，在该条件下推荐使用。对于不锈钢来说，主要靠合金元素Cr在表面形成致密的钝化膜来提高其抗腐蚀性能。而钝化膜是一种非晶态、半导体性质、厚度为1～3nm的薄膜，一旦钝化膜表面存在缺陷，极易使微观腐蚀电池的作用增强，其局部腐蚀速率会远大于其均匀腐蚀速率。

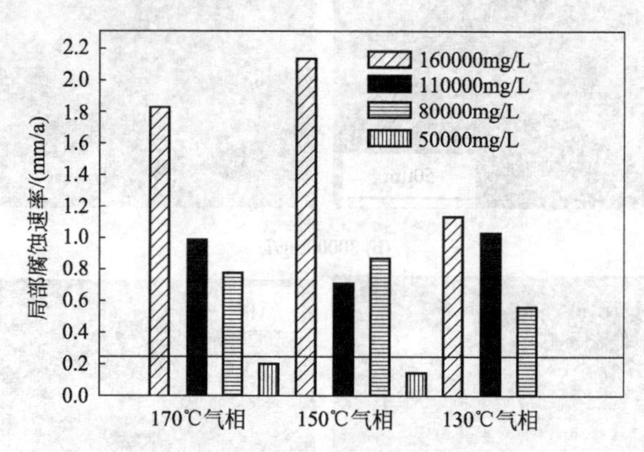

图2-51　不同温度条件下Cl^-浓度对超级13Cr马氏体不锈钢局部腐蚀速率的影响

图2-52是超级13Cr不锈钢在150℃时气液相环境下所得CO_2腐蚀产物膜的XRD图谱。由图可见，试样表面没有CO_2的腐蚀产物（$FeCO_3$）生成，这是因为超级13Cr不锈钢的腐蚀主要是通过钝化膜的不断溶解和修复完成的。基体中的Cr元素，在腐蚀介质中可形成$Cr(OH)_3$及其脱水后的产物Cr_2O_3。由于$Cr(OH)_3$和Cr_2O_3均是非晶态物质，在XRD图谱中体现不出来。

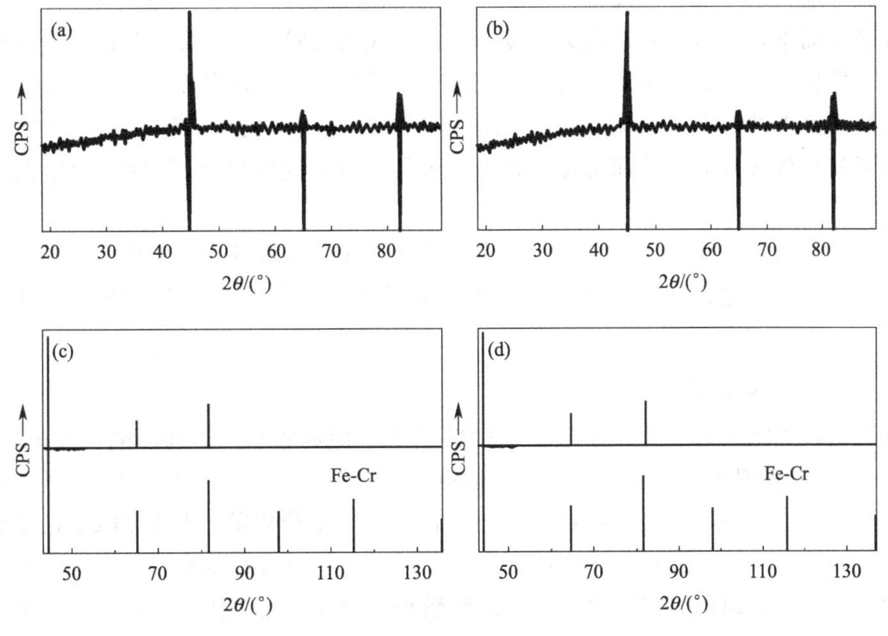

图 2-52 试样表面腐蚀产物膜的 XRD 分析

(a)、(c) 液相；(b)、(d) 气相

2.7 临界点蚀温度

超级 13Cr 油套管钢在 3.5%NaCl 溶液中不同温度下极化电流密度与点蚀电位的关系如图 2-53 所示，材料的点蚀电位随温度升高而降低。30℃时点蚀电位为 0.1446V，该值相对较高；温度为 50℃时，点蚀电位下降到 0.0499V，材料点蚀敏感性随电位的下降而增强；当温度升至 75℃时，材料点蚀电位继续降低，但降低数值不多。

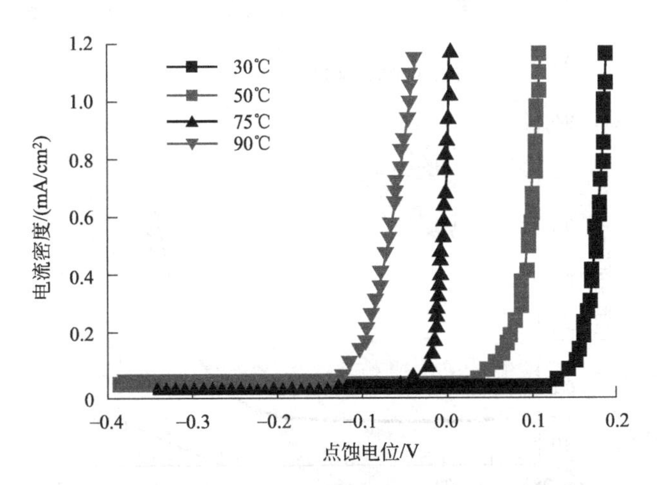

图 2-53 超级 13Cr 油套管钢在 3.5%NaCl 溶液中不同温度下极化电流密度与点蚀电位的关系

在低温情况下材料很难形成钝化膜，而当温度升高时，有利于钝化膜的形成，同时环境

对钝化膜破坏能力也增强，因此在 90℃时临界点蚀电位更低，为－0.125V。材料的点蚀电位随温度升高而下降，这主要是因为温度升高，生成钝化膜的阳极反应和钝化膜的化学溶解速率增加，导致阳极电流起伏波动的绝对值增大。同时，温度升高加速了 $FeCl_2$ 的水解平衡反应，降低了溶液的 pH 并强化了自催化作用，导致不锈钢更易发生点蚀。另外，温度升高，增强了材料各成分的活性和溶液中各种离子的活度，这也增加了超级 13Cr 发生点蚀的倾向性。

点蚀一般分为成核和生长两个阶段，也叫非稳态和稳态阶段。由非稳态点蚀到稳态点蚀的临界转变温度，称之为临界点蚀温度（简称 CPT），它是材料在特定环境下使用的重要指标。

（1）电化学确定临界点蚀温度

研究表明，不锈钢材料的外加电位与 CPT 存在一定的关系。当外加电位低于某一值时，测定材料的 CPT 表现出对外加电位一定的依赖性，此时的临界点蚀温度定义为相对临界点蚀温度；而当外加电位超过某一特定值达到材料过钝化电位以前，材料的 CPT 都不再表现出对外加电位的依赖性，这时定义为绝对临界点蚀温度。绝对临界点蚀温度具有很强的独立性，同时它相对于相对临界点蚀温度的分散性较小，因此备受关注。常用不锈钢材料在外加电位为 700mV（vs SCE）附近时，通常都能表现出所测得的临界点蚀温度的外加电位非依赖性。因此，为了获取材料的绝对临界点蚀温度，一般采用恒定外加电位 700mV（vs SCE）下的腐蚀电流密度-温度扫描。

图 2-54 为恒定外加电位为 700mV（vs SCE）时超级 13Cr 的腐蚀电流密度-温度曲线，由曲线可知，在低于某温度时，材料的腐蚀电流密度基本保持稳定在某一较小的值附近，说明在一定温度范围内试样表面钝化膜能够较好地保护材料，即该温度区域为材料的温度钝化区域。超过该温度值时，材料腐蚀电流急剧增加，说明试样表面钝化膜开始破坏并形成微小蚀孔。因此，材料腐蚀电流密度开始急剧增加时所对应的温度也就是材料表面钝化膜破裂形成蚀孔的起始温度，即要测量的临界点蚀温度。由图可见，超级 13Cr 不锈钢的临界点蚀温度为 41.3℃。

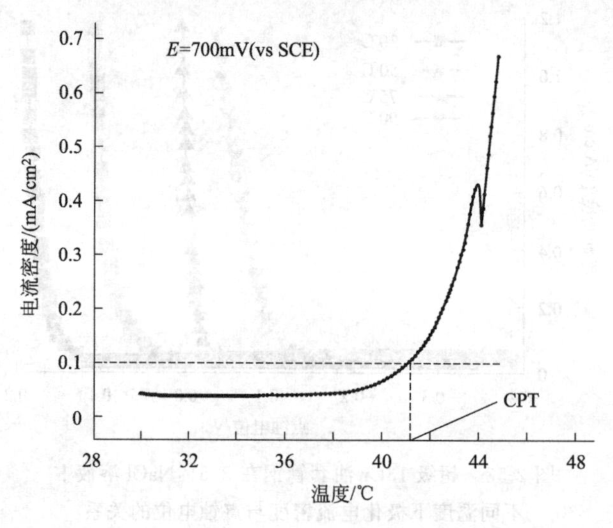

图 2-54　超级 13Cr 不锈钢在外加电位为 700mV（vs SCE）时的腐蚀电流密度-温度曲线

利用动电位极化法，获得超级13Cr不锈钢在不同温度下极化电流密度与点蚀电位的关系，如图2-55所示。在温度为30℃、35℃、41℃、43℃、46℃、51℃、55℃、60℃时其点蚀电位分别为0.1101V、0.0948V、0.0867V、0.0743V、0.0357V、0.0256V、0.0164V和0.0061V，可见点蚀电位随温度的升高而降低，即材料点蚀敏感性随温度的升高而增加。图2-56为点蚀电位和温度的关系图，材料在40.5℃处点蚀电位开始急剧下降。点蚀电位的下降说明材料的点蚀程度在增加，即点蚀从非稳态向稳态转变，电位的突变点即是非稳态点蚀向稳态点蚀转变的临界条件，因此该温度即是超级13Cr不锈钢的临界点蚀温度。

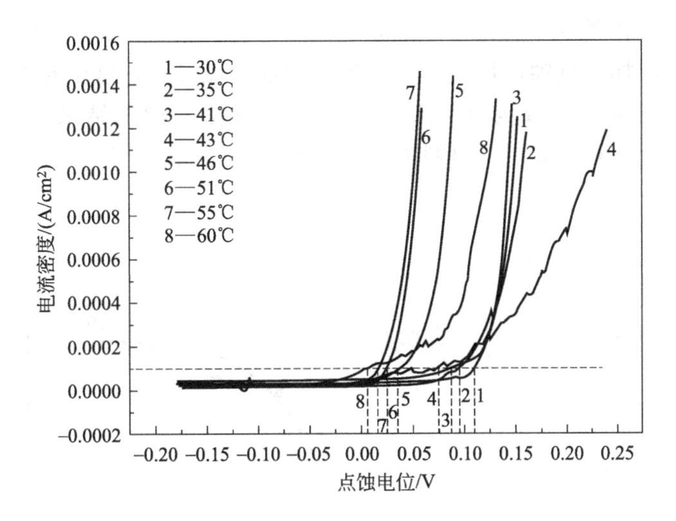

图2-55 超级13Cr不锈钢在3.5%NaCl溶液中不同温度时的电流密度与点蚀电位的关系曲线

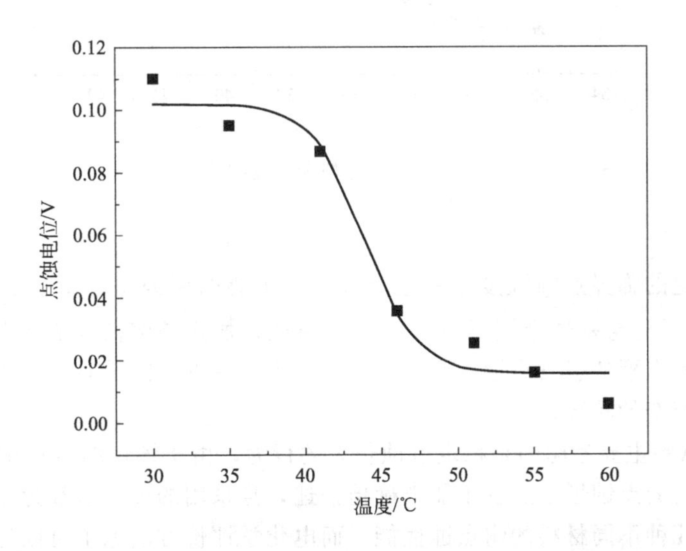

图2-56 超级13Cr不锈钢点蚀电位与温度的关系

两种电化学方法测定的临界点蚀温度相差0.8℃，相差不大，可判断超级13Cr不锈钢的临界点蚀温度大致在41℃左右。

(2) 浸泡法确定临界点蚀温度

由电化学测试结果可知，材料的临界点蚀温度大致为 41℃左右，因此，运用化学浸泡方法确定材料临界点蚀温度的方法为：在 41℃附近取一组相近温度，测试超级 13Cr 不锈钢的点蚀速率，如果材料的点蚀速率在某一温度后突然增大并持续增大，则该温度可确定为超级 13Cr 不锈钢的临界点蚀温度。根据用浸泡法试验测试的材料点蚀速率与温度的关系（如图 2-57 所示）可以看出，材料在 35℃、36℃和 37℃时的点蚀速率分别为 2.99mm/a，3.74mm/a 和 4.72mm/a，温度变化对点蚀速率的影响不大，说明点蚀处于萌生阶段，超级 13Cr 不锈钢表面的钝化膜还可较好地保护基体材料。在温度为 38℃时，点蚀速率达到 12.87mm/a。39℃时点蚀速率已达 20.76mm/a，此时材料的点蚀速率急剧增大，这说明材料表面的钝化膜被破坏，点蚀由萌生阶段开始向发展阶段转变，这个转变点所对应的温度即为材料的临界点蚀温度，大致为 37.5℃，与电化学方法的测试结果 40.5℃相比，相差了 3℃。当温度从 40℃升至 42℃时，材料的点蚀速率仍在增大，但增长幅度不大，表明已经产生了稳定的点蚀。

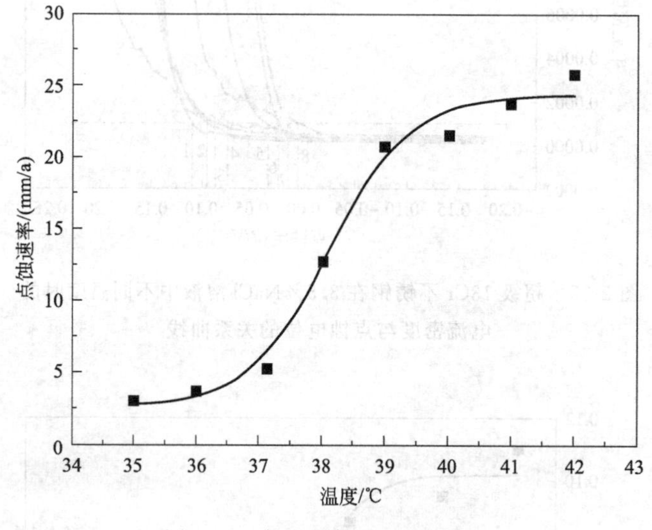

图 2-57　点蚀速率和温度的关系

(3) 差异分析

两种方法测定的临界点蚀温度结果差异较大，主要的原因是 $FeCl_3$ 是一种较强的氧化剂，溶液中的 Fe^{3+} 可与基体金属反应从而加速腐蚀，加之该溶液含有大量的 Cl^-，且 pH 低、酸性强，具有强烈的引发点蚀的倾向，从而导致了在 $FeCl_3$ 试验中材料的点蚀速率在较低温度下便发生突变的状况。

$FeCl_3$ 浸泡试验主要考虑的是稳定点蚀长大的行为，由于该试验方法中溶液环境较为苛刻，对于单一材料的点蚀形成过程不能准确地描述，且采用的评价参数为点蚀速率，因此侧重点在对比评价几种不同材料的耐点蚀性能。而电化学评价方法除了可以对比评价不同材料的耐点蚀性能之外，无论是动电位还恒电位测试，都是在检测到因稳定点蚀导致的电流突变时就结束试验，而采用的评价参数也是表征稳定点蚀形成临界条件的点蚀电位或温度。因而这类评价方法能够描述材料点蚀的形成过程，对于材料形成临界条件的点蚀的参量可以准确地评估。

2.8 材质评价

2.8.1 四种13Cr系列钢

2.8.1.1 材质与试验条件

釜内加入Cl^-质量浓度分别为30g/L、50g/L和100g/L的模拟地层水溶液，试验前溶液经充分除氧，釜内通入CO_2，并使CO_2分压达到6MPa，试验分别在60℃、100℃、130℃、150℃和175℃下进行，试验时间为240h，试样转速为1m/s。四种13Cr马氏体不锈钢主要合金成分与点蚀当量如表2-11所示。

表2-11 四种13Cr马氏体不锈钢主要合金成分与点蚀当量（PRE） 单位：%

材料	C	Cr	Ni	Mo	PRE
13Cr-A	0.20	13.0	—	—	13.0
13Cr-B	0.20	13.0	0.9	0.4	14.3
13Cr-C	0.01	12.8	4.2	1.0	16.1
13Cr-D	0.01	12.8	5.0	2.0	19.1

2.8.1.2 极化曲线

图2-58为四种试样在3.5% NaCl溶液中的动电位极化曲线。可以看出，13Cr-A的阴极和阳极极化过程都不稳定，电流波动较大特别是在阳极极化阶段，出现很多电流突变峰，说明13Cr-A钝化膜稳定，处于点蚀和修复点蚀的反复过程。与其他试样相比，其点蚀电位最低、抗点蚀性能最差。随合金元素含量的增加，PRE增大，13Cr-A、13Cr-B、13Cr-C和13Cr-D在溶液点蚀试验后表面形貌的点蚀电位依次升高，抗点蚀性能增加。

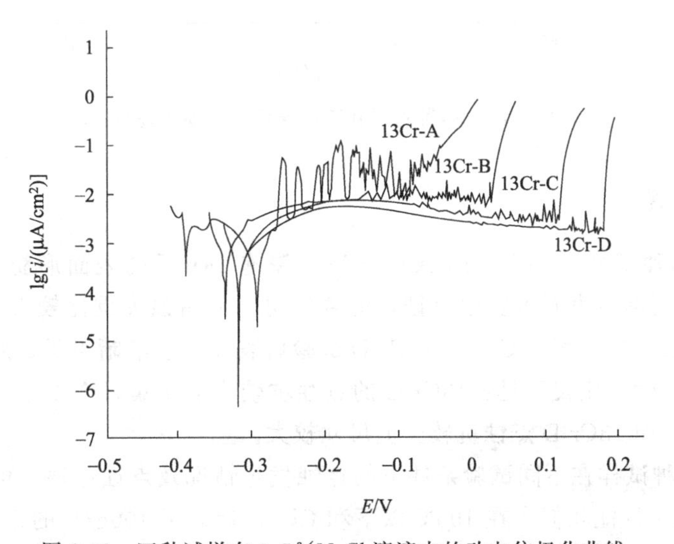

图2-58 四种试样在3.5%NaCl溶液中的动电位极化曲线

2.8.1.3 腐蚀失重

图 2-59 和图 2-60 为四种试样在 3.5% NaCl 溶液中的失重，同等条件下，其失重大小顺序为：13Cr-A＞13Cr-B＞13Cr-D＞13Cr-C。

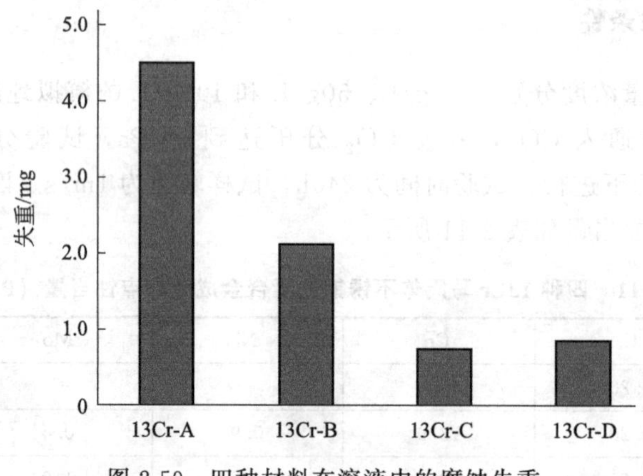

图 2-59 四种材料在溶液中的腐蚀失重

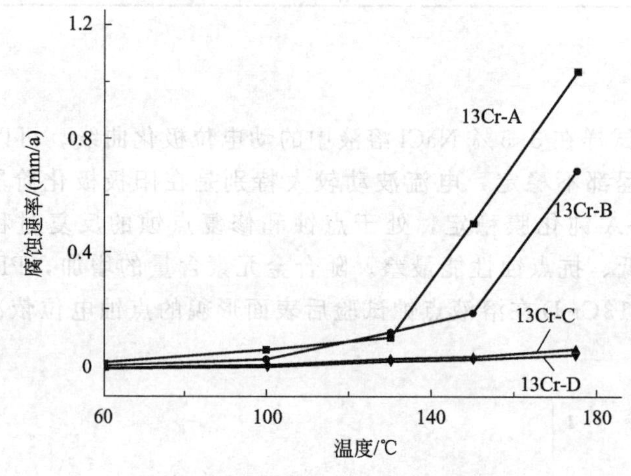

图 2-60 四种材料在不同温度下的腐蚀速率

2.8.1.4 腐蚀形貌

图 2-61 为四种试样在 50℃的 $FeCl_3$ 溶液中浸泡 24h 后的表面形貌照片。可以看出，13Cr-A、13Cr-B 浸泡后表面未发生点蚀，但两种材料的腐蚀失重比较大说明二者在 $FeCl_3$ 溶液中以均匀腐蚀为主；而 13Cr-C、13Cr-D 试验后表面磨痕清晰可见，腐蚀失重较小，试样表面腐蚀比较轻微。比较可见：13Cr-C 的点蚀坑较小但密集，产生了很多点蚀坑，说明试样以点蚀为主；而 13Cr-D 点蚀坑较少但尺寸较大。

图 2-62 为四种试样在不同试验条件下的点蚀发生情况及点蚀速率。可以看出：13Cr-A 和 13Cr-B 的耐点蚀性能相似，在 100℃以下和 Cl^- 含量低于 100g/L 的条件下不发生点蚀，但随着温度的升高和 Cl^- 浓度的增大，点蚀发生倾向性增大。而对于 13Cr-C 和 13Cr-D 两种材料，点蚀发生区间明显缩小，只有在 175℃和 100g/L Cl^- 浓度条件下才发生点蚀，其他条

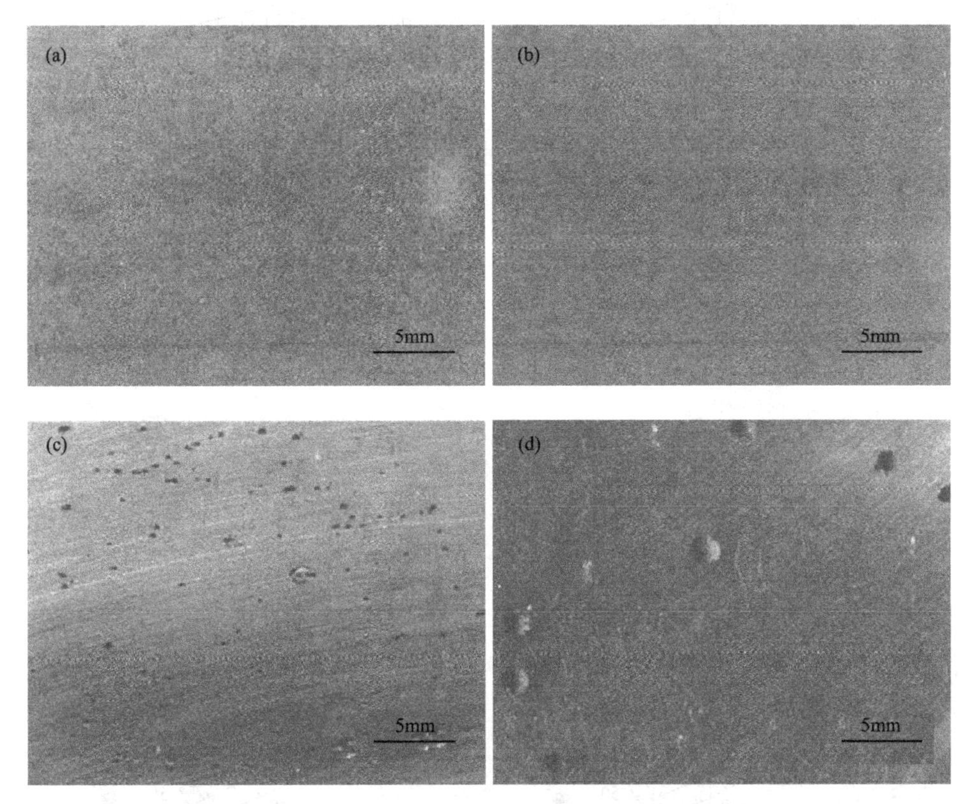

图 2-61 50℃下 $FeCl_3$ 溶液点蚀试验后四种试样的表面形貌

(a) 13Cr-A；(b) 13Cr-B；(c) 13Cr-C；(d) 13Cr-D

件下都没有点蚀。可以看出 13Cr-C 和 13Cr-D 具有较好的耐点蚀性能，且 13Cr-D 与 13Cr-C 相比点蚀速率较小，说明其抗点蚀性能较好。

一般而言，不锈钢的点蚀随着温度的升高而加剧，但图 2-62 的数据表明，13Cr-A 和 13Cr-B 的点蚀速率随着温度的增加而降低。这是因为，在 CO_2 腐蚀环境下，13Cr-A 和 13Cr-B 随着温度的升高，均匀腐蚀速率增大，特别是在 100℃以上，均匀腐蚀速率迅速增大。同时，由于在高温下试样表面形成了一层较厚的腐蚀产物膜，减缓了点蚀发展速率。

由以上三种方法得到的试验结果可以看出：动电位扫描试验与模拟井况条件的腐蚀试验结果比较一致，四种材料的耐点蚀性能随着 PRE 的增大而提高，即 13Cr-A、13Cr-B、13Cr-C、13Cr-D 的耐点蚀性能依次增大。但在 $FeCl_3$ 溶液浸泡试验中 13Cr-C、13Cr-D 点蚀比较明显，而 13Cr-A 和 13Cr-B 未发生点蚀。这是因为：$FeCl_3$ 溶液中含有大量的 Cl^-，且 pH 低，酸性强，对不锈钢钝化膜均有强烈的破坏能力。13Cr-A 和 13Cr-B 由于碳含量较高、镍和钼含量较低，在溶液中不能形成稳定的钝化膜，因而发生均匀腐蚀。随着镍、钼含量的增加和碳含量的减少，不锈钢表面钝化膜的稳定性和完整性提高，具有抵抗 $FeCl_3$ 腐蚀的能力，但在钝化膜局部薄弱和缺陷部位容易发生点蚀，因而 13Cr-C 和 13Cr-D 的腐蚀以点蚀为主，其中，13Cr-D 由于合金元素最高，钝化膜最稳定，在 $FeCl_3$ 强烈的腐蚀作用下，点蚀集中发生在钝化膜局部缺陷部位，因而点蚀坑较少但尺寸较大。模拟井况条件下的 CO_2 腐蚀试验表明，在温度和 Cl^- 浓度达到一定条件时，四种 13Cr 不锈钢都会发生点蚀，其点蚀速率受温度和 Cl^- 浓度的共同影响。

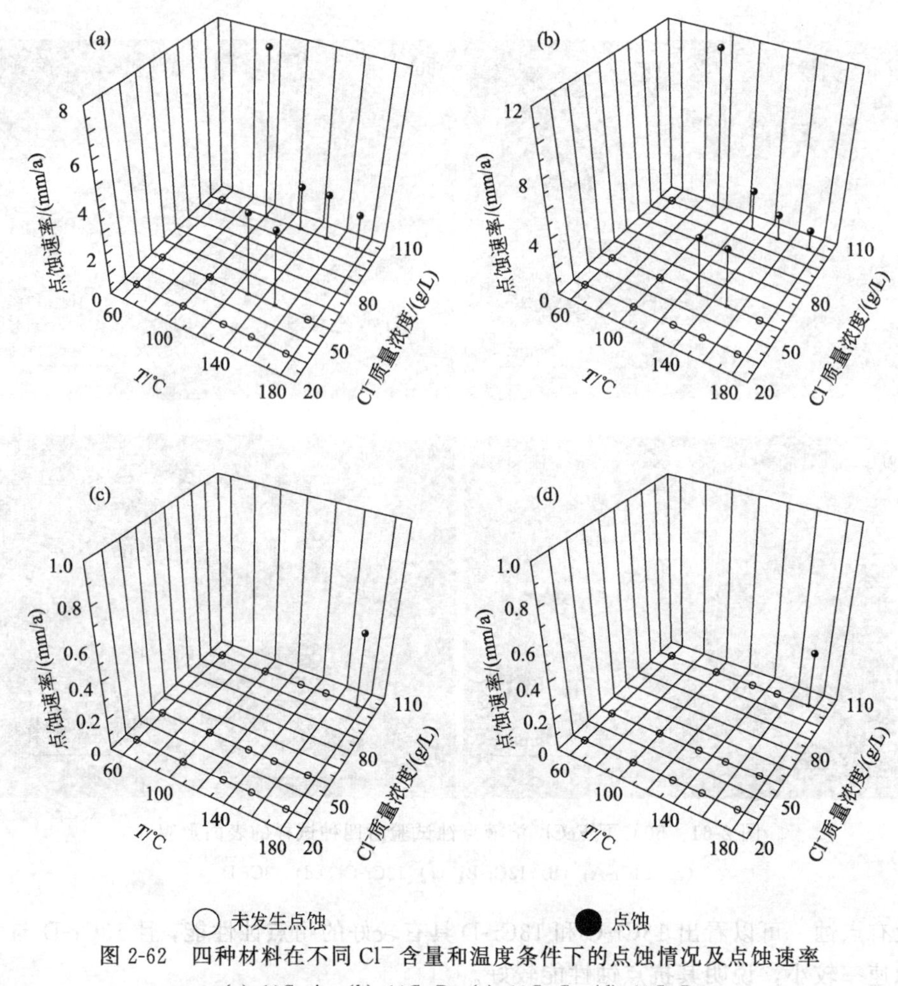

图 2-62 四种材料在不同 Cl^- 含量和温度条件下的点蚀情况及点蚀速率

(a) 13Cr-A；(b) 13Cr-B；(c) 13Cr-C；(d) 13Cr-D

2.8.2 酸化压裂模拟环境

2.8.2.1 鲜酸＋残酸

从塔里木油田完井管柱的腐蚀情况来看，点蚀穿孔发生在井口至井深 2000m 的井段，对应的温度范围大概在 30～110℃之间，结合塔里木油田现有的酸化压裂工况，制定了以下酸化压裂模拟环境。①模拟鲜酸溶液：15％HCl＋1.5％HF＋3％HAc＋A 缓蚀剂，温度为 90℃，浸泡 2h。②返排残酸：向鲜酸溶液中添加 $CaCO_3$，调节 pH 为 4～5，同一批试样在模拟残酸中浸泡 7d，温度分别为 70℃、90℃和 110℃，以上试验为静态试验。试验结束后，利用超声波在 80℃条件下清洗试样，利用金相显微镜观察试样表面，同时测量点蚀坑的深度，并利用下式计算点蚀速率：

$$v_{corr}=(365h)/(1000t) \tag{2-11}$$

式中，v_{corr} 为点腐蚀速率，mm/a；h 为点蚀坑深度，μm；t 为试验时间，d。

采用 JFE 的超级 13Cr（HP1 和 HP2）和宝钢超级 13Cr 不锈钢 3 种材质作为研究对象，结果表明，在模拟鲜酸溶液（90℃浸泡 2h）和残酸溶液（70℃、90℃和 110℃浸泡 7d）试验后，油管表面出现了明显的点蚀坑，在 70℃和 110℃残酸环境下油管表面点蚀形貌相似，无论从尺寸还是深度来讲，均小于90℃残酸环境下的点蚀坑。为了定量分析油管表面点蚀坑的分布规律，计算油管的点蚀速率，在70℃和110℃残酸环境随机测量了每种油管表面30个点蚀坑的深度，在90℃残酸环境随机测量88个点蚀坑的深度，并且同时测量出最深点蚀坑的深度。所以在70℃、90℃和110℃下的试验数据个数 N 分别为30、88和30，将点蚀坑深度测量值 d_i，按公式 $P_i=i/(N+1)$ 计算得到统计概率 P_i，将统计概率对点蚀坑深度作图，得到点蚀坑深度的统计概率分布图。

在70℃残酸环境下，3种油管的点蚀坑深度概率分布规律相似，在统计概率低于80%时，HP1-13Cr的点蚀坑深度为20～40μm，略大于HP2-13Cr和宝钢13Cr，HP1-13Cr、HP2-13Cr和宝钢13Cr的最大点蚀坑深度分别为45μm、59μm和54μm，如图2-63所示。

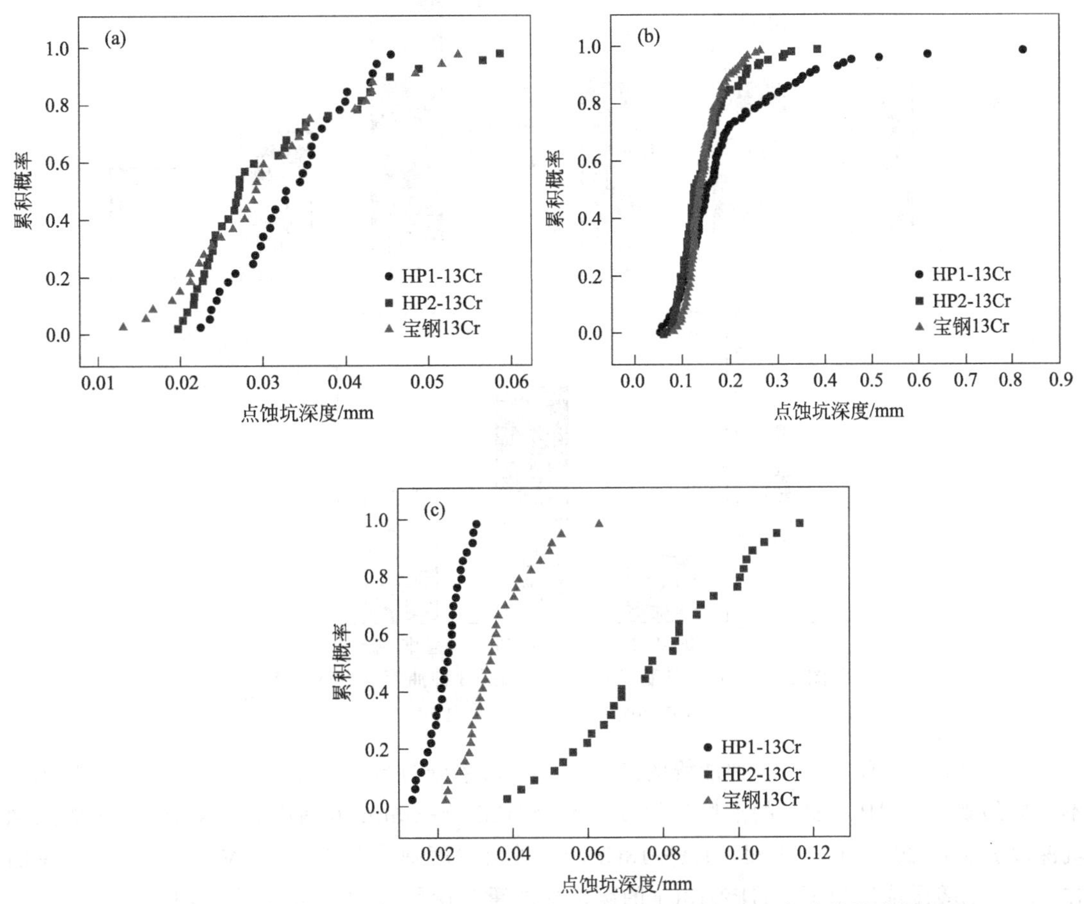

图2-63 不同温度残酸溶液浸泡后3种油管表面点蚀深度的概率统计分布

(a) 70℃；(b) 90℃；(c) 110℃

在酸化和返排残酸期间，3种油管的点蚀坑发展趋向于活性溶解，以最大点蚀坑深度计算的点蚀速率如图2-64所示。在70℃残酸浸泡条件下，HP1-13Cr、HP2-13Cr和宝钢13Cr的点蚀速率分别为2.4mm/a、3.1mm/a和2.7mm/a，HP2-13Cr和宝钢13Cr的点蚀速率相差不大，略大于HP1-13Cr。从油管的成分和组织来看，HP2-13Cr和宝钢13Cr油管中Mo、Ni的含量远高于HP1-13Cr，晶粒尺寸更小，具有优良的抗点蚀能力，但点蚀速率却大于HP1-13Cr，这说明在70℃残酸环境下，缓蚀剂对HP2-13Cr和宝钢13Cr没有起到保护作用。在90℃残酸环境下，3种油管的点蚀坑深度概率分布与70℃残酸浸泡结果有很大不同，在90℃残酸浸泡环境下，3种油管的点蚀坑深度大多分布在50～200μm之间，在所统计的88个点蚀坑里，HP2-13Cr和宝钢13Cr

表面点蚀坑深度超过 200μm 的数量远小于 HP1-13Cr，且 HP1-13Cr 的最大点蚀坑深度达到 820μm，而 HP2-13Cr 和宝钢 13Cr 的最大点蚀坑深度分别仅为 385μm 和 265μm。在 90℃残酸浸泡条件下，HP1-13Cr 的点蚀速率为 43mm/a，远远大于 HP2-13Cr 和宝钢 13Cr 的 20mm/a 和 14mm/a。此时，造成 3 种油管点蚀速率差异的原因有两方面：一是在残酸环境下缓蚀剂失去了对 HP1-13Cr 的保护能力，对 HP2-13Cr 和宝钢 13Cr 则表现出很好的保护能力；二是 HP2-13Cr 和宝钢 13Cr 油管中 Mo、Ni 的含量高，提高了两种油管的抗点蚀能力。

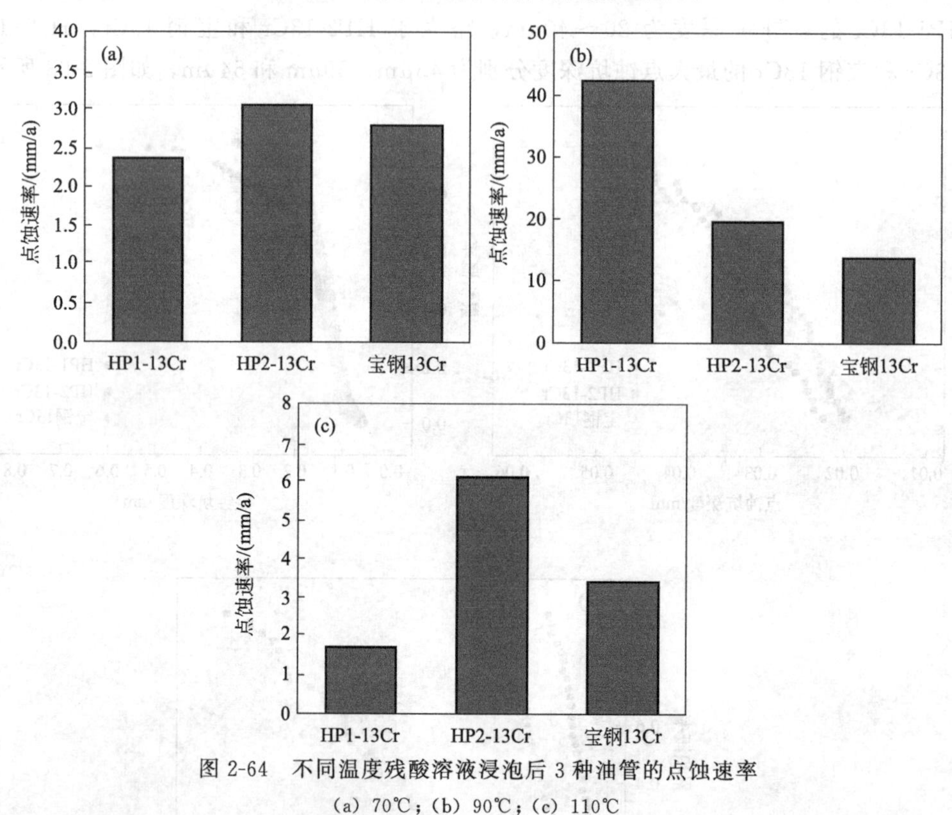

图 2-64　不同温度残酸溶液浸泡后 3 种油管的点蚀速率

(a) 70℃；(b) 90℃；(c) 110℃

在 110℃残酸环境下，3 种油管的点蚀坑深度概率分布与 70℃和 90℃残酸环境下呈现出不一样的规律，HP1-13Cr 的点蚀坑深度全都分布在 5～30μm 范围内，而宝钢 13Cr 的点蚀坑深度分布在 20～80μm 之间，HP2-13Cr 的点蚀坑深度则分布在 30～130μm 之间，这说明在 110℃残酸浸泡环境下，HP2-13Cr 的腐蚀最严重。由图 2-64 可以看出，油管点蚀速率的变化与 70℃残酸浸泡环境下相同，HP2-13Cr 点蚀速率最大，宝钢 13Cr 次之，均远大于 HP1-13Cr，这说明在 110℃残酸环境下，缓蚀剂对 HP1-13Cr 起到了很好的保护作用，而对 HP2-13Cr 和宝钢 13Cr 的保护作用并不明显。

从开发投产过程来看，如果气井产出的天然气不含凝析水，那么完井管柱的腐蚀主要发生在酸化和返排残酸期间，从塔里木现有的酸化压裂工艺来看，返排残酸的周期在 7d 左右，7d 后完井管柱的最大点蚀深度为 800μm，不足以穿孔，此时完井管柱是安全的。但是，由于返排残酸期间管柱的震颤，丝扣处有可能出现酸液的泄漏，此时，关注完井管柱的腐蚀尤为重要。研究结果表明，3 种材质的生产油管在 90℃残酸环境下的点蚀速率最大，按照此速率计算可能的穿孔时间，在此处做两点假设：油管壁厚为 6mm；油管的点蚀速率保持恒定。计算得到的 3 种油管的穿孔时间如下：HP1-13Cr 在 2 个月后穿孔，HP2-13Cr 在 4 个月后穿孔，宝钢 13Cr

在6个月后穿孔。生产油管穿孔必然会导致套压的升高，因此，可以通过监测套压的方法来判断井筒的完整性，套压的安全值设定为50MPa，对于HP1-13Cr、HP2-13Cr和宝钢13Cr来说，如果套压分别在2个月、4个月和6个月后仍然小于50MPa，则表明管柱可以安全使用，如果套压持续高于50MPa，甚至更高，则表明管柱已经穿孔。对此提出了如下解决方案：向酸液中添加中低温缓蚀剂，减少管柱在鲜酸环境下的腐蚀；缩短返排残酸的时间，减少残酸长时间的浸泡；选择合适的扣型，防止残酸溶液的泄漏。

2.8.2.2 鲜酸+残酸+采出水

超级13Cr油管钢的腐蚀速率在模拟鲜酸溶液（90℃，浸泡2h）、残酸溶液（90℃，浸泡7d）和采出水（70℃，浸泡7d）中浸泡后，宏观观察试样表面未发现明显的点蚀坑，借助于显微镜才能看到3种油管表面均有点蚀坑分布。为了计算油管在采出水期间的点蚀速率，在每种油管的表面随机测量了30个点蚀坑的深度，同时测量出最深点蚀坑的深度。所以试验数据个数$N=30$，将点蚀坑深度测量值d_i按公式$P_i=i/(N+1)$计算得到统计概率P_i。在相同的分布概率下，经鲜酸-残酸-采出水浸泡后油管的点蚀坑深度略大于鲜酸-残酸浸泡后的点蚀坑深度，这说明在残酸浸泡期间萌生的点蚀继续在采出水环境下生长，而两者的差值就是点蚀坑在采出水期间的绝对腐蚀量。按照所有点蚀坑的统计平均值来计算采出水期间油管的点蚀速率，HP1-13Cr和HP2-13Cr的点蚀速率相近，分别为0.11mm/a和0.13mm/a，小于宝钢13Cr的0.54mm/a。

在模拟鲜酸溶液（90℃，浸泡2h）、残酸溶液（90℃，浸泡7d）和采出水（90℃，浸泡7d）浸泡后，在试样表面可以观察到明显的点蚀坑。采取与70℃采出水环境下同样的处理方法计算点蚀速率，由于90℃采出水环境下油管表面点蚀坑数量较多，因此我们随机测量了90个点蚀坑的深度，按照所有点蚀坑的统计平均值来计算采出水期间油管的点蚀速率，HP1-13Cr的点蚀速率为1.62mm/a，HP2-13Cr为0.51mm/a、宝钢13Cr为0.32mm/a。

在模拟鲜酸溶液（90℃，浸泡2h）、残酸溶液（90℃，浸泡7d）和采出水（110℃，浸泡7d）浸泡后，与70℃采出水环境下油管的点蚀坑形貌相似，110℃采出水环境下，在试样的宏观照片上没有观察到明显的点蚀坑，借助于显微镜才能看到3种油管表面均有点蚀坑分布。采取与70℃采出水环境下同样的处理方法计算点蚀速率，得到HP1-13Cr的点蚀速率为0.08mm/a，HP2-13Cr为0.17mm/a、宝钢13Cr为0.16mm/a。

2.8.2.3 井身点蚀分布

KS2井点蚀分布规律HP1-13Cr、HP2-13Cr和宝钢13Cr在酸化-返排残酸-采出水期间的点蚀速率随井深的变化规律如图2-65所示。HP1-13Cr和HP2-13Cr的点蚀速率随着井深的增加，即随着温度和CO_2分压的升高呈现相同的变化规律，在井深1343m处（90℃）点蚀速率均出现极大值，HP1-13Cr、HP2-13Cr的点蚀速率分别为0.23mm/a和0.15mm/a。为了初步估算完井管柱的使用寿命，做出两点假设：（1）油管壁厚为6mm；（2）采出水期间点蚀速率保持恒定。由此计算得到每种油管的使用寿命，HP1-13Cr约4a后穿孔，HP2-13Cr和宝钢13Cr大约12a后穿孔。林冠发等研究表明，在温度高于110℃时，不锈钢油管表面会形成腐蚀产物膜，则在KS2井2686m以下，也即温度大于110℃时，生产油管的腐蚀特征将发生改变，因此，有必要讨论KS2全井筒的腐蚀形态分布。

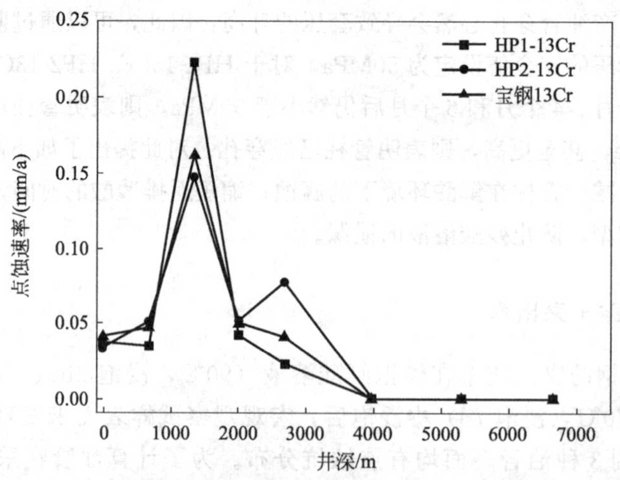

图 2-65 KS2 井酸化-返排残酸-采出水期间油管的点蚀速率分布图

为了更深入地理解完井管柱的整个腐蚀历程，以 HP1-13Cr 油管在 KS2 井中的腐蚀特征为例，全面分析了全井筒内油管腐蚀形态的变化规律。按照井筒内温度梯度的变化规律，将全井筒分为 4 个温度区间，如图 2-66 所示。依次为低温区域：70～80℃；中温区域：80～100℃；高温区域：100～150℃；超高温区域：150～170℃。在低温区域内，由于酸化缓蚀剂的局限性，HP1-13Cr 主要发生点蚀，而且温度不是很高，因此点蚀速率仅为 0.11mm/a；在中温区域内，酸化缓蚀剂的作用依然没有显现出来，加之温度有所升高，HP1-13Cr 仍然发生点蚀，点蚀速率增至 0.24mm/a；在高温区域酸化压裂期间，缓蚀剂能很好地吸附在油管表面，在返排残酸期间仍能起到保护油管的作用，降低了 HP1-13Cr 发生点蚀的可能性，且因温度很高，其表面能形成具有保护能力的产物膜。因此，在高温区域 HP1-13Cr 表面呈现点蚀的特征；在超高温区域，油管表面可以自发地形成产物膜，呈现均匀腐蚀的特征。

可见，在模拟 KS2 井作业工况下，HP1-13Cr 和 HP2-13Cr 的点蚀速率在井深 1343m 处达到最大，宝钢 13Cr 的点蚀速率在井口处达到最大，按照最大点蚀速率估算完井管柱的使用寿命为：HP1-13Cr 约 4a 后穿孔，HP2-13Cr 和宝钢 13Cr 约 12a 后穿孔。KS2 井完井管柱的腐蚀分为 4 个区域：在低温和中温区域，超级 13Cr 主要以点蚀失效为主，在高温区域，发生点蚀，而在超高温区域，超级 13Cr 主要发生均匀腐蚀。

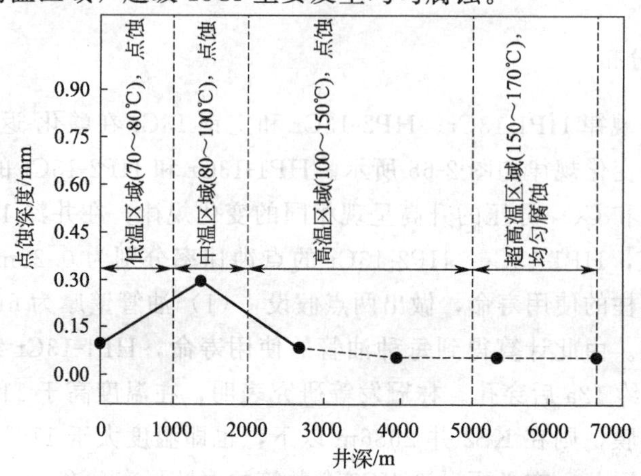

图 2-66 KS2 井酸化-返排残酸-采出水期间 HP1-13Cr 腐蚀形态分布图

参考文献

[1] 吕祥鸿，赵国仙，张建兵，等．超级13Cr马氏体不锈钢在CO_2及H_2S/CO_2环境中的腐蚀行为[J]. 北京科技大学学报，2010，32(2)：207-212.

[2] 张春霞，杨建强，张忠铧．00Cr13Ni5Mo2中D类夹杂物在酸化环境中的腐蚀行为研究[J]. 宝钢技术，2015，(4)：18-21.

[3] 李颖川．采油工程[M]. 2版．北京：石油工业出版社，2009：259.

[4] 肖纪美．不锈钢的金属学问题[M]. 2版．北京：冶金工业出版社，2006：163.

[5] Song Y Y, Ping D H, Yin F X, et al. Microstructural evolution and low temperature impact toughness of a Fe-13% Cr-4%Ni-Mo martensitic stainless steel[J]. Materials Science Engineering A, 2010, 527 (3): 614-618.

[6] Vignal V, Ringeval S, Thiébaut S, et al. Influence of the microstructure on the corrosion behaviour of low-carbon martensitic stainless steel after tempering treatment[J]. Corrosion Science, 2014, 85(1): 42-51.

[7] Frankel G S. Pitting corrosion of metals——A review of the critical factors[J]. Journal of Electrochemical Society, 1998, 145 (6): 2186-2198.

[8] Cheng Y F, Luo J L. Electronic structure and pitting susceptibility of passive film on carbon steel[J]. Electrochimica Acta, 1999, 44 (17): 2947-2957.

[9] Macdonald D D. The point defect model for the passive state[J]. Journal of Electrochemical Society, 1992, 139 (12): 3434-3449.

[10] Ahn S, Kwon H, Macdonald D D. Role of chloride ion in passivity breakdown on iron and nickel[J]. Journal of Electrochemical Society, 2005, 152 (11): 482-490.

[11] Tian W, Du N, Li S, et al. Metastable pitting corrosion of 304 stainless steel in 3.5% NaCl solution[J]. Corrosion Science, 2014, 85: 372-379.

[12] Song Y Y, Li X Y, Rong L J, et al. The influence of tempering temperature on the reversed austenite formation and tensile properties in Fe-13%Cr-4%Ni-Mo low carbon martensite stainless steels[J]. Mater Sci Eng A, 2011, 528 (12): 4075-4079.

[13] Song Y Y, Li X Y, Rong L J, et al. Formation of the reversed austenite during intercritical tempering in a Fe-13% Cr-4%Ni-Mo martensitic stainless steel[J]. Materials Letters, 2010, 64 (13): 1411-1414.

[14] Macdonald D D, Rifaie M A, Engelhardt G R. New rate laws for the growth and reduction of passive films[J]. Journal of Electrochemical Society, 2001, 148 (9): B343-B347.

[15] Gao J, Jiang Y, Deng B, et al. Determination of pitting initiation of duplex stainless steel using potentiostatic pulse technique[J]. Electrochimica Acta, 2010, 55 (17): 4837-4844.

[16] Macdonald D D, Engelhardt G R. Predictive modeling of corrosion[M]. Amsterdam: Elsevier, 2010.

[17] Lu S Y, Yao K F, Chen Y B, et al. The effect of tempering temperature on the microstructure and electrochemical properties of a 13wt.% Cr-type martensitic stainless steel[J]. Electrochimica Acta, 2015, 165: 45-55.

[18] Jargelius-Pettersson R, Pound B. Examination of the role of molybdenum in passivation of stainless steels using AC impedance spectroscopy[J]. Journal of Electrochemical Society, 1998, 145 (5): 1462-1469.

[19] Lei X W, Feng Y R, Zhang J X, et al. Impact of reversed austenite on the pitting corrosion behavior of super 13Cr martensitic stainless steel[J]. Electrochimica Acta, 2016, 191: 640-650.

[20] 赵志博．超级13Cr不锈钢油管在土酸酸化液中的腐蚀行为研究[D]. 西安：西安石油大学，2014.

[21] 宋文文，金伟，耿海龙，等．油田酸化环境下超级13Cr、15Cr不锈钢的点蚀速率研究[J]. 全面腐蚀控制，2016，30(3)：62-65.

[22] 曹楚南．中国材料的自然环境腐蚀[M]. 北京：化学工业出版社，2005.

[23] 张毅，李鹤林，陈诚德．我国油井管现状及存在的问题[J]. 焊管，1999，22(5)：1-10.

[24] 徐进，罗平亚，刘映金．高温高压高产腐蚀气井完井管柱及井口装置损坏机理研究[D]. 成都：西南石油学院，2005.

[25] Zhang G A, Cheng Y F. Electrochemical characterization and computational fluid dynamics simulation of flow-accelerated corrosion of X65 steel in a CO_2-saturated oilfield formation water [J]. Corrosion Science, 2010, 52 (8): 2716-

2724.

[26] He W, Knudsen O O, Diplas S. Corrosion of stainless steel 316L in simulated formation water environment with CO_2-H_2S-Cl^-[J]. Corrosion Science, 2009, 51(12): 2811-2819.

[27] 李鹤林，白真权，李鹏亮等．模拟 CO_2/H_2S 环境中 APIN80 钢的腐蚀影响因素研究[C]//第二届石油石化工业用材研究会论文集．成都，2001.

[28] Marchebois H, Leyer J. SSC performance of a super 13%Cr martensitic stainless steel for OCTG [C]//Corrosion 2007. Houston: NACE International, 2007.

[29] 雷冰，马元泰，李瑛，等．模拟高温高压气井环境中 HP2-13Cr 的点蚀行为研究[J]. 腐蚀科学与防护技术，2013, 25(2): 100-104.

[30] 刘亚娟，吕祥鸿，赵国仙，等．超级 13Cr 马氏体不锈钢在入井流体与产出流体环境中的腐蚀行为研究[J]. 材料工程，2012, 10: 17-22.

[31] Mowat D E, Edgerton M C, Wade E H R. Erskine field HPHT workover and tubing corrosion failure investigation [C]//SPE/IADC Drilling Conference. Amsterdam: Society of Petroleum Engineers, 2001.

[32] Howard S. Effect of stress level on the SCC behavior of martensitic stainless steel during HT exposure to formate brines[C]//Corrosion 2016. Houston: NACE International, 2016.

[33] 王献昉．含铬油套管钢的 CO_2 腐蚀点蚀特征研究[J]. 腐蚀与防护，2002, 23(12): 27-29.

[34] 张智，刘志伟，谢玉洪，等．井筒载荷-腐蚀耦合作用对碳钢套管服役寿命的影响[J]. 石油学报，2017, 38(3): 342-347.

[35] 尹宝俊，赵文轸，张延玲，等．长庆 H 油井套管的腐蚀与开裂机理研究[J]. 石油矿场机械，2004, 33(5): 28-33.

[36] 田红政．富含 CO_2 凝析气井的腐蚀与防腐技术[J]. 海洋石油，2006, 26(2): 68-74.

[37] 崔铭伟，曹学文．腐蚀缺陷对中高强度油气管道失效压力的影响[J]. 石油学报，2012, 33(6): 1086-1092.

[38] 周贤良，聂轮，华小珍，等．15-5PH 不锈钢初期点蚀的电化学特性[J]. 中国腐蚀与防护学报，2012, 32(5): 423-427.

[39] 赵章明．油气井腐蚀防护与材质选择指南[M]. 北京：石油工业出版社，2011: 108-119.

[40] 马元泰，雷冰，李瑛，等．模拟酸化压裂环境下超级 13Cr 油管的点蚀速率[J]. 腐蚀科学与防护技术，2013, 25(4): 347-349.

[41] 马元泰，雷冰，李瑛，等．在模拟 KS2 井采出水环境中超级 13Cr 油管钢点蚀的分布规律[J]. 腐蚀科学与防护技术，2013, 25(3): 250-252.

[42] Stratmann M. The investigation of the corrosion properties of metals, covered with adsorbed electrolyte layers—A new experimental technique[J]. Corrosion Science, 1987, 27(8): 869-872.

[43] Stratmann M, Streckel H. On the atmospheric corrosion of metals which are covered with thin electrolyte layers—II. Experimental results[J]. Corrosion Science, 1990, 30(6/7): 697-714.

[44] 安英辉，董超芳，肖葵，等．Kelvin 探针测量技术在电化学研究中的应用进展[J]. 腐蚀科学与防护技术，2008, 20(6): 440-444.

[45] 王燕华，张涛，王佳，等．Kelvin 探头参比电极技术在大气腐蚀研究中的应用[J]. 中国腐蚀与防护学报，2004, 24(1): 59-64.

[46] 肖葵，董超芳，李晓刚，等．采用开尔文扫描探针技术研究镁合金偶接铜合金的电偶腐蚀规律[J]. 北京科技大学学报，2010, 32(8): 1023-1028.

[47] Almarshad A I, Jamal D. Electrochemical investigations of pitting corrosion behaviour of type UNS S31603 stainless steel in thiosulfate -chloride environment[J]. Journal of Applied Electrochemistry, 2004, 34(1): 67-70.

[48] Tarantseva K R. Models and methods of forecasting pitting corrosion[J]. Protection of Metals & Physical Chemistry of Surfaces, 2010, 46(1): 139-147.

[49] Batista S R F, Kuri S E. Aspects of selective and pitting corrosion in cast duplex stainless steels[J]. Anti - Corrosion Methods and Materials, 2004, 51(3): 205-208.

[50] 张智，郑钰山，李晶，等．含 CO_2 甲酸盐完井液中超级 13Cr 不锈钢的局部腐蚀性能[J]. 材料保护，2018, 51(8): 26-31.

[51] 郑伟．油田复杂环境超级 13Cr 油套管钢 CO_2 腐蚀行为研究[D]. 西安：西安石油大学，2015.

[52] 郑伟，白真权，赵雪会，等．温度对超级13Cr油套管钢在NaCl溶液中腐蚀行为的影响[J]. 热加工工艺，2015，44(6)：38-40.

[53] Carvalho D S. Joia C J B. Mattos O R. Corrosion rate of iron and iron-chromium alloys in COQ-medium[J]. Corroison Science, 2005, 17(12): 2971-2986.

[54] Masamura K. Hashidume S. Nunomura K, et al. Estimation models of corrosion rate of 13%Cr alloys in CO_2 environments[C]//Corrosion 1983. Houston: NACE International, 1983.

[55] Mitsuo K, Takanori T. Shimamoto K. High. Cr stainless steel OCTG with high strength and superior corrosion resistance[J]. JFE Technical Report, 2006, 6(7): 7-13.

[56] Koh S U, Kim J S. Yang B Y. Effect of alloying elements on the susceptibility to sulfide stress cracking of line pipe steels[J]. Corrosion, 2004, 60(3): 262-274.

[57] Stand reconunended practice-preparation, installation, analysis and interpretation of corrosion coupons in oilfield operations: NACE RP-0775—2005[S].

[58] 姜毅．董晓焕，赵国仙．温度对Cr13不锈钢在含Cr13溶液中电化学腐蚀的影响[J]. 腐蚀科学与防护技术，2009，21(2)：140-142.

[59] 韩燕，赵雪会，白真权，等．不同温度下超级13Cr在Cl^-/CO_2环境中的腐蚀行为[J]. 腐蚀与防护，2011，32(5)：366-369.

[60] 吴剑．不锈钢的腐蚀破坏与防护技术——(一)点腐蚀的形成条件、形貌特征及其预防[J]. 腐蚀与防护，1999，18(1)：38-41.

[61] 马力，阎永贵，李小亚．时效处理对CrCoMo不锈钢耐蚀性能的影响[J]. 腐蚀与防护，2004，25(9)：376-381.

[62] 魏宝明．金属腐蚀理论及应用[M]. 北京：化学工业出社，2004.

[63] 张德康．不锈钢局部腐蚀[M]. 北京：科学出版社，1982.

[64] 吴玮巍，蒋益明，廖家兴，等．0Cr25Ni7Mo4、316与304不锈钢临界点蚀温度研究[J]. 腐蚀科学与防护技术，2006，18(4)：285-288.

[65] 张国超，林冠发，雷丹，等．超级13Cr不锈钢的临界点蚀温度[J]. 腐蚀与防护，2012，33(9)：777-779.

[66] 张国超，林冠发，张涓涛．超级13Cr油套管钢的点蚀行为研究[J]. 焊管，2013，36(7)：20-24.

[67] 张国超．超级13Cr不锈钢油套管材料在CO_2环境下的腐蚀行为研究[D]. 西安：西安石油大学，2012.

[68] Li J L, Qu C T, Zhu S D, et al. Pitting corrosion of super martensitic stainless steel 00Cr13Ni5Mo2, Anti-Corrosion Methods and Materials, 2014, 61(6): 387-394.

[69] Wranglen G. Pitting and sulphide inclusions in steel[J]. Corrosion Science, 1974, 14(5): 331-349.

[70] Lott S E, Alkre R C. The role of inclusions on initiation of crevice corrosion of stainless steel[J]. Journal of Electrochem Society, 1989, 136(4): 973-979.

[71] Yin Z F, Zhao W Z, Tian W, et al. Pitting behavior on super 13Cr stainless steel in 3.5% NaCl solution in the presence of acetic acid[J]. Journal of Solid State Electrochemistry, 2009, 13(8): 1291-1296.

[72] 李岩，姜锐，王华，等．探究电化学极化方法加速超级13Cr、15Cr不锈钢点蚀的发生和发展[J]. 全面腐蚀控制，2016，30(3)：16-20.

[73] 李琼玮，奚运涛，董晓焕，等．超级13Cr油套管在含H_2S气井环境下的腐蚀试验[J]. 天然气工业，2012，32(12)：106-110.

[74] Popperiling R, Nideerhoff K A, Fliethmann J, et al. Cr13LC steel for OCTG flowline and pipeline applications[C]//Corrosion1997. Houston: NACE International, 1997.

[75] 康喜唐，聂飞．HP2 13Cr无缝钢管的研制开发[J]. 钢管，2015，44(3)：31-35.

[76] 步玉环，马明新，郭胜来．油气田H_2S腐蚀分析及高强钢选材[J]. 石油化工腐蚀与防护，2011，28(3)：31-35.

[77] 姚鹏程，谢俊峰，杨春玉，等．高温高压环境Cl^-浓度和CO_2分压对不锈钢油管的影响[J]. 全面腐蚀控制，2017，31(10)：67-70.

[78] 李娜，荣海波，赵国仙．耐蚀油套管管材的国内外研究现状[J]. 材料科学与工程学报，2011，29(3)：471-477.

[79] 刘艳朝，常泽亮，赵国仙，等．超级13Cr不锈钢在超深超高压高温油气井中的腐蚀行为研究[J]. 热加工工艺，2012，(41)10：71-74.

[80] Cheldi T, Piccolo E L, Scoppio L. Corrosion Behavior of Corrosion Resistant Alloys in Stimulation Acids[C]//Euro-

corr 2004.

[81] Fukushima K, Abbate C, Tabuani D, et al. Biodegra dation of poly(lactic acid)and its nano-composites[J]. Polymer Degradation and Stability, 2009, 94(10): 1646-1655.

[82] Papageorgiou G Z, Achilias D S, Nanaki S, et al. PLA nanocomposites: effect of filler type on non-isothermal crystallization[J]. Thermochimica Acta, 2010, 511(1/2): 129-139.

[83] Hu X, Xu H S, Li Z M. Morphology and properties of poly (L-lactide) (PLLA) filled with hollow glass beads[J]. Macromolecular Materials and Engineering, 2007, 292(5): 646-654.

[84] 马朝晖 . 13Cr 系列马氏体不锈钢的点蚀性能评价[J]. 腐蚀与防护，2013，34(9)：819-821.

[85] 林冠发，宋文磊，王咏梅，蔡锐 . 两种 HP13Cr110 钢腐蚀性能对比研究[J]. 装备环境工程，2011，7(6)：183-186.

[86] 林冠发，相建民，常泽亮，等 . 3 种 13Cr110 钢高温高压 CO_2 腐蚀行为对比研究 [J]. 装备环境工程，2008,5(5)：1-5.

[87] 王萍，马群 . N80 钢点蚀实验数据的统计分析[J]. 腐蚀科学与防护技术，2006，18(3)：233-235.

第3章 应力腐蚀

3.1 概述

随着 CO_2 腐蚀日益成为油田继续开发的主要障碍，耐蚀性能良好的13Cr马氏体不锈钢在油田中的应用逐渐普及。塔里木、胜利、文昌和东方等油田已经在一些含 CO_2 的油气井中使用了13Cr不锈钢材料的油套管以确保油气井的安全。普通13Cr不锈钢由于具有相当高的强度和中等程度的腐蚀抗力而广泛用于甜性和中等酸性条件下的腐蚀控制，主要靠添加12%～14%（质量分数，下同）的Cr在表面形成一定程度的钝化膜，来提高材料的 CO_2 腐蚀抗力。但其高温时的均匀腐蚀、中温时的点蚀和低温时的SSC已成为限制普通13Cr不锈钢广泛应用的主要障碍。

近年来，鉴于普通13Cr不锈钢使用中的局限，超级13Cr马氏体不锈钢材料已经进入油套管市场，相比于普通13Cr不锈钢，该类材料具有高强度、低温韧性及改进的抗腐蚀性能的综合特点。经过改进的超级13Cr马氏体不锈钢在高达180℃的高温 CO_2 腐蚀环境中仍具有良好的均匀腐蚀抗力和局部腐蚀抗力，同时具有一定的抗 H_2S 应力腐蚀开裂的能力。

随着市场对油气能源需求的剧增，石油天然气开采所面临的地质环境复杂化程度和油气井深度也不断加深。井筒高温高压环境对油套管材的钢级要求越来越高，目前高温高压气井的油管柱级主要为110ksi和125ksi钢级，而套管的钢级最高已达到140ksi甚至155ksi。油气井中的 Cl^- 和水介质对油管的腐蚀以及油管本身重力所产生的应力的共同作用，对油管造成了极大的危害。而且钢的强度越高，对应力腐蚀及氢致开裂的敏感性也就越高，在应力和电化学腐蚀的协同作用下，最普遍和最严重的失效便是应力腐蚀开裂（SCC）。尽管改性的超级13Cr不锈钢提高了其抗SCC和抗局部腐蚀性能，降低了SCC敏感性，但SCC依然是超级13Cr马氏体不锈钢油管腐蚀失效的主要形式之一。

目前，对于石油管材在不同服役环境中应力腐蚀的机理仍处于不断的研究中，尚无明确定论。从20世纪90年代至今，随着高钢级石油专用管在高温高压气井的推广及应用，马氏体不锈钢和双相不锈钢的应力腐蚀开裂研究工作呈逐年上升趋势。应力腐蚀开裂是高温高压气井油管失效事故中最严重的失效形式之一，耐蚀合金油管的应力腐蚀敏感性及其影响因素一直是研究的热点。目前已普遍认识到除了 H_2S（低pH环境）导致的硫化物应力腐蚀开裂外，马氏体不锈钢对环空保护液较敏感，而当介质中混合有 H_2S 和 CO_2 气体时，应力腐蚀开裂敏感性更高。

在 H_2S 环境中，超级13Cr不锈钢在低温区具有开裂敏感性，失效机制是氢所主导的硫化物应力开裂（SSC）。根据ISO 15156-1—2015标准，超级13Cr不锈钢用作井下管材时，硫化氢的分压应不超过 10kPa，钢级限制在 105ksi 以下。部分制造企业的选材指南指出，超级 13Cr 不锈钢应在 H_2S 分压小于 1～3kPa 时使用，同时服役温度不宜高于 180℃。然而，Wilms 等研究认为，在 3.9kPa 的 H_2S 分压下，当温度低于 90℃时马氏体-铁素体型不锈钢管材会发生应力腐蚀开裂，这一特征符合 SSC 开裂机制。Ngomo 等和 Morana 等的实验结果表明，超级 13Cr 不锈钢在 175℃以上才发生阳极溶解型 SCC。Meck 等和 Takabe 等测试发现即使在 1kPa 的 H_2S 环境下，低温或高温 SCC 测试均出现开裂现象，说明对于超级 13Cr 不锈钢两种开裂机制均存在，而且开裂行为同时受到 Cl^- 浓度、pH 以及 H_2S 分压的影响。Marchebois 等研究发现，超级 13Cr 不锈钢的 SSC 与材料在酸性环境下的点蚀敏感性存在一定关系，主要是由于 Cl^- 能加速钝化膜的破坏，Cl^- 浓度的增加将大大提高 SSC 的敏感性。我国西部油田普遍存在高含 CO_2、低含 H_2S、超高温、高压、高矿化度工况，井温从井口 80℃升到井下 210℃，CO_2 分压能达到 8MPa，而 H_2S 分压却只有 4～8kPa，矿化度超过 150g/L。根据 ISO 15156-1—2015 标准，超级 13Cr 不锈钢可以在超过 10kPa 的 H_2S 分压下使用，但是 CO_2 含量过高会造成较高的腐蚀失重，而 H_2S 含量虽然较少，但也使得材料面临腐蚀开裂的威胁，高浓度 Cl^- 会加速钝化膜破坏，超级 13Cr 不锈钢能否抵抗应力腐蚀开裂还有待研究。

国内外已先后出现了高温高压油气井管柱应力腐蚀开裂的事故。P. Woolin 等报道了北海油气田超级 13Cr 马氏体不锈钢的氢致诱导开裂失效。McKennis 等报道了 2001—2005 年期间 5 起 HP13Cr110 的应力腐蚀开裂失效情况，失效前服役时间介于 1 周到 2 年。2013 年，我国西部某油田高温高压气井超级 13Cr 不锈钢油管柱发生应力腐蚀开裂，导致油管在接箍附近发生断裂，失效前服役时间不足 1 个月。TomHenke 等研究了两种钢级马氏体不锈钢（85ksi 和 110ksi）在 10 种高浓度环空保护液（含缓蚀剂）中、177℃高温条件下的应力腐蚀开裂行为，研究表明在无 H_2S 和 CO_2 气体存在的情况下，不发生应力腐蚀开裂，110ksi 钢级的马氏体不锈钢在有酸性气体通入时发生应力腐蚀开裂，然后在同样的条件下，加入离子能够抑制应力腐蚀开裂的发生。吕祥鸿的研究结果表明，H_2S 的存在及 Cl^- 浓度的增加显著降低了不锈钢的点蚀电位，增加了不锈钢的 SSC 敏感性。刘克斌等研究了超级 13Cr 马氏体不锈钢在 1.0MPa 的 CO_2 分压、100℃和 150℃条件下，在密度为 1.318kg/L 的 $CaCl_2$ 完井液中的 SCC 行为，同时研究了溶液中氧含量和少量醋酸对应力腐蚀开裂敏感性的影响。姚小飞等采用慢应变速率拉伸（SSRT）分析了温度对超级 13Cr 不锈钢应力腐蚀开裂抗力的影响。结果表明：当温度低于 60℃时，SCC 程度较轻；当温度高于 80℃时，SCC 程度严重；随着温度的升高，发生 SCC 的倾向性增大。此外，由于井下流体介质中一般不存在氧气，其对应力腐蚀开裂的作用一直被忽视，D. E. Mowat 等研究了一起北海油田高温高压井双相不锈钢油管沿外壁断裂事故，认为氧气侵入与高浓度 Cl^- 共同造成了油管应力腐蚀开裂，氧气对应力腐蚀开裂起到了促进作用。

应力腐蚀是金属材料在应力与环境介质共同作用下的结果，是金属材料与环境的电化学反应过程，它是一个十分复杂的现象。从环境特征来划分，高温高压气井的应力腐蚀开裂研究主要集中在如下四个方面：第一，油套管之间环空保护液引起的应力腐蚀开裂；第二，H_2S 引起的硫化物应力腐蚀开裂；第三，高浓度 Cl^- 引起的应力腐蚀开裂；第四，高含 H_2S 和 Cl^- 共同作用下的应力腐蚀开裂。迄今为止，人们提出了很多的理论来解释应力腐蚀，但是没有一种理论可以解释所有的应力腐蚀现象，但对于易钝化金属的 SSC 来说，阳极溶解模型对 SSC 机理的解释更为合理些。材料应力腐蚀具有很鲜明的特点，应力腐蚀破坏特征可以帮助我们识别破坏事故是否属于应力腐蚀，但一定要综合考虑，不能只根据某一点特征，便简单地下结论。

3.2 腐蚀环境

3.2.1 完井液环境

3.2.1.1 $CaCl_2$ 完井液

作为一种清洁无固相盐水完井液，$CaCl_2$ 溶液被广泛使用在完井过程中，特别是在海上钻井过程中具有易于操作和不污染钻井液等优点。但是由于体系中溶解氧的存在和大量 Cl^- 的引入，加大了体系的腐蚀性。目前已有一些关于油气田深井环境下 $CaCl_2$ 完井液中出现应力腐蚀失效的报道，一般认为溶解氧和硫氰酸盐类缓蚀剂的分解产物 H_2S 是导致这类腐蚀失效的主要原因。

一般认为导致应力腐蚀开裂的基本因素有以下几个：材料的电极电位、溶液中离子种类及浓度、溶液 pH、材料成分、材料组织结构、应力值、温度以及溶解氧和醋酸浓度。特别是上述几个因素的协同作用是应力腐蚀失效的主要原因。

(1) 应力值

应力腐蚀开裂是应力和腐蚀共同作用下的腐蚀失效行为，因此应力值对应力腐蚀开裂有重要影响。表 3-1 显示了不同应力加载条件对超级 13Cr 不锈钢在 150℃、1.0MPa 的 CO_2 分压和不同醋酸含量条件下的应力腐蚀开裂的影响。在未除氧的条件下，当四点弯曲法弯曲高度 Y 为 2.00mm 时，只有醋酸含量为 100mg/L 时出现裂纹。而当 Y 为 3.00mm（通过应力-应变曲线和应变量测量的结果可知，材料超过弹性变形范围，此加载条件下的应力约为 819MPa）时，试验试样全部断裂，说明尽管进入材料的塑性变形区，四点弯曲法的弯曲高度对超级 13Cr 不锈钢在 150℃、1.0MPa 的 CO_2 分压条件下的 SCC 仍有显著影响。

表 3-1 四点弯曲法的弯曲高度对超级 13Cr 不锈钢在 150℃、1.0MPa 的 CO_2 分压和不同醋酸含量条件下 SCC 的影响

密度/(kg/L)	温度/℃	时间/h	p_{CO_2}/MPa	醋酸浓度/(mg/L)	pH	(试验后) Y/mm	结果
1.318	150	336	1.0	—	5.29	2.00	0/2
1.318	150	336	1.0	40	5.30	2.00	0/2
1.318	150	336	1.0	100	5.30	2.00	1*/2
1.318	150	336	1.0	—	5.25	3.00	2/2
1.318	150	336	1.0	40	5.33	3.00	2/2
1.318	150	336	1.0	100	5.25	3.00	2/2

注：Y 为四点弯曲试样弯曲高度；* 为出现裂纹没有断裂；2/2 为两个试样均断裂。

(2) 温度

超级 13Cr 不锈钢在不除氧、100℃和 150℃、1.0MPa 的 CO_2 分压和不同醋酸含量条件下的四点弯曲法试验结果如表 3-2 所示。当温度为 100℃时，试样均没有发生应力腐蚀开裂；而当温度为 150℃时，试样全部断裂。此结果说明，温度对超级 13Cr 不锈钢在不除氧、1.0MPa 的 CO_2 分压、加入不同浓度醋酸、密度为 1.318kg/L 的 $CaCl_2$ 盐水条件下的 SCC

影响显著，当温度低于100℃时，不会出现应力腐蚀。

表3-2 温度对超级13Cr不锈钢在150℃、1.0MPa CO_2 分压和不同醋酸含量条件下SCC的影响

密度/(kg/L)	p_{CO_2}/MPa	时间/h	Y/mm	温度/℃	醋酸浓度/(mg/L)	结果
1.318	1.0	336	3.0	100	—	0/2
1.318	1.0	336	3.0	100	40	0/2
1.318	1.0	336	3.0	100	100	0/2
1.318	1.0	336	3.0	150	—	2/2
1.318	1.0	336	3.0	150	40	2/2
1.318	1.0	336	3.0	150	100	2/2

注：Y为四点弯曲试样弯曲高度；2/2为两个试样均断裂。

(3) 溶解氧和醋酸浓度

在不除氧150℃条件下，36h后，打开高压釜取出试样，经无水乙醇除水后，在显微镜下观察试样表面的腐蚀断裂情况，结果如表3-3所示。在该条件下，四点弯曲试样几乎全部开裂。在加有不同浓度醋酸条件下的试样全部断裂，说明醋酸加速了试样的腐蚀开裂。Masakatsu Ueda和Hideki Takabe的研究也表明，醋酸能够加速超级13Cr不锈钢的腐蚀，而且最大腐蚀速率随温度的升高而增加。而在不除氧100℃时，36h后试样均没有裂纹。在除氧150℃条件下试验的结果见表3-3。此条件下不加醋酸的体系试样全部断裂，而加醋酸的试样只有少数出现裂纹。在除氧100℃时，当不加醋酸时试样出现了少量裂纹或断裂。在相同条件下，除氧和不除氧，醋酸对试样SCC影响的趋势刚好相反。

表3-3 溶解氧和醋酸对超级13Cr不锈钢在100℃和150℃、1.0MPa CO_2 分压的1.318kg/L $CaCl_2$ 盐水中SCC的影响

密度/(kg/L)	时间/h	p_{CO_2}/MPa	Y/mm	含氧情况	温度/℃	醋酸浓度/(mg/L)	结果
1.318	336	1.0	3.00	不除氧	100		0/2
1.318	336	1.0	3.00	不除氧	100	40	0/2
1.318	336	1.0	3.00	不除氧	100	100	0/2
1.318	336	1.0	3.00	不除氧	150	—	1*1/2
1.318	336	1.0	3.00	不除氧	150	40	2/2
1.318	336	1.0	3.00	不除氧	150	100	2/2
1.318	336	1.0	3.00	除氧	100	—	1*1/4
1.318	336	1.0	3.00	除氧	100	40	0/4
1.318	336	1.0	3.00	除氧	100	100	0/4
1.318	336	1.0	3.00	除氧	150	—	4/4
1.318	336	1.0	3.00	除氧	150	40	1*/4
1.318	336	1.0	3.00	除氧	150	100	0/4

注：1*1/2为两个试样一个出现裂纹另一个断裂。

可见，超级13Cr不锈钢在1.0MPa的 CO_2 分压、密度为1.318kg/L的 $CaCl_2$ 完井液中，应力腐蚀开裂敏感性随应力增加而提高，随着温度提高而增大。在1.0MPa的 CO_2 分压、150℃条件下，密度为1.318kg/L的 $CaCl_2$ 完井液中，溶解氧增加了超级13Cr不锈钢SCC敏感性，减少溶解氧在一定程度上能够减缓腐蚀开裂的发生。醋酸对SCC的影响是两方面的，在未除溶解氧条件下，加速SCC，而在除溶解氧时，则抑制SCC。对断口进行SEM分析显示，在1.0MPa的 CO_2 分压、150℃下，密度为1.318kg/L的 $CaCl_2$ 完井液中，超级13Cr不锈钢以沿晶型应力腐蚀开裂方式失效。材料的腐蚀速度和腐蚀电位所处的区间与材料应力腐蚀敏感性有密切的关系。

3.2.1.2 磷酸盐完井液

随着近年来超级13Cr不锈钢油管在高温高压气井中大范围地使用，磷酸盐类环空保护液引起的应力腐蚀开裂问题逐渐显现。目前对于磷酸盐类环空保护液引起应力腐蚀开裂的机理、造成应力腐蚀开裂的主控因素以及超级13Cr不锈钢油管在其他环空保护液中的敏感性需要进一步系统地研究。

（1）温度

超级13Cr不锈钢在不同温度磷酸盐完井液中的SSRT结果见图3-1。已有研究表明，对于未预制缺陷的SSRT试样，裂纹源于试样表面点蚀的形核与发展，因而试验结果可以一定程度地表征材料的SCC敏感性。对比不同温度完井液下超级13Cr不锈钢的应力-应变曲线，超级13Cr不锈钢的屈服强度和抗拉强度相较空拉有所降低，但不会随着温度的升高而改变，最大应变量随着温度的增加而降低，而断裂时间则随着温度的升高而缩短。

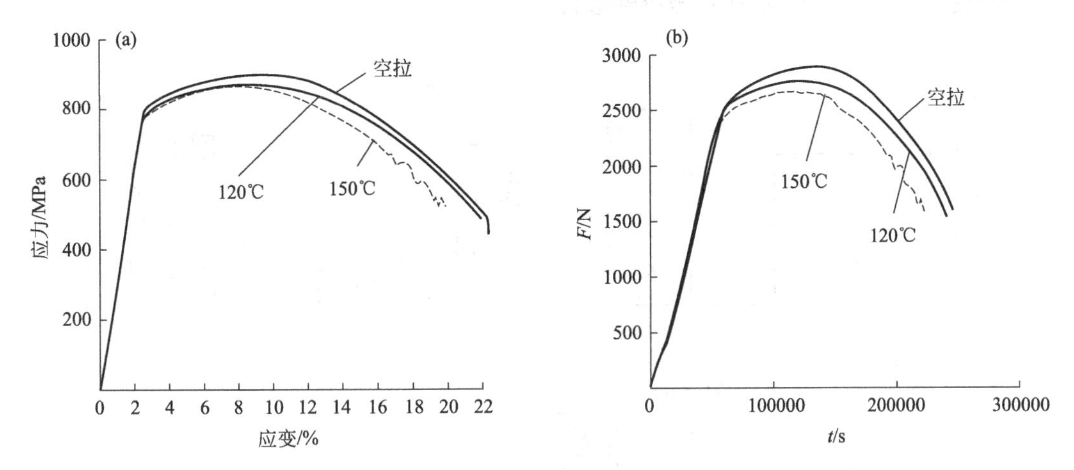

图3-1 超级13Cr不锈钢在不同温度磷酸盐完井液中的SSRT结果

（a）应力-应变曲线；（b）载荷-时间曲线

图3-2为拉伸棒试样在不同温度介质中SSRT试验后的宏观形貌。可以看出，拉伸棒的颈缩程度随温度的升高明显减小，材料的韧性降低，脆性增强。此外，相比空拉试样，120℃下的拉伸棒表面生成一定的腐蚀产物，金属光泽度下降；当温度升高至150℃时，拉伸棒的腐蚀表面呈现黑色，具有一定的金属光泽。

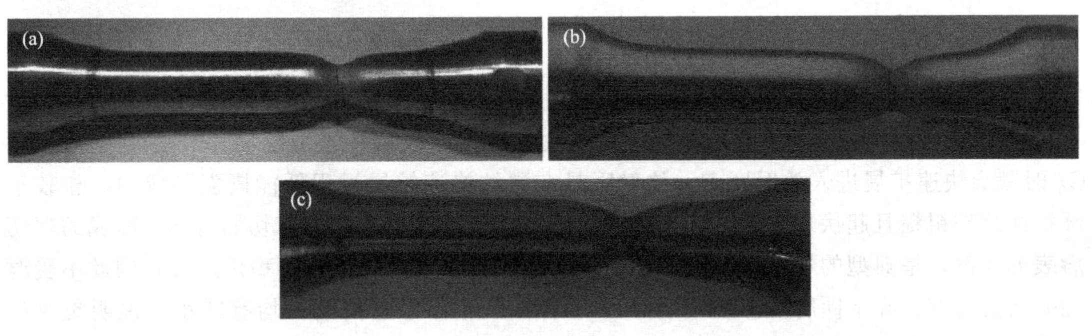

图3-2 超级13Cr不锈钢在不同温度磷酸盐完井液中SSRT试验后的宏观形貌

（a）空拉；（b）120℃；（c）150℃

超级13Cr不锈钢的SCC敏感性主要通过伸长率（I_δ）、断面收缩率（I_φ）和断裂时间（TFR）来评定。用应力腐蚀开裂敏感系数k_{SCC}（k_σ和k_ε）衡量应力腐蚀开裂敏感性的一般判据为：当$k_{SCC}>35\%$时，研究体系具有明显的SCC倾向；当$25\%<k_{SCC}<35\%$时，研究体系具有一定的SCC倾向；当$k_{SCC}<25\%$时，研究体系没有明显的SCC倾向。而用断裂时间衡量应力腐蚀开裂敏感性的一般判据为：TFR>90%时，材料没有SCC倾向；TFR<50%时，SCC倾向性明显。

图3-3为超级13Cr不锈钢在不同温度完井液中以伸长率、断面收缩率及断裂时间计算的应力腐蚀开裂敏感系数。可以看出，随着温度的升高，应力腐蚀敏感性指数I_δ和I_φ均升高，而TFR敏感指数降低，呈现出相同趋势，即SCC敏感性随磷酸盐完井液温度的升高而增加。此外，3种SCC敏感性参数的评价结果存在差异。其中，以I_φ衡量，在2种温度的磷酸盐完井液中均呈现较低的SCC敏感性，处于安全区。而以I_δ以及TFR衡量则显示存在一定的SCC敏感性。为了合理地估计超级13Cr不锈钢的使用范围，避免断裂事故的发生，可以使用I_δ和TFR对SCC敏感性进行较为保守的估计。

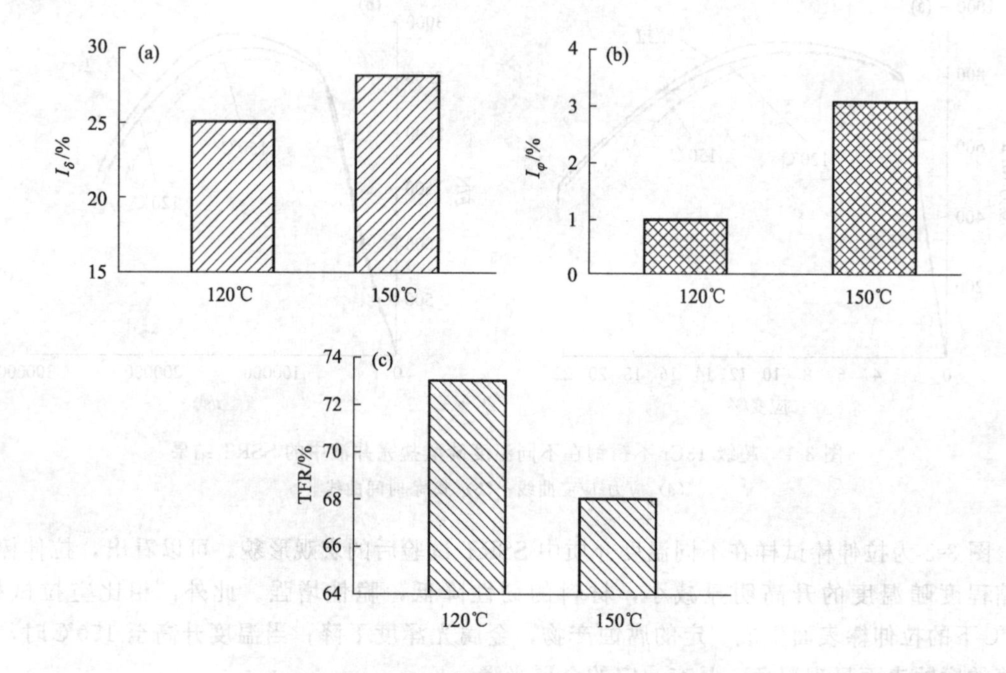

图3-3　超级13Cr不锈钢在不同温度完井液中的应用腐蚀开裂敏感系数

(a) I_δ；(b) I_φ；(c) TFR

图3-4为超级13Cr不锈钢在不同温度完井液中的断口微观形貌。断口由纤维区F、放射区R和剪切唇区S组成。在纤维区F，裂纹扩展速度较慢，当裂纹尺寸C达到临界尺寸C_0时就会快速扩展进入放射区R，放射区是在裂纹快速扩展过程低能撕裂形成的，相较于纤维区纹理粗糙且起伏，并且在断裂的最后阶段形成杯状或锥状的剪切唇区S。形成的剪切唇表面光滑，呈典型的切断型断裂，是一种平面应力状态下的快速不稳定断裂，因此不受腐蚀介质的影响。在不同腐蚀介质中断口的纤维区F相比于空拉断口均有减小，说明裂纹的临界尺寸C_0降低。

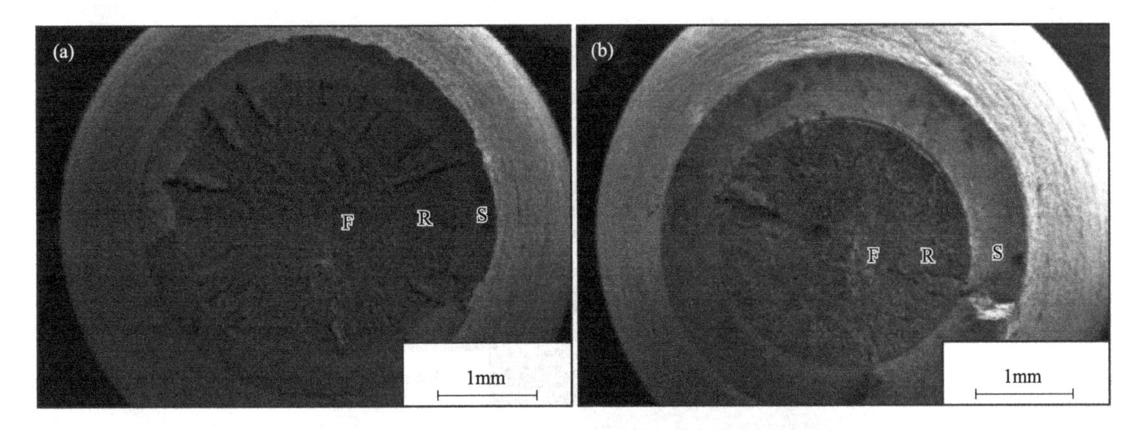

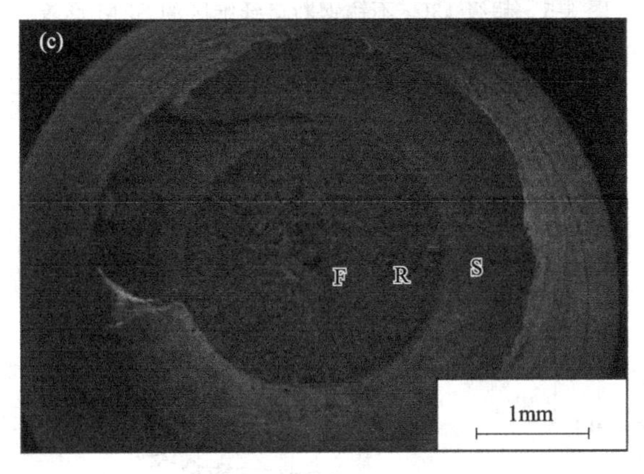

图3-4　超级13Cr不锈钢的断口SEM形貌

(a) 空拉；(b) 120℃；(c) 150℃

超级13Cr不锈钢空拉和在磷酸盐完井液中断口纤维区的微观形貌见图3-5。可见，断口的形貌明显受到溶液温度的影响。在空拉条件下，断口的中央可以观察到韧窝但等轴性较差，韧窝的边缘存在撕裂区和微观聚集的孔洞。120℃介质环境下，断口韧窝数量明显减少，只存在个别较大的孔洞，撕裂棱数量增加。当温度升高至150℃时，断口中心韧窝已经不存在任何等轴性，韧窝之间撕裂相连，局部呈现准解理的形貌特征。

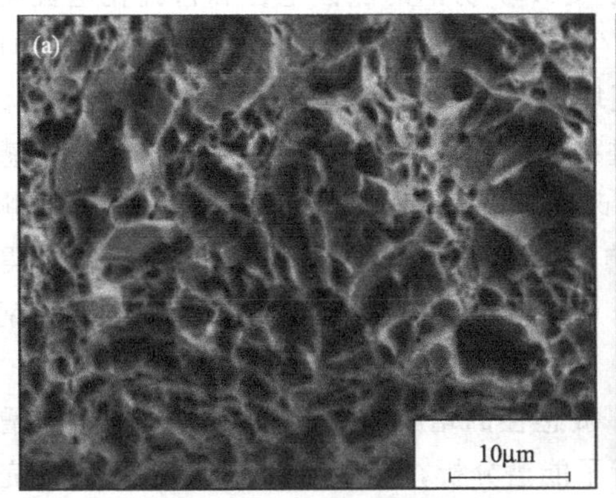

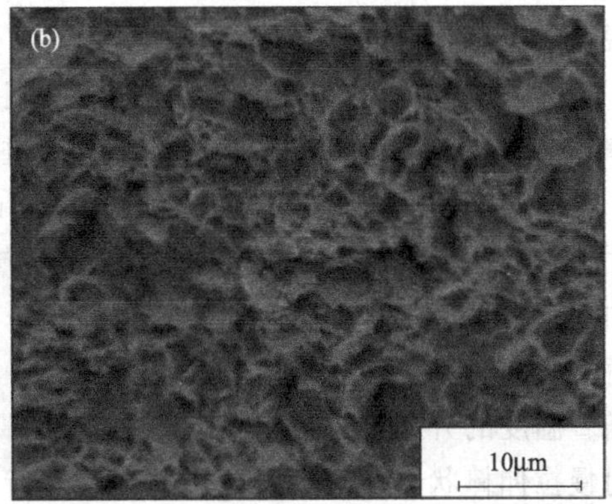

图3-5

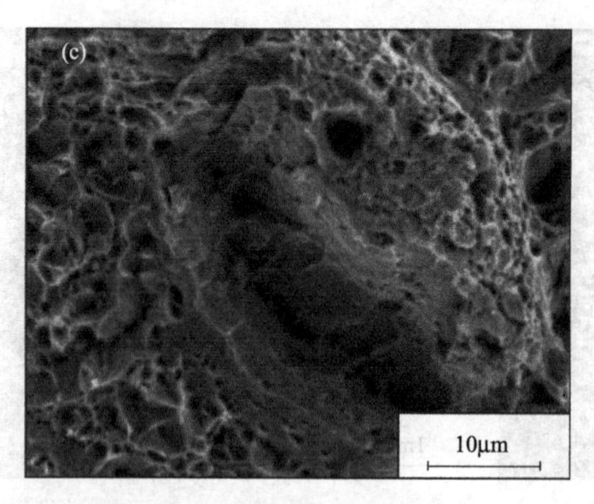

图 3-5　超级 13Cr 不锈钢断口纤维区的 SEM 形貌

(a) 空拉；(b) 120℃；(c) 150℃

超级 13Cr 不锈钢在不同温度完井液中的循环伏安曲线见图 3-6。

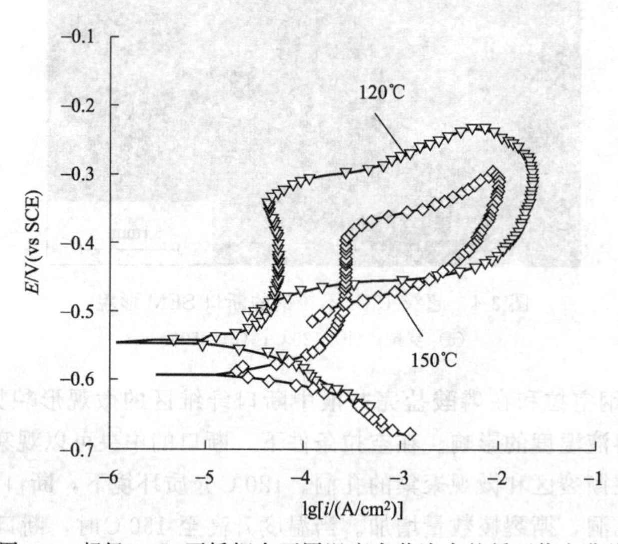

图 3-6　超级 13Cr 不锈钢在不同温度完井液中的循环伏安曲线

由图 3-6 可以看出，随温度的升高，超级 13Cr 不锈钢的点蚀电位和再钝化电位明显降低，说明随着温度升高，超级 13Cr 不锈钢发生点蚀的风险增大，并由此诱发裂纹的形核。此外，自腐蚀电位的负移以及自腐蚀电流密度增加，使得裂纹在发展过程中裂纹尖端阳极溶解速率增大。因此，温度的升高可以同时促进裂纹的发生与发展，由此造成 SCC 敏感性的增加。由图 3-6 还可以看出，温度的升高主要改变阳极过程，对阴极极化过程没有影响，由此证明了在较高温度下，温度的变化主要影响 SCC 的阳极溶解过程。温度的升高使得阳极极化曲线向右下方移动，维钝电流密度增加，点蚀电位降低，增加了超级 13Cr 不锈钢的阳极溶解型 SCC 敏感性。

随着温度的升高，超级 13Cr 不锈钢 SCC 敏感性的增加与材料发生腐蚀的倾向增加相关。对慢拉伸棒状试样表面腐蚀产物分别进行了能谱分析，结果见图 3-7。在磷酸盐完井液介质中，随着温度由 120℃增加至 150℃，O 的原子分数增加，而 Cr、Fe 原子分数降低。在 120℃腐蚀环境下，表面产物 Cr、O 原子比约为 3∶1，结合图 3-2 的宏观形貌，可以判定超级13Cr不锈钢表面的成分为材料基体和钝化膜；而在150℃腐蚀环境下，除了与钝化膜中Cr配比的O外，还存在较大比例的O原子与Fe原子配比，说明在此环境下一定比例的Fe原子以腐蚀产物的形式存在，超级13Cr不锈钢的腐蚀程度加剧。不锈钢腐蚀产物的生成与钝化膜的吸附溶解是一个动态平衡的过程，腐蚀产物的生成加快，钝化膜的吸附将会相对减弱。而随着钝化膜的破裂，不锈钢会发生严重的局部腐蚀，并在应力作用下以此为裂纹源发生扩展导致SCC。在较低温度下（120℃），超级13Cr不锈钢生成的腐蚀产物较少，不易发生点蚀或钝化膜的破裂，因此具有较好的抗SCC能力。而在较高温度下（150℃），材料表面生成的腐蚀产物较多，该腐蚀产物含有较高原子分数的O，与基体相比Fe和Cr的比例降低，不能在高温下有效地抑制阳极溶解过程，促进了钝化膜的破裂，导致SCC敏感性增加。

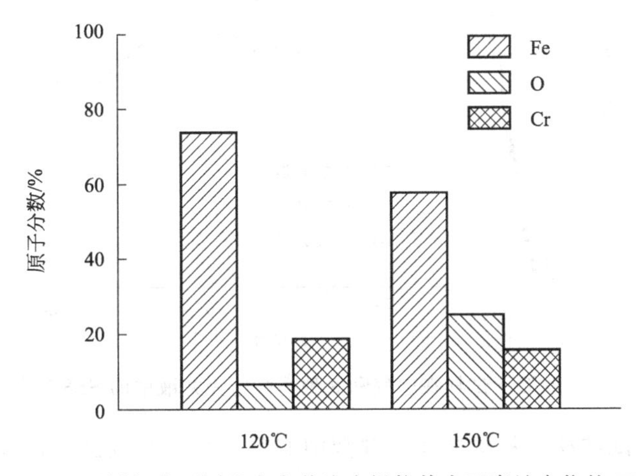

图3-7 超级13Cr不锈钢在不同温度完井液中慢拉伸表面腐蚀产物的EDS定量分析

可见，超级13Cr不锈钢在高温磷酸盐完井液环境下具有一定的应力腐蚀开裂敏感性，其应力腐蚀开裂机制为阳极溶解型。在120～150℃温度区间内，随温度升高，超级13Cr不锈钢在高温磷酸盐完井液环境下维钝电流密度增加，维钝电压区间减小，材料点蚀敏感性增加，其应力腐蚀开裂敏感性增大。

(2) 完井液种类

尽管不锈钢的应用大大降低了材料的全面腐蚀速率，但它仍存在点蚀和开裂的风险，尤其是在高温环境中，有关其在高盐或完井液环境中的点蚀或应力腐蚀开裂的失效报道较为常见，对油气生产造成了严重的损失。在高温高压油气井中，为了经济有效地开发稠油油藏，越来越多的油气田选择使用磷酸盐完井液。但在实际应用中，油井管仍然会因磷酸盐完井液的配比、浓度、使用温度和pH等因素发生不同程度的腐蚀与失效。随着温度的升高，多种完井液对油井管的腐蚀性会有所增加。为了明确超级13Cr油管钢在较高温度井下工况与不同种类磷酸盐完井液共同作用下的SCC敏感性，为日后针对不同井深油气井的有机完井液选择提供帮助，常泽亮等研究了超级13Cr不锈钢在不同完井液中的应力敏感性。

试样溶液为120℃、含1.5g/L的1号（或2号、3号）磷酸盐的有机完井液，溶液通过通入纯氮气进行除氧，当溶液中溶解氧含量降至10μg/L后对溶液进行升温。为了消除不同完井液在120℃下蒸气压差异的影响，所有体系均使用氮气加压至1.5MPa。将试样安装在慢拉伸机固定夹头上，然后施加约150N的预加载荷以消除减速齿轮、夹具等的间隙。用记录仪记录试样的断裂过程，应变速率为$2.54\times10^{-5}s^{-1}$。

图 3-8 为试样在三种磷酸盐完井液中的屈服强度与在空气中的对比，可见其区别不大，但抗拉强度却有不同程度的下降。在 1 号磷酸盐完井液中，试样的抗拉强度对应的应变量与在空气中的试样基本相同，而在 2 号和 3 号磷酸盐完井液中，试样的抗拉强度对应的应变量减小。这表明，试样在 1 号磷酸盐完井液中具有较高的抗拉强度，最大应变量较高；而在 2 号磷酸盐完井液中的抗拉强度明显下降，最大应变量减小 2%；在 3 号磷酸盐完井液中，试样的最大应变量最低，应变量小于 19%。

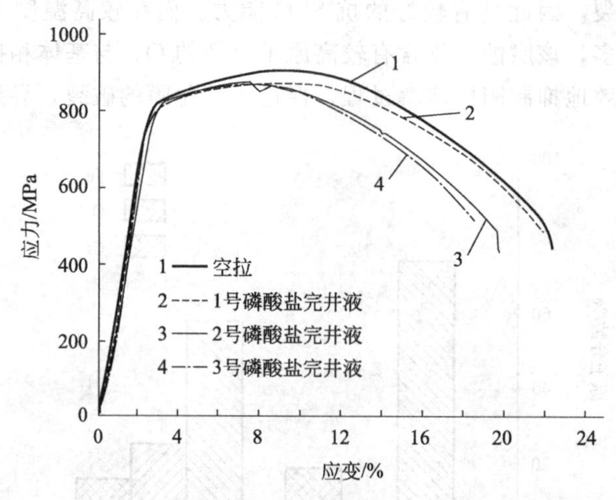

图 3-8　120℃下试样在空气和 3 种磷酸盐完井液中的 SSRT 曲线

由图 3-9 可见：试样在 3 种磷酸盐完井液中的颈缩小于空拉试样，说明在 3 种磷酸盐完井液中，试样的耐蚀性有所下降。相比于空拉对照试样，3 种磷酸盐完井液中的试样的表面生成了一层腐蚀产物。其中，1 号磷酸盐完井液中的试样表面仍呈明显的金属光泽，表面腐蚀较轻；2 号磷酸盐完井液中试样表面覆盖的腐蚀产物较厚，试样仍保留一定的金属光泽；3 号磷酸盐完井液中试样表面的腐蚀产物最为明显，呈现黑色并具有一定金属光泽。

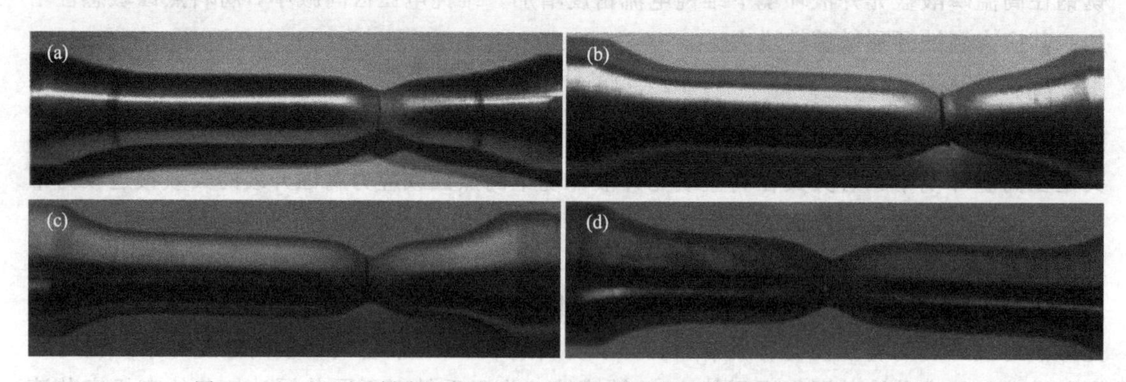

图 3-9　120℃下试样在空气和 3 种磷酸盐完井液中经 SSRT 后的宏观形貌

(a) 空气；(b) 1 号磷酸盐完井液；(c) 2 号磷酸盐完井液；(d) 3 号磷酸盐完井液

由图 3-10 可见：若采用 TFR 来表征试样在 3 种磷酸盐完井液中的 SCC 倾向，则试样在 3 种磷酸盐完井液中均呈现出一定的 SCC 倾向，3 种磷酸盐完井液的 SCC 敏感性由弱到强依次为：1 号磷酸盐完井液＜2 号磷酸盐完井液＜3 号磷酸盐完井液。

由图 3-11 也可见：试样在 1 号磷酸盐完井液中的 SCC 敏感性最低，两参数均处于安全区；

在 2 号磷酸盐完井液中，试样的 SCC 敏感性小范围增加，仍处于安全范围；在 3 号磷酸盐完井液中，尽管以断面收缩率的减小量衡量的 SCC 敏感性指数仍处于安全区，但以伸长率的损失量衡量的 SCC 敏感性指数却较高。由此也可以看出，由于断面收缩率的变化相对较小，以此为基础判定的 SCC 敏感值相对较小；而试样在不同介质中伸长率的变化相对较大，以此判定的 SCC 敏感值区别较大。为了避免材料发生断裂失效，应综合三个 SCC 敏感性参数，保守估计材料的 SCC 敏感性。

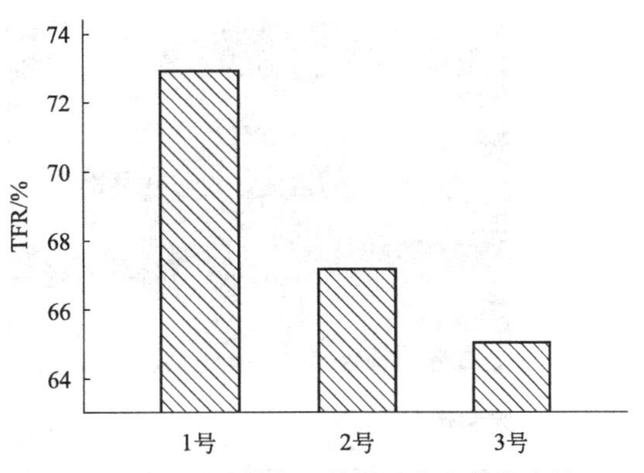

图 3-10 120℃下试样在 3 种磷酸盐完井液中的 TFR

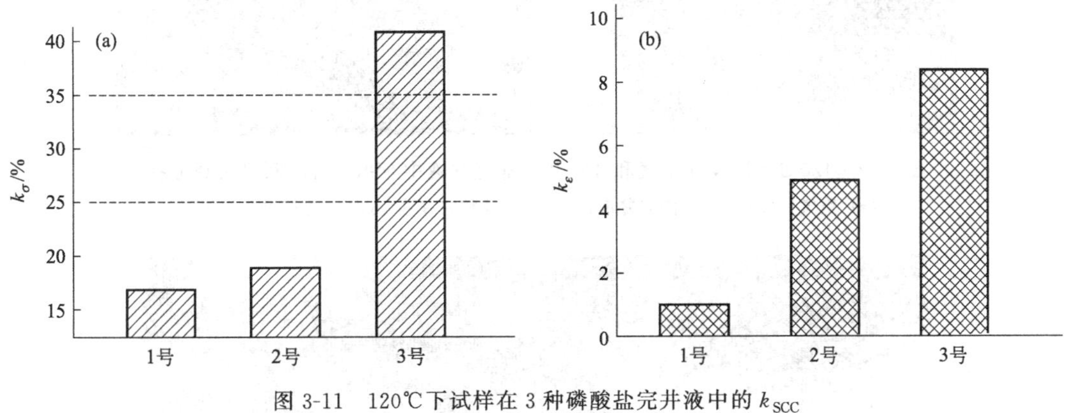

图 3-11 120℃下试样在 3 种磷酸盐完井液中的 k_{SCC}

(a) k_σ；(b) k_ε

由图 3-12 可见：试样在 3 种磷酸盐完井液中的纤维区的面积由大到小依次为 1 号磷酸盐完井液＞2 号磷酸盐完井液＞3 号磷酸盐完井液，即试样在 1 号磷酸盐完井液中的裂纹的临界尺寸最大，2 号磷酸盐完井液中的裂纹的临界尺寸次之，3 号磷酸盐完井液中的裂纹的临界尺寸最小。

由图 3-13 可见看出，空拉断口的中央可以观察到大量大小不均的韧窝，韧窝的边缘存在撕裂区和微观聚集的孔洞，说明材料本身具有一定的脆性。在 1 号磷酸盐完井液中的断口的中央仍然存在明显的韧窝和微观孔洞，但数量相较于空拉试样的有所减少，材料的韧性下降；在 2 号磷酸盐完井液中，断口中央撕裂棱明显，韧窝的均一性下降，只存在少量孔洞，材料的韧性进一步下降；在 3 号磷酸盐完井液中，断口中央韧窝的边缘呈现撕裂棱与片层并存的特征，材料呈现脆性特征。断口边缘受到腐蚀影响区域的微观形貌如图 3-14 所示，超级 13Cr 不锈钢的断口边缘均呈现与撕裂方向相同的拉长韧窝，并且纹路较空拉变浅。试样在 3 种磷酸盐完井液中的脆性由弱到强依次为：1 号磷酸盐完井液＜2 号磷酸盐完井液＜3 号磷酸盐完井液。

试样在不同磷酸盐完井液中的 SCC 敏感性存在明显差异，且材料表面氧含量的增加和 Fe、Cr 含量的降低在一定程度上反映了材料的腐蚀程度，对表面腐蚀产物分别进行能谱分析，结果如图 3-15 所示。

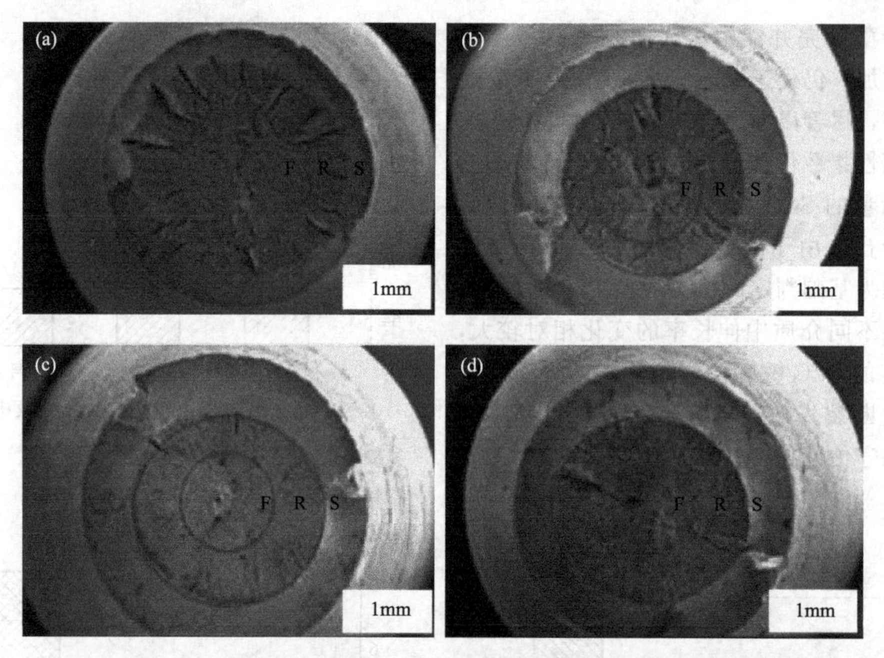

图 3-12 120℃下试样在空气和 3 种磷酸盐完井液中 SSRT 后的断口宏观形貌

（a）空气；（b）1 号磷酸完井液；（c）2 号磷酸完井液；（d）3 号磷酸完井液

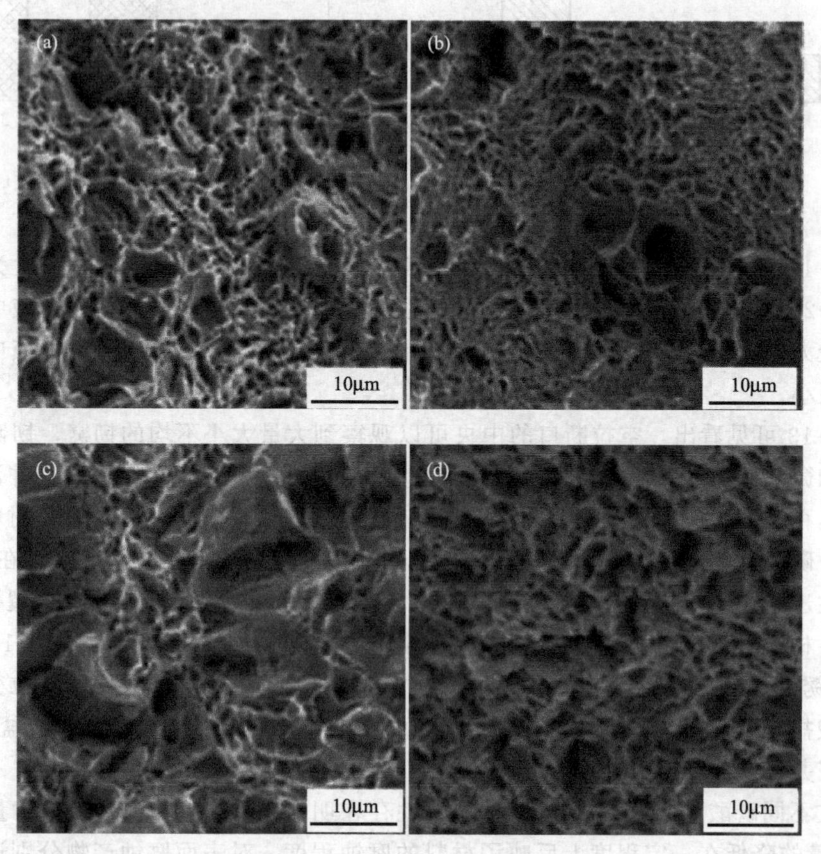

图 3-13 120℃下试样在空气和 3 种磷酸盐完井液中经 SSRT 后的断口纤维区形貌

（a）空拉；（b）1 号磷酸完井液；（c）2 号磷酸完井液；（d）3 号完井液

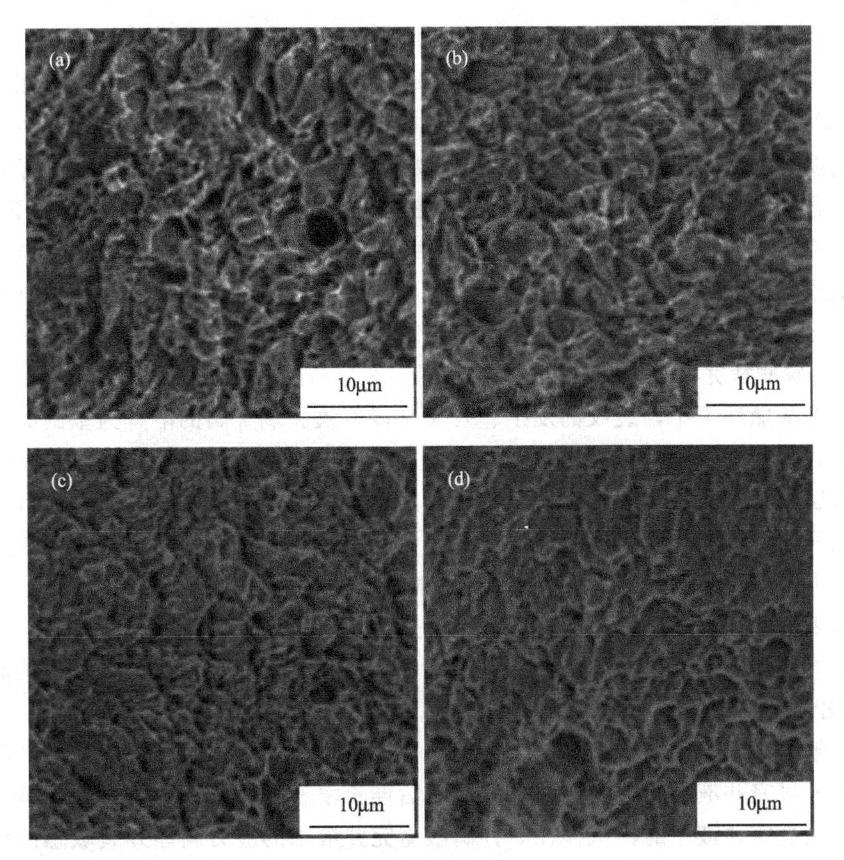

图 3-14　120℃下试样在空气和 3 种磷酸盐完井液中经 SSRT 后的断口边缘微观形貌

(a) 空拉；(b) 1 号磷酸完井液；(c) 2 号磷酸完井液；(d) 3 号磷酸完井液

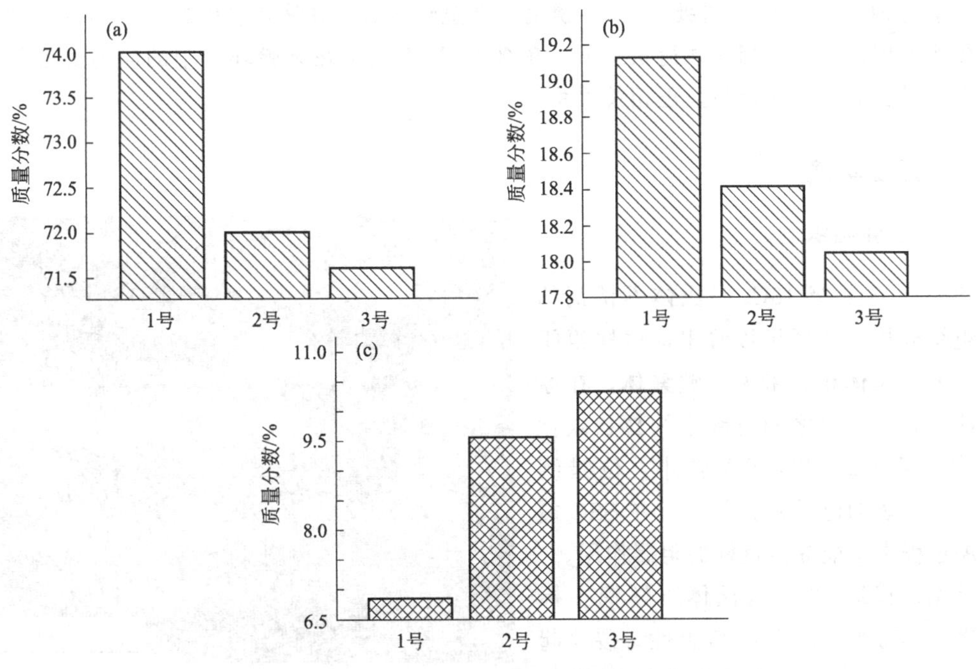

图 3-15　SSRT 后试样表面的几种元素的 EDS 分析结果

(a) Fe；(b) Cr；(c) O

在 1 号磷酸盐完井液中，试样表面的 Fe 和 Cr 原子的含量较高，而 O 原子的含量比较低，即试样在此环境中生成的腐蚀产物较少，不易发生点蚀或钝化膜的破裂，因此相对具有较好的抗 SCC 能力；而在 2 号磷酸盐完井液中，试样表面 Fe、Cr 原子的含量明显下降，而 O 原子的量明显上升，即试样在此环境中生成了一定的腐蚀产物，说明其在高温环境中的阳极溶解过程加剧，导致 SCC 敏感性增加；在 3 号磷酸盐完井液中，试样表面 Fe、Cr 原子的量最低，而 O 原子的含量最高，试样表面由于阳极溶解生成明显的腐蚀产物，并且该腐蚀产物较疏松，不能在高温环境中有效地抑制阳极溶解过程，促进了钝化膜的破裂，导致其具有较高的 SCC 敏感性。因此超级 13Cr 不锈钢在 3 种磷酸盐完井液中的腐蚀程度由弱到强依次为：1 号磷酸盐完井液＜2 号磷酸盐完井液＜3 号磷酸盐完井液。

在高温磷酸盐环境中，裂纹的发生、发展是以裂纹尖端金属的溶解为基础的，金属的溶解速率越快，相应裂纹的生长速率也越快，呈现出典型的阳极溶解型 SCC。研究表明，能够发生应力腐蚀开裂的金属大多在介质中能形成一层表面保护膜。对于超级 13Cr 马氏体不锈钢，其表面的自钝化膜充当这一保护膜的角色，它在热力学上是稳定的，但在高温磷酸盐环境中，应力和电化学腐蚀之间存在力学-化学交互作用。一方面，应力的存在可以在一定程度上促进阳极的活性溶解，在滑移面等缺陷处容易发生局部腐蚀；另一方面，阳极溶解导致位错移动，使局部塑性变形增强，并且形成位错塞积群，使局部应力增强，从而提高了材料的力学-化学效应。

可见，超级 13Cr 不锈钢油管在 120℃、3 种磷酸盐完井液中均存在一定程度的 SCC 敏感性，其在 3 号完井液环境中的抗拉强度、断后伸长率、断面收缩率和断裂时间均低于在 1 号和 2 号磷酸盐完井液中的，试样在 3 种磷酸盐完井液中的应力腐蚀开裂敏感性顺序由弱到强依次为：1 号磷酸盐完井液＜2 号磷酸盐完井液＜3 号磷酸盐完井液。超级 13Cr 不锈钢在腐蚀性较低的有机完井液中仍然存在一定的差异，因此在对完井液进行筛选时应兼顾材料在完井液中的 SCC 敏感性。超级 13Cr 不锈钢在高温磷酸盐完井液环境中的应力腐蚀开裂机制为阳极溶解型开裂，在相同载荷状态下，超级 13Cr 不锈钢在试验环境中的应力腐蚀开裂敏感性与材料表面的腐蚀行为呈正相关关系。

3.2.2 开发环境

3.2.2.1 基体组织

图 3-16 为超级 13Cr 马氏体不锈钢的微观组织分析，从图可以看出，试样组织为单一的索氏体相，未见 δ 铁素体，在原奥氏体晶界和条束之间有细小的粒状碳化物析出。条束之间位相差较小，位错缠结，强碳化物的位错钉扎很少，在 SSC 裂纹扩展过程中不能提供良好的阻碍作用。

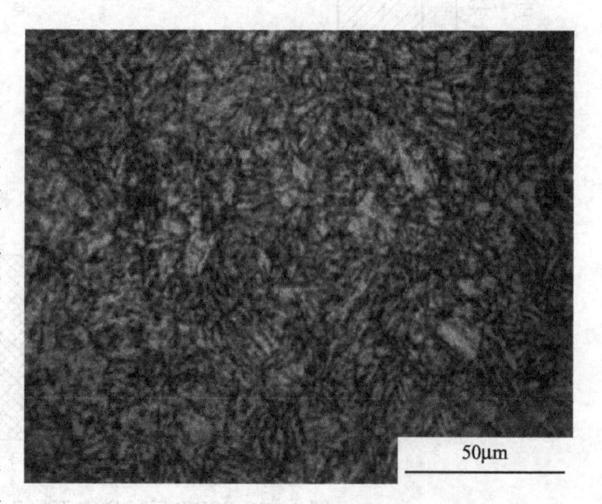

图 3-16 超级 13Cr 马氏体不锈钢的微观组织

可见，超级 13Cr 马氏体不锈钢在标准条件下具有很高的 SSC 敏感性，裂纹起源于表面点蚀坑处，主要为脆性穿晶断裂，解理面对原奥氏体晶粒是穿晶的。

H_2S 腐蚀性气体的存在及 Cl^- 浓度的增加显著降低超级 13Cr 马氏体不锈钢的点蚀电位，增加了超级 13Cr 马氏体不锈钢的 SSC 敏感性。在模拟工况条件下，超级 13Cr 不锈钢发生 SSC 的敏感性降低，没有发生开裂现象。

3.2.2.2 温度的影响

超级 13Cr 马氏体不锈钢在 CO_2/H_2S 腐蚀过程中，由于 CO_2 及 H_2S 水解生成 H^+，而电化学反应的阴极过程生成的［H］主要以两种形式从电极表面脱附。在标准工况中，温度较低（<40℃），使［H］＋［H］⟶H_2 过程受到抑制，促使［H］扩散进入金属基体内部，不利于 H_2 的逸出，使材料表面氢原子浓度增加，在浓度梯度的驱动下，原子氢向金属内部扩展，在缺陷处（夹杂、晶格、晶界缺陷等）聚集，或者氢原子以间隙原子的形式存在于晶格中，显著降低了超级 13Cr 马氏体不锈钢的力学性能，增加材料的 SSC 敏感性。

3.2.2.3 H_2S 的影响

H_2S 的存在对超级 13Cr 马氏体不锈钢的 SSC 有两方面的影响。一方面 H_2S、HS^- 及 S^{2-} 在电极表面具有极强的吸附性，可与钝化膜中的金属元素生成可溶性的腐蚀产物，促使钝化膜溶解，导致点蚀的发生和发展。图 3-17 为超级 13Cr 不锈钢在不同气氛条件下的点电位，可以看出，在 N_2、CO_2、H_2S 中超级 13Cr 不锈钢的点蚀电位分别为 0.076V（vs SCE)、0.1V（vs SCE)、－0.236V（vs SCE)。H_2S 的存在，显著降低了超级 13Cr 不锈钢的点蚀电位，增加了材料点蚀的敏感性，促进超级 13Cr 不锈钢的 SSC。而 CO_2 对超级 13Cr 不锈钢点蚀电位的影响不大，这也是超级 13Cr 马氏体不锈钢在 CO_2 腐蚀控制方面得到广泛应用，而在 H_2S 腐蚀控制方面受到一定限制的主要原因。

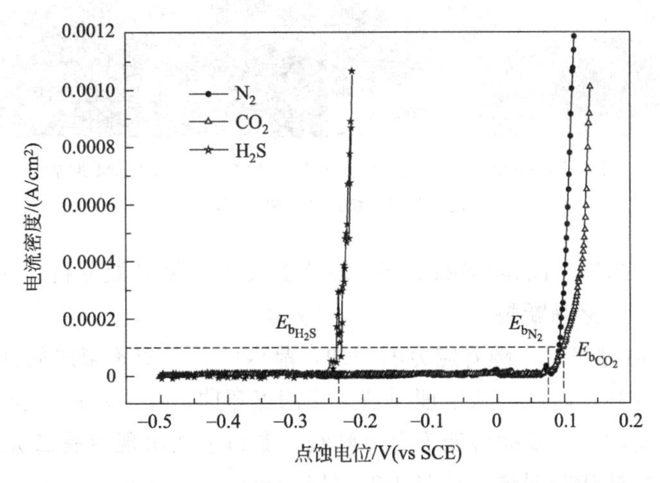

图 3-17 超级 13Cr 不锈钢在 N_2、H_2S、CO_2 下的点蚀电位

图 3-18 为标准条件下，超级 13Cr 不锈钢试样进行 720h 试验后的宏观及微观形貌。在温度为 24℃±3℃、溶液介质为 NACE TM 0177—2016 标准 A 溶液（由溶解在蒸馏水中的 5.0%氯化钠和 0.5%冰醋酸组成）。试样宏观断裂，表面出现大量的垂直于应力方向的裂纹，因此，试样未通过美国腐蚀工程师协会 NACE TM 0177—2016 标准规定的抗 SSC 性能检测。

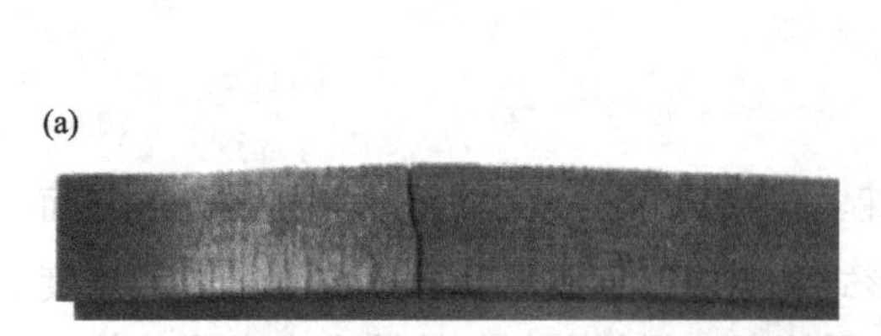

图 3-18 标准条件下试验后试样的形貌

(a) 宏观形貌；(b) 微观形貌

裂纹起源于表面点蚀坑处，通过局部阳极溶解在材料表面形成的点蚀坑可以看成一个微裂纹，对于无裂纹的试样来说，点蚀坑的形成对应力腐蚀起着重要作用。这是因为点蚀坑的前端会形成应力集中，另外，由于闭塞电池的作用，点蚀坑内部溶液将会局部酸化，从而为析氢反应提供条件，氢进入试样有可能使点蚀坑扩展而导致开裂。

图 3-19 为超级 13Cr 不锈钢断口的 SEM 形貌，可以看出断口平直，断面与主应力方向垂直，没有明显的塑性变形痕迹。裂纹从试样表面的点蚀坑处向内部扩展，断口平坦呈暗灰色，而瞬断区较为粗糙。

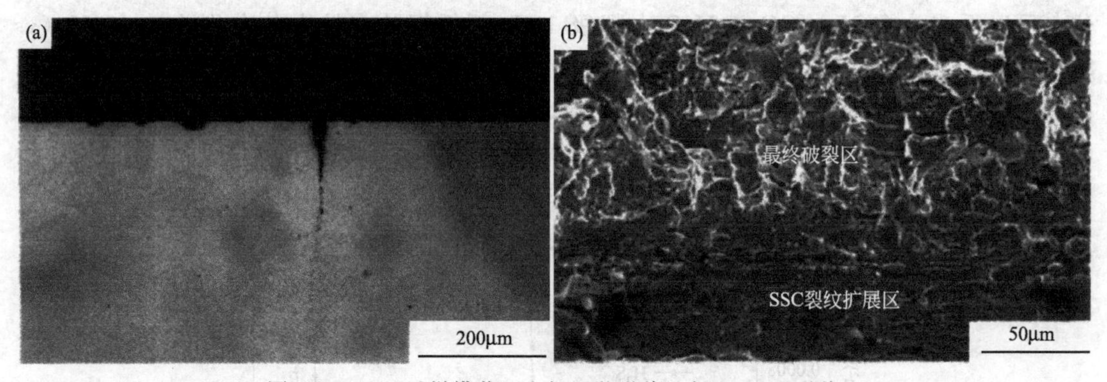

图 3-19 SSC 试样横截面金相显微形貌及断口 SEM 形貌

(a) 金相形貌；(b) SEM 形貌

图 3-20 为超级 13Cr 马氏体不锈钢 SSC 裂纹扩展的金相显微分析，从图 3-20（a）中可以看出，该断裂主要为穿晶断裂。

在 SSC 裂纹扩展过程中，随着应力的增加，晶内的条束或条束之间开始发生塑性变形，使得界面吸氢能力提高，因此导致解理断裂。当四点弯曲试样瞬断后，应力松弛，这时候裂纹扩展较慢，由最初的穿晶断裂转变为沿晶断裂，断口表面出现沿晶二次裂纹，裂纹扩展中发生分叉，形成“树枝状”裂纹，见图 3-20（b）。

3.2.2.4 Cl^- 浓度的影响

Cl^- 能使不锈钢表面的钝化膜富 S 贫 Cr，破坏钝化膜的完整性，弱化钝化膜和基体的结合力。图 3-21 为超级 13Cr 不锈钢在不同 Cl^- 浓度条件下点蚀电位的测量结果。从图 3-21 可以看出，在 3.5％NaCl、10％NaCl、20％NaCl 溶液中，超级 13Cr 不锈钢的点蚀电位分别为

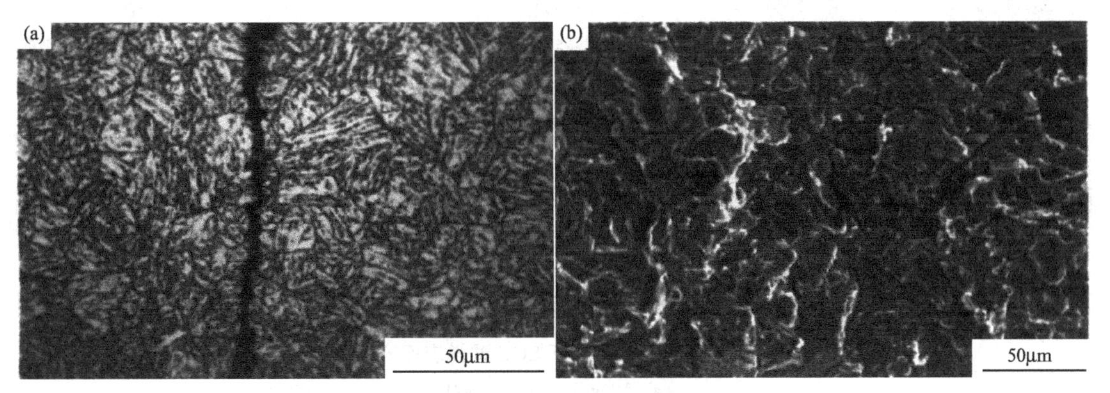

图 3-20 SSC 裂纹扩展显微形貌

(a) 穿晶断裂；(b) 沿晶裂纹

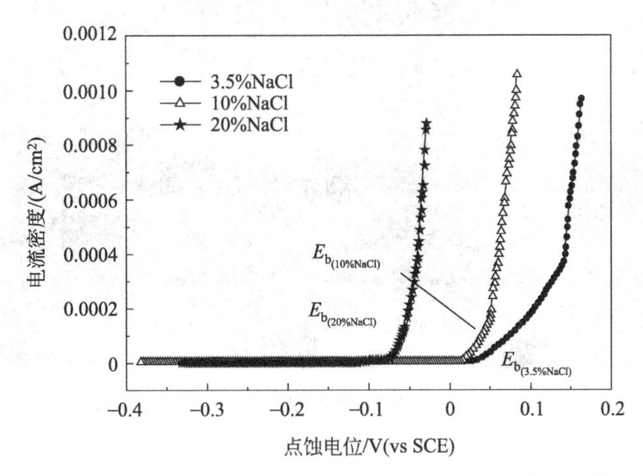

图 3-21 超级 13Cr 不锈钢在不同 Cl^- 浓度下的点蚀电位

0.076V（vs SCE）、0.04V（vs SCE）、−0.058V（vs SCE），随着 Cl^- 浓度的增加，点蚀电位下降。这主要是因为当介质中含有活性 Cl^- 时，Cl^- 优先选择性地吸附在钝化膜上，与钝化膜中的阳离子结合形成可溶性氯化物，使超级 13Cr 不锈钢的点蚀敏感性增强，促进 SSC 的发生。

图 3-22 和图 3-23 为超级 13Cr 钢在模拟工况条件下（CO_2 分压为 2MPa，H_2S 分压为 1MPa，温度为 140℃，介质分别为 Cl^- 浓度为 120g/L、140g/L 的 NaCl 溶液）的宏观和微观形貌。可见，所有试样均未发现断裂，表面无垂直于应力方向的微观裂纹，但随着 Cl^- 浓度增加，点蚀越来越严重。运用聚焦法测定蚀坑深度，Cl^- 浓度为 160g/L 时，超级 13Cr 不锈钢的最大点蚀深度可达 26μm。

3.2.2.5 其他因素

陶杉等进行了超级 13Cr-110 马氏体不锈钢在不同温度和不同硫化氢分压下的失重试验和应力腐蚀试验，探讨了超级 13Cr-110 马氏体不锈钢在高 CO_2、低 H_2S 条件下的腐蚀机理及应用可行性。在硫化氢分压为 6kPa 时，超级 13Cr-110 马氏体不锈钢腐蚀速率随温度降低而减小，80℃时仅为 0.0031mm/a，但应力腐蚀开裂敏感性增加。在 210℃条件下，当硫化

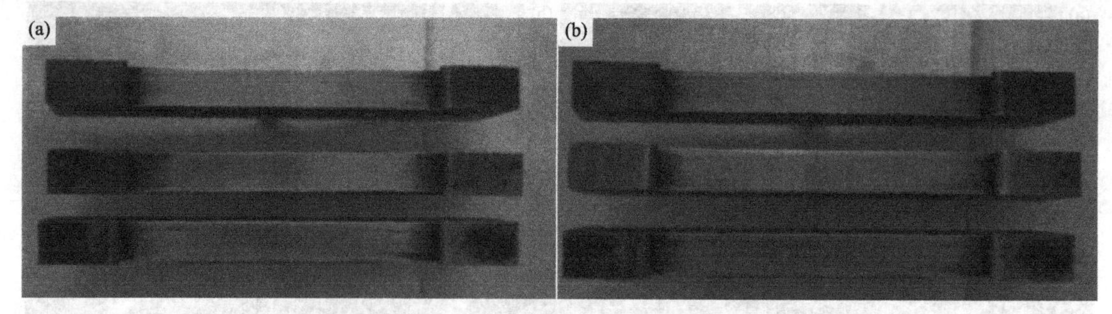

图 3-22 模拟工况条件下 SCC 试样表面宏观形貌

(a) 120g/L；(b) 160g/L

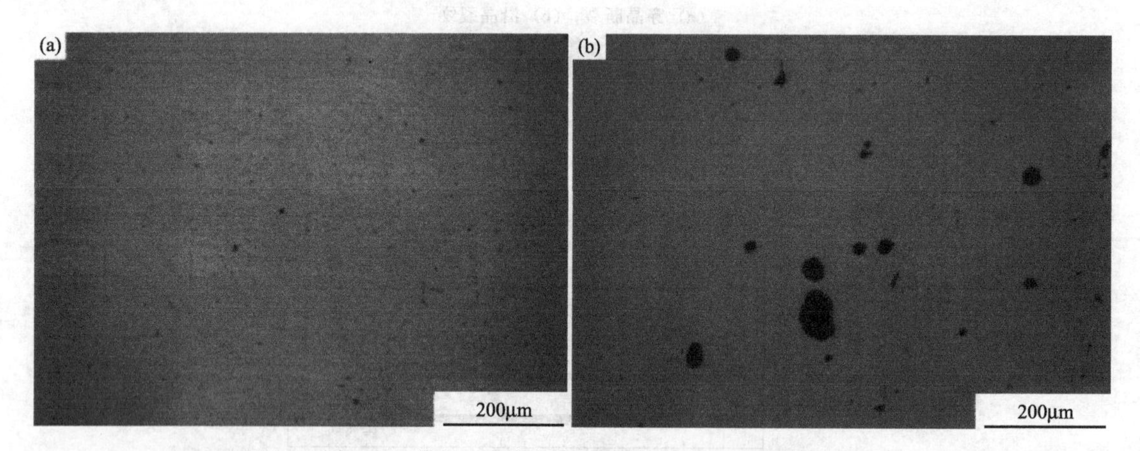

图 3-23 模拟工况条件下 SCC 试样表面微观形貌

(a) 120g/L；(b) 160g/L

氢分压从 6kPa 升高至 165kPa 时，腐蚀速率变化不明显。同时，超级 13Cr-110 马氏体不锈钢的开裂敏感性降低，但长周期试验依然会发现裂纹。

通过对裂纹及断口形貌分析发现，超级 13Cr-110 马氏体不锈钢在低温、低 H_2S 分压条件下的开裂类型为氢脆型硫化物应力腐蚀开裂，即局部钝化膜遭受破坏，进而发生点蚀，导致氢在应力集中区域聚集，最后发生氢脆。硫化氢分压从 6kPa 增加到 165kPa，局部腐蚀受到抑制，由点蚀导致开裂的敏感性降低。超级 13Cr-110 马氏体不锈钢不一定能在标准推荐的硫化氢分压不大于 10kPa 的条件下使用。

3.3 残余应力

某油田在更换超级 13Cr 不锈钢油管后仍存在油管开裂，甚至断裂的问题。通过试验发现，油管实际承受的载荷并不高，但油管断口却有典型应力腐蚀开裂特征，采用钻孔法测得该 110ksi 钢级超级 13Cr 不锈钢油管轴向残余拉应力达到 200MPa，周向残余拉应力达到 185MPa，可见，残余应力也是影响超级 13Cr 不锈钢油管性能的重要因素之一。超级 13Cr 不锈钢油管在制造过程中不可避免地会产生残余应力，残余应力降低了油管的实际强度和疲劳极限，造成油管应力腐蚀和脆性断裂。本部分对超级 13Cr 不锈钢油管残余应力的影响、来源及消除方法进行了研究。

3.3.1 残余应力的影响

（1）对应力腐蚀的影响

应力腐蚀是材料在腐蚀介质和拉伸应力共同作用下产生的低于强度极限的脆性开裂现象。对超级13Cr油管而言，拉伸应力不仅包括外加载荷，还包括制造过程中产生的残余拉应力。发生应力腐蚀的3个条件为材料因素、环境因素和拉伸应力。应力腐蚀机理和诸多试验结果表明，拉伸残余应力越大，应力腐蚀开裂所需的时间越短。

（2）对承载能力的影响

超级13Cr油管残余应力主要来源于矫直工序的压扁变形和弯曲变形。油管压扁时，外表面产生沿周向的拉应力，内表面产生沿周向的压应力，管壁中间的中性面无应力。油管弯曲时，凹面侧管壁的外表面产生沿轴向的压应力，内表面产生沿轴向的拉应力；凸面侧管壁的外表面产生沿轴向的拉应力，内表面产生沿轴向的压应力。由于油管要经过一组多个矫直辊的反复矫直，残余应力在加工硬化过程中不断增大，且压扁量越大，沿周向的拉、压残余应力越大；弯曲程度越大，沿轴向的拉、压残余应力越大。油管服役时轴向承受拉伸载荷，周向承受挤压载荷。当油管表面存在较大拉应力时，与拉伸外载荷叠加，容易达到甚至超过油管的屈服极限，导致油管拉伸变形，承载能力降低。当油管表面沿周向的残余压应力与载荷带来的压应力叠加时，油管的抗挤毁性能降低。

（3）对韧性的影响

超级13Cr油管经过矫直变形后，发生加工硬化现象，产生残余应力，并且残余应力随加工硬化严重程度的增大而增加。发生加工硬化后，油管强度和硬度明显提高，韧性大大降低。加工硬化越严重，残余应力越大，韧性降低越多。

（4）对丝扣精度的影响

虽然超级13Cr油管经过矫直后存在残余应力，但整体而言，残余应力的分布和拉、压应力大小相对平衡。车丝之后，油管内外表面残余应力的分布会发生变化，拉、压应力出现失衡。这种不平衡在丝扣加工以后的一段时间，会通过变形来达到新的平衡，导致丝扣参数发生变化，降低丝扣精度。丝扣变形程度与油管残余应力的大小、油管的壁厚和强度等因素有关。油管残余应力越大、壁厚越小、强度越高时，变形越严重。

3.3.2 残余应力的来源

超级13Cr油管主要生产工艺包括：圆管坯加热→穿孔→轧制→定（减）径→冷却→精整、检查→热处理（淬火＋回火）→矫直→精整、检查（包括油管内外表面清理）→管端丝扣加工→接箍拧接等。整个生产工艺中，形成残余应力的环节主要有两处：一是轧制、定径、减径以及矫直过程中由于不均匀变形产生的残余应力；二是热处理过程中，特别是淬火过程中产生的残余应力。轧制、定径、减径和淬火产生的残余应力可以通过回火加以松弛，而回火后油管冷却、矫直、表面清理和丝扣加工等工序，则是油管产生残余应力的主要来源。

3.3.2.1 定径

定径轧制时，定径机同一机架上的两个定径轧辊所形成的直径小于油管外径，当定径轧辊与油管接触后，轧辊和油管之间所产生的摩擦力使油管随轧辊的滚动而向前运动，因此，油管除受定径轧辊的滚压作用外，还受其辗压和摩擦的综合作用。定径辊的非理想圆孔形和各点的线速度差，使孔型顶部速度最大，辊缝处速度最小，中间部分次之，所以油管各处所受的摩擦力大小不同。同时，孔型顶部的金属向辊缝处横向流动，这使孔型顶部的摩擦力最大，摩擦力拉拽金属向前流动，造成孔型顶部的金属流动量最大，使管壁减薄最多。而在辊缝处则相反，油管周向壁厚不均，最终导致孔型顶部的残余应力最大。

在定径过程中，油管的几何尺寸发生变化；定径轧辊和油管在接触表面之间传递热量，而接触关系改变后，彼此分离的接触面又与环境介质进行热交换；油管的塑性变形功会转换成体积热流，而且是几乎全部摩擦力的功不可逆地转化成表面热流。但是，由于定径轧制过程时间较短，轧辊与环境的换热不够充分，被轧油管的温度变化较小。

3.3.2.2 热处理

实际应用中，合理选用材料和各种成型工艺并不能满足油管所需要的力学和理化性能，这时，热处理是必不可少的选择。对于热处理降低残余应力的机理，一种观点认为材料的屈服强度随加热温度的升高而下降，弹性模量亦随之下降，因此，在热处理工艺规定的温度下，材料内部的残余应力超过该温度下材料的屈服强度时，就会发生塑性变形，残余应力就会因为这种塑性变形而有所减少，但无法降到该热处理温度的屈服强度以下，依照此理论制定的工艺一般要选较高的温度。另一种观点认为热处理降低残余应力是由蠕变引起的应力松弛造成的，在较高温度保温时，油管材料将会发生蠕变，从而引起应力松弛，残余应力就会下降，因此，理论上只要给予充足的时间，残余应力就可以完全消除，而且不受残余应力大小的限制。

油管在热处理过程中热应力和组织应力均存在，其中热应力在组织转变前就已经产生，而组织应力则是在组织转变过程中产生的。在整个冷却过程中，热应力与组织应力综合作用的结果就是油管实际存在的应力。两种应力综合作用十分复杂，影响因素较多，如化学成分、热处理工艺等。作用方向相反时二者抵消，作用方向相同时二者相互叠加。不管是相互抵消还是相互叠加，两种应力总有一个占主导地位。热应力占主导地位时，油管内表面受拉，外表面受压；组织应力占主导地位时，油管内表面受压，外表面受拉。通常经过淬火及回火后，油管外表面为压缩残余应力，内表面为拉伸残余应力。

3.3.2.3 矫直

在油管生产过程中，为消除其纵向弯曲和圆度偏差等缺陷，油管经过矫直机矫直后才能达到标准规定的直度要求。根据矫直原理，油管只有在“矫枉过正”的前提下发生塑性变形，才能达到矫直目的，而矫直加工会使油管产生较大的变形，其中由塑性变形引起的残余应力是存在于油管中的一种无形缺陷或隐患。

矫直辊孔型通过“横向压扁效应”和“纵向弯曲矫直”来保证油管的矫直质量。一是油管经过矫直辊孔型时，要受到上下两个矫直辊的压扁变形，压扁量为油管直径的2%左右，以消除油管的不圆度；二是要承受前后矫直辊组成的三点矫直弯曲，弯曲应力的大小由相邻矫直辊孔型中心的高度差确定。孔型中心偏离矫直中心线的差值与矫直油管的材质、直径及矫直辊支座间距有关。理论偏移量可用式（3-1）计算，即：

$$\delta=0.36\sigma_{s}K/ED \tag{3-1}$$

式中，K 为矫直辊支座间距，mm；D 为钢管直径，mm；E 为材料的弹性模量，N/mm^2；σ_s 为材料的屈服强度，N/mm^2。

带温矫直有利于降低超级 13Cr 不锈钢油管矫直过程中产生的残余应力。从式（3-1）可知，理论偏移量 δ 与材料的屈服强度 σ_s 成正比，当超级 13Cr 不锈钢油管矫直温度超过 500℃时，材料实际屈服强度会降低，理论偏移量减小。而偏移量减少，意味着油管弯曲力降低，残余应力也相应降低。除此之外，较高的温度也有利于使加工硬化得到回复，进一步降低残余应力。

油管原始弯曲度对矫直残余应力有一定的影响。矫直辊的孔型和相邻矫直辊的孔型高度差调整好之后，弯曲度大的油管进入矫直辊孔型发生的弯曲变形会严重得多，矫直力也会相应增加。因此，油管的原始弯曲度越大，矫直后产生的残余应力也越大。通常，在油管生产过程中，管端的弯曲程度要远远大于油管的中间部位，因此，矫直后管端的残余应力要大于油管中部的残余应力。

油管矫直所产生的残余应力是由油管内外表层材料塑性变形程度不同造成的，且残余应力的分布和大小与矫直的压下量和温度密切相关。在定径轧制中，油管直径被压缩的同时，其壁厚也发生变化，管体的直径和椭圆度的变化主要取决于定径的压下量，如果适当调整定径的压下量和温度，就能消除油管的椭圆度，又能达到规定的直径尺寸，从而也可提高油管的力学性能。一般来说，当矫直压下量较小、温度较高时，残余应力较小。

油管在矫直过程中，不仅会产生残余应力，而且由于矫直的反复弯曲变形，还会引起包申格效应，降低屈服强度。为降低残余应力，热矫直温度通常要高于消除包申格效应所需的矫直温度，但过高的矫直温度会使材料软化，降低屈服强度。因此，为控制残余应力，应合理确定热处理工艺和矫直工艺，尽可能减小油管在热处理过程中的变形，减小矫直压下量，避免冷矫直，使油管最终残余应力较低。

3.3.2.4　表面清理

存在于超级 13Cr 油管表面的折叠、划伤、结疤、微小裂纹等缺陷必须去除，内表面的氧化皮也必须清理干净，在清理过程中不可避免地会产生残余应力。清理超级 13Cr 油管内表面氧化铁皮一般选用喷丸处理方法，该方法是将一定尺寸的不锈钢丸或石英砂粒以设定的角度高速喷射到油管表面，将油管表面的氧化铁皮击落。若丸粒太大、硬度太高且喷射速度太快，容易在油管表面形成大小不一的凹坑，在油管内表面产生残余压应力。

磨削处理是去除油管表面折叠、划伤、结疤、微小裂纹等缺陷的方法。油管表面磨削加工时，一方面会发生不均匀塑性变形而产生残余应力；另一方面磨削工具与油管表面之间的相对滑动会导致温度上升，局部温度的升高会产生热应力，当温度超过相变点温度时，还会产生组织应力。无论是热应力，还是组织应力，都属于油管表面残余应力。另外，油管表面经过磨削后，会留下很多凹凸不平的凹坑和磨痕，相当于一个个小的容器，这些小小的容器很容易残留腐蚀介质，增加金属表面对点蚀和应力腐蚀的敏感性。

因此，对超级 13Cr 油管的修磨应采用粒度较小的砂轮，最好是采用砂带来清理油管表面缺陷，并采用降低磨削速度、减少一次磨削量、使用磨削冷却液等方式来控制温升，并保证磨削面光滑。

3.3.2.5 丝扣加工

油管的丝扣是在车丝机卡盘的夹持下，通过螺纹梳刀切削油管表面形成的。在车削时，油管会产生表层与基体不均匀塑性变形带来的机械应力，车削时的温升同表面修磨相似，会产生温度（热）应力，当温度超过相变点温度时，还会产生组织应力。通过选择合理的进刀量、车削速度及冷却液，可以保证丝扣的加工精度，并使其残余应力保持在较低水平。

3.3.2.6 储运、入井

超级 13Cr 油管在储运、入井使用过程中，若操作不当，易产生冷擦伤和碰伤，导致局部塑性变形，也会在其局部表面增加残余应力。

3.3.3 残余应力的消除方法

常规残余应力的消除方法有自然时效、热时效、振动时效、静态过载法、热冲击时效、超声波冲击时效等，可借鉴的超级 13Cr 油管残余应力消除方法主要有热时效和振动时效。油管在存放过程中，残余应力也会逐渐下降，即发生自然时效。

(1) 自然时效

把工件置于室外，经气候、温度的反复变化，使残余应力松弛，尺寸精度获得稳定，但该方法时效时间过长。

(2) 热时效

热时效是传统的时效方法，利用热处理中的退火技术，将工件加热到 500～650℃进行较长时间的保温后，再缓慢冷却至室温。在热作用下通过原子扩散及塑性变形消除内应力。从理论上讲采用热时效时，只要退火温度和保温时间适宜，应力可以完全消除，实际生产中通常可以消除残余应力的 70％～80％，但是存在工件材料表面氧化、硬度及力学性能下降等缺陷。

(3) 振动时效

振动时效是指工件在激振器所施加的周期性外力作用下产生共振，使工件产生局部的塑性变形，从而使残余应力得到释放，以达到降低和调整残余应力的目的。其特点是处理时间短、适用范围广、能源消耗少、设备投资小、操作简便，因此，振动时效在 20 世纪 70 年代从国外引进后在国内便被大力推广。

(4) 静态过载法

静态过载法是以静力或静力矩的形式，暂时加载于工件上，并将工件在这种载荷下保持一段时间，从而使工件尺寸精度获得稳定的时效方法。用于焊接件时需要将载荷加大到原来应力与附加应力之和，并接近材料的屈服极限，才能消除残余应力。静态过载法的精度稳定性效果取决于附加应力的大小及应力保持时间。特别指出的是，静态过载法处理后工件中仍然保持着相当大的残余应力。

(5) 热冲击时效

热冲击时效的实质是将工件进行快速加热，使加热过程中产成的热应力正好与残余应力叠加，超过材料的屈服极限引起塑性变形，从而使原始残余应力很快松弛并稳定。

(6) 超声波冲击时效

超声波冲击时效是采用20kHz以上的高频大功率超声波，以巨大的能量聚焦冲击工件表面，使工件表面产生很大的压缩塑性变形，从而达到消除残余应力的目的。

除上述方法外，近几年还出现了脉冲电流法、激光冲击波、电脉冲辅助超声冲击法、超声振动时效法等新型的残余应力消除方法。这些方法是否适用于超级13Cr油管工厂化模式，还有待进一步研究。

残余应力对油管在使用过程中的危害已被人们所认识，在油管的生产过程中，应设法将残余应力控制在尽可能低的水平。通过上述分析，超级13Cr油管在生产过程的残余应力主要来源于热处理和矫直环节，它与油管的材质、规格、原始直度和圆度、油管矫直温度、直径压下量和弯曲程度、矫直次数等有关。控制超级13Cr油管在热处理过程中的变形、合理选择矫直压下量、采用带温矫直、避免冷矫等，都是减小残余应力的有效措施。

残余应力因其直观性差和不易检测等因素往往被人们忽视，油管相关标准对此也没有专门规定，仅针对高钢级、抗腐蚀等产品在矫直工艺上提出要求。如C110钢级，建议采用带温矫直，且矫直终止温度至少要比最低回火温度高165℃（一般为510℃）。若采用冷矫直，则要求在最低回火温度30～50℃以下进行去应力退火处理。部分油管生产企业制定了高抗挤、抗硫等油管残余应力内控标准，如某管厂规定抗硫油管残余应力不超过150MPa。

建议在超级13Cr油管订货技术条件中增加对残余应力及残余应力工艺评定的要求，一方面可以引起管厂对控制超级13Cr油管制造过程中残余应力的重视，另一方面避免油管使用过程中因残余应力带来的不安全因素。

3.4 应力腐蚀评价

3.4.1 标准条件

随着高温高压井、超高温高压井的不断涌现，由于苛刻的井底服役环境，迫切需要使用高强度耐蚀石油管材，如不锈钢、镍基合金和钛合金完井管柱等。然而，API SPEC 5CT—2018和NACE TM 0177—2016标准关于此类高强钢抗SCC性能的评价方法并没有给出明确规定。目前，不锈钢及其他合金管材在高温高压环境中的抗SCC性能评价方法多为四点弯曲法，但现场实践表明，实验室评价结果显示并未发生SCC的材料（如13Cr钢），在现场却出现了大量的开裂或断裂失效事故。一方面，四点弯曲法不能反映管材实际表面状态对其抗SCC性能的影响；另一方面，大多四点弯曲夹具采用镍基合金（C276、G3等）制作而成，由于镍基合金主要靠冷加工来提高强度，其在高温高压试验条件下存在强度衰减问题，可能导致加载应力发生变化，因此四点弯曲法的准确性有待进一步研究。

3.4.1.1 试验条件

NACE TM 0177—2016标准中的应力腐蚀开裂评价方法包括恒载荷试验（A法）、弯梁试验（B法，也称四点弯曲法）、C型环试验（C法）和双悬臂梁（DCB）试验（D法）。本工作中，由于高温高压设备的局限性，高温高压应力腐蚀开裂试验方法采用B法、C法和D法，试验条件如表3-4所示。

表 3-4 试验条件

腐蚀环境	介质	温度/℃	CO_2 分压/MPa
CO_2 地层水腐蚀环境	$NaHCO_3$（0.260g/L）、Na_2SO_4（0.636g/L）、$CaCl_2$（23.060g/L）、$MgCl_2$（2.221g/L）、NaCl（173.958g/L）、KCl（12.646g/L）	200	4.48
泥浆腐蚀环境	聚磺体系（现场取样）	180	—
完井液腐蚀环境	磷酸盐完井液（密度 1.4g/cm^3，pH=11.0）	180	—

3.4.1.2 试验结果

（1）B 法

李琼伟等在标准规定条件［饱和 H_2S 气体的 0.5%冰醋酸+5%NaCl 水溶液（A 溶液），pH 为 2.7］下进行试验。加载力 60%AYS（AYS 为 110 钢级超级 13Cr 油管的实际屈服强度）的试样未断裂，但放大 10 倍后观察，表面已产生裂纹；加载力为 80% AYS 的试样发生了断裂（见图 3-24），这与常治平等的试验结果类似（见图 3-17）。

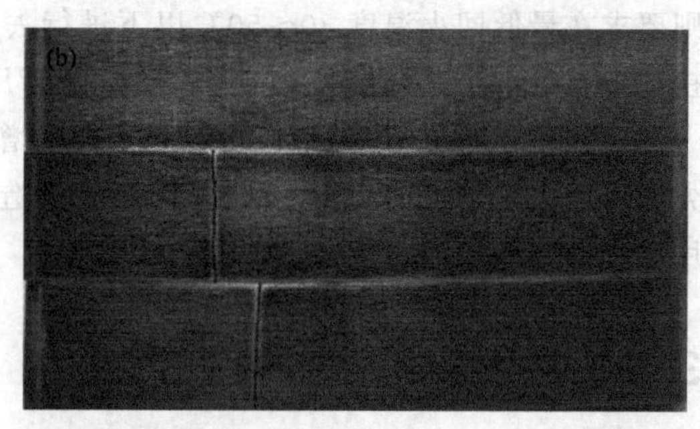

图 3-24 不同加载力条件下的超级 13Cr 试样 SSC 试验后外形图

(a) 60%AYS；(b) 80%AYS

（2）C 法

由图 3-25～图 3-28 可见：试样在 3 种试验环境中均未发生断裂，但表面可见微观裂纹。在 CO_2 地层水腐蚀环境中，试样截面可观察到微观裂纹，裂纹起源于外表面氧化膜，呈树枝状扩展，具有典型的 SCC 裂纹形貌，即保持原始表面质量状态（带氧化膜）的 C 环试样在 CO_2 地层水腐蚀环境中会发生 SCC。在泥浆腐蚀环境中，试样表面氧化膜底部可见微小裂纹，长期使用过程中，微小裂纹会在拉应力的作用下继续扩展形成 SCC 裂纹，即保持原始表面质量状态（带氧化膜）的 C 环试样在泥浆腐蚀环境中存在 SCC 风险。在完井液腐蚀环境中，试样有局部腐蚀坑，坑底未见树枝状分支裂纹。超级 13Cr 不锈钢油管表面氧化膜去除不彻底，其在高温高 pH 溶液中极易发生溶解反应，促进点蚀的发生，超级 13Cr 不锈钢管柱在长期使用的过程中，点蚀坑底部应力集中程度显著增强，在拉应力的作用下，可能诱发 SCC 裂纹的萌生和扩展，导致其发生应力腐蚀开裂。因此，保持原始表面质量状态（带氧化膜）的 C 环试样在高温高 pH 的完井液中存在 SCC 风险。

API SPEC 5CT—2018 及 ISO 8501.1—2007 标准对不锈钢管材表面的质量控制都有严格的规定，即作为验收标准的级别要求为 Sa2.5 级（管体表面应不可见氧化皮）。超级 13Cr 不锈钢油管带有原始表面发纹，即油管表面存在缺陷或氧化皮去除不彻底，在使用过程中，可能会导致局部脱落，促进点蚀的萌生，而通过局部阳极溶解在材料表面形成的点蚀坑可以看成是一个微裂纹，对于无裂纹的试样来说，点蚀坑的形成对应力腐蚀起着促进作用，这是因为点蚀坑的前端会形成应力集中。更为严重的是，在超级 13Cr 不锈钢管材高温轧制过程中形成的表面缺陷，主要沿晶界向内扩展，促进 SCC 裂纹的形核，导致油管在使用过程中发生 SCC。因此，超级 13Cr 不锈钢油管的原始表面状态严重影响其抗 SCC 性能。而在 NACE TM 0177—2016 标准中提及的四种应力腐蚀开裂评价方法中，只有 C 法能保持油管的原始表面，即 C 法（C 环法）可以反映管材实际表面状态对其抗 SCC 性能的影响。

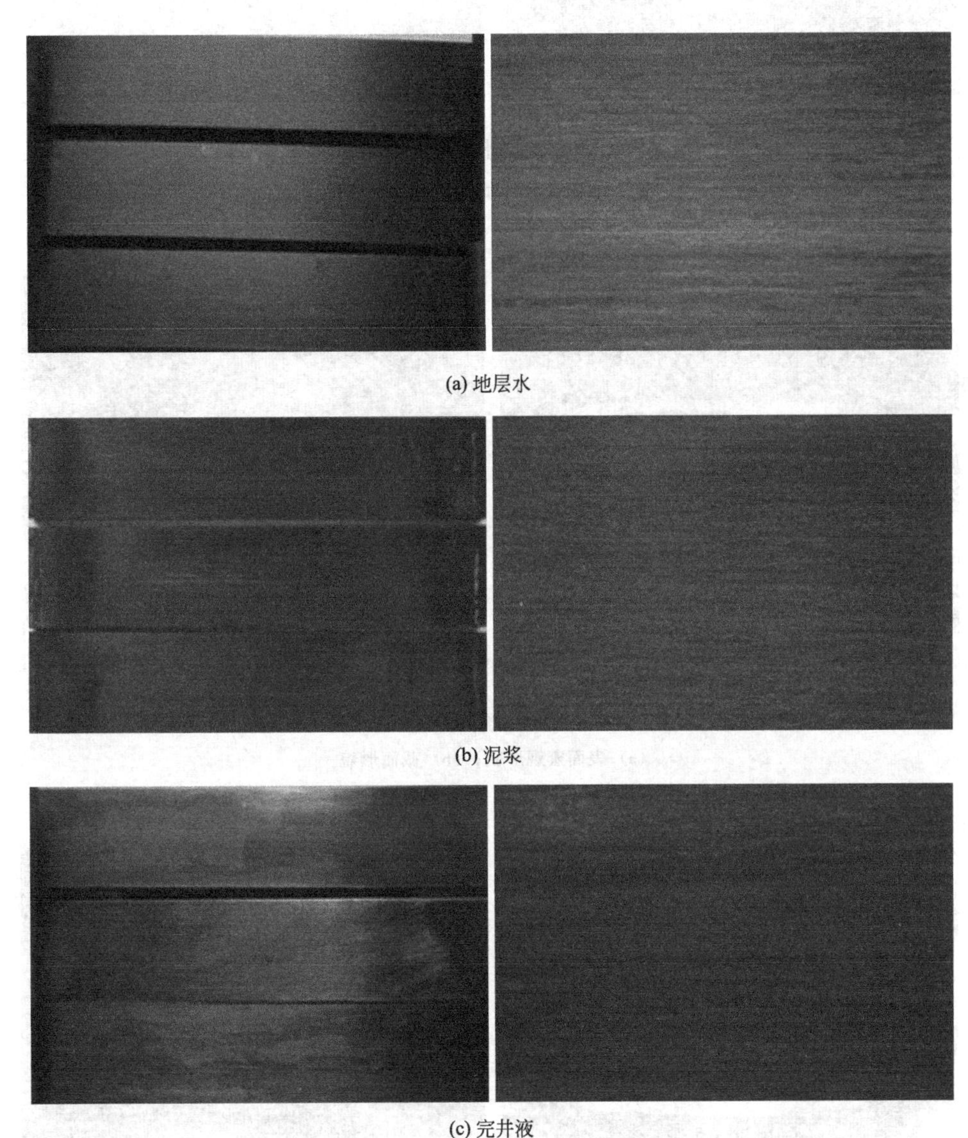

(a) 地层水

(b) 泥浆

(c) 完井液

图 3-25 试样在不同试验溶液中经四点弯曲试验后的表面宏观及微观形貌（×10）

（3）D 法

由图 3-29 可见：所有试样均未发生裂纹扩展。NACE TM0177—2016 标准规定对于 D 法试样试验后在 V 形槽缺口的基础上应有超过 2.5mm 的裂纹生长，但本试验后所有试样均未发生裂纹扩展，说明 D 法不能有效评价超级 13Cr 不锈钢的抗 SCC 性能。

图 3-26　试样在 CO_2 地层水中经 C 环法试验后的形貌

(a) 表面宏观形貌；(b) 截面形貌

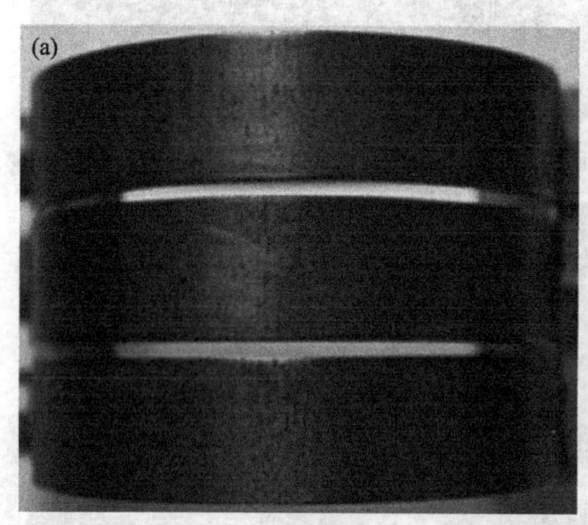

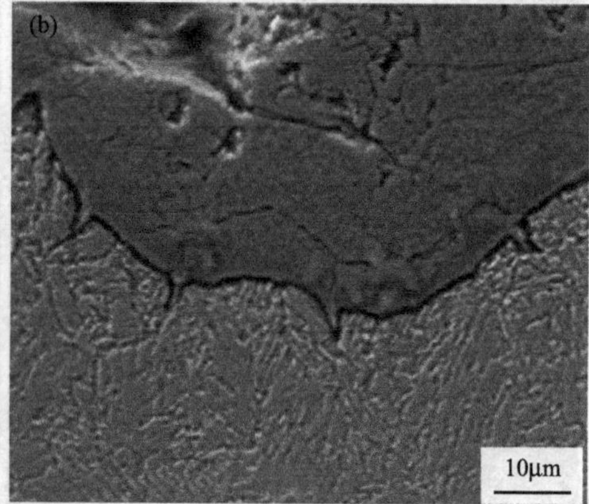

图 3-27　试样在泥浆中经 C 环法试验后的形貌

(a) 表面宏观形貌；(b) 截面形貌

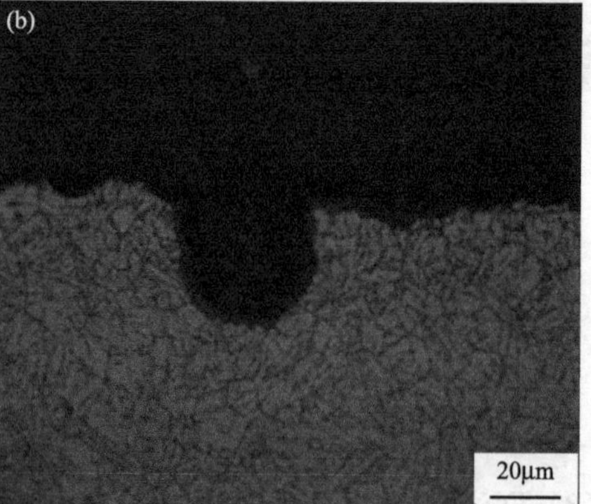

图 3-28　试样在完井液中经 C 环法试验后的形貌

(a) 表面宏观形貌；(b) 截面形貌

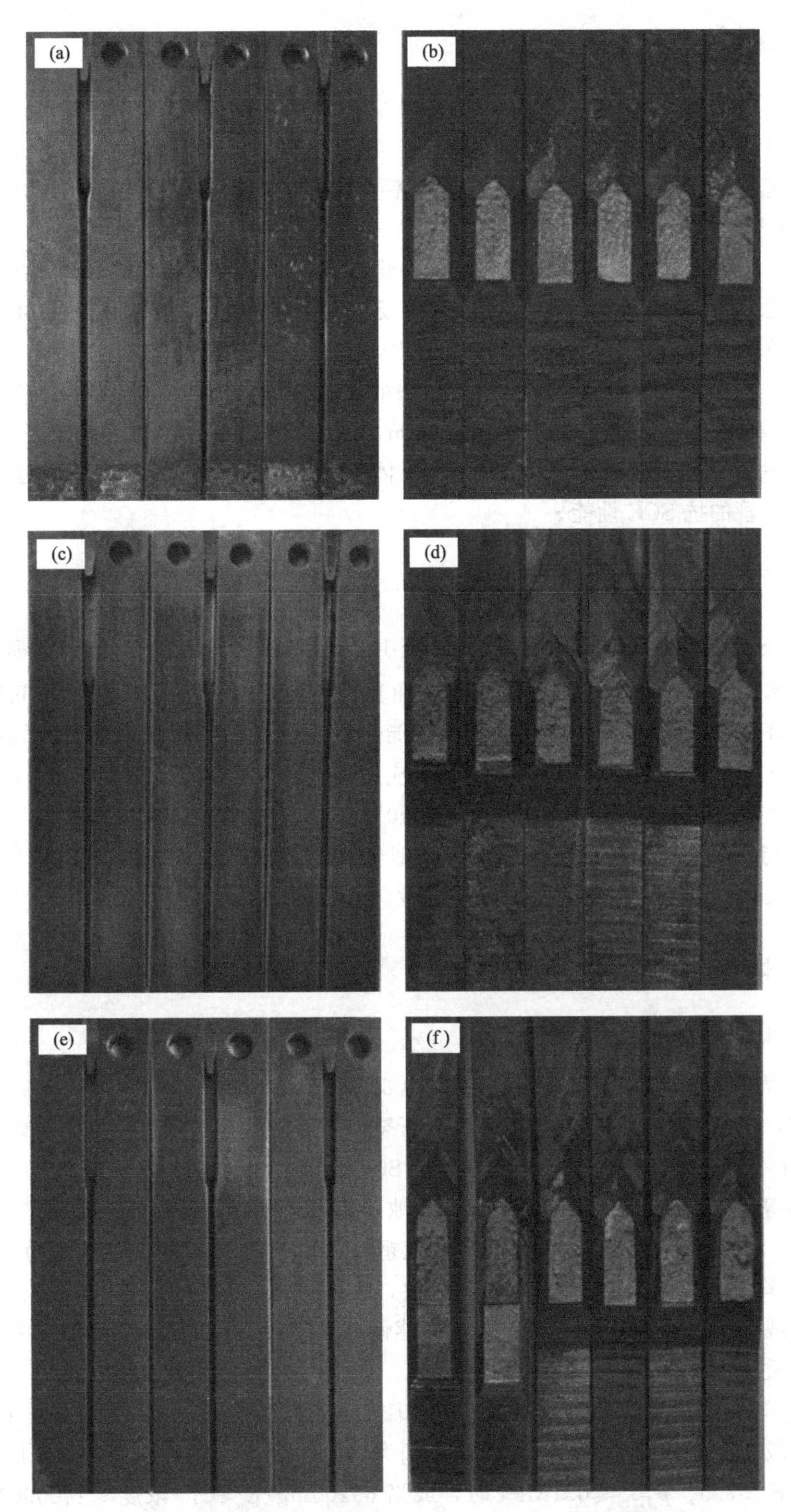

图 3-29　双悬臂梁法试验后试样表面及截面宏观形貌

(a)、(b) CO_2 地层水；(c)、(d) 泥浆；(e)、(f) 完井液

3.4.1.3 试验结果讨论

综合以上分析，在 CO_2 地层水、泥浆和完井液腐蚀环境中，所有 B 法试样均未发生 SCC，保持原始表面质量状态的 C 环法试样在 CO_2 地层水腐蚀环境中发生 SCC，在泥浆和完井液腐蚀环境中存在 SCC 风险。D 法试验后，所有试样均未发生裂纹扩展，不能有效评价超级 13Cr 不锈钢的抗 SCC 性能。

可见，B 法中光滑四点弯曲试样不能反映管材实际表面状态对其抗 SCC 性能的影响；C 环法中 SCC 试样外表面保持原始状态，可以反映管材实际表面状态对其抗 SCC 性能的影响；D 法中 API SPEC 5CT—2018 和 NACE TM 0177—2016 标准均未对超级 13Cr 马氏体不锈钢加载应力作出明确规定。本试验中，D 法的加载位移参照 NACE TM 0177—2016 标准中对 C110 管材的规定取值（0.51±0.02）mm，试验结果显示所有试样均未发生裂纹扩展，说明采用 D 法并不能有效评价超级 13Cr 马氏体不锈钢的抗 SCC 性能。故推荐使用 C 环法评价不锈钢油管的抗 SCC 性能。

3.4.2 实际工况

在含 H_2S、温度小于 100℃时，虽然传统 13Cr 不锈钢和超级 13Cr 不锈钢都存在一定程度的电化学腐蚀，但工程应用中还需要保证油套管柱的安全，主要考虑 SCC 问题。李琼伟等认为腐蚀环境对试样的 SCC 敏感性和承载能力影响较大，NACE 标准试验的评价方法较为苛刻，ISO 标准所限定的超级 13Cr 不锈钢应用条件也较为保守。在模拟含 H_2S 腐蚀环境的 SCC 试验中，加载力分别取 80%AYS 和 90%AYS 的超级 13Cr 不锈钢油管试样未发生 SCC 开裂，与文献资料的结论有差异，为类似气井的选材提供了一定的参考。为保证井筒长期安全，还需要开展不同载荷下的模拟试验。

3.4.2.1 管体部位

(1) 管体

图 3-30 为超级 13Cr 不锈钢（施加应力为 80%AYS）试样 240h SCC 试验后的表面宏观及微观形貌，由图可见，所有试样均未发现断裂，表面无垂直于张应力方向的微观裂纹，说明超级 13Cr 不锈钢在此条件下具有良好的抗 SCC 性能。

李琼伟等在模拟陕北地区某区块的腐蚀试验条件（温度 24℃、pH3.5、CO_2 分压 1.8MPa、H_2S 分压 0.15MPa）下，研究发现超级 13Cr 不锈钢试样在加载力为 80%AYS 和 90%AYS 时均未发生断裂，放大 10 倍后观察，表面也未发现裂纹。超级 13Cr 不锈钢在相同的试验加载力下，腐蚀环境不同，SCC 敏感性差异较大，在 NACE TM 0177—2016 等标准方法中的敏感性更强。

Cooling 等通过按照 NACE TM 0177—2016 标准恒载荷、SSRT 等方法，对超级 13Cr 不锈钢在加载力为 90%AYS 条件下的 SCC 研究认为：当 Cl^- 浓度≤1000mg/L（气井典型凝析水）、pH≥3.5、p_{H_2S}≤0.1MPa 时，或当 65200mg/L<Cl^- 浓度≤1400000mg/L（油气井典型地层水）、pH 为 4.0～4.3、p_{H_2S}≤0.005MPa 时，超级 13Cr 不锈钢不发生 SCC，如图 3-31（a）所示。而 Marchebois 等结合工程实际，综合考虑 pH、H_2S 分压和 Cl^- 含量，

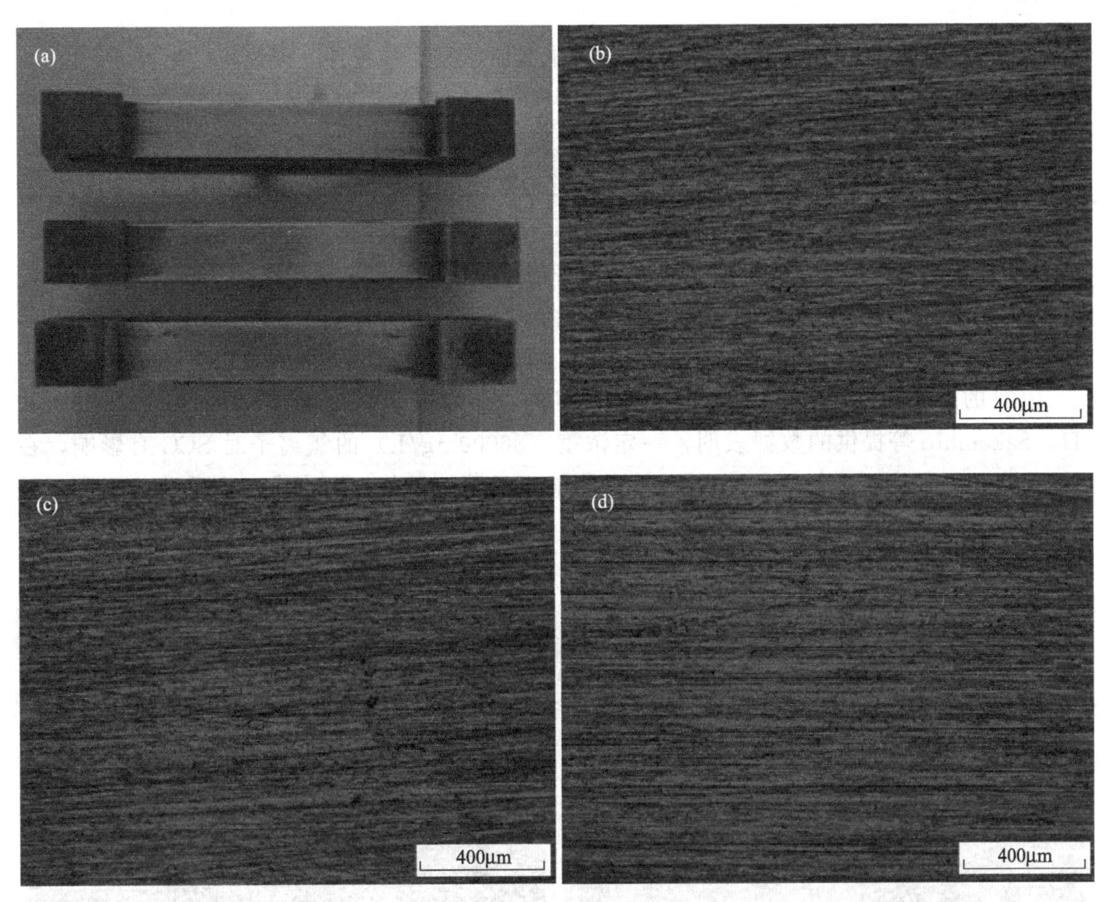

图 3-30 超级 13Cr 不锈钢 SCC 试样 240h 试验后的表面宏观及微观形貌

（a）表面宏观形貌；（b）1[#] 样表面微观形貌；（c）2[#] 样表面微观形貌；（d）3[#] 样表面微观形貌

试验得出超级 13Cr 不锈钢的 SCC 敏感区域，其指导性更强，如图 3-31（b）所示。

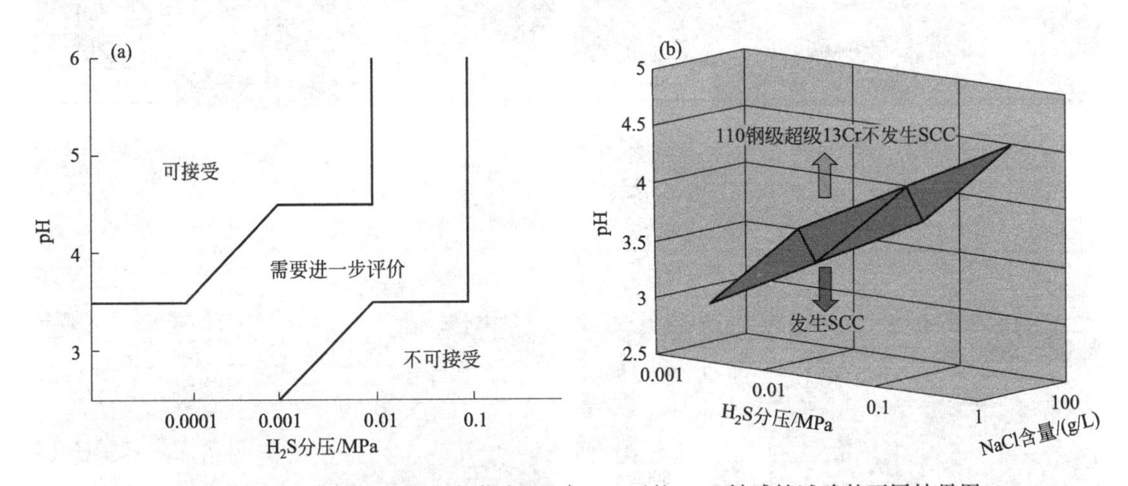

图 3-31 超级 13Cr 不锈钢在载荷为 90%AYS 下的 SCC 敏感性试验的不同结果图

（a）高 Cl^-（20%）溶液中发生 SCC 的范围；（b）不同 pH、H_2S 分压和 Cl^- 含量下发生 SCC 的区域

（2）焊缝

在油气工业环境中，在应力的作用下，吸附氢原子是影响构件开裂风险的主要因素之一。在对材料的实验室测试中，一般腐蚀已被揭示为一种腐蚀机制，它导致了氢的演化和加载试样的开裂。pH以及测试溶液的缓冲能力对可能发生的一般腐蚀至关重要。对材料的环境限制的评估通常是对母材进行的。在实际应用中，焊缝通常是所有类型的测试的薄弱环节。

经720h测试后发现所有不锈钢焊缝在pH为3.5和0.01bar（1bar=10^5Pa）H_2S的5%NaCl缓冲溶液中均失效，在0.004bar H_2S缓冲溶液中也有失效。在pH为5时，测试的锻件焊缝在0.01bar H_2S条件下没有失效，而TIG焊缝在0.1bar H_2S条件下失效。这说明在5% NaCl溶液中，H_2S阈值为0.01～0.1bar，而在pH为3.5时，H_2S阈值为0.004bar。

SCC的阈值除了取决于材料的合金化程度外，还取决于氯化物的含量、H_2S的分压和pH。Sakamoto等提供的数据表明，一定浓度（30000mg/L）的氯离子对SCC有影响，在此浓度以上，氯离子含量对SCC敏感性的影响不显著。另外，温度是一个重要的因素，特别是在测试双面焊接时。

3.4.2.2 井深

图3-32为模拟不同井段腐蚀条件，加载应力为80%AYS时，超级13Cr马氏体不锈钢SCC试样表面的微观形貌。从图可以发现，所有试样均未发生断裂，表面无垂直于张应力方向的微观裂纹，超级13Cr马氏体不锈钢在模拟工况环境中具有良好的抗SCC性能。

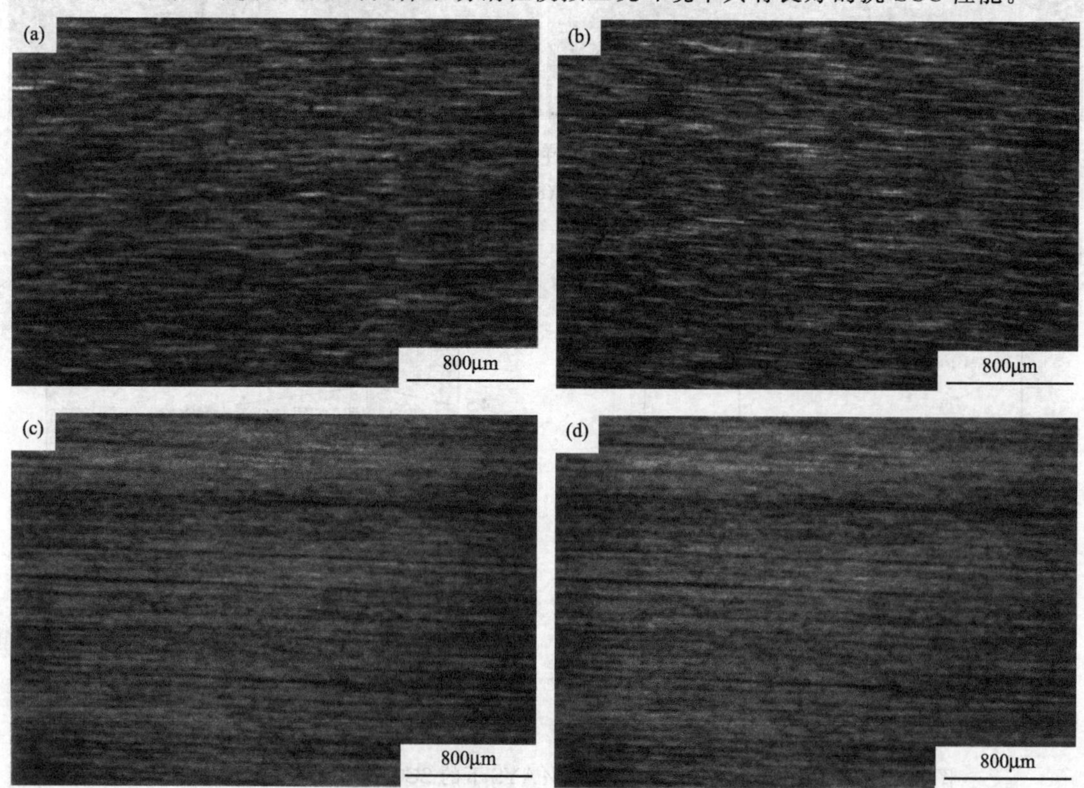

图3-32　不同井段超级13Cr马氏体不锈钢SCC试样的表面微观形貌

（a）1500m；（b）3350m；（c）5180m；（d）7090m

3.4.2.3 温度

温度是超级13Cr马氏体不锈钢油管发生应力腐蚀开裂（SCC）失效的主要影响因素。姚小飞等采用慢应变速率拉伸（SSRT）应力腐蚀开裂试验方法，研究了温度对超级13Cr油管钢在3.5%NaCl溶液中应力腐蚀开裂的影响，分析了温度对超级13Cr油管钢应力腐蚀开裂敏感性指数k_{SCC}，以探讨超级13Cr油管在油气田的应用，SSRT试样如图3-33所示。

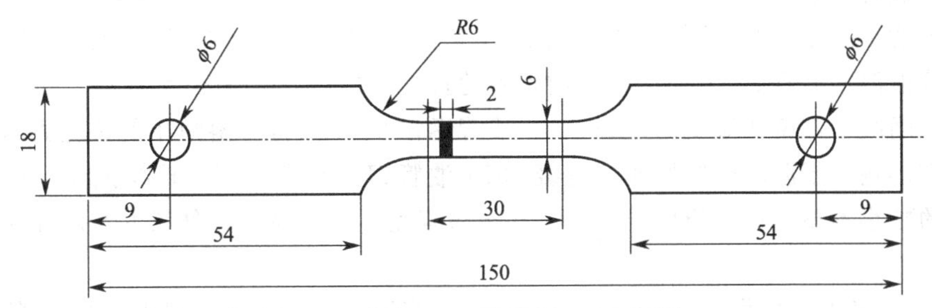

图3-33 超级13Cr油管钢SSRT试样

试验溶液为3.5%NaCl溶液、未除氧，压力为正常大气压，试验温度分别为室温和40℃、60℃、80℃，极化电位为−150mV，拉伸速率为5.67×10^{-5}mm/s。辅助电极为铂电极，参比电极为甘汞电极（SCE），研究电极为拉伸试样，恒电位仪为HDV-7C型晶体管恒电位仪，信号采集系统为SC-1型信号采集器和DYB-5型动态应变仪，拉伸试验机为MYB-Ⅱ型慢应变速率试验机，试样断口采用SEM进行分析。

(1) 应力-应变曲线

不同温度下超级13Cr油管钢在3.5% NaCl溶液中SSRT应力-应变曲线如图3-34所示。由图3-34可知：随溶液温度的升高，超级13Cr油管钢的抗拉强度和断裂时间呈降低趋势，当温度<60℃时，抗拉强度和断裂时间的减小并不十分显著；当温度>80℃时，试样的抗拉强度和断裂时间都有明显的减小。这说明在3.5% NaCl溶液中，当温度<60℃时，超级13Cr钢具有较好的抗应力腐蚀开裂性能；当温度>80℃时，超级13Cr钢的抗应力腐蚀开裂性能较差。

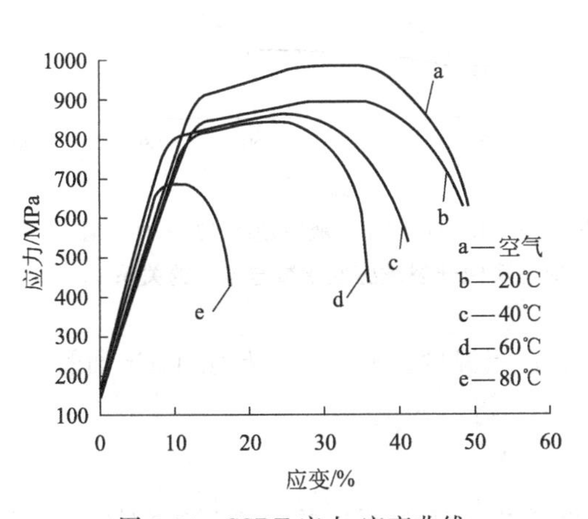

图3-34 SSRT应力-应变曲线

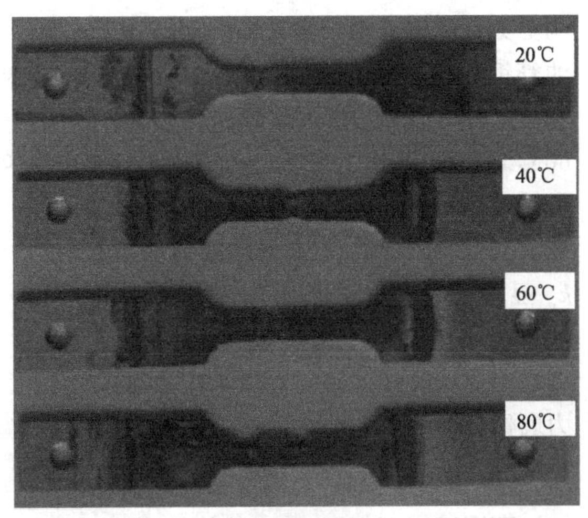

图3-35 SSRT试样断裂后宏观形貌

（2）抗应力腐蚀开裂性能

不同温度下超级 13Cr 油管钢在 3.5% NaCl 溶液中慢拉伸应力腐蚀开裂试验试样断裂后的宏观形貌如图 3-35 所示。由图 3-35 可知：试样表面均发生了全面腐蚀，呈现灰黑色；随溶液温度的升高，超级 13Cr 油管钢试样表面的腐蚀程度增大，试样断裂部位的颈缩量减小；当温度<60℃时，试样断裂部位有明显的颈缩；温度为 80℃时，试样表面腐蚀严重，断裂部位没有明显的颈缩。

不同温度下超级 13Cr 油管钢在 3.5% NaCl 溶液中的 SSRT 试验结果见表 3-5。由表 3-5 可知：随溶液温度的升高，超级 13Cr 油管钢的抗拉强度降低，伸长率减小，断面收缩率减小，断裂时间减小，说明温度对超级 13Cr 油管钢在 3.5% NaCl 溶液中的抗应力腐蚀开裂性能具有一定影响；当温度<60℃时，超级 13Cr 油管钢的断裂时间、抗拉强度、伸长率和断面收缩率的减小不显著；当温度>80℃时，抗拉强度、断裂时间、伸长率和断面收缩率有显著的减小。

图 3-35 和表 3-5 说明在 3.5% NaCl 溶液中，当温度<60℃时，超级 13Cr 油管钢具有较好的抗应力腐蚀开裂性能；当温度>60℃时，超级 13Cr 油管钢的抗应力腐蚀开裂性能较差。

表 3-5　不同温度下超级 13Cr 油管钢在 3.5% NaCl 溶液中的 SSRT 试验结果

温度/℃	抗拉强度 σ_b/MPa	伸长率 I_δ/%	断面收缩率 I_φ/%	断裂时间 TFR/h	SCC 敏感性指数 k_{SCC}/%	
					k_σ	k_ε
正常空拉	990	48.8	72.03	25	—	—
20	897	45.2	70.57	24	9.4	7.4
40	857	35.8	65.93	20	13.4	26.6
60	848	28.2	57.64	17	14.3	42.2
80	691	10.8	31.10	8	30.2	77.9

超级 13Cr 油管钢在 3.5% NaCl 溶液中的应力腐蚀开裂敏感性指数 k_{SCC} 与溶液温度之间的关系如图 3-36 所示。由图 3-36 可知：温度对超级 13Cr 油管钢塑性变形性的影响比对抗拉强度的影响更大；随溶液温度的升高，超级 13Cr 油管钢的应力腐蚀开裂敏感性指数 k_σ 和 k_ε 均呈现增大的趋势；当温度<60℃时，超级 13Cr 钢的应力腐蚀开裂敏感性指数 k_σ 增大幅度较小；而当温度>80℃时，应力腐蚀开裂敏感性指数 k_σ 显著增大。这说明在 3.5% NaCl 溶液，当温度<60℃时，超级 13Cr 油管钢应力腐蚀开裂的倾向性小，应力腐蚀的程度较轻；当温度>80℃时，超级 13Cr 油管钢应力腐蚀开裂的倾向性大，应力腐蚀的程度严重。

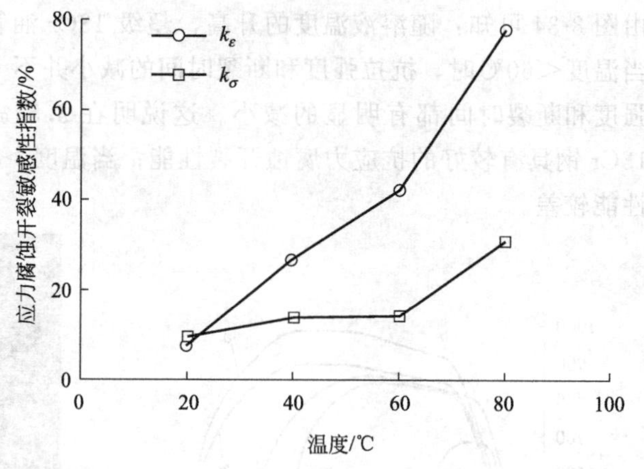

图 3-36　3.5%NaCl 溶液中超级 13Cr 油管钢应力腐蚀开裂敏感性指数与温度的关系

（3）断口形貌

不同温度下超级 13Cr 油管钢在 3.5%NaCl 溶液中 SSRT 断口的宏观形貌如图 3-37 所示。由图 3-37 可知：当温度<60℃时，超级 13Cr 油管钢试样断裂处均有颈缩，且颈缩部位

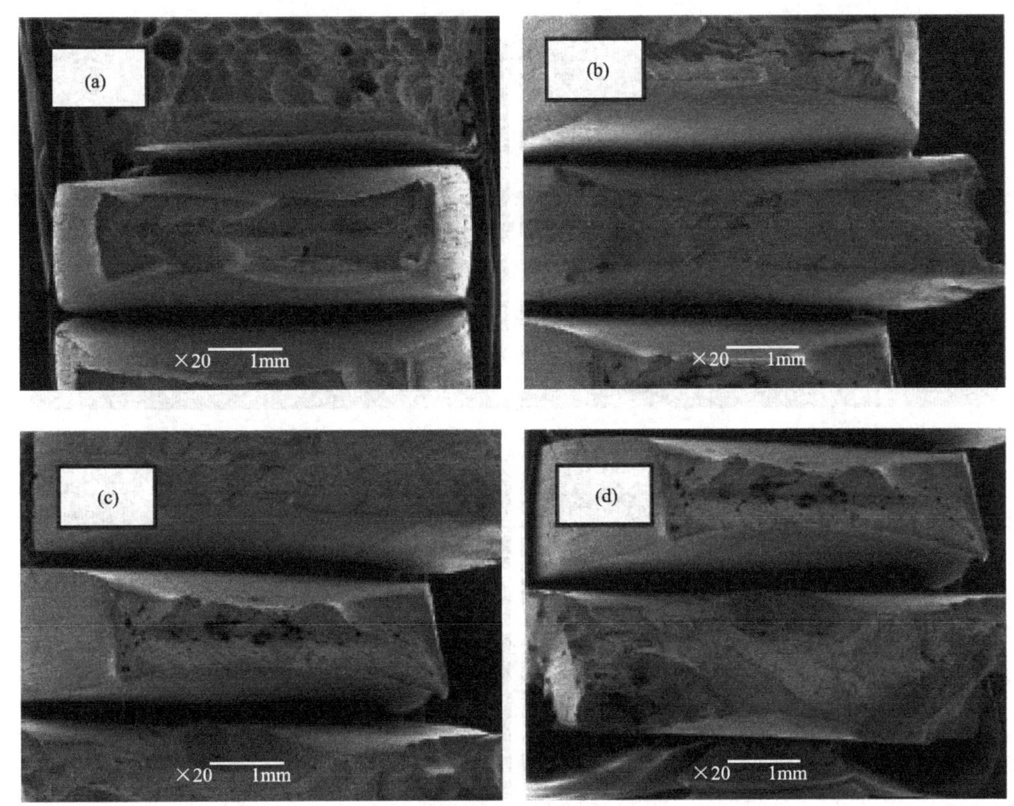

图 3-37 不同温度下超级 13Cr 油管钢在 3.5%NaCl 溶液中 SSRT 断口的宏观形貌

(a) 20℃；(b) 40℃；(c) 60℃；(d) 80℃

有不同程度的龟裂，断口存在明显的塑性形变，呈现韧性断口形貌；当温度＞80℃时，超级 13Cr 油管钢试样断裂部位未见明显的颈缩，且断口平滑，呈现脆性断口形貌，随着温度的升高，断口表面的腐蚀程度加重。温度升高加速了溶液中 Cl^- 的运动速率，使之更容易穿透金属表面的钝化膜，引发点蚀。高温下点蚀的生长速度比常温下更快，一方面点蚀易发生穿孔，另一方面拉应力在腐蚀部位局部集中，使材料的强度和塑性降低，发生应力腐蚀断裂。

不同温度下超级 13Cr 油管钢在 3.5%NaCl 溶液中 SSRT 断口的微观形貌如图 3-38 所示。由图 3-38 可知：温度＜60℃时，超级 13Cr 油管钢试样断口呈现较浅、较小的韧窝形貌，并且随温度的升高，韧窝变浅变小；温度＞80℃时，超级 13Cr 油管钢试样断口由大部分准解理区域和小部分浅小韧窝组成。超级 13Cr 油管钢的显微组织为马氏体组织，由于马氏体硬度较大，拉应力产生的裂纹在晶内扩展比较困难，相邻的晶界处则产生较大的塑性变形，以撕裂的方式断裂，形成撕裂棱，并形成微孔聚合的韧窝。在拉应力作用下，产生塑性变形或形成裂纹，塑性变形或裂纹区域腐蚀严重，使材料的强度和塑性降低，导致应力腐蚀开裂。随着温度的升高，腐蚀加剧，材料的应力腐蚀开裂倾向性增大。

3.4.2.4 Cl^- 浓度

市场对油气能源的需求量与日俱增，石油天然气开采所面临的地质环境愈加复杂，油气井的深度不断加深，油气井中的 Cl^- 和水介质对油管的腐蚀非常严重，加之油管自身重力所产生的应力，导致腐蚀和应力共同作用对油管造成了极大的损坏。同时，随着海洋油田的不断开发，海洋环境中的 Cl^- 介质对油管的腐蚀也日趋严重，Cl^- 浓度也是超级 13Cr 油管腐

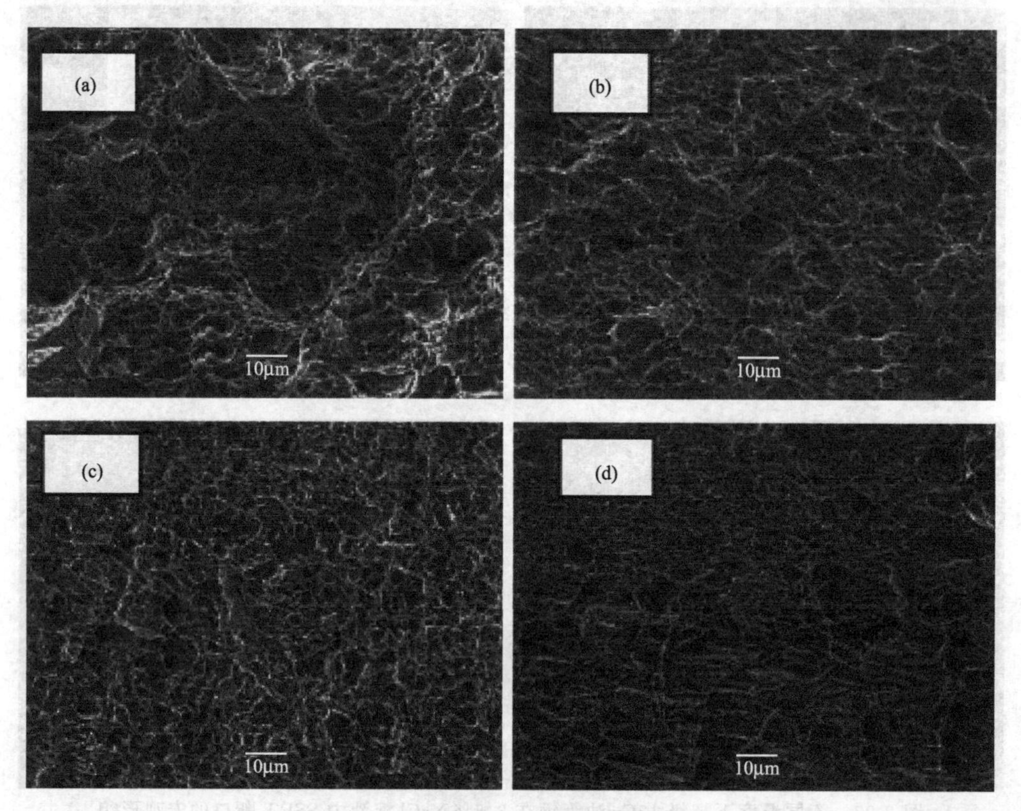

图3-38　不同温度下超级13Cr油管钢在3.5%NaCl溶液中SSRT断口的微观形貌
(a) 20℃；(b) 40℃；(c) 60℃；(d) 80℃

蚀失效的主要影响因素之一。

(1) 抗SCC性能及k_{SCC}

超级13Cr油管钢在不同浓度NaCl溶液中的SSRT试验结果见表3-6。由表可知，随NaCl溶液浓度的增加，超级13Cr油管钢的抗拉强度降低、伸长率减小、断面收缩率减小、断裂时间缩短，说明NaCl溶液浓度对超级13Cr油管钢的抗应力腐蚀开裂性能具有一定程度的影响。当NaCl溶液浓度小于15%时，超级13Cr油管钢的抗拉强度、伸长率、断面收缩率的减小程度和断裂时间的缩短程度不是很大，而当NaCl溶液浓度大于25%时，相对于正常拉伸，其抗拉强度、断面收缩率、伸长率显著减小，断裂时间显著缩短。这说明超级13Cr油管钢在浓度小于15%的NaCl溶液中具有较好的抗应力腐蚀开裂性能，而在浓度大于25%的NaCl溶液中的抗应力腐蚀开裂性能较差。随Cl^-浓度的增大，超级13Cr油管钢的抗SCC性能降低，应力腐蚀开裂敏感性指数k_{SCC}增大，应力腐蚀开裂的倾向性增大。

表3-6　超级13Cr油管钢在不同浓度NaCl溶液中的SSRT试验结果

NaCl浓度/%	抗拉强度 σ_b/MPa	延伸率 I_δ/%	断面收缩率 I_φ/%	断裂时间(TFR)/h	SCC敏感性指数k_{SCC}/%	
					k_σ	k_ε
正常空拉	990	48.8	72.03	25	—	—
5	897	45.2	70.57	24	9.4	7.4
15	863	42.1	68.93	23	12.8	13.7
25	722	22.9	55.95	14	27.1	44.8
35	546	12.3	48.67	10	53.1	74.8

图 3-39 为超级 13Cr 油管钢在不同浓度 NaCl 溶液中 SSRT 试验试样断裂后的宏观形貌。由图可知，随 NaCl 溶液浓度的增加，超级 13Cr 油管钢试样表面的腐蚀程度加重。在 NaCl 溶液浓度小于 15%时，试样腐蚀程度较轻，断裂部位有明显的颈缩；而在 NaCl 溶液浓度大于 25%时，试样表面腐蚀严重，断裂部位未见颈缩。这说明超级 13Cr 不锈钢油管钢在浓度小于 15%的 NaCl 溶液中具有较好的抗应力腐蚀开裂性能，而在浓度大于 25%的 NaCl 溶液中的抗应力腐蚀开裂性能较差。随 Cl^- 浓度的增大，超级 13Cr 不锈钢油管钢的抗 SCC 性能降低，应力腐蚀开裂的倾向性增大。

图 3-40 为超级 13Cr 不锈钢油管钢的应力腐蚀开裂敏感性指数 k_{SCC} 与 NaCl 溶液浓度之间的关系。由图 3-40 可知，随 NaCl 溶液浓度的增加，超级 13Cr 不锈钢油管钢的应力腐蚀开裂敏感性指数 k_σ 和 k_ε 均呈现增大的趋势。当 NaCl 溶液浓度小于 15%时，超级 13Cr 不锈钢油管钢应力腐蚀开裂敏感性指数 k_σ 和 k_ε 增大的幅度均不是很大，而当 NaCl 溶液浓度大于 25%时，其应力腐蚀开裂敏感性指数 k_σ 和 k_ε 显著增大，且 k_ε 比 k_σ 增大的趋势更为显著。这说明超级 13Cr 不锈钢油管钢在浓度小于 15%的 NaCl 溶液中应力腐蚀开裂的倾向性小，应力腐蚀程度较轻；而在浓度大于 25%的 NaCl 溶液中应力腐蚀开裂的倾向性大，应力腐蚀严重。随 Cl^- 浓度的增大，超级 13Cr 不锈钢油管钢的应力腐蚀开裂敏感性指数 k_{SCC} 增大，应力腐蚀开裂的倾向性增大，且 Cl^- 浓度对超级 13Cr 不锈钢油管钢塑性的影响比对其抗拉强度的影响更大。

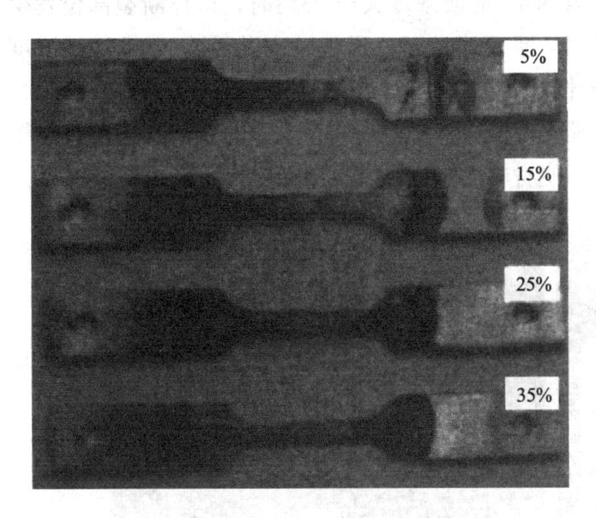

图 3-39 超级 13Cr 不锈钢油管钢在不同浓度 NaCl 中的 SSRT 试样断后宏观形貌

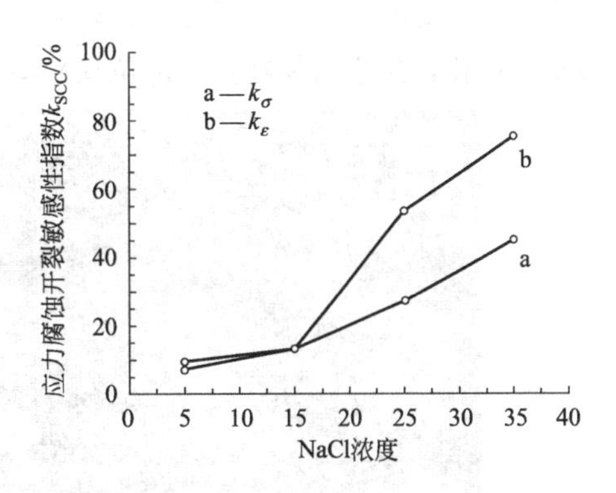

图 3-40 超级 13Cr 不锈钢应力腐蚀开裂敏感性指数与 NaCl 浓度的关系

(2) 应力-应变曲线

图 3-41 为超级 13Cr 不锈钢油管钢在不同浓度 NaCl 溶液中 SSRT 应力-应变曲线。由图可知，随 NaCl 溶液浓度的增大，超级 13Cr 不锈钢油管钢的抗拉强度和断裂时间均呈减小趋势，当 NaCl 溶液浓度小于 15%时，抗拉强度的减小和断裂时间的缩短并不显著，但当 NaCl 溶液浓度大于 25%时，抗拉强度显著减小，断裂时间显著缩短。这说明超级 13Cr 不锈钢油管钢在浓度小于 15%的 NaCl 溶液中具有较好的抗应力腐蚀开裂性能，而在浓度大于 25%的 NaCl 溶液中的抗应力腐蚀开裂性能较差。随 Cl^- 浓度的增大，超级 13Cr 不锈钢油管钢的抗应力腐蚀开裂性能降低，应力腐蚀开裂的倾向性增大。

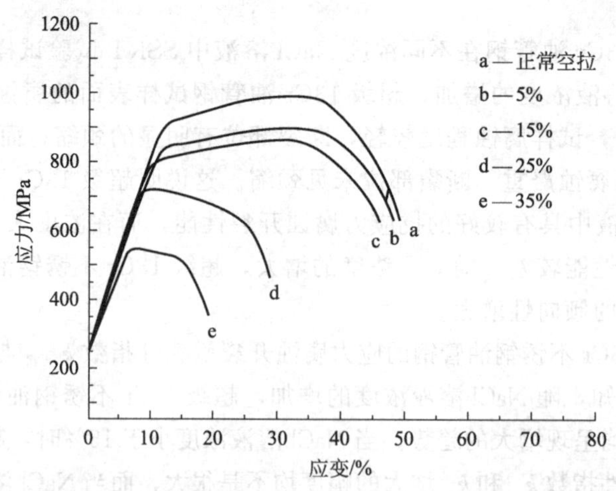

图 3-41　超级 13Cr 不锈钢在不同 NaCl 溶液中 SSRT 应力-应变曲线

（3）SCC 断口形貌

图 3-42 为超级 13Cr 不锈钢油管钢在不同浓度 NaCl 溶液中 SSRT 试样断口的宏观形貌。由图可知，当 NaCl 溶液浓度低于 15%时，超级 13Cr 不锈钢油管钢试样断裂处均有颈缩，断口存在明显的塑性形变，呈现韧性断口形貌；当 NaCl 溶液浓度大于 25%时，试样断裂部位发生了严重的腐蚀，未见明显的颈缩，且断口平滑，呈现脆性断口形貌。这说明随 NaCl 溶液浓度的增大，腐蚀导致超级 13Cr 不锈钢油管钢塑性降低，脆性增大，应力腐蚀开裂的倾向性增大。随着 Cl^- 浓度的增大，其穿透金属表面钝化膜的倾向性增大，加速了点蚀的发生和发展，点蚀易发生穿孔，拉应力易在点蚀部位局部集中，使材料的强度和塑性降低，发生应力腐蚀断裂。

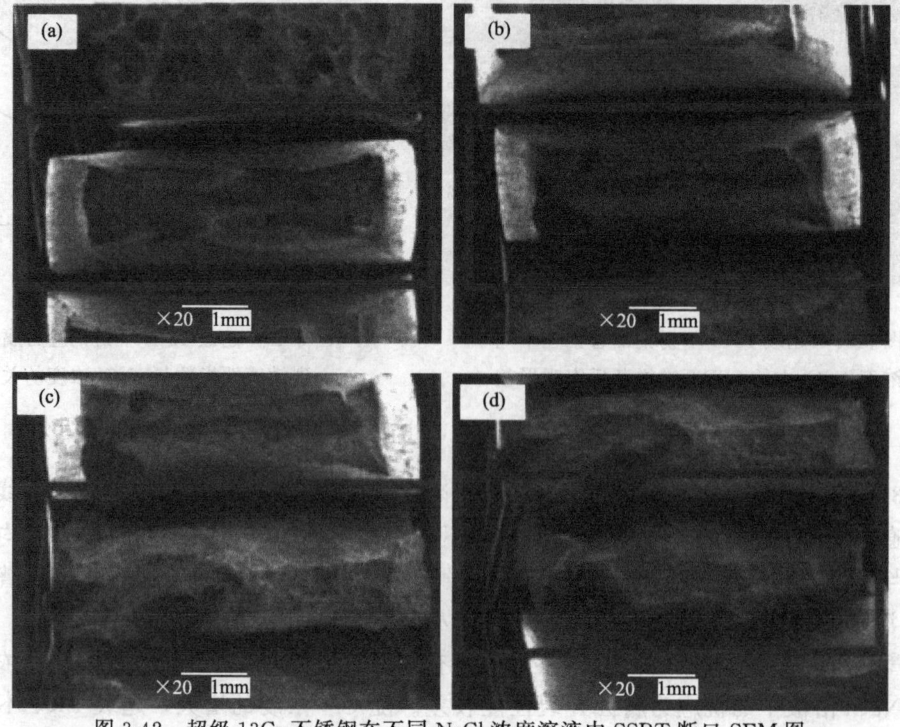

图 3-42　超级 13Cr 不锈钢在不同 NaCl 浓度溶液中 SSRT 断口 SEM 图

(a) 5%；(b) 15%；(c) 25%；(d) 35%

图3-43为超级13Cr不锈钢油管钢在不同浓度NaCl溶液中SSRT试样断口的微观形貌。由图可知，在5%NaCl溶液中，超级13Cr不锈钢油管钢试样断口呈现较小、较浅的韧窝形貌，为韧性断口；在15%NaCl溶液中，试样断口由大部分较小、较浅的韧窝和小部分的准解理面组成，为混合型断口；而在25%和35%NaCl溶液中，试样断口发生了严重的腐蚀，呈现平滑的解理面，为脆性断口。这说明随NaCl溶液浓度的增大，腐蚀导致了超级13Cr不锈钢油管钢韧性降低，脆性增大，应力腐蚀开裂的倾向性增大。超级13Cr不锈钢油管钢的显微组织为马氏体组织，由于马氏体硬度较大，拉应力产生的裂纹在晶内扩展比较困难，相邻的晶界处则产生较大的塑性变形，以撕裂的方式断裂，形成撕裂棱，并形成微孔聚合的韧窝。在拉应力作用下，产生塑性变形或形成裂纹，塑性变形或裂纹区域腐蚀严重，使材料的强度和塑性降低，导致了应力腐蚀开裂。随Cl^-浓度的增大，超级13Cr不锈钢油管钢腐蚀加剧，其应力腐蚀开裂倾向性增大。

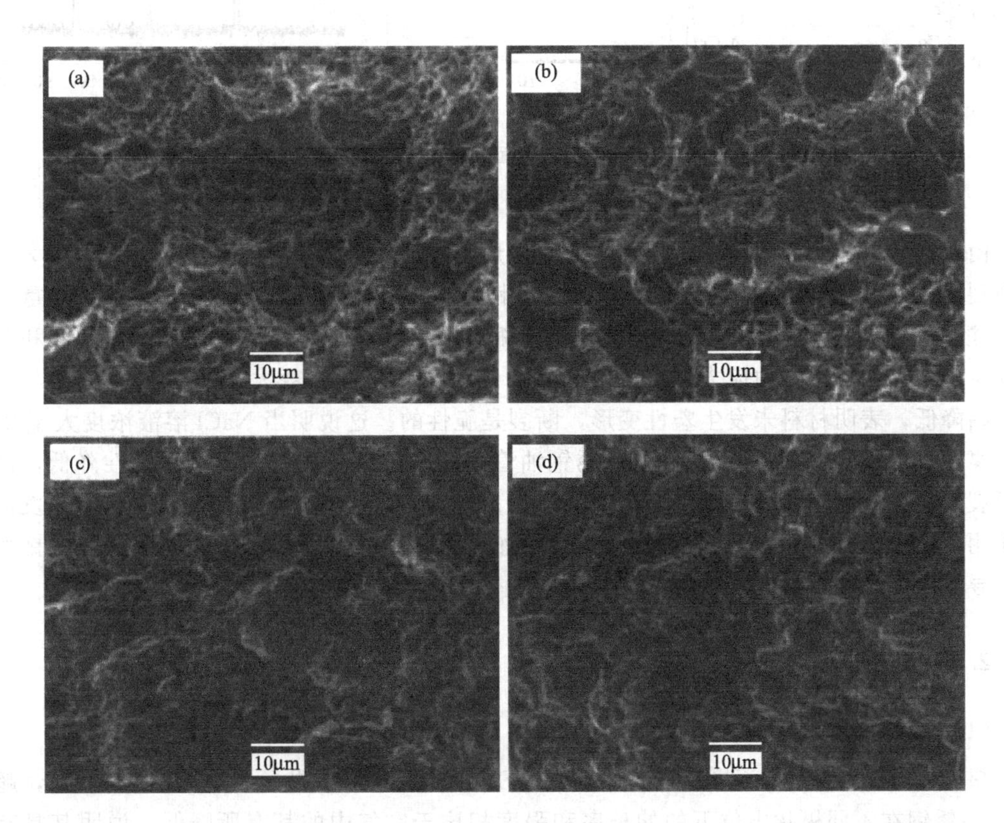

图3-43　超级13Cr不锈钢油管钢在不同浓度NaCl溶液中SSRT试样断口的微观形貌

(a) 5%；(b) 15%；(c) 25%；(d) 35%

(4) SCC机理

对断口表面的腐蚀产物进行了EDS分析，结果如图3-44 (a) 所示，可见出现了O、Fe、Cr峰，这说明断口发生了腐蚀，腐蚀产物为Fe和Cr的氧化物。对试样表面的腐蚀产物进行了XRD分析，如图3-44 (b) 所示，可知出现了Fe-Cr、FeO和CrO_3的物相峰，说明试样发生了腐蚀，其腐蚀产物由Fe的氧化物和Cr的氧化物组成。由腐蚀产物分析可知，超级13Cr不锈钢油管钢在含Cl^-介质中，腐蚀产物中并不存在氯化物，而均为氧化物，这说明 Cl^- 并未参加腐蚀反应，而是加快了氧化腐蚀的速率，随 Cl^- 浓度的增大，溶液的表面张力降低，扩散性增强，发生点蚀的倾向性增大，从而加速了腐蚀的发生和发展，进而使材料的强度和塑韧性降低，脆性增大，导致了应力腐蚀开裂，使材料发生断裂。

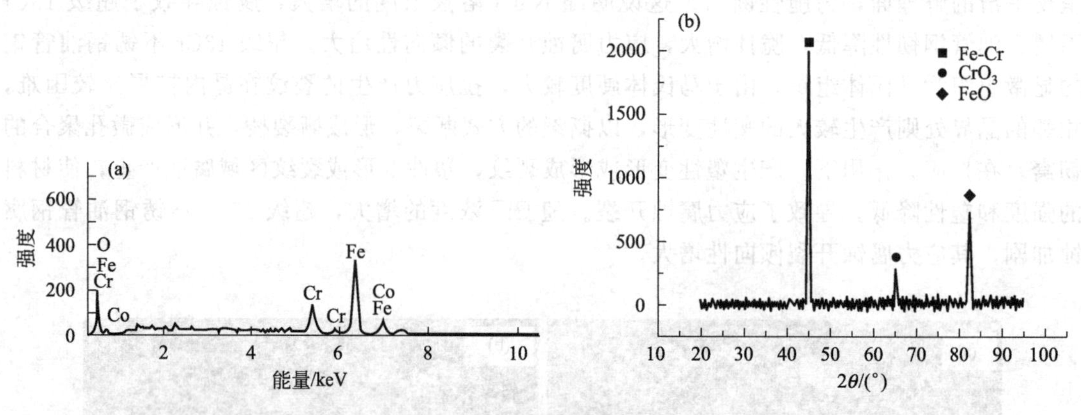

图 3-44　断口表面的腐蚀产物分析

(a) EDS 分析；(b) XRD 分析

由试样断裂的宏观形貌、试样断口的宏观形貌和微观形貌可知，随 Cl^- 浓度的增大，试样断裂部位的颈缩程度减小，塑性降低，韧性降低，脆性增大，试样腐蚀程度加重。当 NaCl 溶液浓度大于 25％时，试样断裂未见颈缩现象，断口呈现脆性特征，试样表面和断口均发生了严重的腐蚀；由应力-应变曲线可知，当 NaCl 溶液浓度大于 25％时，应力从屈服点开始降低，表明材料未发生塑性变形，断裂是脆性的。这说明当 NaCl 溶液浓度大于 25％时，腐蚀发挥主导作用，超级 13Cr 不锈钢油管钢腐蚀导致其脆性增大，塑韧性降低，加速其断裂，发生了脆性断裂，导致应力腐蚀开裂；当 NaCl 溶液浓度小于 15％时，应力发挥主导作用，超级 13Cr 不锈钢油管钢的应力集中加速了其局部腐蚀，使材料的强度和塑韧性降低，导致应力腐蚀开裂。

3.4.2.5　极化电位

(1) 抗 SCC 性能及 k_{SCC}

超级 13Cr 不锈钢在不同极化电位下的 SSRT 试验数据结果见表 3-7。由表可知，超级 13Cr 不锈钢在不同极化电位下的伸长率和强度相比于空气中的都有所降低，说明其具有应力腐蚀敏感性。但是在－350mV 和－150mV 的条件下，超级 13Cr 不锈钢的断裂时间、伸长率和断面收缩率的下降幅度不大，而在－90mV 和－30mV 的条件下，断裂时间、抗拉强度、伸长率和断面收缩率则呈现出均匀下降的趋势，在＋30mV 条件下的下降程度最大。从 SCC 敏感性指数的数值上也可以看出，超级 13Cr 不锈钢在－350mV 和－150mV 下的 k_{SCC} 远小于 25％，说明其在这两种极化电位下没有明显的应力腐蚀倾向；－90mV 下的 k_{SCC} 在 25％～35％之间，说明其具有应力腐蚀倾向；而极化电位高于－30mV 时，k_{SCC}＞35％，则说明其具有明显的应力腐蚀倾向。这表明随极化电位的升高，超级 13Cr 不锈钢的抗 SCC 性能降低，应力腐蚀开裂敏感性指数 k_{SCC} 增大，应力腐蚀开裂的倾向性增大。其试验后的形貌如图 3-45 所示。

表 3-7 不同极化电位下超级 13Cr 不锈钢 SSRT 的试验结果

极化电位 /mV	抗拉强度 σ_b /MPa	伸长率 I_δ /%	断面收缩率 I_φ /%	断裂时间 TFR/h	SCC 敏感性指数 k_{SCC}/%	
					k_σ	k_ε
正常空拉	990	48.8	72.03	24.8775	—	—
−350	882	46.6	71.43	24.978	4.51	0.83
−150	897	45.2	70.57	24.0061	7.38	2.03
−90	834	34.6	63.32	18.7569	29.1	12.09
−30	790	21.8	52.04	13.5225	55.33	27.75
+30	655	15.6	49.36	12.5072	68.03	31.47

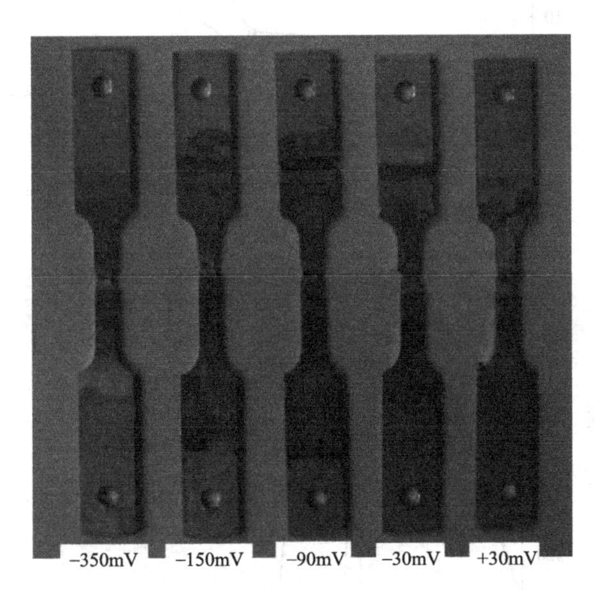

图 3-45 不同极化电位下超级 13Cr 不锈钢 SSRT 试样断后的宏观形貌

图 3-46 为超级 13Cr 不锈钢的应力腐蚀开裂敏感性指数 k_{SCC} 与极化电位之间的关系。由图可知，超级 13Cr 不锈钢应力腐蚀开裂敏感性指数随极化电位的升高而增大，当极化电位低于−150mV 时，应力腐蚀开裂敏感性指数增幅很小；当高于−90mV 时，应力腐蚀开裂敏感性指数增大的趋势较为显著，且 k_σ 比 k_ε 增大的趋势更为明显。这说明超级 13Cr 不锈钢在极化电位低于−150mV 时，应力腐蚀开裂的倾向性小，应力腐蚀程度较轻；而在高于−90mV 时，应力腐蚀开裂的倾向性大，应力腐蚀程度大。这表明随极化电位的升高，超级 13Cr 不锈钢的应力腐蚀开裂敏感性指数 k_{SCC} 增大，应力腐蚀开裂的倾向性增大，且极化电位对超级 13Cr 不锈钢伸长率的影响比对其强度的影响更大。

(2) 应力-应变曲线

图 3-47 为超级 13Cr 不锈钢在不同极化电位下的 SSRT 应力-应变曲线。由图可见，随着极化电位的升高，试样的抗拉强度和应变率都降低，极化电位为−350mV 和−150mV 时，抗拉强度变化不明显，但当极化电位为−90mV 和−30mV 时，试样的强度明显下降，在+30mV 时，试样的强度大幅度降低。这说明当极化电位大于−90mV 时，其对超级 13Cr 不锈钢的应力腐蚀影响十分显著，并且应力是从屈服点开始急剧降低的，表明材料未发生塑性变形，断裂是脆性的。

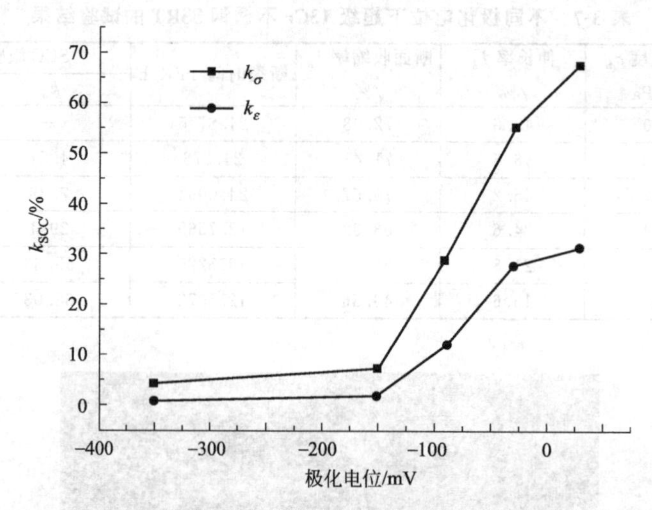

图 3-46 超级 13Cr 不锈钢应力腐蚀开裂敏感性指数与极化电位的关系

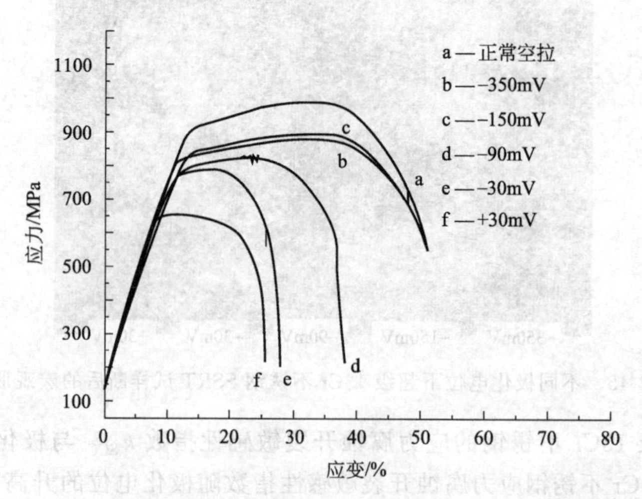

图 3-47 不同极化电位下超级 13Cr 不锈钢 SSRT 应力-应变曲线

(3) SCC 断口形貌

图 3-48 为超级 13Cr 不锈钢在不同极化电位下的 SSRT 试验试样断口宏观形貌。由图可知，在 5 种不同极化电位下形成的断口外侧都有腐蚀的痕迹，并随着极化电位的升高，腐蚀程度增大。当极化电位低于－150mV 时，断裂处发生明显的塑性变形，断口基本清晰完整；当高于－90mV 时，断口已发生腐蚀并有明显的点蚀穿孔现象，腐蚀程度随极化电位的升高而加重，断面出现大量的腐蚀坑。

图 3-49 为超级 13Cr 不锈钢在不同极化电位下的 SSRT 试验试样断口微观形貌。由图可知，在－350mV 和－150mV 下，断口的微观形貌由韧窝组成，是典型的韧性断口形貌；在－90mV 下，试样断口微观形貌为大部分韧窝和小部分准解理的混合型断口形貌，在断口局部可观察到由解理小裂纹形成的解理小平面，同时在解理小平面周围也可观察到有韧性撕裂痕迹存在，所以呈现出脆性和韧性混合的断口特征；在－30mV 和＋30mV 下，试样断口微观形貌则是由解理面和解理台阶组成，而且在＋30mV 下的断口还存在大量的沿晶、穿晶裂纹，是典型的脆性断口形貌。超级 13Cr 不锈钢显微组织为马氏体组织，其硬度较大，拉应

力产生裂纹扩展比较困难，在相邻的晶界处会产生较大的塑性变形，以撕裂的形式断裂形成撕裂棱，并形成聚合的微孔韧窝。当极化电位大于其自腐蚀电位时，随着极化电位的升高，金属的阳极溶解加速，并在拉应力的作用下发生塑性变形并产生裂纹，降低了材料的韧性，使其容易发生脆性断裂。

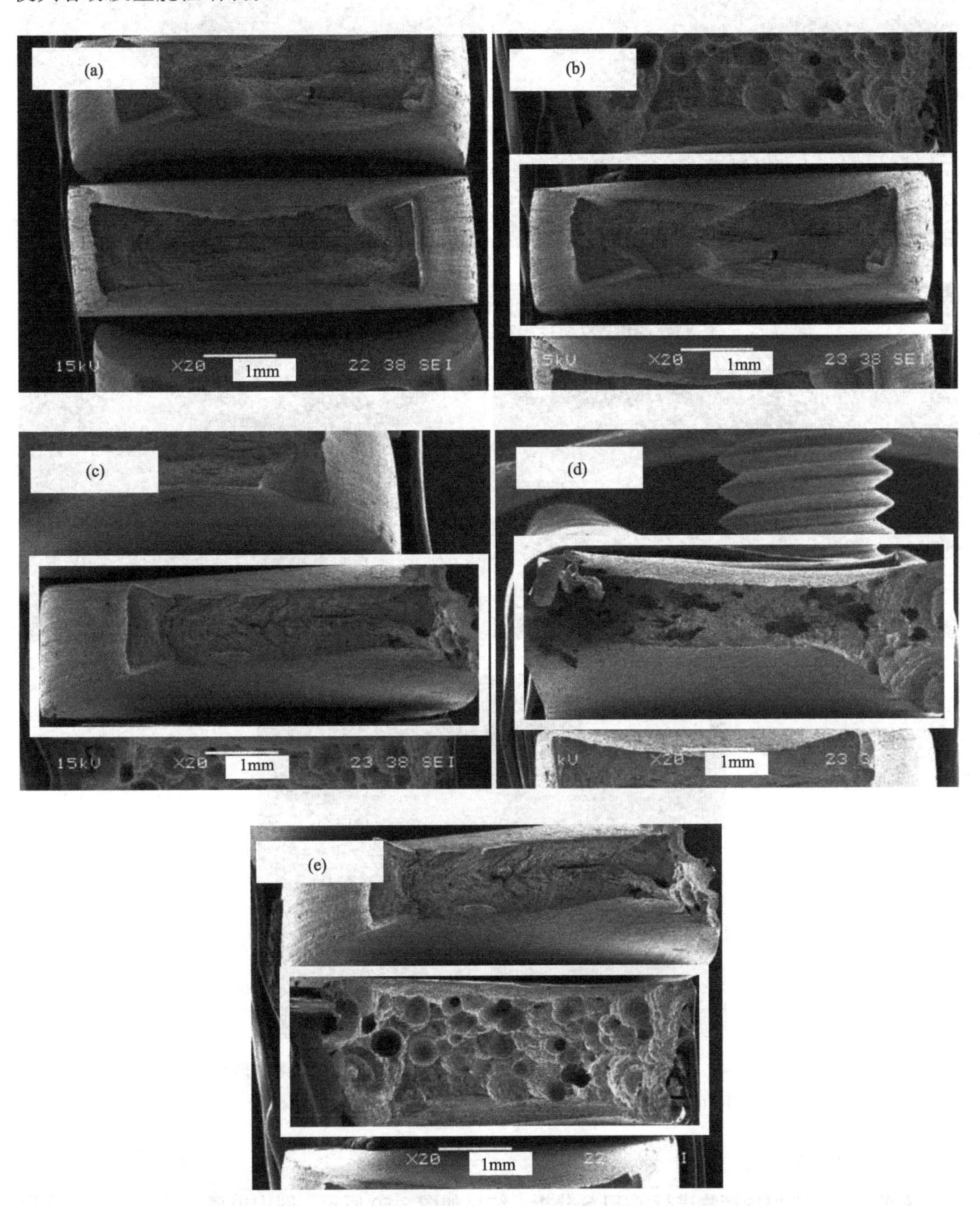

图 3-48 不同极化电位下超级 13Cr 油管钢 SSRT 断口宏观形貌

(a) −350mV；(b) −150mV；(c) −90mV；(d) −30mV；(e) +30mV

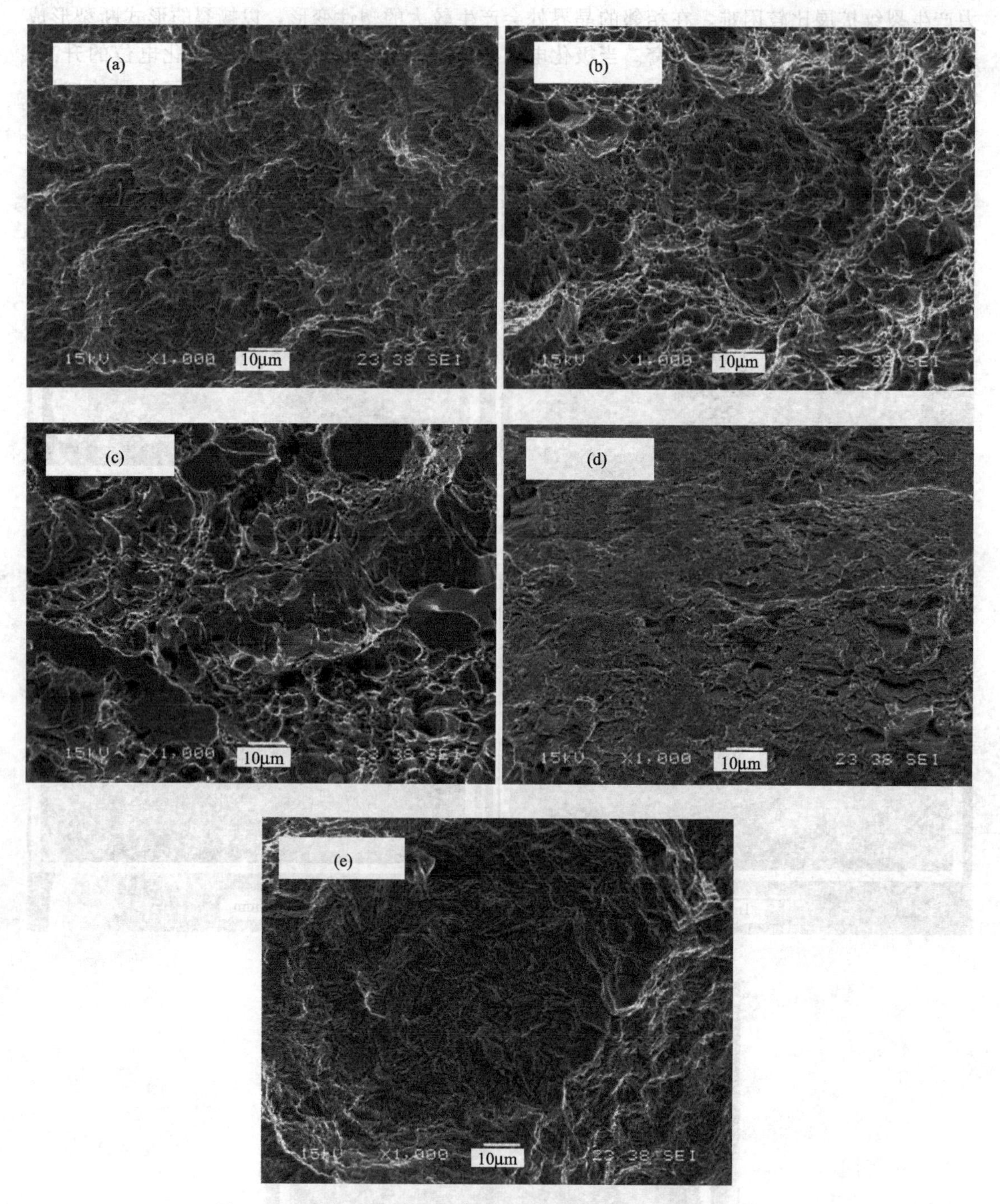

图 3-49 不同极化电位下超级 13Cr 不锈钢 SSRT 断口微观形貌

(a) −350mV；(b) −150mV；(c) −90mV；(d) −30mV；(e) +30mV

（4）SCC 机理

对断口表面的腐蚀产物进行了 EDS 分析，结果如图 3-50 所示。图中出现的 O、Fe、Cr 峰说明腐蚀产物主要是 Fe 和 Cr 的氧化物。对腐蚀产物进行了 XRD 分析，结果如图 3-51 所示。图中出现的 Fe-Cr、FeO 和 CrO_3 物质相峰进一步说明腐蚀产物主要是由 Fe 和 Cr 的氧化物组成。

经试验得到超级 13Cr 不锈钢在 5%NaCl 溶液中的自腐蚀电位为−253mV，随着极化电位的升高，超过−253mV 后属于阳极极化区，阳极反应速率大于阴极反应速率，只发生金属的活化溶解，没有出现活化-钝化现象，即腐蚀产物没有形成钝化膜。因此当极化电位为−350mV 时，试样表面会形成一层钝化膜，有效抑制了腐蚀的发生，试样的断裂主要是应力起了主导作用，当应力集中导致开裂时，腐蚀才会加速应力腐蚀开裂；而当极化电位高于−150mV 时，钝化膜遭到破坏，腐蚀发挥主导作用，极化电位的升高会加速金属的腐蚀，加上溶液中 Cl^- 的存在使溶液的表面张力下降，扩散性增强，使材料发生点蚀的倾向性增大，进而使其强度和塑性、韧性降低，脆性增大，并在应力的作用下使材料更易发生断裂。

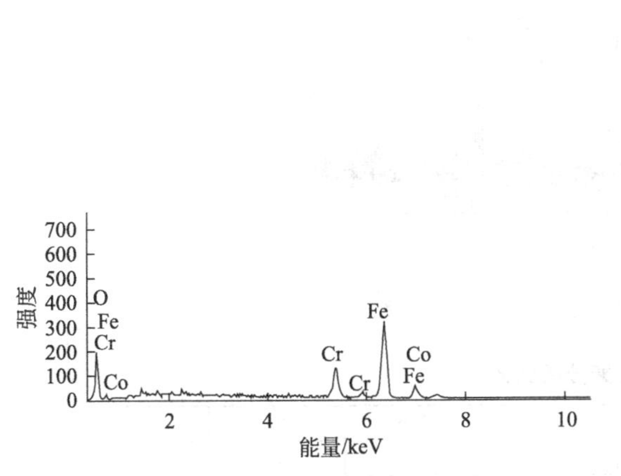

图 3-50　SCC 试样断口腐蚀表面的 EDS 图

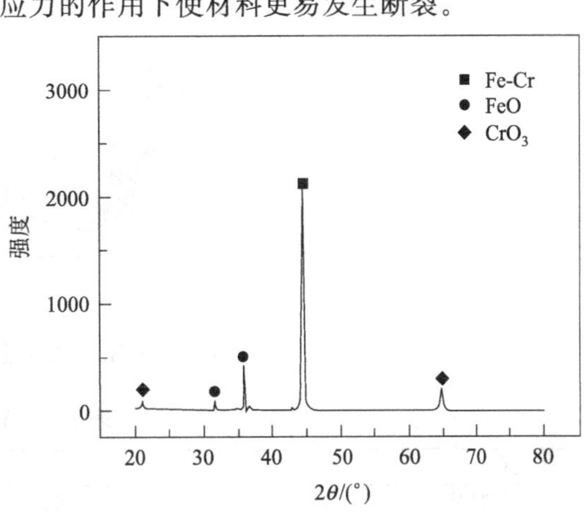

图 3-51　SCC 试样腐蚀表面的 XRD 图

3.4.2.6　表面氧化膜

油管内壁经喷砂处理，外壁为热轧制表面。图 3-52 为油管外壁表面及截面微观形貌。由图 3-52（a）可见，油管外壁表面较干净，与基体连接处有一层产物层附着，采用 X 射线衍射分析（图 3-53）和能谱分析对产物层进行分析，其元素含量如表 3-8 所示。由此可以确定该层产物主要为高温氧化产物 $FeCr_2O_4$ 和 Fe_2O_3，即油管外表面存在氧化膜。在高倍电镜下观察［图 3-52（b）］，该层氧化膜底部存在微小裂纹（原始缺陷）。这些微小裂纹是热轧 S13Cr110 油管自有的，其尖端会形成应力集中，促进 SCC 裂纹的形核，导致油管在使用过程中发生腐蚀开裂。

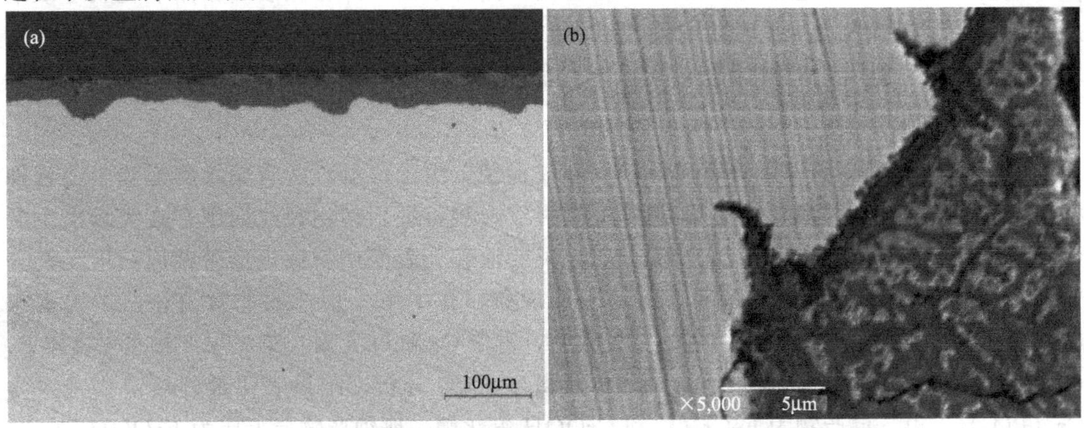

图 3-52　油管外壁截面微观形貌

（a）×500；（b）×5000

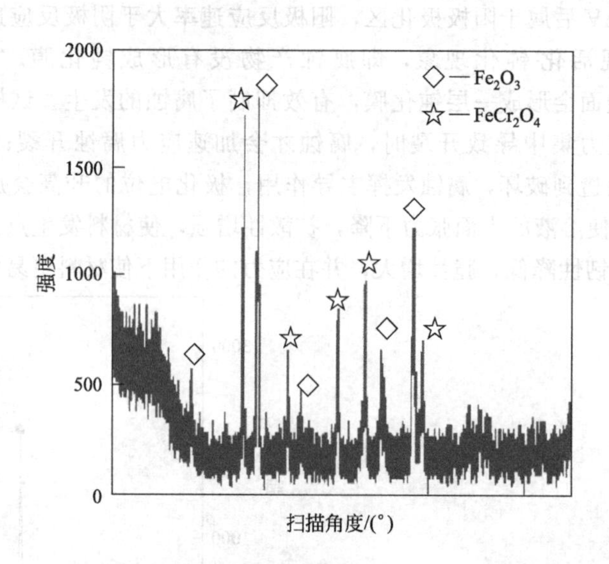

图 3-53 外壁产物层能谱分析和 XRD 分析结果

表 3-8 元素分析结果

元素	O	Al	S	Cr	Mn	Fe	Ni
质量分数/%	30.28	1.47	0.64	6.3	0.27	58.31	2.72
原子分数/%	58.96	1.70	0.62	4.61	0.15	32.52	1.44

（1）氧化膜对抗 SCC 性能的影响试验

图 3-54 和图 3-55 分别为模拟 180℃无氧完井液环境（完井液组分为 97%～99%焦磷酸钾+1.8%～2.0%铬酸钾、密度 1.4g/cm^3、pH=11），在加载 90%AYS 应力条件下，带氧化膜和光滑表面 C 环试样抗 SCC 性能评价试验结果。由图 3-54 可见，试验后带氧化膜 C 环试样有局部腐蚀坑，坑底未见树枝状分支裂纹存在。形成局部腐蚀坑的原因是油管表面氧化膜去除不彻底，其在高温、高 pH 溶液中发生溶解反应。在使用过程中会导致局部脱落，促进点蚀萌生，而通过局部阳极溶解在材料表面形成点蚀坑，点蚀坑的形成对应力腐蚀起着促进作用，容易诱发油管产生 SCC 裂纹。因此，表面存在氧化膜的 S13Cr110 油管在高温、高 pH 的完井液中 SCC 敏感性高。由图 3-55 可见，光滑表面（即去除表面原始氧化膜等缺陷后）的 C 环试样未发现局部腐蚀坑和 SCC 裂纹。光滑 C 环试样在高温、高 pH 的完井液中 SCC 敏感性低。所以，氧化膜是 S13Cr110 油管发生应力腐蚀开裂的重要影响因素。

（2）S13Cr110 油管失效原因及机理分析

图 3-56 为该井失效油管外表面及截面裂纹形貌。由图可见，所有裂纹均起源于油管外壁局部腐蚀坑，呈树枝状，具有典型的 SCC 裂纹形貌特征，在主裂纹周围存在大量次生裂纹，裂纹扩展方式为穿晶和沿晶。图 3-57 为失效油管外表面产物微观形貌截面扫描元素分析结果。由图 3-57 可见，表面产物出现分层现象，其中第一层产物非常疏松，主要富集 Ca、P 元素；第二层产物呈灰白色，比较致密，富集 Cr 和 O 元素；第三层产物主要富集 P、O、Fe 元素。对不同层产物进行能谱分析及微区 XRD 分析，结果表明最外层产物主要为 $Ca_3(PO_4)_2$，第二层产物为 $FeCr_2O_4$ 和 CrOOH 氧化膜，腐蚀产物层上层为 FeOOH 和 $Fe_3(PO_4)_2$，下层为 Fe_3O_4 和 $Fe_3(PO_4)_2$。

图 3-54 带氧化膜 C 环试样 SCC 试验后形貌

(a) 试样外壁表面宏观形貌；(b) 试样外壁截面微观形貌

图 3-55 光滑表面 C 环试样 SCC 试验后形貌

(a) 试样外壁表面宏观形貌；(b) 试样外壁截面微观形貌

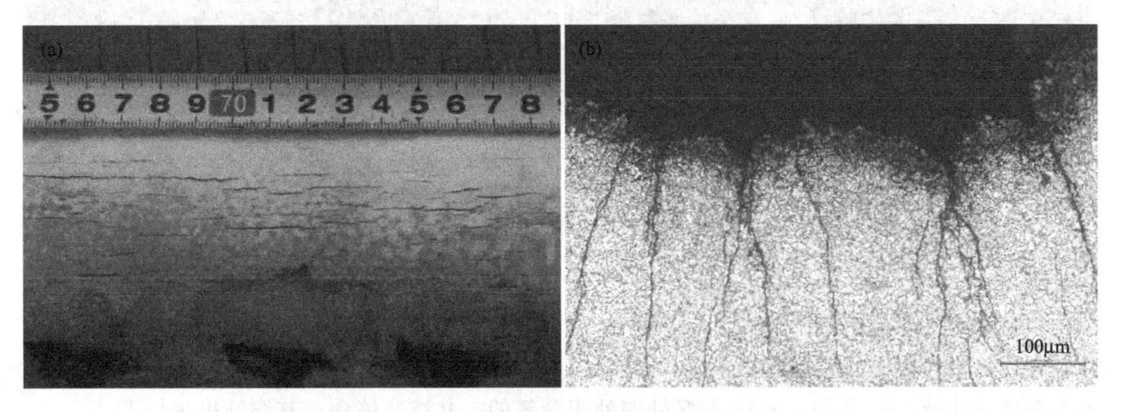

图 3-56 失效油管外壁表面宏观形貌及截面裂纹微观形貌

(a) 外壁表面宏观形貌；(b) 外壁截面裂纹微观形貌

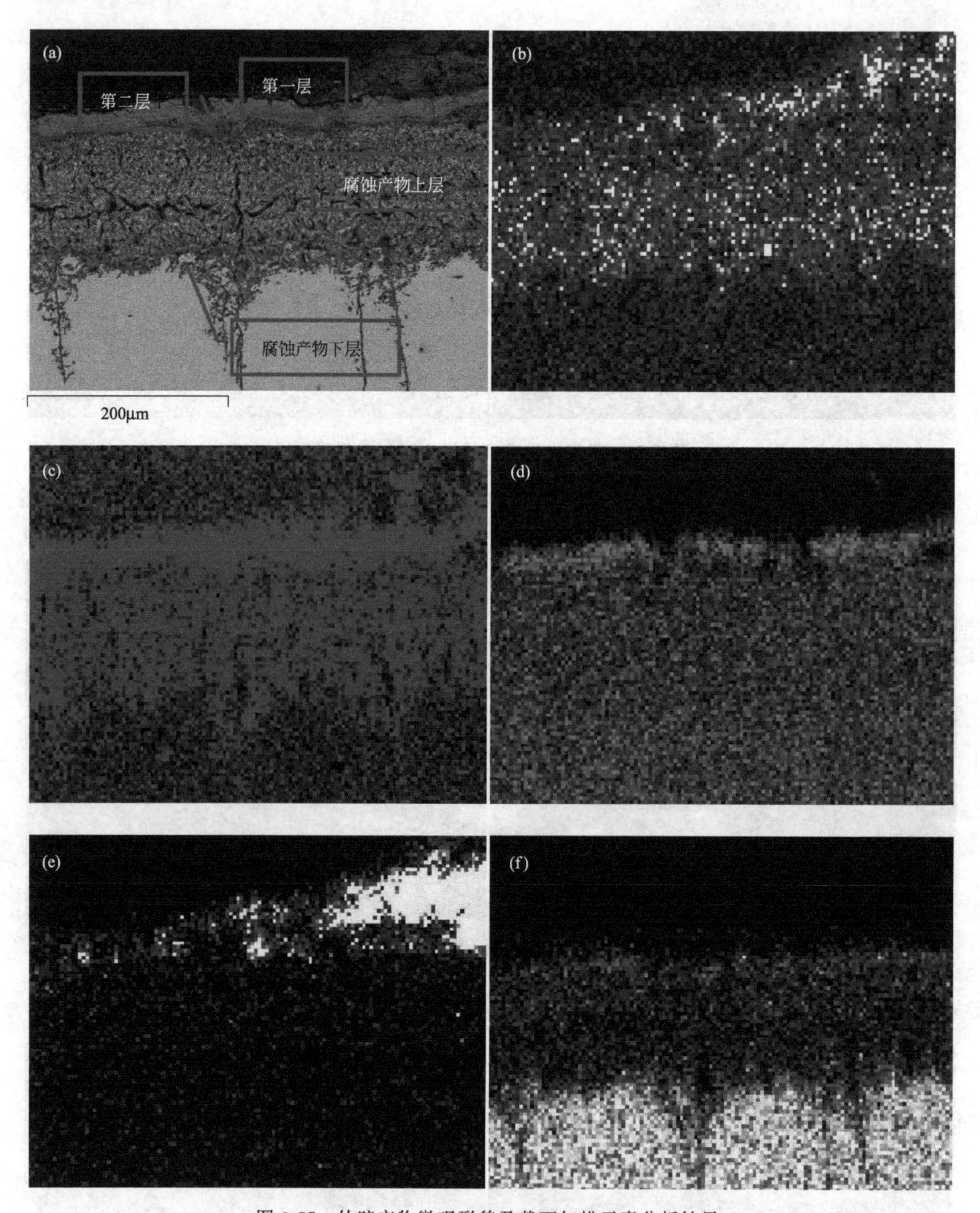

图 3-57　外壁产物微观形貌及截面扫描元素分析结果

(a) 外表面产物微观形貌；(b) P 元素分布；(c) O 元素分布；(d) Cr 元素分布；(e) Ca 元素分布；(f) Fe 元素分布

以上失效油管分析结果表明，S13Cr110 油管发生应力腐蚀开裂，裂纹起源于外壁局部腐蚀坑处，外表面有铁的氧化产物生成。经调研，该井在生产过程中不间断地向油套环空中注入未除氧的完井液，说明 S13Cr110 油管外壁处于含氧的完井液环境中。其腐蚀机理如下：

阳极反应：

$$Fe \longrightarrow Fe^{2+} + 2e^{-} \tag{3-2}$$

阴极反应：

$$O_2 + 2H_2O + 4e^{-} \longrightarrow 4OH^{-} \tag{3-3}$$

未去除表面氧化膜的马氏体不锈钢在含 O_2 的高 pH 完井液中腐蚀过程如图 3-58 所示。腐蚀初期发生如下反应：

$$4Fe^{2+}+O_2+6H_2O \longrightarrow 4FeOOH+8H^+ \tag{3-4}$$

同时，完井液中的铬酸钾（K_2CrO_4，质量分数一般不超过 2%）具有强氧化性，可以把磷酸亚铁 $Fe_3(PO_4)_2$ 氧化成磷酸铁 $FePO_4$，也可将 Fe^{2+} 氧化生成 FeOOH，发生如下反应：

$$3Fe^{2+}+CrO_4^{2-}+4H_2O \longrightarrow CrOOH+3FeOOH+8H^+ \tag{3-5}$$

在腐蚀反应后期，腐蚀产物 FeOOH 形成后，对基体金属的离子化将起到强氧化剂的作用（自催化作用），促进金属腐蚀。发生如下反应：

$$3FeOOH+e^- \longrightarrow Fe_3O_4+H_2O+OH^- \tag{3-6}$$

以此形成外层为 FeOOH、内层为 Fe_3O_4 的腐蚀产物层。在基体和内层 Fe_3O_4 腐蚀产物膜界面发生阳极反应［见反应式（3-2）］，金属发生腐蚀；在内层 Fe_3O_4 腐蚀产物膜和外层 FeOOH 腐蚀产物膜界面，发生阴极反应［见反应式（3-6）］，即腐蚀产物膜内发生还原反应，腐蚀产物膜参与阴极反应过程。腐蚀产物不断生长，造成的膜应力不断增大，在其他应力共同作用下（包括运行工作应力、关井瞬间压力波动产生的附加应力、管柱本身存在的残余应力和温度变化产生的应力等），SCC 裂纹在腐蚀产物膜层下的腐蚀坑处萌生和扩展，导致 S13Cr110 油管发生应力腐蚀开裂。

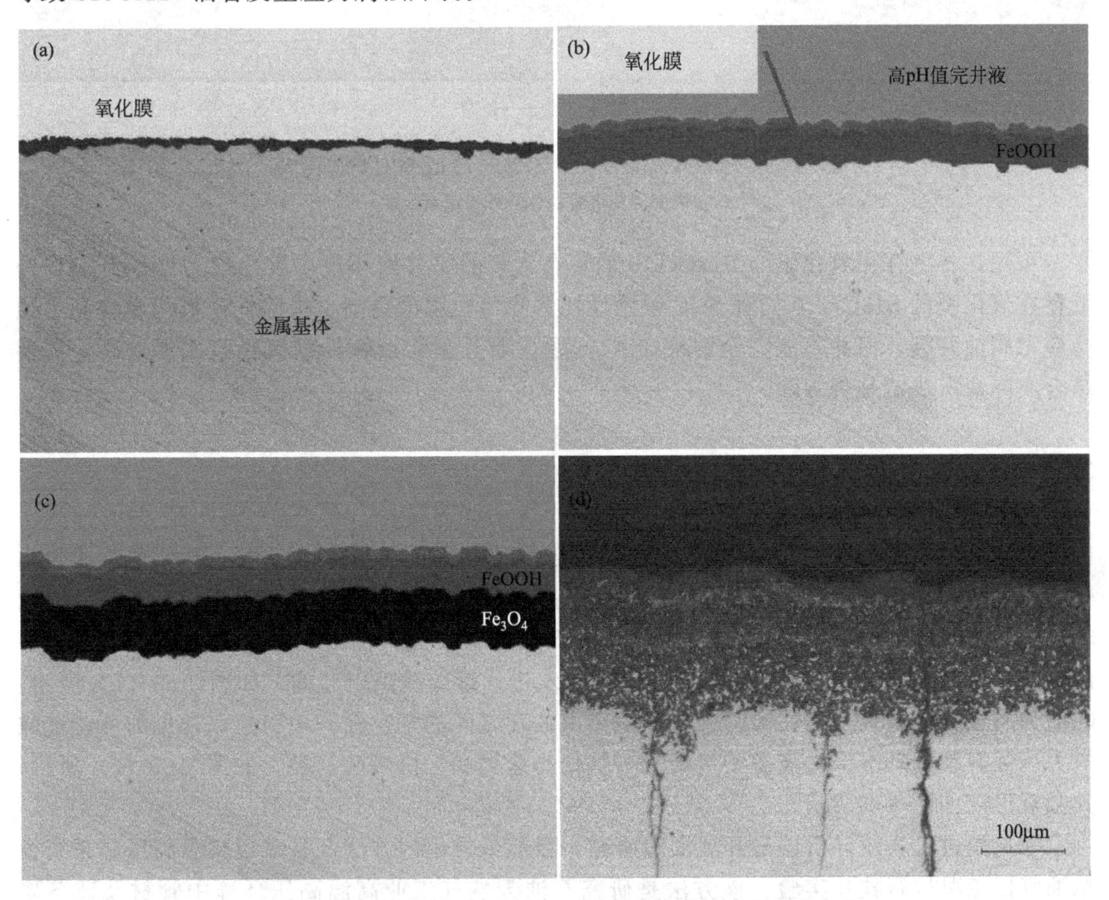

图 3-58　S13Cr110 油管在含氧的高 pH 完井液中的腐蚀过程

(a) 带氧化膜的 S13Cr110 截面；(b) 腐蚀反应初期；(c) 腐蚀反应后期；(d) 腐蚀产物层增厚

（3）含氧环境下S13Cr110抗SCC性能验证试验

图3-59为模拟180℃含氧完井液环境，在加载90%AYS应力条件下，带氧化膜C环试样抗SCC性能评价试验结果。由图3-59可见，试验后所有试样均未发生断裂。在SEM下观察试样截面发现腐蚀产物层下存在微小裂纹，裂纹呈“树枝状”［见图3-59（b）］，具有典型的SCC裂纹形貌特征。模拟试验结果与现场失效油管情况吻合，即表面带氧化膜的S13Cr110油管在含氧的完井液环境中发生应力腐蚀开裂。

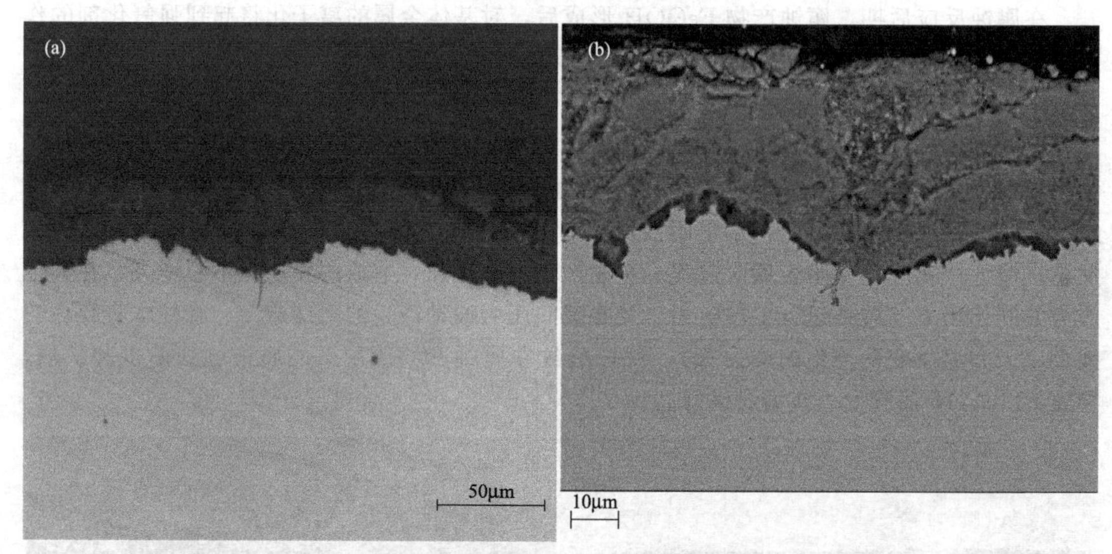

图3-59　模拟含氧完井液中S13Cr110的SCC试验结果

（a）外壁表面宏观形貌；（b）外壁截面微观形貌

可见，外壁存在氧化膜的S13Cr110油管在含氧的完井液环境中发生应力腐蚀开裂。外壁存在氧化膜的S13Cr110油管SCC敏感性比去除氧化膜的更高。去除外壁氧化膜有利于预防应力腐蚀开裂，但并不能完全解决SCC问题，而且去除油管外壁氧化膜成本较高，需要结合实际情况决定是否去除。

3.5　全尺寸下管材的腐蚀行为

高温高压气井油管柱腐蚀失效的形式主要表现为三类。①腐蚀穿孔，多发生于油管内壁，主要是由酸化改造阶段的酸化液或/和完井生产过程中的含CO_2地层水造成的，如图3-60（a）所示。②管柱接头缝隙腐蚀，多发于油管螺纹接头部位，主要是由酸化改造阶段的酸化液或/和完井生产过程中的含CO_2地层水进入螺纹缝隙引起的，如图3-60（b）所示。③应力腐蚀开裂，多发生在油管外壁，主要由油套之间的环空保护液引起，常见的可能造成应力腐蚀开裂的环空保护液类型包括无机氯化物盐类和无机磷酸盐类，如图3-60（c）所示，其微观形貌如图3-61所示。

无论是进行失效分析还是开展实验研究，目前最常用的方法都是采用高温高压釜系统模拟油气田工况进行挂片实验。该方法是研究石油天然气工业高温高压环境中管材及装备腐蚀/应力腐蚀开裂的最常见且最经典的方法。但是，该方法往往不能全面反映现场井下管柱的腐蚀环境特征，主要原因是：第一，小试样由于尺寸和结构原因往往无法全面反映全尺寸管柱的腐蚀行为和形貌。第二，小试样如四点弯曲法和应力环法虽然可以加力，但其加载的均为单方向的应力，不能反映井下管柱的复杂受力状况，井下管柱一般都受到内压、外拉、振动、交变等复杂载荷。第三，小试样无法反映管柱接头在服役过程中因腐蚀导致的螺纹接头密封失效行为，而接头密封失效往往是导致管柱失效的最重要因素之一。鉴于小试样模拟工况腐蚀研究方法的缺点，中国石油集团石油管工程技术研究院自主研发了全尺寸石油管高温高压实物拉伸应力腐蚀系统。该系统相对于高温高压釜内的小试样腐蚀方法具有如下三个优势：第一，其内压力、外拉力、温度和介质等重要工况参数可完全满足超高温高压气井极端工况下管柱腐蚀的研究需要。第二，全尺寸管柱腐蚀系统可开展管柱接头在复杂载荷下的腐蚀或应力腐蚀开裂研究。第三，该系统将全尺寸（full-scale）与小试样（small-scale）方法有机结合在一起，考虑到小试样研究的方便性，在全尺寸管柱内设计了小试样挂样系统。

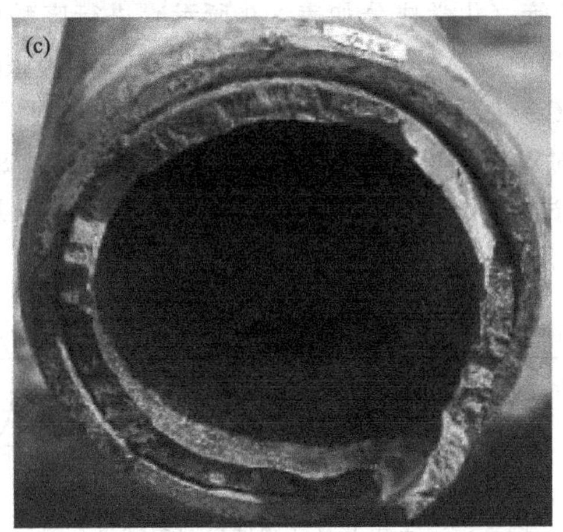

图 3-60 高温高压气井管柱主要腐蚀失效形式

(a) 腐蚀穿孔；(b) 接头缝隙腐蚀；(c) 应力腐蚀开裂

采用自主研制的全尺寸石油管高温高压实物拉伸应力腐蚀系统成功模拟了高温高压气井油管柱的腐蚀过程，克服了以往传统小试样高温高压腐蚀方法研究油气井管柱腐蚀的缺点。以高温高压气井常用的全尺寸超级13Cr油管（ϕ88.9mm×7.34mm）为研究对象，模拟酸化压裂过程中残酸返排阶段油管在120℃残酸介质、70MPa内压和78.6%实际屈服强度轴向拉力载荷下的腐蚀行为及应力腐蚀开裂演化过程。研究结果表明，全尺寸超级13Cr油管在残酸-高温-内

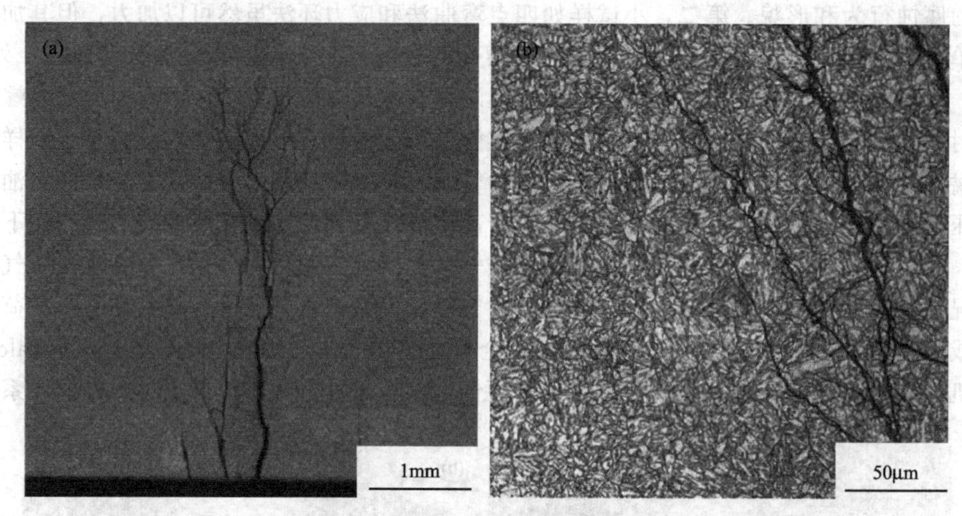

图3-61 高温高压气井超级13Cr管柱完井液应力腐蚀开裂微观形貌

(a) 总体裂纹形貌；(b) 局部裂纹形貌

压-轴向拉力共同作用下发生了严重的点蚀和应力腐蚀开裂。裂纹起源于油管内壁的腐蚀坑，开裂方式为沿晶开裂，开裂过程为：随着腐蚀坑长大，在腐蚀坑部位形成“X”形裂纹，最终导致开裂。最后从三个方面系统阐述了全尺寸石油管高温高压应力腐蚀研究的未来发展方向。

3.5.1 研究方法

采用全尺寸石油管高温高压实物拉伸应力腐蚀系统，示意图如图3-62所示。对一根6米长的超级13Cr不锈钢油管（化学成分如表3-9所示）进行废酸偶合腐蚀试验研究，废酸为压裂酸化过程中返流过程的液体［pH为2.5～2.7，该残酸液来源于油田现场井下鲜酸酸液（HCl＋HF＋HAc＋TG201缓蚀剂）注入地层与碳酸盐岩层反应后的返排产物］。为了模拟井下条件，在120℃时对全尺寸油管施加了70MPa内压和78.6％屈服强度的拉应力。对油管进行了44h的断裂试验，研究了油管的断裂组织、形貌以及腐蚀坑向裂纹扩展的规律，其试验过程如图3-63所示。

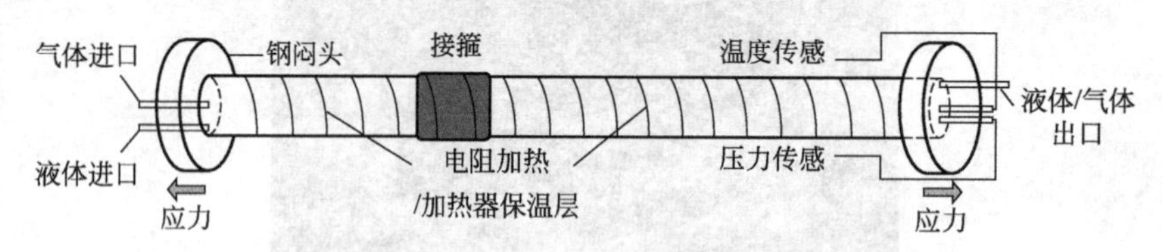

图3-62 全尺寸管材腐蚀试验系统示意图

表3-9 超级13Cr不锈钢油管的化学成分　　单位：％（质量分数）

元素	C	Si	Mn	P	S	Cr	Ni	Mo	Fe
含量	0.027	0.18	0.47	0.022	0.004	12.87	5.32	2.20	余量

3.5.2 断裂位置和形态

图3-64为试样断裂位置示意图。试样全长6m，接箍一端长2m，另一端长4m，油管在

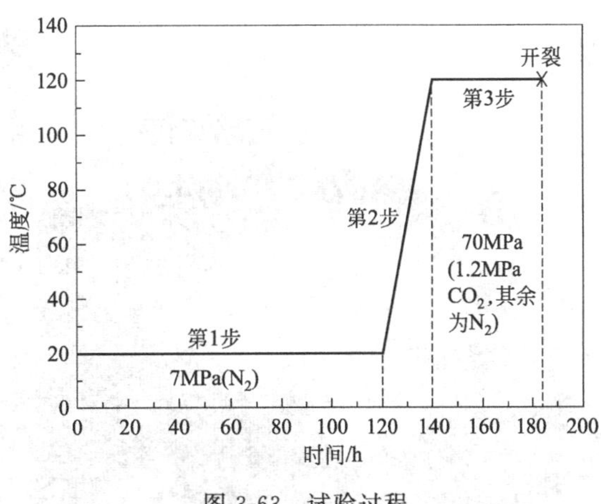

图 3-63　试验过程

4m 处断裂。图 3-65 为断口位置及断口表面图像。很明显，断口不是在一个平面上。有三个不同的区域，分别命名为 A、B 和 C，如图 3-65（b）所示。在 A 区，可以识别出两个半圆形的形貌。半圆的宽圆心在内壁侧，半圆的顶部靠近外壁侧。独特的形状和较深的颜色表明半圆的形成和腐蚀介质与腐蚀坑的相互作用有关。裂纹源区的两个半圆形的灰黑色区域，局部放大后如图 3-66（a）所示。初步判断裂纹起源于油管内壁的两个腐蚀坑，图 3-66（b）的 SEM 微观形貌可证明确实存在腐蚀产物。

废酸可能渗透到坑中，促进坑的生长。区域 A 沿两个方向呈现出两条延伸路线（管柱处箭头线）。B 区断口表面呈 45 度表现出金属光泽，在图 3-65（a）中可以更加清晰地观察到这一特征。C 区域形态粗糙，图 3-65（a）中可见该区域附近明显的颈缩特征。根据这三个区域的特点，推测腐蚀坑穿透管壁时，裂缝起源于 A 区域，然后迅速扩展到 B 区域，最后在 C 区域断裂。

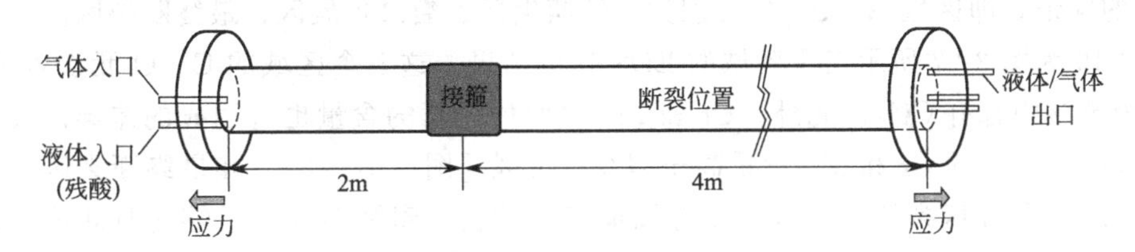

图 3-64　断裂位置示意图

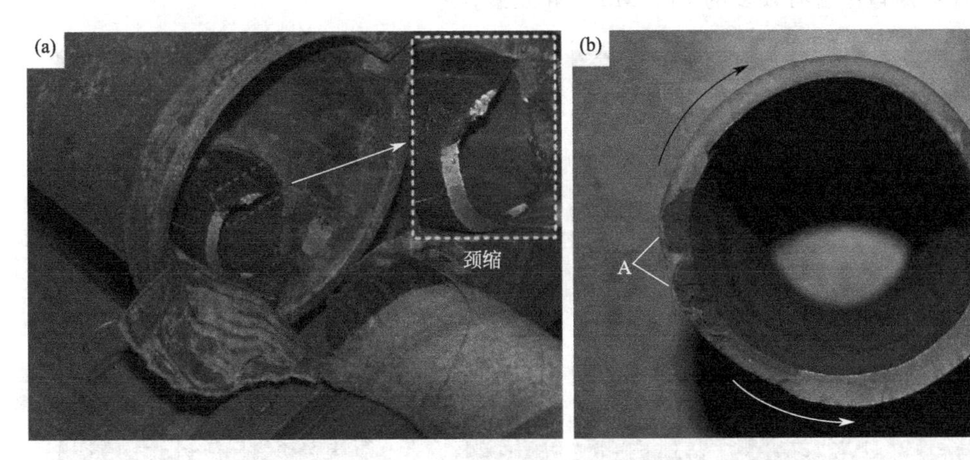

图 3-65　断裂表面图

(a) 断裂位置；(b) 断裂表面

图 3-67 为图 3-65（b）中 A、B、C 三个区域的微观形貌。A 区形貌呈粒间特征。King 等也报道了类似的粒间应力腐蚀开裂特征。粗糙粒间面与许多 SCC 相关文献中报道的断口面相似。从图 3-67（b）可以看出，B 区具有韧性断裂特征，且韧窝数量较多。这种完全不

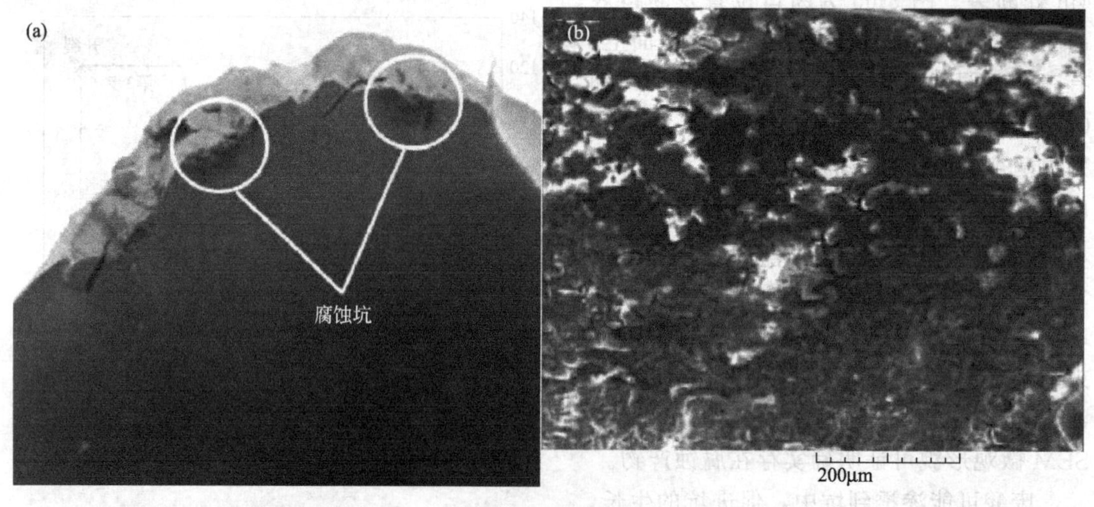

图 3-66　全尺寸超级 13Cr 油管断裂部位点蚀坑形貌
(a) 局部放大图；(b) SEM 微观形貌

同的形态表明 B 区与腐蚀性介质没有长期的相互作用。所以，一个合理的解释是 B 区很快就断裂了。图 3-67 (c) 还显示了带有撕裂特征的韧窝。由此可见，图 3-65 的结论都得到了图 3-67 的验证，即区域 A、B、C 分别为裂纹萌生区、裂纹扩展区、最终断裂区。

表 3-10 为图 3-67 所示三个区域的 EDS 分析结果。这三个区域的 C、O 元素含量较高，这是因为废酸中含有 CO_2。此外，Cr 和 Mo 这两种元素的含量也有明显的差异。裂纹萌生区 [图 3-67 (a)] 的 Cr 和 Mo 含量高于裂纹扩展区 [图 3-67 (b)] 和最终断裂区 [图 3-67 (c)]。这是因为 A 区裂缝的扩展和发育周期相对较长。腐蚀溶液有足够的时间渗透到裂缝的缝隙中，裂缝处就会发生腐蚀。在这种情况下，Fe^{2+} 在裂缝中生成的速度比内壁快，并向外扩散。A 区断口中含有较多的 Cr、Mo、Ni 元素。

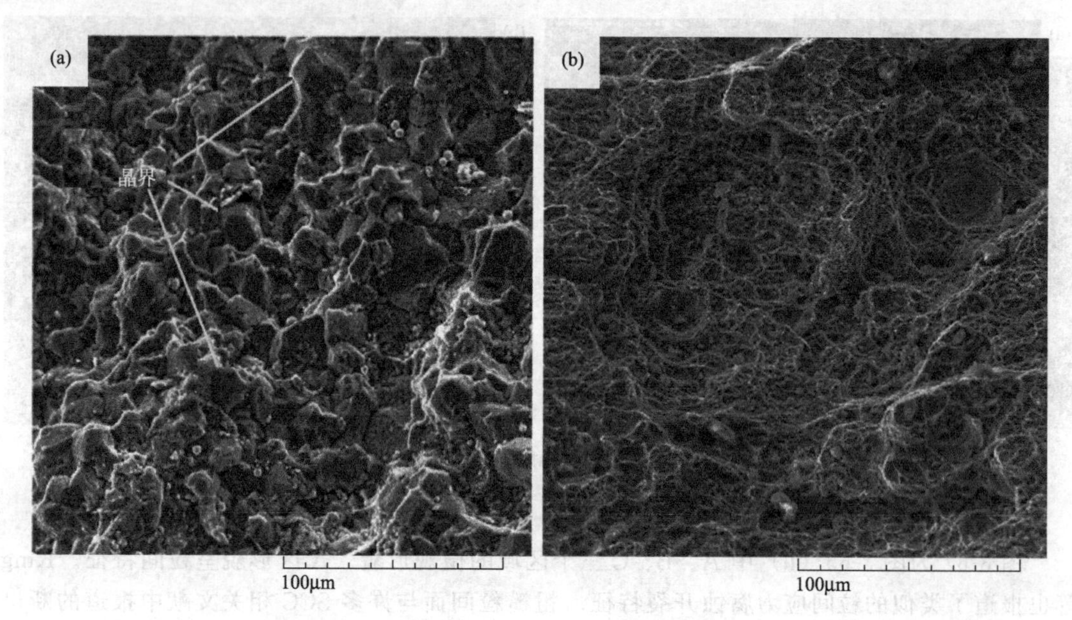

图 3-67 断口微观形貌

(a) A 区；(b) B 区；(c) C 区

表 3-10 断口不同区域 EDS 分析结果 单位：%（质量分数）

元素	C	Si	Mn	Fe	Cr	Ni	Mo	O	Al	K	Na	Ca	Cl
A 区	12.08	0.46	0.41	34.75	17.52	2.60	4.25	25.38	0.77	0.89	0.55	0.34	—
B 区	11.60	0.56	0.63	42.82	7.67	2.38	3.29	24.40	0.98	5.04	0.63	—	—
C 区	16.61	0.78	0.61	36.49	6.29	2.06	3.02	26.32	1.23	5.20	—	0.41	0.22

油管和裂缝区域的微观结构如图 3-68 所示。在图 3-68（a）中，油管形貌显示出了典型的回火索氏体结构，可以清楚地观察到细小的马氏体板条和以前的奥氏体晶粒。从图 3-68（b）中断口附近的组织可以看出，断口区域与基体之间的组织没有明显的差异。但是，在图 3-68（b）中发现了大量的次生裂纹，主要沿奥氏体晶界扩展。这一特征说明了之前奥氏体晶界的弱键合。结果表明，该材料沿晶界易产生裂纹，并表现出沿晶间断裂的特征。这可以用来解释图 3-67（a）中形貌形成的原因。

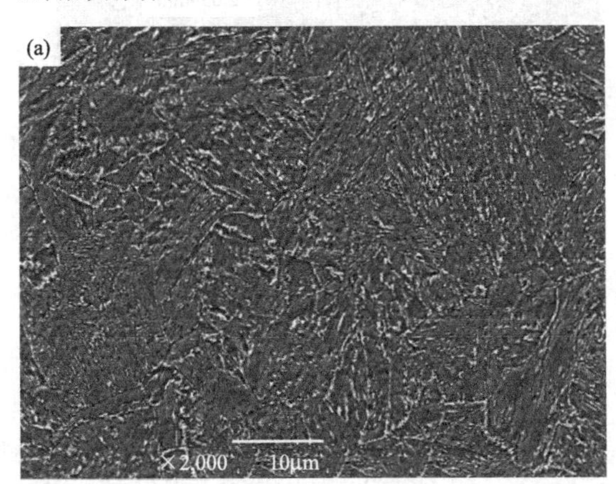

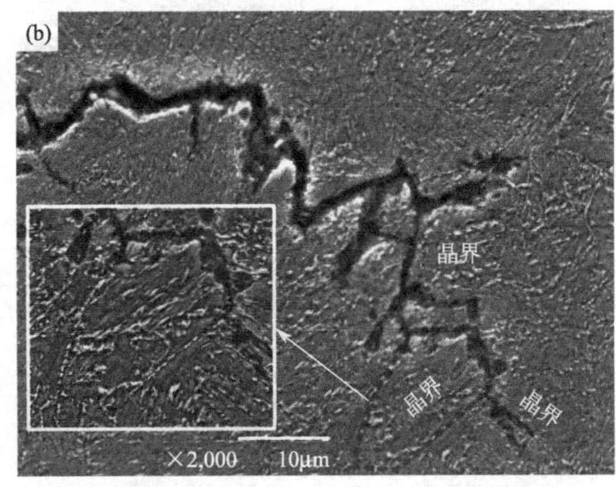

图 3-68 断裂油管的微观结构

(a) 油管；(b) 断口附近的裂缝

3.5.3 油管内表面腐蚀坑及裂纹

3.5.3.1 内壁腐蚀形貌

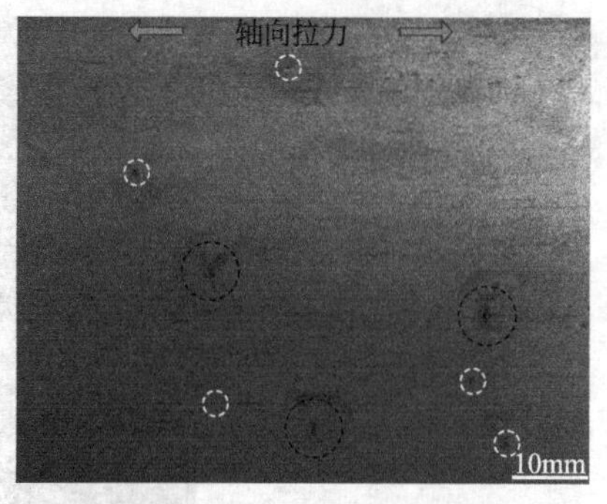

图 3-69 典型的油管内壁腐蚀形态（圆形和准圆形凹坑为白色圆圈，“X”形腐蚀缺陷为黑色圆圈）

典型的内壁腐蚀形貌如图 3-69 所示。内壁表面存在点蚀特征。一般来说，这些凹坑可以根据其形状分为两种类型。较小的坑通常是圆形的（或准圆形的），而较大的坑几乎都是“X”形，中心有一个椭圆形坑和四个（或更多）分支裂缝。结果表明，椭圆孔的长轴与轴向拉应力垂直。此外，还发现断口附近的“X”形坑比其他位置的“X”形坑要大得多。这是因为在致死性裂纹扩展过程中，有效应力面积减小，最终扩展到断裂，发生了变形。试样将沿轴向伸长，并导致颈缩。因此，在此过程中，裂缝位置附近的凹坑也会增大。

全尺寸 13Cr 不锈钢油管内壁腐蚀坑宏观和微观形貌如图 3-70 所示，在靠近断裂位置的

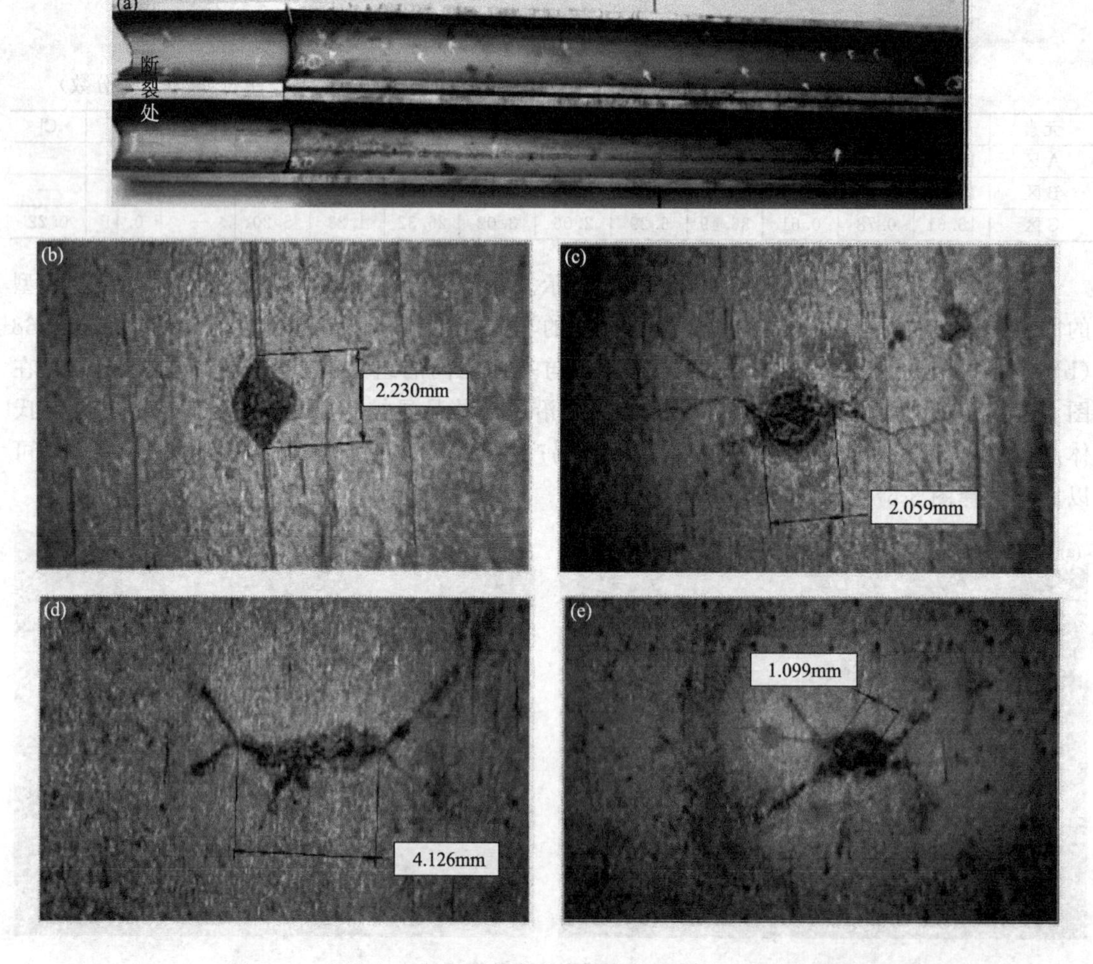

图 3-70 全尺寸 13Cr 不锈钢油管内壁腐蚀坑形貌（靠近断裂处）
(a) 宏观形貌；(b)～(e) 微观形貌

75cm 管段范围内有宏观可见腐蚀坑 25 个，对腐蚀坑进行微观观察，发现大部分腐蚀坑周围已出现了“X”状的裂纹，这些裂纹均以腐蚀坑为中心，以“X”状向四个方向扩展，部分裂纹在扩展的过程中出现了二次裂纹形貌。

3.5.3.2 腐蚀坑分析

选取离断裂面很近的腐蚀坑，分析该类坑的内部特征，如图 3-71 所示。在图 3-71(a) 中，腐蚀坑呈“X”形，中心有椭圆形槽，有四条分支裂缝。椭圆形槽的长轴垂直于轴向拉力。切割成两部分后，凹坑内部如图 3-71(b) 和 (c) 所示。

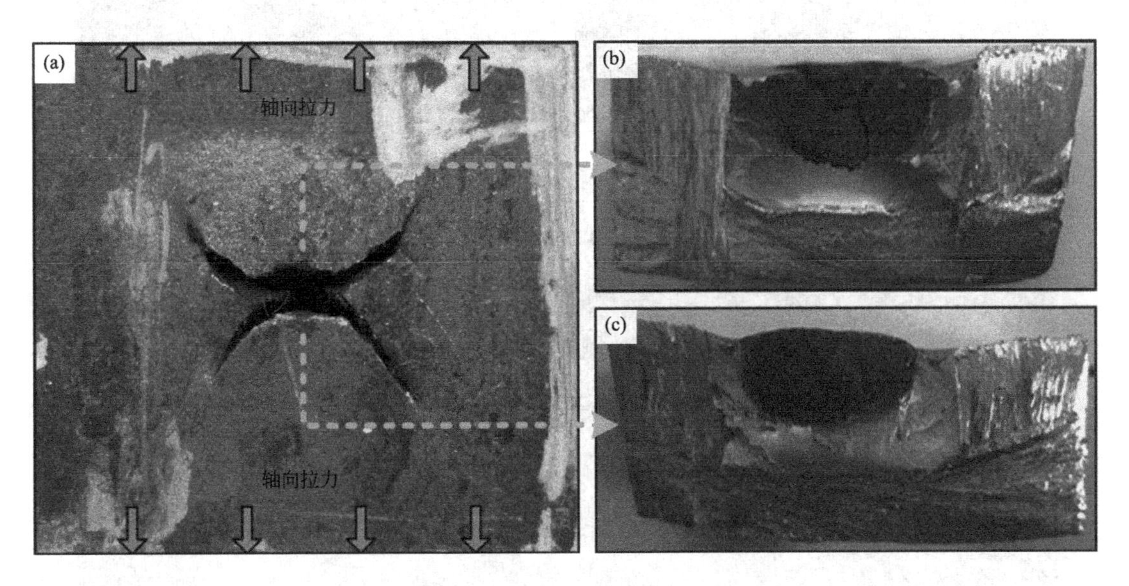

图 3-71 断口附近内壁腐蚀坑形貌

(a) 典型的“X”形坑；(b) 和 (c) 为坑的横断面图像

图 3-72 为上述腐蚀坑内部的 SEM 图像。从图 3-72(a) 中可以看出，基坑内部的截面有三个区域：点蚀和裂纹萌生区、裂纹扩展区和裂纹尖端区。图 3-72(b)～(d) 为三个区域的微观图像。点蚀和裂纹萌生区呈深色，表面有腐蚀鳞片。裂纹扩展区表现出明显的粒间裂纹特征，存在较多的二次裂纹。图 3-67(a) 中也观察到了这种现象。因此，可以认为断裂是由点蚀和裂纹的萌生和扩展引起的。图 3-72(d) 中复杂的形貌可能是由油管试样的腐蚀和伸长/变形的联合作用引起的。

3.5.4 油管接头螺纹密封性能

根据油田现场统计，约有 50%左右的管柱失效与接头密封泄漏有关，因此，本研究对试验测试后的超级 13Cr 不锈钢油管接头进行了分析，如图 3-73 所示。从本试验的测试结果来看，母扣螺牙、母扣中间部位、公扣螺牙、公扣密封面、公扣台肩面均未发现腐蚀痕迹，可见在试验过程中油管接头未发生密封泄漏，酸液未进入螺纹接头，密封性能良好。

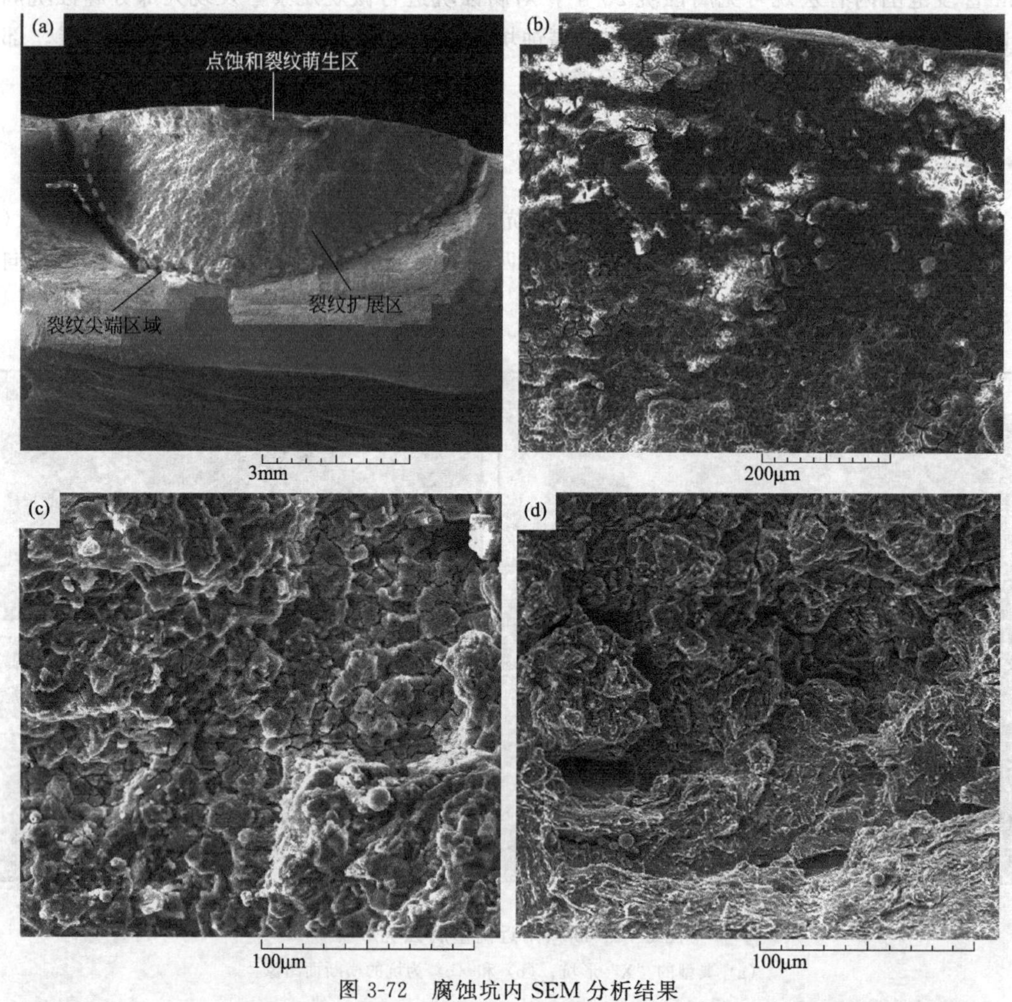

图 3-72　腐蚀坑内 SEM 分析结果

(a) 坑内整体形貌；(b) 点蚀和裂纹萌生区；(c) 裂纹扩展区；(d) 裂纹尖端区

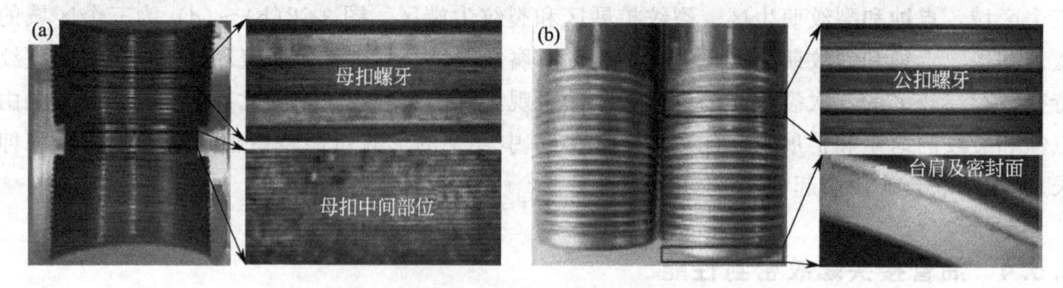

图 3-73　全尺寸 13Cr 油管螺纹（公母扣）形貌

(a) 母扣；(b) 公扣

3.5.5　油管机械性能

为了考察管柱在经历高温-高内压-高拉应力-高腐蚀性残酸多因素交互作用后的力学性能，对全尺寸试验后的管柱和未使用新管柱的屈服强度、断裂强度、断后伸长率、冲击功等性能进行对比，同时选取了塔里木油田现场某口井失效的超级 13Cr 油管进行了与上面相同的测试，以比较实验室全尺寸腐蚀测试后管柱和现场失效管柱力学性能的差异，实验数据如表3-11所示。无论是全尺寸测试后管柱还是现场失效管柱，其力学性能都满足API SPEC 5CT—2018的要求。全尺寸测试后管柱和现场失效管柱的屈服强度及抗拉强度相对于新管柱变化较小，均在10MPa以内，断后伸长率基本相同；冲击功方面，全尺寸测试后管柱和现场失效管柱明显低于新管柱，其中全尺寸测试后管柱和现场失效管柱的力学性能基本相同。

表3-11 油管腐蚀试验前后的力学性能

性能	屈服强度/MPa	抗拉强度/MPa	屈服率/%	伸长率/%	冲击功(0℃)/J
试验前	853	949	89.9	24	103
试验后	863	938	92.0	24	91
API SPEC 5CT—2018	≥862	758～965	—	≥12	≥23

3.5.6 断裂过程

如上所述，试样在高温、高压、高应力的酸性介质中工作。超级13Cr油管在腐蚀介质和应力的共同作用下，容易产生凹坑和微裂纹。随着时间的推移，裂缝越来越大，油管最终在一个临界点断裂。但这一总结不能解释独特的“X”形裂纹和晶间断口形貌。为了对这些问题进行详细的分析，从坑到裂缝的演化可以分为四个阶段，如图3-74所示。

第一阶段：腐蚀坑的萌生和生长，如图3-74(a)所示。由于废酸的腐蚀作用，出现了小坑。经检测，试验前废酸的pH约为2.5，废酸中几乎没有抑制剂残留。

因此，下面的化学反应会发生。

$$Fe+2H^{+}\longrightarrow Fe^{2+}+H_2 \tag{3-7}$$

$$2Cr+6H^{+}\longrightarrow 2Cr^{3+}+3H_2 \tag{3-8}$$

$$CO_2+H_2O\longrightarrow HCO_3^{-}+H^{+} \tag{3-9}$$

$$HCO_3^{-}\longrightarrow CO_3^{2-}+H^{+} \tag{3-10}$$

$$Fe^{2+}+CO_3^{2-}\longrightarrow FeCO_3 \tag{3-11}$$

由反应(3-7)～反应(3-11)引发的小凹坑，随着腐蚀过程的继续，坑越来越大，凹坑的形状由圆形演变为准圆形（或椭圆形）。

第二阶段：“X”形腐蚀裂纹的发育，如图3-74(b)、(c)所示。在应力和腐蚀的共同作用下，微枝裂纹沿一定的方向萌生和扩展。具有分支裂纹的凹坑形状独特，这里称之为“X”形。“X”形腐蚀裂纹形成机理示意图如3-75所示。根据晶间断口形貌（图3-67和图3-68），认为这些凹坑倾向于在原始晶界处扩展。

在高应力作用下，椭圆孔顶部的微裂纹会逐渐萌生。同时，废酸进入狭窄的缝隙，侵蚀新鲜的内表面，导致凹坑的生长和裂纹的扩展。裂纹倾向于沿晶界扩展，因为对于不锈钢来说，与腐蚀性介质相互作用时晶界（或晶界附近的区域）总是最薄弱的部位。裂纹顶部一旦遇到三角形晶界，就会沿着两个不同的方向分支延伸（见图3-75中的箭头1），这就解释了

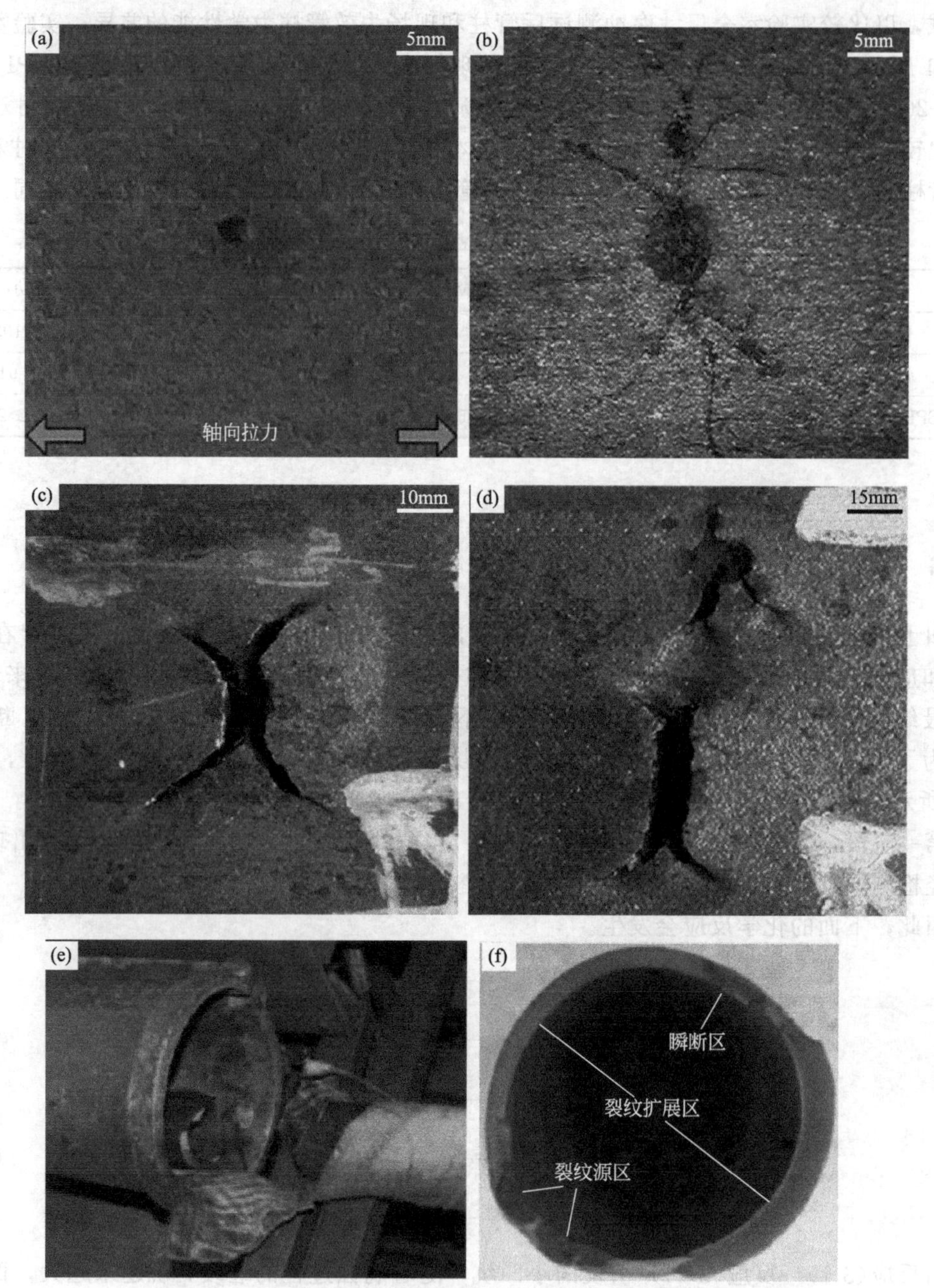

图 3-74 腐蚀坑到裂纹的演化过程

(a) 第一阶段；(b)、(c) 第二阶段；(d) 第三阶段；(e)、(f) 第四阶段

独特的“X”形的形成机理。然后，坑逐渐变大，裂缝越来越长，越来越深。

第三阶段：“X”形裂缝的相遇与融合，如图 3-74(d) 所示。由于“X”形裂缝在油管内的许多位置发育，不同“X”形裂缝产生的分支裂缝可能会遇到并合并，然后形成一个连接的“X”-“X”裂纹。有效应力区迅速减小，裂缝顶部附近应力集中程度急剧上升。结果，裂缝发展得更快。

第四阶段：试样断裂，如图 3-74(e)、(f) 所示。当有效应力面积减小到一定极限时，实际应力超过了钢的屈服强度，发生塑性变形。裂纹在此过程中迅速扩展，进一步降低了有

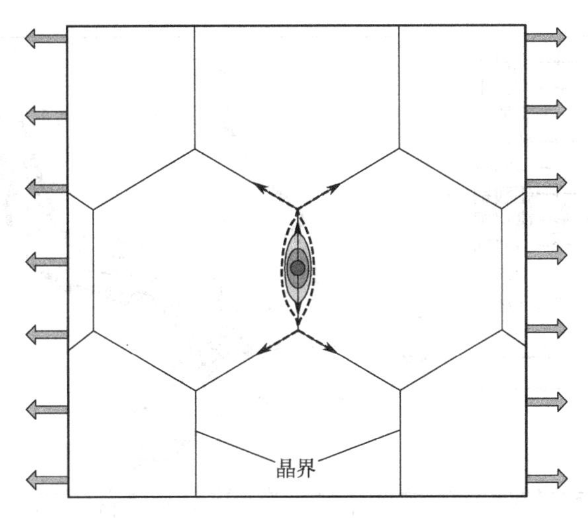

图 3-75 “X”形裂纹形成示意图

效应力区，加快了扩展过程。最后，试样断裂。

总而言之，在120℃时，受拉拔力（78.6%AYS）、内压（70MPa）和废酸诱导的油管SCC共同作用。断口包括裂纹萌生区、裂纹扩展区和最终断口区。裂纹是由“X”形腐蚀缺陷演化而来的，而“X”形腐蚀缺陷是由小的圆形腐蚀坑演化而来的。腐蚀试验前后油管屈服强度和抗拉强度无明显差异，但其延性和韧性降低，增加了对SCC的敏感性。超级13Cr不锈钢在酸化过程中对SCC敏感。长时间与废酸的相互作用对油管可能是致命的。因此，有必要开发新型抑制剂，这是高度保护超级13Cr不锈钢在废酸中腐蚀控制力的重要措施。

3.6 防护技术

3.6.1 缓蚀剂种类

超级13Cr不锈钢缓蚀剂的筛选在高温高压反应釜中进行。首先将配制好的39% $CaCl_2$ 溶液通12小时 N_2 进行除氧，然后通入6小时 CO_2 饱和，加入300mg/L醋酸和1%的缓蚀剂后，将试验溶液鼓入高压釜，保持1MPa CO_2 分压，待温度稳定后进行电化学测试。试验用缓蚀剂包括丙炔醇、碘化钾、铬酸钠、咪唑啉、十二胺、硫脲、重铬酸钾、六亚甲基四胺、钼酸钠、钨酸钠等。试验采用四点弯曲法和动电位扫描测试方法对各种缓蚀剂的缓蚀效果进行了初步评价。

图3-76为1MPa CO_2、125℃下，含有1%各类缓蚀剂、300mg/L醋酸的 CO_2 饱和 $CaCl_2$ 完井液中超级13Cr不锈钢四点弯曲试样（Y2.0mm）动电位扫描结果。从极化曲线可以看出，缓蚀剂加入后，超级13Cr不锈钢自腐蚀电位升高，钝化能力增强。

对动电位扫描结果阴极段进行拟合，结果见表3-12。其中，E_b 为击穿电位，E_c 为自腐蚀电位，i_c 为自腐蚀电流密度，η 为缓蚀效率。

从表中可以看出，六亚甲基四胺的击穿电位最高，腐蚀速率最小，缓蚀效果较其他缓蚀剂更好，但六亚甲基四胺在高温下易分解产生甲醛等产物，所以综合来说丙炔醇的效果要优于六亚甲基四胺。因此，丙炔醇可用作高温高压条件下抑制超级13Cr不锈钢腐蚀的有效缓

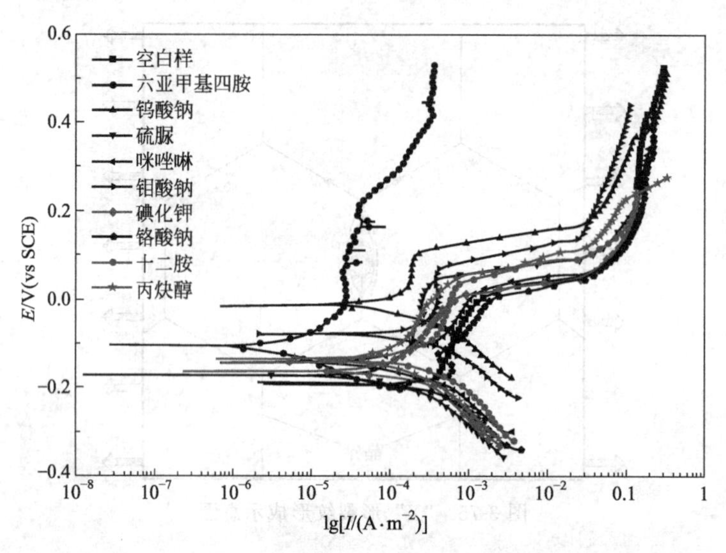

图 3-76　超级 13Cr 不锈钢在含 1%缓蚀剂完井液中的极化曲线

蚀剂。

表 3-12　高温高压下超级 13Cr 不锈钢在含不同缓蚀剂完井液中动电位扫描拟合结果

缓蚀剂	温度/℃	E_b/mV	E_c/mV	i_c/(A/cm²)	η/%
空白	125	6.3	−193.8	4.22×10^{-4}	—
丙炔醇		51.7	−134.8	8.16×10^{-5}	80.65
碘化钾		6.5	−161.6	8.92×10^{-5}	78.86
铬酸钠		6.9	−188.8	4.55×10^{-4}	—
咪唑啉		20.3	−141.4	1.05×10^{-4}	75.04
十二胺		37.3	−134.0	1.48×10^{-4}	65.05
硫脲		45.3	−171.3	9.07×10^{-5}	78.50
六亚甲基四胺		210.6	−105.2	5.50×10^{-6}	98.70
钼酸钠		70.1	−77.6	2.21×10^{-4}	47.55
钨酸钠		99.8	−12.0	1.03×10^{-4}	75.63

图 3-77 为 1MPa CO_2、125℃下，含有 1%各类缓蚀剂、300mg/L 醋酸的 CO_2 饱和 $CaCl_2$ 完井液中超级 13Cr 不锈钢四点弯曲试样（Y2.0mm）快/慢动电位扫描结果。快扫采用 15mV/s 扫描速率，慢扫采用 0.315mV/s 扫描速率。试验用缓蚀剂包括丙炔醇、碘化钾、铬酸钠、咪唑啉、十二胺、硫脲、六亚甲基四胺、钼酸钠、钨酸钠。实验结果如图 3-77 所示。

根据快/慢动电位扫描结果，采用 $Pi=(i_f)^2/i_s$ 对应力腐蚀开裂敏感性可用敏感因子 Pi 值进行计算。其中，i_f 表示快速扫描电流密度，一般数值较大，反映了金属的电化学反应速率，一般测得的电流密度是金属表面光滑或者无膜状态下的，模拟了金属新鲜表面的腐蚀过程；i_s 表示慢扫描电流密度，一般数值较小，用来模拟膜的生长过程，慢扫描电流数值的大小代表了膜的生长速率。结果如图 3-78 所示，在空白溶液中，超级 13Cr 不锈钢试样的 Pi 值随着电位的升高逐渐增大，说明试样的应力腐蚀敏感性越来越高。加入缓蚀剂后，Pi

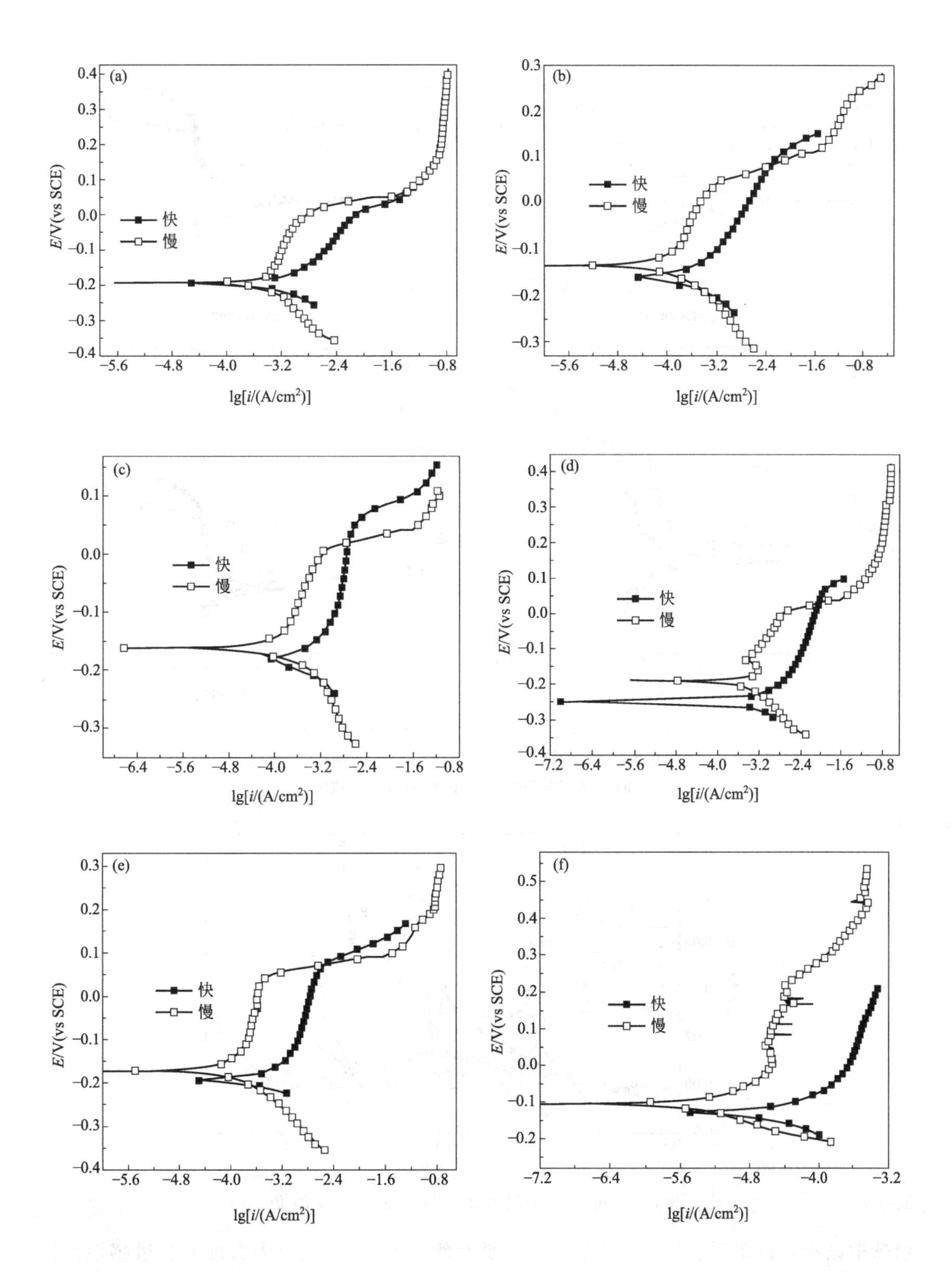

图 3-77

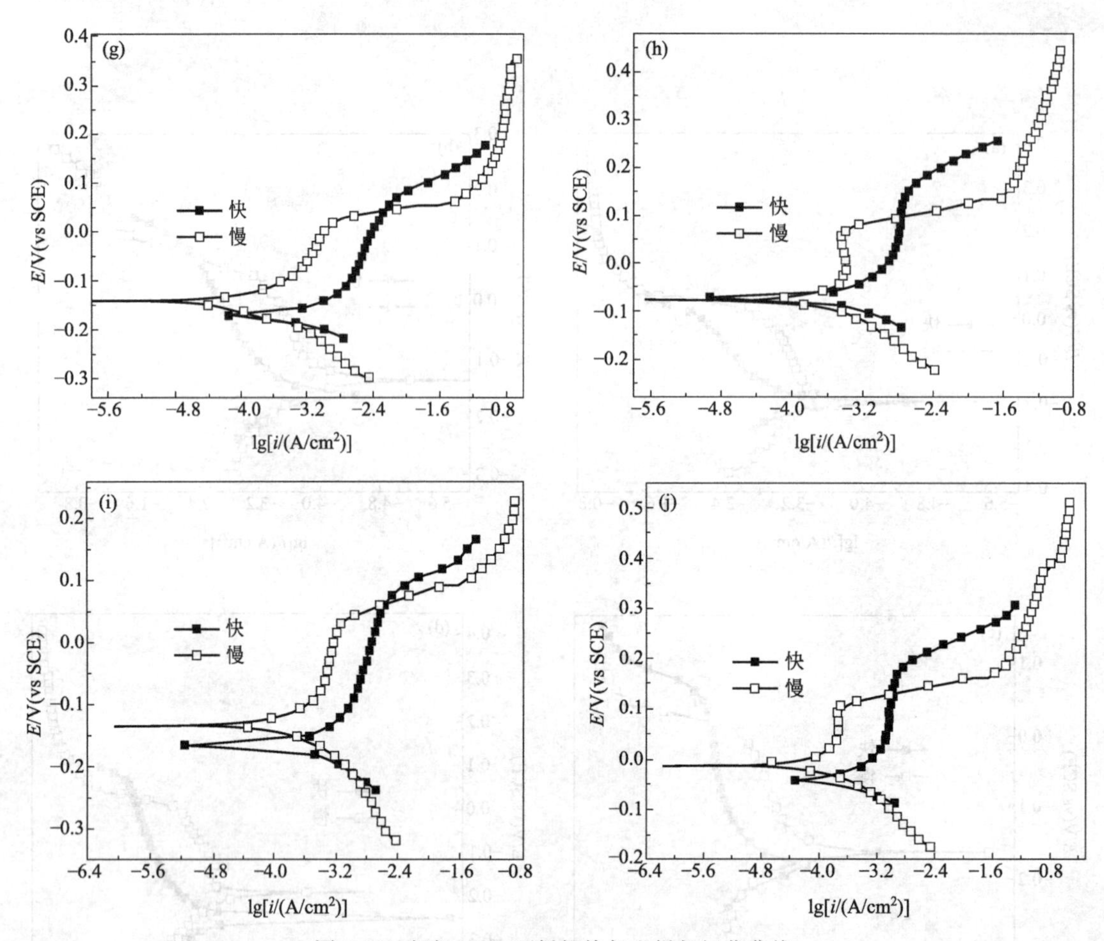

图 3-77　超级 13Cr 不锈钢快扫和慢扫极化曲线

(a) 空白样；(b) 丙炔醇；(c) 碘化钾；(d) 铬酸钠；(e) 咪唑啉；(f) 十二胺；(g) 硫脲；(h) 六亚甲基四胺；(i) 钼酸钠；(j) 钨酸钠

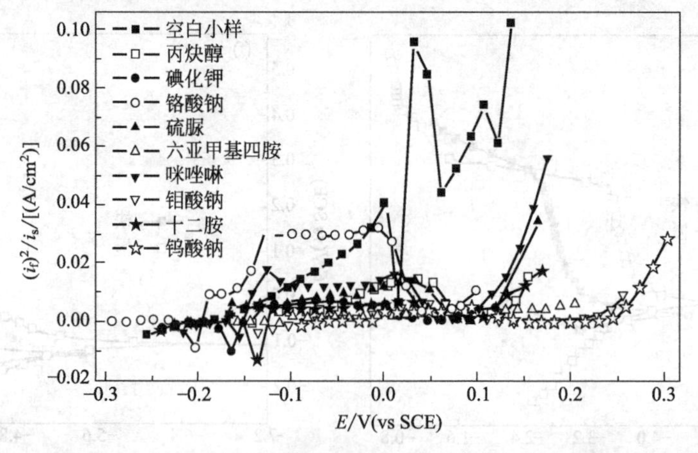

图 3-78　超级 13Cr 钢在 39%$CaCl_2$ 溶液中的 Pi 值

值普遍减小，说明缓蚀剂的加入能有效降低超级 13Cr 不锈钢应力腐蚀开裂敏感性。但随着阳极极化的进行，Pi 值在电位高于某一边界电位（边界条件）后会迅速增大，应力腐蚀开裂敏感性迅速增高，说明在含缓蚀剂的体系中，超级 13Cr 不锈钢的应力腐蚀开裂存在电位的边界条件，当电位低于边界电位时超级13Cr不锈钢不会发生SCC，当电位比边界电位正时，超级13Cr不锈钢容易发生SCC，加入不同缓蚀剂体系的边界电位不同。

图3-79为完井液中添加六亚甲基四胺（乌洛托品）缓蚀剂前后的电化学噪声，试验溶液为39%（质量分数）$CaCl_2$卤水，用鼓泡N_2脱气12h，鼓泡CO_2 6h，加入0.2%乙酸和1%抑制剂。最后，将溶液泵入高压釜。将CO_2吹入高压釜，CO_2分压维持在1.0MPa，温度控制在125℃，对超级13Cr钢的外加应力为100% AYS，选择乌洛托品作为抑制剂，噪声电阻（R_n）的计算公式如下：$R_n=S_v/S_I$，其中，S_v和S_I分别为电位与电流标准偏差。超级13Cr钢在空白溶液中的噪声电阻是1808Ω，而在有1%乌洛托品的溶液中为18633Ω，可见随着乌洛托品的添加，超级13Cr钢的腐蚀速率明显下降。

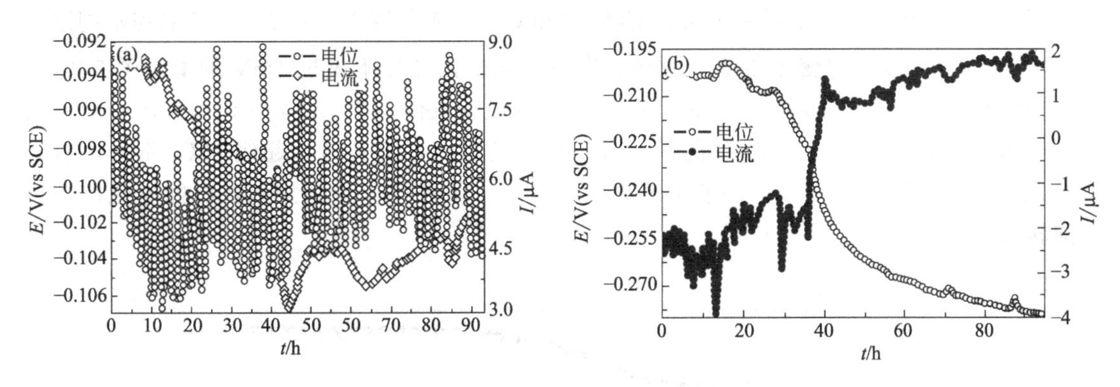

图3-79 超级13Cr钢在完井液中的电化学噪声

(a) 无缓蚀剂；(b) 添加1%缓蚀剂

试验溶液为39%氯化钙盐水，含缓蚀剂和不含缓蚀剂，标本置于PTFE容器中。经N_2鼓泡除氧12h，CO_2鼓泡6h后置于高压釜中。将CO_2吹入高压釜，CO_2分压保持在1.0MPa，温度控制在125℃，测试时间为14天。对四点弯曲试验的表面腐蚀裂纹进行了研究，结果如图3-80所示。结果表明，在不添加缓蚀剂的情况下，超级13Cr不锈钢易发

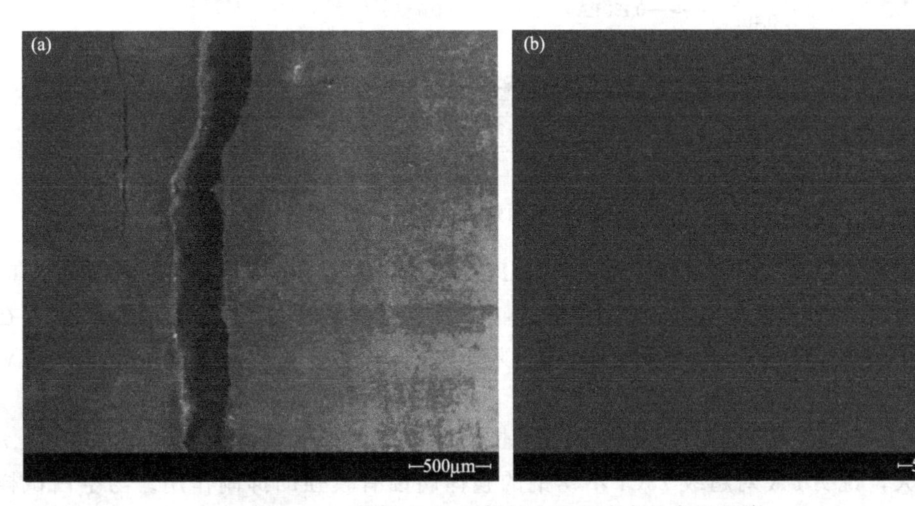

图3-80 超级13Cr不锈钢在完井液中的腐蚀形貌

(a) 无缓蚀剂；(b) 添加1%缓蚀剂

生应力腐蚀开裂，四点弯曲试样断裂，钢表面出现裂纹。加入乌洛托品后，超级13Cr钢的SCC敏感性降低，钢表面无裂纹。在试验条件下，乌洛托品可以预防超级13Cr钢的SCC。

3.6.2 丙炔醇

文献研究表明，添加缓蚀剂可以有效控制SCC。丙炔醇（PA）广泛用于酸性溶液中防止金属腐蚀。

3.6.2.1 极化曲线

图3-81为超级13Cr不锈钢电极在CO_2饱和$CaCl_2$完井液中，在0.2%乙酸和不同浓度PA存在情况下E_{OCP}的变化曲线。稳态电位为10min内变化不超过1mV的值。图3-81显示，在试验溶液中浸泡3000s后，所有电极均达到稳态电位。当E_{OCP}达到稳态电位时，测量了不同PA浓度、0.2%乙酸存在下，CO_2饱和的$CaCl_2$完井液中超级13Cr钢的电位动态极化曲线，如图3-82所示。随着PA浓度的增加，阳极过程受到抑制，腐蚀电位向阳极方向转移。

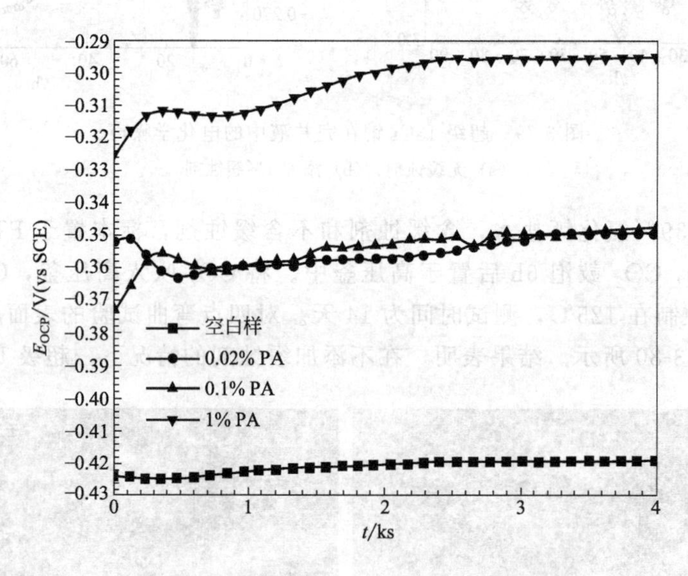

图3-81 110℃不同浓度丙炔醇（PA）下的开路电位

因此，PA主要抑制阳极过程。与0.02%PA时的阳极电流密度值相比，0.1%PA时的阳极电流密度值下降不大。在1% PA存在下，阳极电流密度值明显降低。在缓蚀剂存在的情况下，在0.02% PA的−0.29V左右、0.1% PA的−0.3V左右和1% PA的−0.2V左右观察到一个清晰的点蚀电位（E_{pit}）。

由表3-13可知，在110℃ CO_2饱和的$CaCl_2$完井液中，随着缓蚀剂浓度的增加，i_{corr}减小，η增大，说明PA对超级13Cr不锈钢的整体腐蚀有较强的抑制作用。与空白试样相比，浓度为0.02%和0.1%时η值分别为79.3%和82.4%，说明在此浓度下PA具有中等的抑制作用，而在1%时则有显著的抑制作用，达到96.4%。

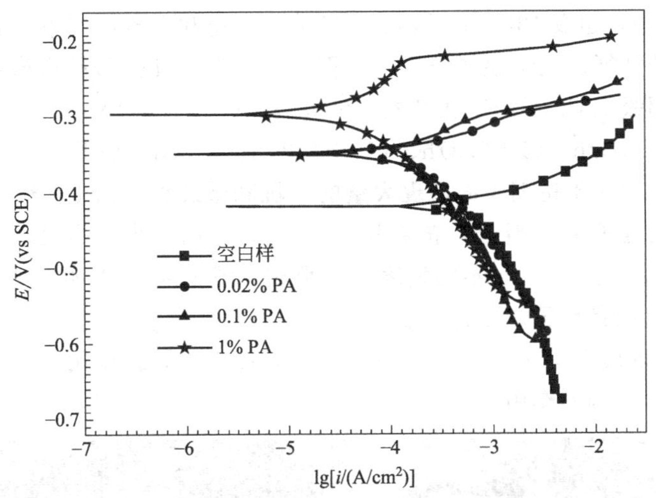

图 3-82　超级 13Cr 钢在 CO_2 饱和完井液中不同浓度丙炔醇（PA）下的电位动态极化曲线

表 3-13　110℃ CO_2 饱和的 $CaCl_2$ 完井液中不同 PA 浓度下的电化学参数

浓度	E_{OCP}/mV(vs SCE)	b_a/(mV/dec)	b_c/(mV/dec)	i_{corr}/(A/cm^2)	η/%
0	−418±6	47±2	−243±6	$1.07\times10^{-3}\pm2.25\times10^{-5}$	—
0.02%	−349±4	45±3	−306±8	$2.21\times10^{-4}\pm7.30\times10^{-6}$	79.3±1.1
0.1%	−347±3	58±1	−122±4	$1.88\times10^{-4}\pm6.77\times10^{-6}$	82.4±1.0
1%	−295±5	85±4	−73±2	$3.80\times10^{-5}\pm1.66\times10^{-6}$	96.4±0.2

3.6.2.2　EN 监测

电化学噪声（electrochemical noise，EN）是指电化学动力系统中，其化学状态参量（如电极电位、外测电流密度等）的随机非平衡波动现象。图 3-83 显示了在没有和存在不同

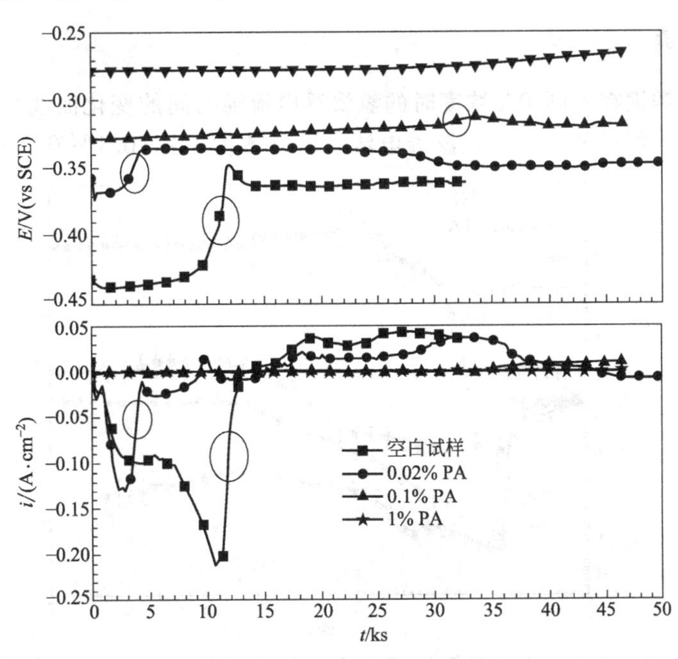

图 3-83　超级 13Cr 不锈钢在 110℃含 0.2%乙酸的 CO_2 饱和完井液中不同 PA 浓度时的电化学噪声

浓度PA的完井液中，超级13Cr不锈钢的EN值。电位和电流的突然跳跃用椭圆标记，这可能是SCC发生的特征。光学显微镜图像（图3-84）和EN信号的电流和潜在跳变，证实了SCC的发生。超级13Cr不锈钢在坯料、0.02%PA、0.1%PA、1%PA溶液中的裂纹萌生时间分别为（3±0.6）h、（1±0.3）h、（10±1.2）h、>20h。如图3-84所示，当完井液中没有PA时，超级13Cr不锈钢表面出现大量的凹坑和微裂纹；当PA浓度为0.02%时，超级13Cr不锈钢板完全断裂；当PA浓度为0.1%时，表面有少量裂纹，且裂纹小而微；但当PA浓度为1%时，超级13Cr不锈钢表面无裂纹。图3-84还表明，不同浓度的PA对超级13Cr不锈钢的点蚀有明显的抑制作用。

结果表明，低浓度PA对超级13Cr不锈钢的SCC有促进作用，而高浓度PA对超级13Cr不锈钢的SCC有抑制作用。

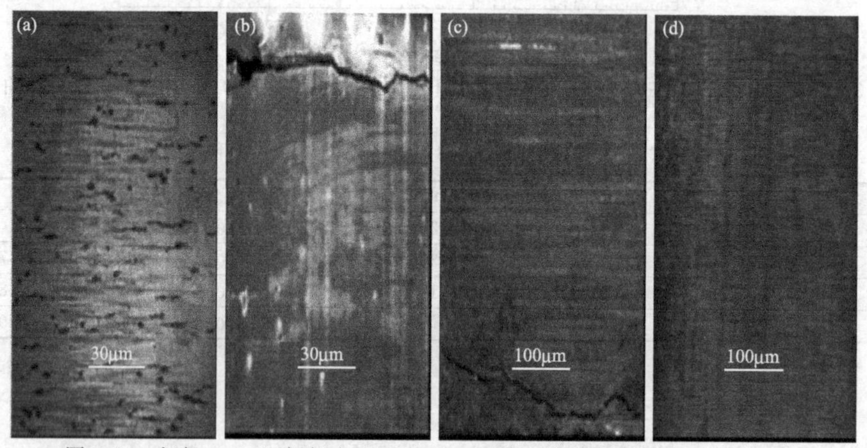

图3-84 超级13Cr不锈钢在110℃下CO_2饱和完井液中的表面形貌表征

(a) 空白；(b) 0.02% PA；(c) 0.1% PA；(d) 1%PA

3.6.2.3 渗氢电流

超级13Cr不锈钢在不同PA浓度时的氢渗透电流随时间的变化曲线如图3-85所示。低浓度PA（0.02%）能够显著增加氢渗透电流，而高浓度PA（0.1%和1%）则能够有效降

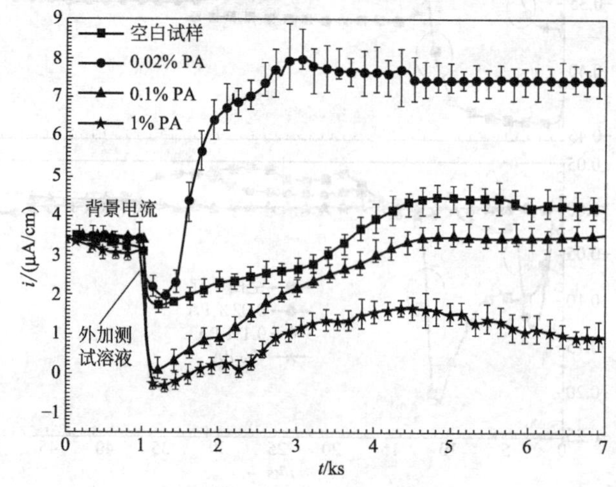

图3-85 超级13Cr不锈钢在110℃下含0.2%乙酸的CO_2饱和完井液中不同PA浓度情况下的渗透电流分布（分散带为渗透电流的标准差）

低氢渗透电流。

3.6.2.4　红外光谱

在 500～4000cm^{-1} 范围内，对超级 13Cr 不锈钢在 1% PA 的完井液中浸泡 20h 后的红外光谱进行了分析，图 3-86 为得到的光谱图。在 3291.96cm^{-1}、2927.31cm^{-1}、1647.26cm^{-1} 和 1001.70cm^{-1} 处分别有 O—H、C—H、C ═C 和 C—O 振动吸收峰。红外光谱证实了 PA 在超级 13Cr 不锈钢表面聚合形成保护膜。

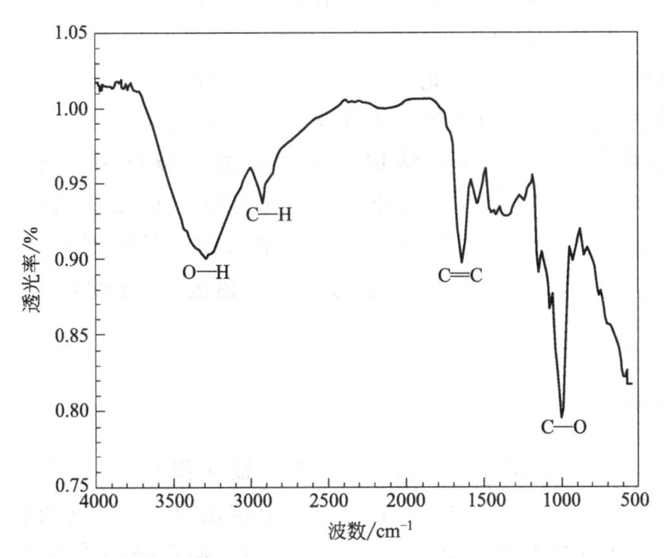

图 3-86　超级 13Cr 不锈钢在 110℃加入 1%PA 含 0.2%乙酸的 CO_2 饱和完井液中浸泡 20h 后的红外光谱

可见，在 0.2%乙酸存在的 CO_2 饱和完井液中加入 PA 后，PA 可能与电极表面的腐蚀产物聚合形成保护膜，抑制一般腐蚀和点蚀。

超级 13Cr 不锈钢在试验溶液中的阴极反应主要涉及氢的还原。

$$H^{+}+e^{-}\longrightarrow H \tag{3-12}$$

$$H+H\longrightarrow H_2 \tag{3-13}$$

反应(3-12) 和反应(3-13)，在添加 PA 后被抑制。当 PA 浓度较低（0.02%）时，氢质子的还原不能被完全抑制，生成的氢原子不能结合形成氢分子，然后氢原子进入金属基体，导致氢渗透电流增加。金属基体中氢的富集加速了超级 13Cr 不锈钢的 SCC。当 PA 浓度较高（1%）时，氢质子还原被完全抑制，氢原子数量显著减少。因此，氢渗透电流减小。

超级 13Cr 不锈钢在 110℃下含 0.2%乙酸的 CO_2 饱和完井液中快速发生 SCC，低浓度 PA 的加入促进了超级 13Cr 不锈钢的 SCC，但是 0.1%的 PA 对超级 13Cr 不锈钢的 SCC 有一定的抑制作用，1%的 PA 则完全抑制 SCC。

3.6.3　季铵盐

季铵盐又名四级铵盐，单体常应用于杀菌。用于抑制 CO_2 腐蚀的季铵盐，大多为咪唑啉季铵盐类，咪唑啉季铵盐类比咪唑啉单体缓蚀效果更好，R_4N^{+} 的引入提高了亲水性及成膜能力。陈庆国等研究了一种二酰氨基吡啶季铵盐的合成，并通过浸泡实验及电化学实验在

含 CO_2 模拟油田水中评价了该缓蚀剂的缓蚀性能，结果表明该种缓蚀剂在添加量为 50mg/L 时，对 L245NCS 钢的缓蚀效率可达 96.91%，缓蚀性能良好。董猛等研究了高温高压 CO_2/H_2S 条件下季铵盐缓蚀剂的缓蚀效果，结果显示金属表面形成了一层具有良好抗腐蚀性且成分稳定、不易分解的有机膜。但对于高温条件下缓蚀剂的选择，还需考虑对 $FeCO_3$ 的影响。Michael 等研究表明，在 60～70℃时，氯化二甲基苄基烃铵（C_{14}）缓蚀剂具有良好的缓蚀效果，但温度达到 80℃，该种缓蚀剂促进腐蚀。

喹啉季铵盐属于抑制阳极反应为主的混合型缓蚀剂。温度的升高会促进喹啉季铵盐的脱附过程，使其保护作用降低。国产新型酸化缓蚀剂的研究和开发，近几年得到腐蚀研究者的广泛关注，其中，喹啉季铵盐类缓蚀剂被认为具有广阔的应用前景。研究发现，在 110℃、CO_2 饱和、含 0.2%醋酸的 39%$CaCl_2$ 完井液中，喹啉季铵盐、KI 能有效地抑制超级 13Cr 不锈钢的均匀腐蚀与点蚀。当喹啉季铵盐浓度为 0.02%时，喹啉季铵盐促进了氢渗透过程而加剧了超级 13Cr 不锈钢的应力腐蚀开裂行为；当喹啉季铵盐浓度为 0.1%时，超级 13Cr 不锈钢的应力腐蚀开裂在一定程度上得以抑制；当喹啉季铵盐浓度为 1%时，超级 13Cr 不锈钢的应力腐蚀开裂基本被抑制。低浓度 KI 降低了超级 13Cr 不锈钢的应力腐蚀开裂敏感性，随着 KI 浓度的升高，超级 13Cr 的应力腐蚀开裂敏感性逐渐降低。

3.6.3.1 动电位扫描

图 3-87 为超级 13Cr 不锈钢在含不同浓度喹啉季铵盐和 KI 的完井液中的极化曲线。从图可知，随着喹啉季铵盐浓度的增大，电极的开路电位逐渐升高，这表明在测试条件下，喹啉季铵盐主要抑制了腐蚀的阳极反应。同时可以发现，随着喹啉季铵盐浓度的升高，超级 13Cr 不锈钢的脱附电位明显升高。随着 KI 浓度的升高，超级 13Cr 不锈钢自腐蚀电位没有明显变化，同时阴极电流减小，说明 KI 是阴极型缓蚀剂。

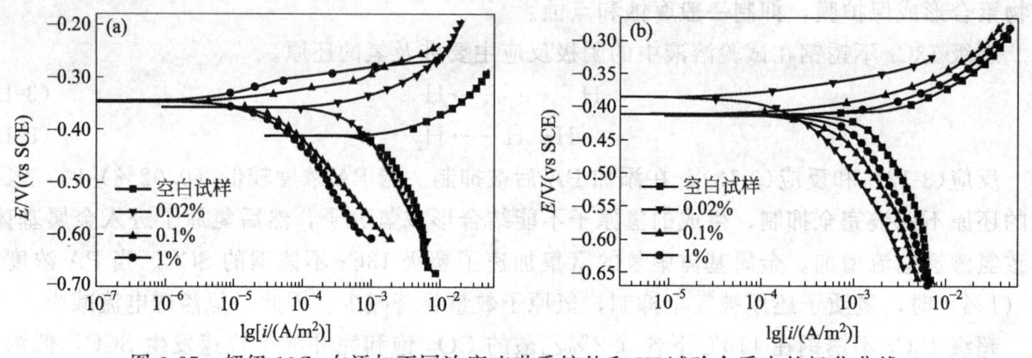

图 3-87 超级 13Cr 在添加不同浓度喹啉季铵盐和 KI 试验介质中的极化曲线

(a) 喹啉季铵盐；(b) KI

对动电位扫描曲线进行拟合，拟合结果见表 3-14。极化曲线拟合结果表明，喹啉季铵盐是阳极型缓蚀剂，能提高超级 13Cr 不锈钢在体系中的自腐蚀电位。随着喹啉季铵盐浓度的升高，超级 13Cr 不锈钢自腐蚀电位升高。KI 是阴极型缓蚀剂，对超级 13Cr 不锈钢在体系中的自腐蚀电位没有明显影响，同时缓蚀效果也不理想。喹啉季铵盐、KI 对超级 13Cr 不锈钢在含醋酸的完井液中的缓蚀效率随喹啉季铵盐和 KI 浓度的增加而提高。

表 3-14 超级 13Cr 不锈钢在添加不同浓度喹啉季铵盐、KI 的试验介质中的极化曲线拟合结果

缓蚀剂	浓度/%	E/mV(vs SCE)	i/(A/cm^2)	η/%
无缓蚀剂	0	−411.50	1.48×10^{-3}	—
喹啉季铵盐	0.02	−357.27	4.77×10^{-4}	67.77
	0.1	−348.15	3.47×10^{-5}	97.66
	1	−343.58	2.70×10^{-5}	98.18
KI	0.02	−413.30	9.32×10^{-4}	37.03
	0.1	−410.30	6.00×10^{-4}	59.46
	1	−385.30	2.35×10^{-4}	84.12

3.6.3.2 电化学阻抗

图 3-88 为 110℃下，含有不同浓度缓蚀剂、0.2%醋酸的 CO_2 饱和 $CaCl_2$ 完井液中超级 13Cr 不锈钢四点弯曲试样（Y2.5mm）的电化学阻抗测试结果。结果表明，在空白溶液和分别加入 0.02%、0.1%、1%喹啉季铵盐和 KI 的试验介质中，超级 13Cr 不锈钢交流阻抗谱图中出现一个容抗弧，低频区出现一个比较明显的感抗弧。对结果采用如图 3-89(a) 所示的等效电路进行拟合，动电位扫描结果显示没有出现明显的钝化行为，说明感抗弧的产生是钢片表面钝化膜不断生成与破坏的结果。当喹啉季铵盐浓度为 1%时，容抗弧最大，感抗弧消失。采用图 3-89(b) 所示等效电路进行拟合，动电位扫描结果显示超级 13Cr 不锈钢表面有一定成膜能力，在此浓度时，喹啉季铵盐的缓蚀效果最好。

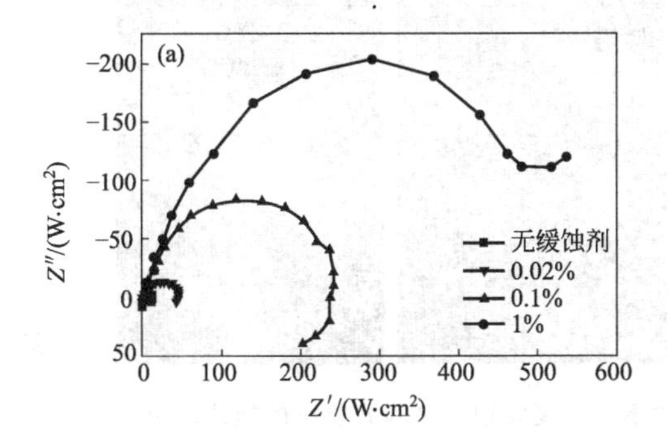

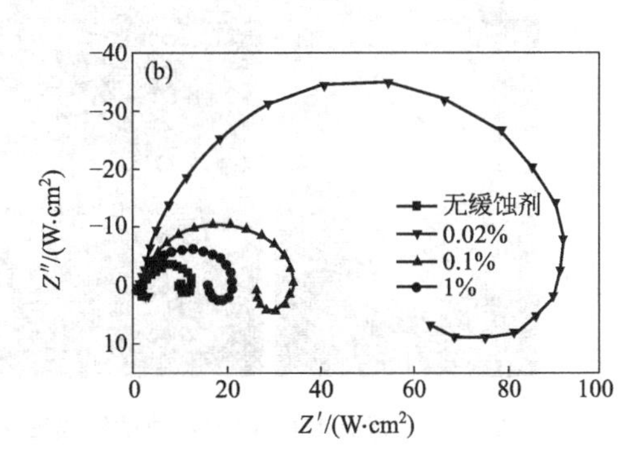

图 3-88 110℃超级 13Cr 不锈钢在含不同缓蚀剂浓度的试验介质中的电化学阻抗结果

（a）喹啉季铵盐；（b）KI

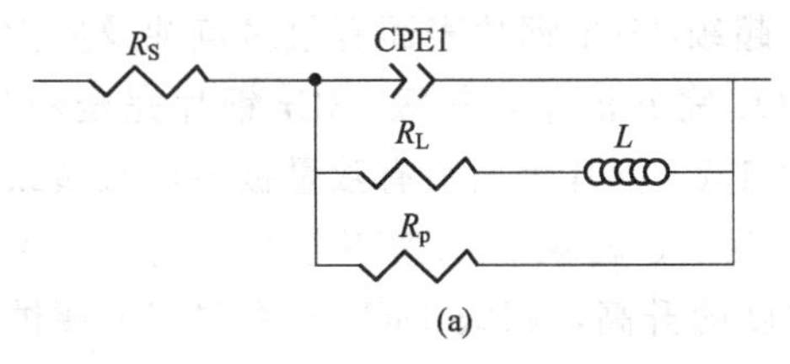

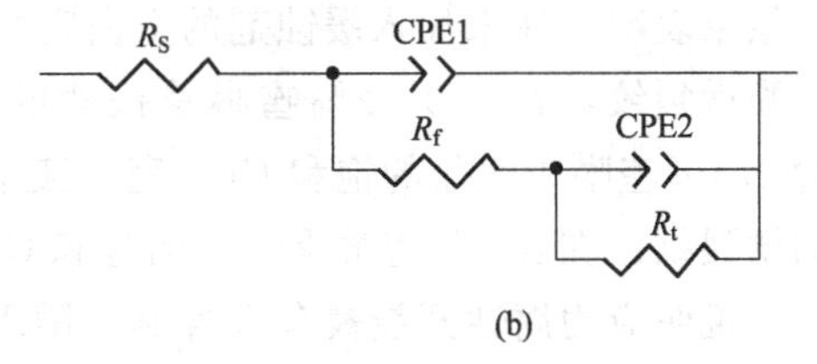

图 3-89 110℃超级 13Cr 不锈钢在含不同缓蚀剂浓度的试验介质中电化学阻抗测试等效电路图

（a）喹啉季铵盐；（b）KI

Fe 阳极溶解生成的 $[FeOHCl^-]_{ad}$ 是电化学阻抗测试产生电感的原因。从电化学阻抗结果可知，喹啉季铵盐对 Fe 阳极溶解的抑制作用使 $[FeOHCl^-]_{ad}$ 的生成得到有效抑制，从而使得电容 CPE1 电场强度变化和表面吸附覆盖度 θ 变化越来越小，因此，有效阻止了电位和表面吸附覆盖度 θ 造成的法拉第电流向同一方向改变的现象，即法拉第阻抗中的电感成

分消失。

3.6.3.3 四点弯曲

待四点弯曲试样挂片24h后，工作电极试样用金相显微镜观察，结果如图3-90所示。

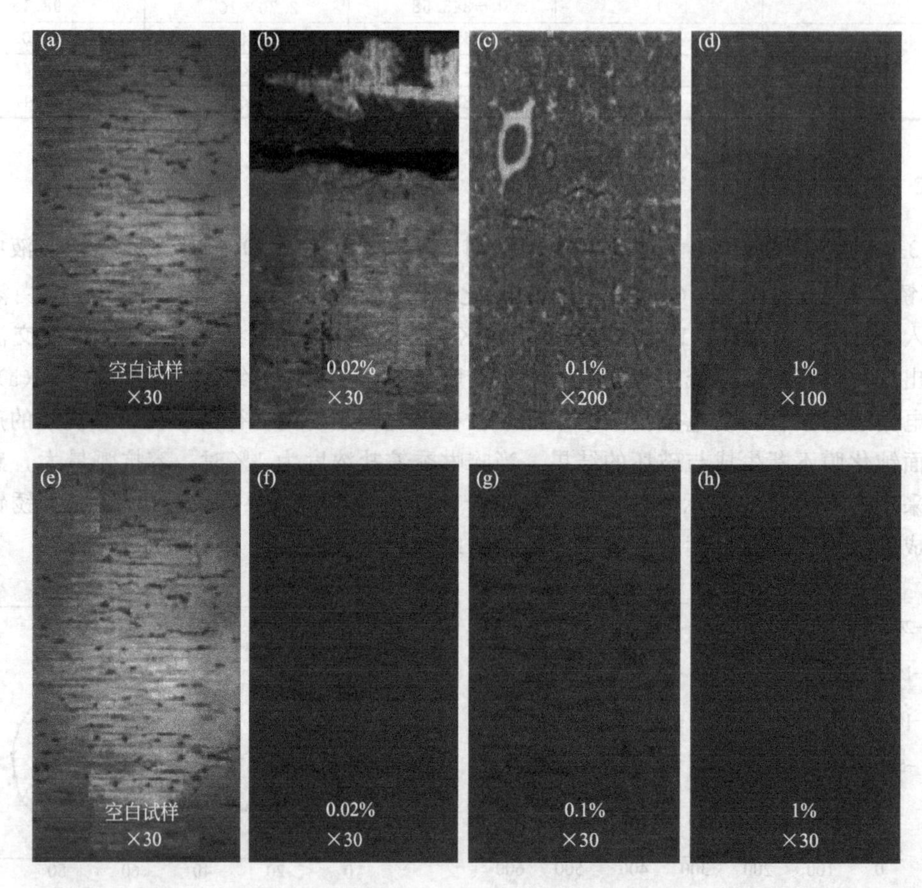

图3-90 超级13Cr四点弯曲试样放置在含不同浓度缓蚀剂试验介质中的挂片结果

(a) 空白试样；(b) 0.02%喹啉季铵盐；(c) 0.1%喹啉季铵盐；(d) 1%喹啉季铵盐；(e) 空白试样；(f) 0.02% KI；(g) 0.1%KI；(h) 1%KI

结果表明，在未加入缓蚀剂的空白完井液中，超级13Cr钢片表面有很多点蚀及应力腐蚀开裂微裂纹，在含0.02%喹啉季铵盐的饱和CO_2完井液中，超级13Cr钢片完全断裂；在含0.1%喹啉季铵盐的饱和CO_2完井液中，超级13Cr钢片表面只有数量极少而且裂纹很小的微裂纹；在含1%喹啉季铵盐的饱和CO_2完井液中，超级13Cr钢片表面没有任何裂纹出现，说明应力腐蚀开裂被有效抑制。随着KI浓度的升高，超级13Cr不锈钢应力腐蚀开裂敏感性逐渐降低，超级13Cr不锈钢试样表面开裂裂纹越来越少。高浓度的KI不能完全抑制超级13Cr钢的应力腐蚀开裂行为。

3.6.3.4 氢渗透测量

图3-91为超级13Cr不锈钢在空白介质及添加不同浓度喹啉季铵盐和KI的介质中氢渗透测量电流随时间的变化图。从图3-91(a) 中可以发现，低浓度喹啉季铵盐的加入，使氢渗

透量明显增加，随着喹啉季铵盐浓度的升高，氢渗透量逐渐减小，达到足够高的浓度时，氢渗透被完全抑制。

从图3-91(b) 中可以发现，不同浓度KI的加入，对氢渗透电流没有明显影响，氢渗透电流变化大小幅值小于3μA。超级13Cr不锈钢在测试溶液中阴极有氢还原反应发生，如反应(3-12)、反应(3-13) 所示。

渗氢测量结果说明，喹啉季铵盐的加入，能阻止反应(3-12)、反应(3-13) 的进行，喹啉季铵盐不仅抑制了阳极过程而且还抑制了阴极反应过程，即抑制了氢质子还原为氢原子的过程，同时还抑制了氢原子相互结合转化为氢气的过程。当喹啉季铵盐添加量较少时，氢质子的还原过程并没有完全被抑制，产生的氢原子由于喹啉季铵盐的抑制作用不能迅速结合成氢气而进入金属基体，导致渗氢电流增加。当喹啉季铵盐浓度较高时，氢质子的还原基本被抑制，导致氢原子量大大降低，最终渗氢电流减小。而KI不能影响超级13Cr不锈钢阴极氢还原过程，对超级13Cr不锈钢的氢渗透能力没有较大影响。

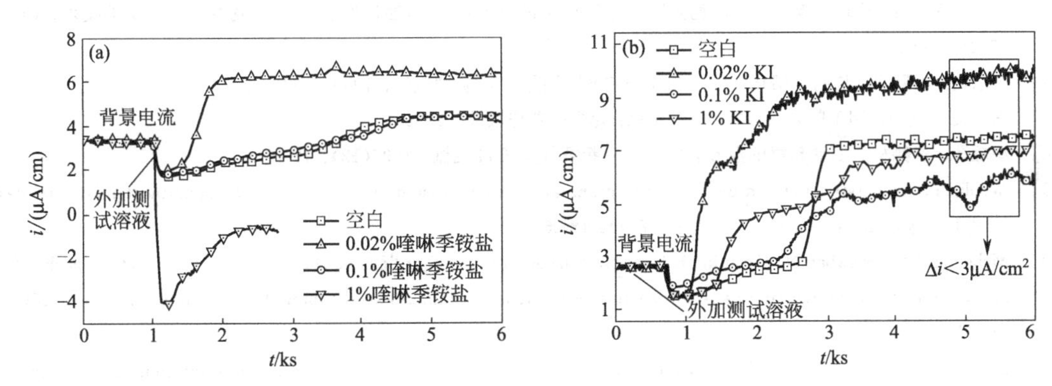

图3-91 超级13Cr不锈钢在空白及添加不同浓度缓蚀剂介质中的渗氢电流密度

(a) 喹啉季铵盐；(b) KI

参考文献

[1] 冉金成，骆进，舒玉春，等．四川盆地L17超高压气井的试油测试工艺技术[J]．天然气工业，2008，28（10）：58-60.

[2] Shadravan A, Amani M. What every engineer or geoscientist should know about high pressure high temperature wells [C]//2012 SPE Kuwait International Petroleum Conference and Exhibition, SPE 163376. Kuwait City: SPE, 2012.

[3] Ueda M, Omura T, Nakamura S, et al. Development of 125ksi grade HSLA steel OCTG for mildly sour environments[C]//Corrosion 2005. Houston: NACE International, 2005.

[4] Zhang F X, Yang X T, Peng J X, et al. Well integrity technical practice of ultra deep ultra high pressure well in tarim oilfield[C]//6th International Petroleum Technology Confer-ence. Beijing: International Petroleum Technology Conference, 2013.

[5] Yuan X F. Ultra high pressure well fracturing in KS area[C]//World Oil' s 8th Annual HPHT Drilling and Completions Conference. Houston: World Oil, 2013.

[6] 吕拴录．塔里木油田油套管失效分析及预防[C]//2013年塔里木油田井筒完整性会议．北京：石油工业出版社，2013.

[7] Nasreidin H A, Driweesh S M, Muntasheri G A. Field application of HCl-formic acid system to acid fracture deep gas wells completed with super Cr-13 tubing in saudi arabia[C]//SPE International Improved Oil Recovery Conference. Kuala Lumpur: Society of Petroleum Engineers, 2003.

[8] Huizinga H S, Liek W E. Corrosion behavior of 13% chromium steel in acid stimulation[J]. Corrosion, 2012, 50(7): 555-566.

[9] Mrgenthaler L N, Rhodes P R, Wheaton L L. Testing the corrosivity of spent HCl/HF acid to 22Cr and 13Cr stainless steels[J]. Journal of Petroleum Technology, 1997, 49(5): 1-3.

[10] 杨向同．库车井筒完整性研究进展及下步工作思路[C]//2013年塔里木油田井筒完整性会议．北京：石油工业出版社，2013.

[11] Kimura M, Sakata K, Shimamoto K. Corrosion resistance of martensitic stainless steel OCTG in severe corrosion environments[C]//Corrosion 2007. Houston: NACE International, 2007.

[12] 吕祥鸿，谢俊峰，毛学强，等．超级13Cr马氏体不锈钢在鲜酸中的腐蚀行为[J]．材料科学与工程学报，2014，32(3)：318-323.

[13] 刘亚娟，吕祥鸿，赵国仙，等．超级13Cr马氏体不锈钢在入井流体与产出流体环境中的腐蚀行为研究[J]．材料工程，2012(10)：17-21.

[14] 马元泰，雷冰，李瑛，等．模拟酸化压裂环境下超级13Cr油管的点蚀速率[J]．腐蚀科学与防护技术，2013，25(4)：347-349.

[15] 雷冰，马元泰，李瑛，等．模拟高温高压气井环境中HP2-13Cr的点蚀行为研究[J]．腐蚀科学与防护技术，2013，25(2)：100-104.

[16] 石志英，田震宇，陈丽．酸化残酸腐蚀性研究及防治[J]．断块油气田，1999，6(3)：52-53.

[17] 肖纪美．应力作用下的金属腐蚀[M]．北京：化学工业出版社，1990.

[18] 冯耀荣，李鹤林．石油管材的氢致裂纹与滞后断裂[J]．石油机械，1997(12)：46-49.

[19] Woolin P. Understanding and avoiding intergranular stress corrosion cracking of welded supermartensitic stainless steel[J]. System Administration, 2007, 7(4): 18-25.

[20] Mckennis J S, Sookbae N, Termine E J, et al. Misconceptions regarding the chemical role of completion/packer fluids in annular environmentally assisted cracking of martensitic stainless steel tubing[J]. SPE Journal, 2010, 15(4): 1104-1109.

[21] Henke T, Carpenter J. Cracking tendencies of two martensitic stainless alloys in common heavy completion brine systems at down hole conditions: a laboratory investigation[J]. Journal of Antibiotics, 2004, 51(9): 845-851.

[22] 吕祥鸿，赵国仙，王宇，等．超级13Cr马氏体不锈钢抗SSC性能研究[J]．材料工程，2011(2)：17-21.

[23] 刘克斌，周伟民，植田昌克，等．超级13Cr钢在含CO_2的$CaCl_2$完井液中应力腐蚀开裂行为[J]．石油与天然气化工，2007，36(3)：222-226.

[24] 赵密锋，付安庆，秦宏德，等．高温高压气井管柱腐蚀现状及未来研究展望[J]．表面技术，2018，47(6)：44-50.

[25] 何素娟，陈圣乾，赵大伟．L80油管腐蚀失效原因分析[J]．石油矿场机械，2011，40(6)：21-25.

[26] 田家林，梁政，杨琳．CNG储气井套管腐蚀疲劳机理研究[J]．石油矿场机械，2011，40(1)：5-9.

[27] 陈立强，孙雨来，陈长风，等．N80油管在模拟凝析气田多相流环境中的CO_2腐蚀行为研究[J]．石油矿场机械，2010，39(10)：55-59.

[28] 张亚明，臧晗宇，董爱华，等．13Cr钢油管腐蚀原因分析[J]．腐蚀科学与防护技术，2009，21(5)：499-501.

[29] 吕祥鸿，赵国仙，张建兵，等．超级13Cr马氏体不锈钢在CO_2及H_2S/CO_2环境中的腐蚀行为[J]．北京科技大学学报，2010，32(2)：207-212.

[30] 荣海波，李娜，赵国仙．超级15Cr马氏体不锈钢超深超高压高温油气井中的腐蚀行为研究[J]．石油矿场机械，2011，40(9)：57-62.

[31] 廖建国．耐蚀性好的油井用高强度高Cr钢管[J]．焊管，2006，29(5)：83-88.

[32] 林冠发，相建民，常泽亮，等．3种13Cr110钢高温高压CO_2腐蚀行为对比研究[J]．装备环境工程，2008，5(5)：1-4.

[33] 姚小飞，谢发勤，吴向清，等．温度对超级13Cr油管钢慢拉伸应力腐蚀开裂的影响[J]．石油矿场机械，2012，41(9)：50-55.

[34] Zhao Y Q ,Lau K T ,Kim J K , et al. Nanodiamond/poly (lactic acid) nanocornposities: effect of nanodiamond on structure and properties of poly (lactic acid)[J]. Compositics Part B: Engineering, 2014, 41(8): 646-653.

[35] 冀成楼，路金宽．盐水完井液的腐蚀与防护[J]．钻井液与完井液，1990，7(3)：6-9.

[36] Ibrahim M Z, Hudson N. Corrosion behavior of super 13Cr martensitics stainless steelsin completion fluids[C]. Corrosion 2003. Houston: NACE, 2003.

[37] Mack R, Williams C, Lester S, et al. Stress corrosion cracking of a cold worked 22Cr duplex stainless steel production tubing in a high density clear brine $CaCl_2$ packerfluid-results of the failure analysis at deep alexand associated laboratory experiments[C]. Corrosion 2002. Houston: NACE, 2002.

[38] 卢建树，王保峰，张九渊．高温水中不锈钢和镍基合金应力腐蚀破裂研究进展[J]. 核动力工程，2001，22(3)：259-263.

[39] Peng G S, Chen K H, Chen S Y, et al. Effect of the deformation on the stress -corrosion cracking of Al -Zn -Mg -Cu alloys[J]. Materials and Corrosion, 2012, 63(3): 254-258.

[40] Qiao Y X, Zheng Y G, Okafor P C, et al. Electrochemical behaviour of high nitrogen bearing stainless steel in acidic chloride solution: Effects of oxygen, acid concentration and surface roughness [J]. Electrochemical Acta, 2009, 54 (8): 2298-2304.

[41] Turnbull A, Griffiths A. Review: Corrosion and cracking of weldable 13%Cr martensitic stainless steels for application in the oil and gas industry[J]. British Corrosion Journal, 2003, 38(1): 21-50.

[42] Du Y L, Lu M, Zou C X. The relationship between the propagation rate of localized corrosion and the electrode potential of local anode of steels for offshore platform[J]. Key Engineering Materials, 1988, 20-28(3): 3063-3069.

[43] Kane R D. Slow strain rate testing for the evaluation of environmentally induced cracking: Research and engineering applications[M]. Philadelphia: ASTM, 1993.

[44] Ahluwalia H S. Problems associated with slow strain rate quality assurance testing of nickel-base corrosion resistant alloy tubular in hydrogen sulfide environment[J]. Research and Engineering Applications, 1993(6): 225-239.

[45] Wilheim S M, Currie D M. Relationship of localized corrosion and SCC in oil and gas production environments[J]. Research and Engineering Applications, 1993(6): 263-289.

[46] Hibner E L. Improved SSR test for lot acceptance criterion[J]. Research and Engineering Applications, 1993(6): 290-294.

[47] 李岩，方可伟，刘飞华．Cl^- 对 304L 不锈钢从点蚀到应力腐蚀转变行为的影响[J]. 腐蚀与防护，2012，33(11)：955-959.

[48] 吕祥鸿，赵国仙，樊治海，等．高温高压下 Cl^- 浓度、CO_2 分压对 13Cr 不锈钢点蚀的影响[J]. 材料保护，2004，37(6)：34-36.

[49] Kimura M, Bas N, Mckennis J, et al. SCC Performance of martensitic stainless steel OCTG in packer fluid environments[C]//NACE Corrosion 2006 Conference and Expo. California: NACE, 2006.

[50] Wang Y, Xie F, Yao X. Effects of polarization potential on stress corrosion cracking behaviors of super 13Cr teels [J]. Materials Review, 2014, 28(4): 109-134.

[51] 林玉华，杜荣归，胡融刚，等．不锈钢钝化膜耐蚀性与半导体特性的关联研究[J]. 物理化学学报，2005，21(7)：740-745.

[52] Calabrese L, Bonaccorsi L, Galeano M, et al. Identification of damage evolution during SCC on 17-4 PH stainless steel by combining electrochemical noise and acoustic emission techniques [J]. Corrosion Science, 2015, 98: 573-584.

[53] 谢俊峰，岳小琪，赵密锋，等．超级 13Cr 不锈钢在磷酸盐完井液中的应力腐蚀开裂敏感性研究[J]. 材料保护，2018，51(3)：11-16.

[54] 吕拴录，杨向同，宋文文，等．某井超级 13Cr 钢特殊螺纹接头油管接箍横向开裂原因分析[J]. 理化检验(物理分册)，2015，51(4)：297-301.

[55] 丁毅，历建爱，张国正，等．110 钢级 φ88.9mm×6.45mm 超级 13Cr 钢油管刺穿失效分析[J]. 理化检验(物理分册)，2011，47(10)：663-667.

[56] 辛海鹏，王建瑶，周芝琴，等．磷酸盐水泥固井技术在 LKQ 地区 X 井火烧油层的应用[J]. 钻井液与完井液，2016，33(3)：73-83.

[57] 王鹏，王新虎，韩礼红，等．高温高压井油管完井液导致应力腐蚀开裂分析[C]//全国失效分析学术会议，2015.

[58] 万里平，孟英峰，卢清兰，等．塔里木油田有机盐完井液腐蚀研究[J]. 西南石油大学学报(自然科学版)，2009，31

(1)：133-136.

[59] 万里平，孟英峰，尹成先，等．P110 钢在有机盐完井液中的腐蚀行为[J]．钻井液与完井液，2007，24(1)：17-19.

[60] Uematsu Y，Tokaji K，Ohashi T，et al. Effect of anodic oxide film on fatigue behaviour of magnesium alloys in laboratory air and demineralized water [J]. Nihon Kikai Gakkai Ronbunshu A Hen/transactions of the Japan Society of Mechanical Engineers Part A，2008，74(737)：122-127.

[61] Liu K，Zhou W，Ueda M. Stress corrosion cracking behavior of super 13Cr stainless steel in CO_2-containing $CaCl_2$ completion fluid[J]. Chemical Engineering of Oil & Gas，2007(6)：3-8.

[62] Yao X，Xie F，Wu X Q，et al. Effects of Cl-concentration on stress corrosion cracking behaviors of super 13Cr tubing steels[J]. Materials Review，2012，26：33-38.

[63] Gao B，Ke W. In-situ TEM observation of dissolutionen hanced dislocation emission，motion and the nucleation of SCC for Ti-24Al-11Nb alloy in methanol [J]. Scripta Materialia，1997，36(2)：259-264.

[64] Hoar T P，Scully J C. Mechanochemical anodic dissolution of austenitic stainless steel in hot chloride solution at controlled electrode potential[J]. Journal of the Electrochemical Society，1964，111(3)：348-352.

[65] 常泽亮，岳小琪，李岩，等．超级 13Cr 油管在不同完井液中的应力腐蚀开裂敏感性[J]．腐蚀与防护，2018，39(7)：549-554.

[66] 王峰，韦春艳，黄天杰，等．H_2S 分压对 13Cr 不锈钢在 CO_2 注气井环空环境中应力腐蚀行为的影响[J]．中国腐蚀与防护学报，2014，34(1)：46-52.

[67] 李连进，王惠斌．无缝钢管的矫直残余应力与压下量和温度的关系研究[J]．钢管，2009，38(4)：18-21.

[68] 黄小青．钢管空拔成型的数值模拟及周向残余应力分析[D]．长沙：中南大学，2013.

[69] 王诗鹏．钢管残余应力分析计算[J]．焊管，2012，35(5)：58-61.

[70] 刘纪源．高强塑积无缝钢管的开发与应用研究[D]．沈阳：东北大学，2014.

[71] 王国庆，贾宝全，张智超．热处理消除 Q235 钢焊接残余应力机理的研究[J]．焊接技术，2011，40(10)：56-57.

[72] 周阳．P110 级石油套管水空交替淬火工艺及其数值模拟研究[D]．衡阳：南华大学，2014.

[73] 程先华，吴炬，徐勇．钢管压扁矫正过程的计算机模拟[J]．上海交通大学学报，2004，38(9)：1453-1455.

[74] 徐勇，程先华．钢管压扁矫正残余应力分析[J]．上海交通大学学报，2003(10)：1526-1528.

[75] 张铁浩，王洋，方喜风，等．残余应力检测与消除方法的研究现状及发展[J]．精密成形工程，2017，9(5)：122-127.

[76] 张根保，张坤能．残余应力消除技术[J]．制造技术与机床，2015(4)：6-11.

[77] 胡云卿，万海涛．残余应力消除方法研究[J]．科技广场，2011(4)：188-190.

[78] 潘龙．脉冲电流法调控碳钢残余应力的机理及相关实验研究[D]．杭州：浙江大学，2016.

[79] 张华夏．激光冲击波调控熔覆层组织/应力状态的基础研究[D]．镇江：江苏大学，2016.

[80] 王铃声，叶肖鑫，刘涛，等．电脉冲辅助超声冲击技术对焊缝残余应力及显微硬度的影响[J]．材料导报，2015，29(18)：71-76.

[81] 杨铭伟，王时英．超声振动时效机理分析及试验研究[J]．中国农机化学报，2016，37(2)：70-74.

[82] 王军，赵勇，李超．超级 13Cr 油管残余应力研究[J]．焊管，2018，41(4)：41-47.

[83] 薛艳，赵密锋，吕祥鸿，等．不锈钢管应力腐蚀开裂的评价方法[J]．腐蚀与防护，2018，39(5)：340-343.

[84] 李琼玮，奚运涛，董晓焕，等．超级 13Cr 油套管在含 H_2S 气井环境下的腐蚀试验[J]．天然气工业，2012，32(12)：106-109.

[85] Asahi H. Corrosion performance of modified 13Cr OCTG[C]//Corrosion 1996. Houston：NACE International，1996.

[86] Ueda M. Evaluation of SSC resistance on super 13Cr stainless steel in sour application[C]//Corrosion 1995. Houston：NACE International，1995.

[87] Ueda M. Corrosion resistance of weldable super 13Cr stainless steel in H_2S containing CO_2 environment[C]//Corrosion 1996. Houston：NACE International，1996.

[88] Rogne T，Drugli J M，Knudsen O O，et al. Corrosion performance of 13Cr stainless steels[C]//Corrosion 2000 Houston：NACE International，2000.

[89] Sakamoto S，Maruyama K，Asahi H，et al. Effects of environmental Factors on SSC Properties of Modified 13Cr Steels in Oil and Gas Fields[C]//Corrosion 1997. Houston：NACE International，1997.

[90] 高德洁，王鑫，王春生．天然气输送管线温度计算[J]．石油矿场机械，2011,40(7)：39-43.

[91] 刘道新．材料的腐蚀与防护[M]．西安：西北工业大学出版社，2006.

[92] 胡艳玲，胡融刚，邵敏华，等．不锈钢钝化膜形成和破坏过程的原位 ECSTM 研究[J]．金属学报，2001，37(9)：965-970.

[93] 陈尧，白真权．13Cr 和 N80 钢高温高压抗腐蚀性能比较[J]．石油与天然气化工，2007，36(3)：239-246.

[94] 钟群鹏，赵子华．断口学[M]．北京：高等教育出版社，2006.

[95] 唐子龙，李超，李辉．NaCl 液膜下碳钢腐蚀速率及其与环境因素的关联性[J]．中国腐蚀与防护学报，2010，30(1)：69-73

[96] 姚小飞，谢发勤，吴向清，等．Cl^- 浓度对超级 13Cr 油管钢应力腐蚀开裂行为的影响[J]．材料导报 B：研究篇，2012，26(9)：38-42.

[97] 陶杉，徐燕东，杜春朝．超级 13Cr 管材在低 H_2S 高 CO_2 环境中的开裂敏感性研究[J]．表面技术，2016，45(7)：90-95.

[98] 刘艳朝．超高压高温油井中超级 13Cr 油管材料的耐蚀性[D]．西安：西安石油大学，2012.

[99] 李鹤林．石油管工程的研究领域、初步成果和展望[M]//中国石油天然气集团公司院士文集(李鹤林集)．北京：石油工业出版社，1999.

[100] 李鹤林，张亚平，韩礼红．油井管发展动向及高性能油井管国产化[J]．钢管，2007，36(6)：6-11

[101] 董绍平，杨建国，袁军国．H_2S 介质中容器用钢应力腐蚀及电化学的试验研究[C]//第六届全国压力容器学术会议-压力容器先进技术精选集．杭州，2005.

[102] Amaya H，Kondo K，Hirata H. Effect of chromium and molyb denum on corrosion resistance of super 13Cr martensitic stainLess steel in CO_2 environments[J]. Corrosion，1998，113：1-8.

[103] 方智，张琳，吴荫顺．304 不锈钢在室温 HCl＋NaCl 溶液中的应力腐蚀机理[J]．腐蚀科学与防护技术，1995，7(1)：42-46.

[104] 汪轩义．316L 不锈钢钝化膜在 Cl^- 介质中的耐蚀机制[J]．腐蚀科学与防护技术，2000，12(6)：3-6.

[105] 冀成楼，路金宽．盐水完井液的腐蚀与防护[J]．钻井液与完井液，1990，7(3)：6-9.

[106] 王毅飞，谢发勤，姚小飞，等．极化电位对超级 13Cr 钢应力腐蚀开裂行为的影响[J]．材料导报 B：研究篇，2014，28(4)：109-114.

[107] 杨向同，吕拴录，付安庆，等．某天然气井改良型 13Cr 特殊螺纹接头油管腐蚀原因分析[J]．石油矿场机械，2016，45(10)：78-81.

[108] 杨向同，吕拴录，宋文文，等．某井超级 13Cr 油管接箍开裂原因分析[J]．石油管材与仪器，2016，2(1)：40-45.

[109] 吕拴录，李元斌，王振彪，等．某高压气井 13Cr 油管柱泄漏和腐蚀原因分析[J]．腐蚀与防护，2010，31(11)：902-904.

[110] 谢俊峰，宋文文，常泽亮，等．某天然气井 13Cr 油管腐蚀原因[J]．腐蚀与防护，2014，35(7)：754-757.

[111] Laboratory testing of metals for resistance to sulfide stress cracking and stress corrosion cracking in H_2S environments：NACE TM 0177—2016[S].

[112] 沈卓，李玉海，单以银，等．硫含量及显微组织对管线钢力学性能和抗 H_2S 行为的影响[J]．金属学报，2008，44(2)：215-221.

[113] Yuan P B，Guo S W，Lv S L. Failure analysis of high-alloy oil well tubing coupling [J]. Material Performance，2010，49(8)：68-71.

[114] 吕拴录，宋文文，杨向同，等．某井 S13Cr 特殊螺纹接头油管柱腐蚀原因分析[J]．腐蚀与防护，2015，36(1)：76-83.

[115] 张福祥，吕拴录，王振彪，等．高压气井套压升高及特殊螺纹接头不锈钢油管腐蚀原因[J]．中国特种设备安全，2010，26(5)：65-68.

[116] Specification for casing and tubing：API SPEC 5CT—2018[S].

[117] ISO. Preparation of steel substrates before application of paints and related products-Visual assessment of surface cleanliness：ISO 8501-1—2007[S].

[118] ISO. Petroleum and natural gas industries corrosion-resistant alloy seamless tubes for use as casing，btubing and coupling stock technical delivery conditions third edition：ISO 13680—2010[S].

[119] 谢俊峰，薛艳，李岩，等．S13Cr110 油管表面抗应力腐蚀开裂性能研究[J]．石油工业技术监督，2019，35(8)：49-52.

[120] 石志英，田震宇，陈丽．酸化残酸腐蚀性研究及防治[J]．断块油气田，1999，6(3)：52-53.

[121] Zhu S D，Fu A Q，Miao J，et al. Corrosion of N80 carbon steel in oil field formation water containing CO_2 in the absence and presence of acetic acid[J]. Corrosion Science，2011，53(10)：3156-3165.

[122] 付安庆，史鸿鹏，胡垚，等．全尺寸石油管柱高温高压应力腐蚀/开裂研究及未来发展方向[J]．石油管材与仪器，2017，3(1)：40-46.

[123] Choi Y S，Nesic S，Ling S. Effect of H_2S on the CO_2 corrosion of carbon steel in acidic solutions[J]. Electrochim Acta，2011，56(4)：1752-1760.

[124] Zheng S J，Wang Y J，Zhang B，et al. Identification of $MnCr_2O_4$ nano-octahedron in catalysing pitting corrosion of austenitic stainless steels[J]. Acta Mater，2010，58(15)：5070-5085.

[125] Ryan M P，Williams D E，Chater R J，et al. Why stainless steel corrodes[J]. Nature，2002，415(6873)：770-774.

[126] Shu J，Bi H，Li X，et al. The effect of copper and molybdenum on pitting corrosion and stress corrosion cracking behavior of ultra-pure ferritic stainless steels[J]. Corrosion Science，2012，57：89-98.

[127] Liu L，Li Y，Wang F. Influence of nanocrystallization on pitting corrosion behavior of an austenitic stainless steel by stochastic approach and in situ AFM analysis[J]. Electrochim Acta，2010，55 (7)：2430-2436.

[128] Lei X W，Feng Y R，Fu A Q，et al. Investigation of stress corrosion cracking behavior of super 13Cr tubing by full-scale tubular goods corrosion test system[J]. Engineering Failure Analysis，2015，50：62-70.

[129] Chen Z Y，Li L J，Zhang G A，et al. Inhibition effect of propargyl alcohol on the stress corrosion cracking of super 13Cr steel in a completion fluid[J]. Corrosion Science，2013，69：205-210.

[130] Sieradzki K，Newman R C. Stress corrosion cracking[J]，Journal of Physics & Chemistry of Solids，2015，48 (11)：1101-1113.

[131] Landoulsi J，Elkirat K，Richard C，et al. Enzymatic approach in microbial-influenced corrosion：A review based on stainless steels in natural waters[J]. Environmental Science and Technology. 2008，42(7)，2233-2242.

[132] Sanchez J，Fullea J，Andrade C，et al. Stress corrosion cracking mechanism of prestressing steels in bicarbonate solutions[J]. Corrosion Science，2007，49(11)：4069-4080.

[133] Manwatkar S K，Narayana Murty S V S，Ramesh Narayanan P. Stress corrosion cracking of high strength 18Ni-8Co-5Mo maraging steel fasteners [J]. Materials Science Forum，2015，830-831：717-720.

[134] Dong X Q，Li M R，Huang Y L，et al. Effect of potential on stress corrosion cracking of 321 stainless steel under marine environment [J]. Advanced Materials Research，2015，1090：75-78.

[135] Rihan R，Basha M，Al-Meshari A，et al. Stress corrosion cracking of SA-543 high-strength steel in all-volatile treatment boiler feed water [J]. Journal of Materials Engineering and Performance，2015，24 (10)：1-10.

[136] Zhong Y，Zhou C，Chen S，et al. Effects of temperature and pressure on stress corrosion cracking behavior of 310S stainless steel in chloride solution [J]，Chinese Journal of Mechanical Engineering，2017，30(1)：200-206.

[137] Cao L W，Du C Y，Xie G S. Effects of sensitization and hydrogen on stress corrosion cracking of 18-8 type stainless steel [J]. Applied Mechanics & Materials，2017，853：168-172.

[138] Luo L H，Huang Y H，Xuan F Z. Pitting corrosion and stress corrosion cracking around heat affected zone in welded joint of CrNiMoV rotor steel in chloridized high temperature water [J]. Procedia Engineering，2015，130：1190-1198.

[139] Li L J，Yang Y H，Zhou B，et al. Inhibition Effect of Some Inhibitors on Super 13Cr Steel Corrosion in Completion Fluid[J]. American Journal of Chemical Engineering，2017，5(4)：74-80.

[140] 李玲杰，陈振宇，张国安，等．丙炔醇对超级 13Cr 不锈钢在含醋酸的完井液中应力腐蚀开裂行为的影响[J]．腐蚀与防护，2012，33(S1)：87-89.

[141] 李玲杰．缓蚀剂对超级 13Cr 不锈钢在含醋酸的 CO_2 饱和完井液中应力腐蚀开裂行为的影响[D]．武汉：华中科技大学，2013.

[142] 周伟民．13Cr 和 super13Cr 不锈钢在 CO_2 饱和的 $CaCl_2$ 完井液中的应力腐蚀开裂[D]．武汉：华中科技大

学，2007.

[143] 刘克斌．13Cr 和超级 13Cr 不锈钢在 $CaCl_2$ 完井液中的腐蚀行为研究[D]. 武汉：华中科技大学，2007.

[144] Sanchez J，Fullea J，Andrade C，et al. Stress corrosion cracking mechanism of prestressing steels in bicarbonate solutions[J]. Corrosion Science，2007，49(11)：4069-4080.

[145] 杜东海，陆辉，陈凯，等．冷变形 316 不锈钢在高温水中的应力腐蚀开裂行为[J]. 原子能科学技术，2015，49(11)：1977-1983.

[146] O' Dell C S，Brown B F. Control of Stress Corrosion Cracking by Inhibitors[M]. Washington：American University，1978.

[147] Cansever N，Caku A F，Urgen M. Inhibition of stress corrosion cracking of AISI 304 stainless steel by molybdate ions at elevated temperatures under salt crust [J]. Corrosion Science，1999，41(7)：1289-1303.

[148] 牛林，林海潮，曹楚南，等．苯并三氮唑对 18-8 钢应力腐蚀开裂的缓蚀作用[J]. 物理化学学报，1997，13(9)：802-807.

[149] 黄彦良，曹楚南．1Cr13 不锈钢的应力腐蚀开裂和应力腐蚀的缓蚀剂[J]. 腐蚀科学与防护技术，1994，6(4)：344-347.

[150] 李玲杰，张彦军，林竹，等．喹啉季铵盐和 KI 浓度对超级 13Cr 不锈钢应力腐蚀开裂行为的影响[J]. 天津科技，2017，44(10)：15-19.

第4章 缝隙腐蚀

4.1 概述

目前许多腐蚀环境苛刻的油气井中都以超级13Cr油管作为完井管柱。采用特殊扣的超级13Cr油管虽然有良好的力学性能和密封性能，但是在高拉伸或弯曲载荷下，油管端面和接箍台肩面处仍可能出现间隙。间隙一旦出现，腐蚀性流体便可以进入或渗入，引起扭矩台肩面的点蚀或缝隙腐蚀。这种缝隙腐蚀导致超级13Cr油管失效的案例在一些油气井中已经发生，给油田企业造成极大的经济损失。

4.2 闭塞区内的临界pH以及其影响因素

闭塞区是指由于几何形状限制，金属表面某些局部区域内的腐蚀溶液虽然与外部溶液保持连通，但内外溶液不容易交换的区域。关于闭塞区内临界pH的测定，国内外诸多学者做了大量研究工作。B. F. Brown等通过实验证实不管高强度钢成分如何，闭塞区内的临界pH均为3.9左右；M. Pourbaix等通过对铁的模拟裂缝实验，得出pH为2.7～4.7的结果。B. E. Wilde等测试出的pH结果为0～3.6。从上面这些学者的研究结果可以看出测试的数值都不一致，主要是实验条件的差异，比如缝隙的结构、腐蚀介质、闭塞程度、缝隙内的位置等影响了闭塞区内的pH。

4.2.1 极化时间

按照表4-1所示的实验条件，在模拟的缝隙腐蚀装置中，保持外加电流密度不变、外部试件面积不变（$30cm^2$），温度为室温，实时记录缝隙内溶液的pH与时间的变化趋势，结果如图4-1所示。由图可见，在试验极化初始阶段，缝隙内溶液的pH迅速下降，然后随极化时间延长而下降，最后趋于一个稳定不变的值。大约12小时后达到0.95，之后pH保持0.95不再变化。

表4-1 模拟缝隙腐蚀试验条件

试验条件	项目参数		
极化电流密度/(mA/cm^2)	3	6	10
离子通道填充物	纯棉线	无填充物、纯棉线、滤纸	纯棉线
温度/℃	25	25、45、70	25
腐蚀介质	模拟地层水		

在一个确定的闭塞体系内，当其他外界环境条件不变时，在极化时间足够长的情况下，缝隙内部的腐蚀介质最终会达到一个稳定的 pH，即临界 pH。这是因为随着缝隙腐蚀的发展，缝隙内部的金属溶解，与缝隙内部的氯离子形成氯化物，在水解的作用下生成 H^+，缝隙内部的 pH 逐渐降低。由于缝隙内部的 H^+ 聚集过多，最终在内部达到饱和状态，缝隙内部的 H^+ 浓度不再增加，所以缝隙内部的 pH 会稳定在一个波动不大的范围内，就是该体系下的临界 pH。因为闭塞区内的临界 pH 与闭塞区的结构和溶液介质成分有关，所以，不同闭塞区内、不同腐蚀介质下的临界 pH 并不一样。

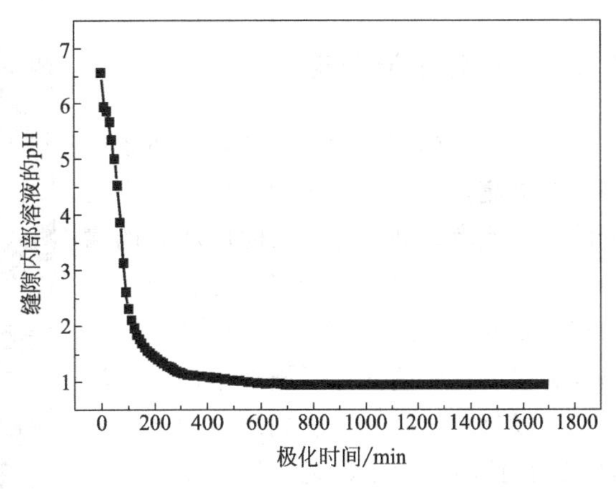

图 4-1 缝隙内部溶液 pH 随极化时间的变化趋势

图 4-2 为腐蚀后闭塞区内试件试样的宏观和微观形貌。由图可知，试样暴露在闭塞区溶液中的表面发生了较为严重的腐蚀，失去了金属光泽；而未暴露的区域仍保留金属光泽。同时，在试样表面也出现了较为明显的点蚀坑。

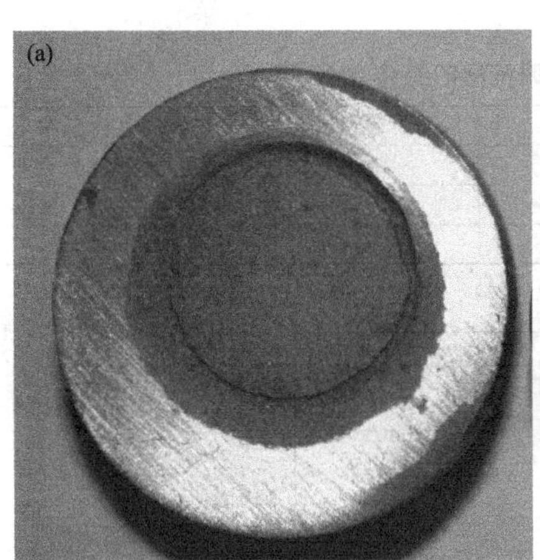

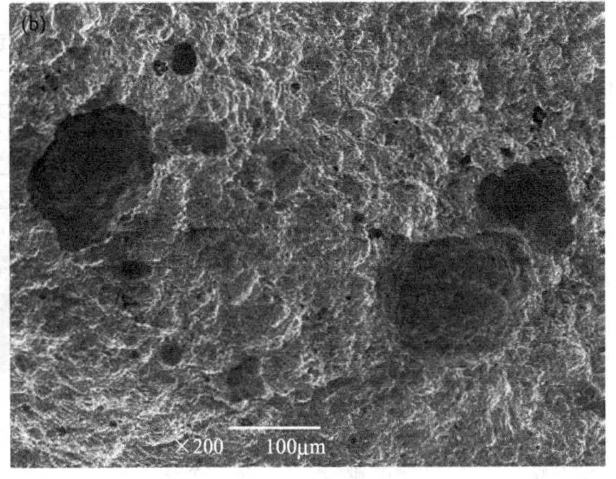

图 4-2 模拟缝隙腐蚀后试样的形貌

(a) 宏观形貌；(b) 微观形貌

对试样的腐蚀部分进行成分分析，分析的位置及结果如图 4-3 和表 4-2 所示。可以看出，除了合金元素 Cr、Ni、Mo、Si 外，产物中的 Cl 含量较高。这说明闭塞效应导致 Cl^- 在闭塞区内富集，与缝隙内部的金属阳离子形成氯化物，然后通过水解引起闭塞区内溶液的酸化，导致工作试样的表面产生缝隙腐蚀。

表 4-2 腐蚀产物能谱分析结果

元素	C	O	Na	Si	Cl	K	Ca	Cr	Fe	Ni	Mo
原子分数/%	19.79	10.06	4.22	0.31	7.77	1.46	0.23	7.73	45.62	2.06	0.75

4.2.2 极化电流密度

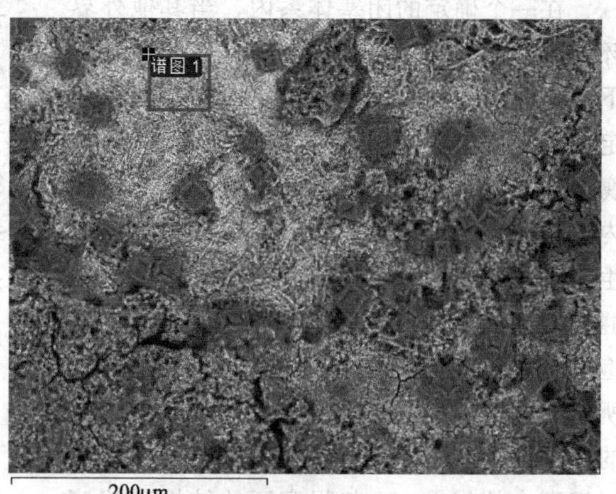

图 4-3 腐蚀产物能谱分析位置

在模拟的缝隙试验装置中，给体系施加一个电流，主要是为了加快该条件下的缝隙腐蚀速率，和工况下长时间积累的腐蚀情况相一致。在模拟缝隙腐蚀试验中，保持外部试件面积不变（30cm^2），试验温度为室温，给闭塞体系施加不同的电流密度，极化足够时间，直到缝隙内部溶液的 pH 保持不变为止，记录该电流密度所对应的临界 pH 以及达到稳定所需要的时间，试验结果如表 4-3 所示，并将其绘制到图 4-4。可知，极化电流密度的大小对闭塞区内的临界 pH 影响不大，只是缩减了闭塞区内溶液达到临界 pH 的时间。这主要是因为电流密度越大，闭塞区域内形成 H^+ 的速度越快，H^+ 达到饱和的时间越短，因此溶液达到临界 pH 的时间越短。但是，由于整个闭塞区域的结构和介质没有发生变化，因此临界 pH 的大小不会改变。

表 4-3 临界 pH 随极化电流密度的变化

极化电流密度 i/(mA/cm^2)	稳定时间 t/h	临界 pH	离子通道填充物	外部试件面积/cm^2
3	17	0.95	纯棉线	30
6	12	0.95	纯棉线	30
10	9	0.95	纯棉线	30

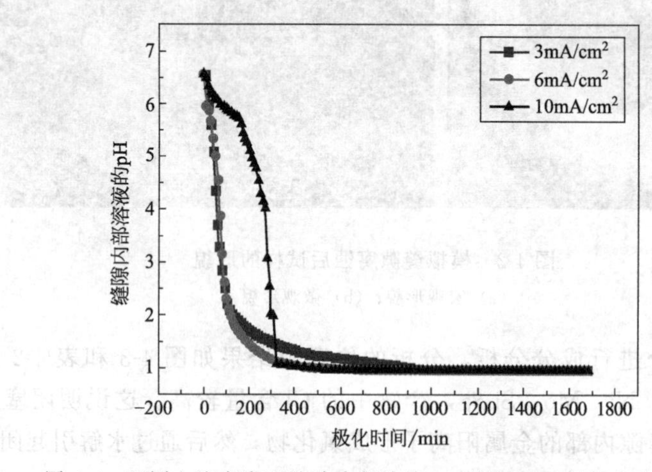

图 4-4 不同电流密度下缝隙内部溶液 pH 随极化时间的变化趋势

为了研究在油气田环境下，闭塞程度、温度、极化时间、电流密度等因素对闭塞区内的临界 pH 的影响，采用武汉科思特 CS 电化学工作站给实验体系施加一个恒定的电流，并用上海雷磁 PHBJ-260 型便携式 pH 计和罗斯蒙特 1056 双通道变送器实时监测闭塞区内的溶液 pH 变化。

图 4-5 为不同电流密度下腐蚀后试样的宏观形貌。由图可知，三种电流密度下试样暴露

区域均出现较为明显的腐蚀，而且伴有点蚀产生；而未暴露的区域仍保留有金属光泽。

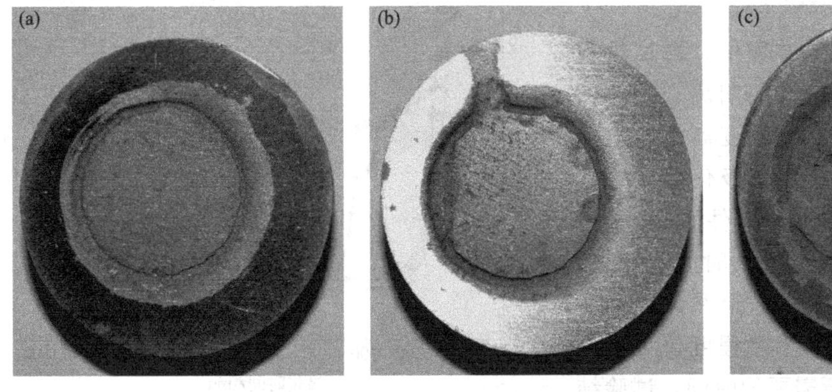
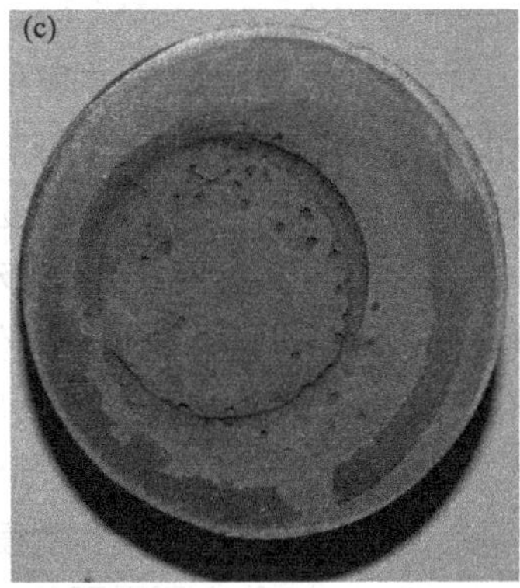

图 4-5　不同电流密度下腐蚀后内试件表面腐蚀宏观形貌

(a) 3mA/cm²；(b) 6mA/cm²；(c) 10mA/cm²

图 4-6 为不同电流密度下腐蚀后内试件表面腐蚀微观形貌。由图可知，试样表面出现了数量较多，且尺寸较大的点蚀坑。

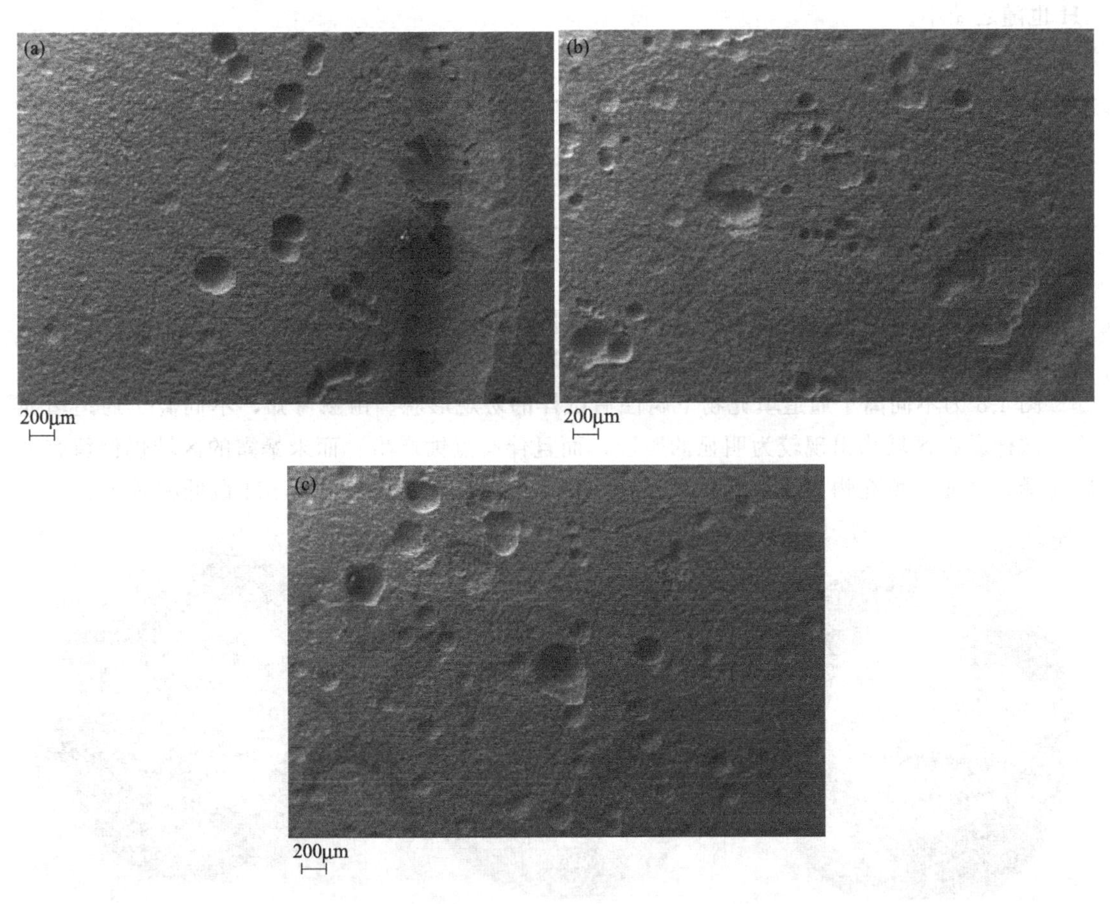

图 4-6　不同电流密度下腐蚀后内试件表面腐蚀微观形貌

(a) 3mA/cm²；(b) 6mA/cm²；(c) 10mA/cm²

4.2.3 离子通道

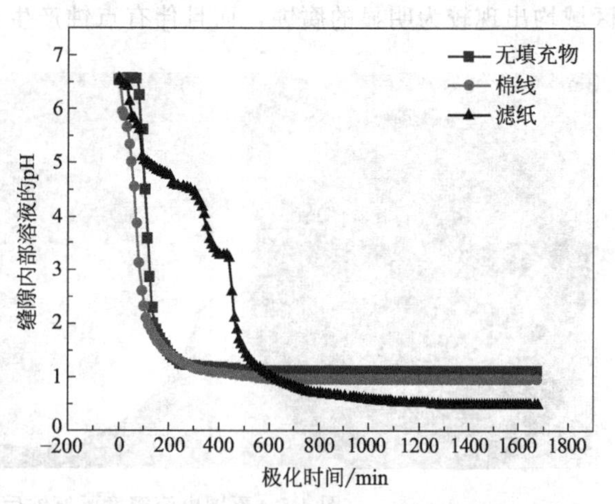

图 4-7 不同离子通道填充物下缝隙内部溶液 pH 随极化时间的变化趋势

在模拟的缝隙试验装置中，通过给模拟的缝内溶液和缝外溶液阴阳离子迁移的通道内填充不同的物质来改变离子通道间的闭塞程度。试验时，保证极化电流密度恒定在 $6mA/cm^2$，外部试件面积不变($30cm^2$)，温度为室温，极化时间足够长，直到缝隙内部溶液的 pH 稳定并保持不变为止。记录该体系下的闭塞程度、对应的临界 pH、达到稳定所需要的时间，试验结果如表 4-4 所示，并将其绘制到图 4-7。可知，模拟的缝内溶液和缝外溶液阴阳离子迁移通道的闭塞程度对缝隙内部临界 pH 的大小影响较大。闭塞程度越严重，缝隙内部溶液达到稳定 pH 所需的时间越长，其临界 pH 也随之减小。

表 4-4 临界 pH 随离子通道填充物的变化趋势

离子通道填充物	极化电流密度 $i/(mA/cm^2)$	稳定时间 t/h	临界 pH	外部试件面积$/cm^2$
无	6	9	1.12	30
棉线	6	12	0.95	30
滤纸	6	22	0.49	30

滤纸的闭塞效应比棉线和无填充物时严重得多，导致腐蚀介质内阴阳离子的扩散途径减少，阴阳离子的扩散速度减小，因此临界 pH 建立起来的时间也延长。同时，闭塞区域内能够保留更多的 H^+，从而使得临界 pH 的数值降低。

图 4-8 为不同离子通道填充物下腐蚀后试样的宏观形貌。由图可知，不同离子通道填充物下试样暴露区域均出现较为明显的腐蚀，而且伴有点蚀产生；而未暴露的区域仍保留有金属光泽。当通道填充物为滤纸时，试样腐蚀最为严重，这与该条件下 pH 最低相对应。

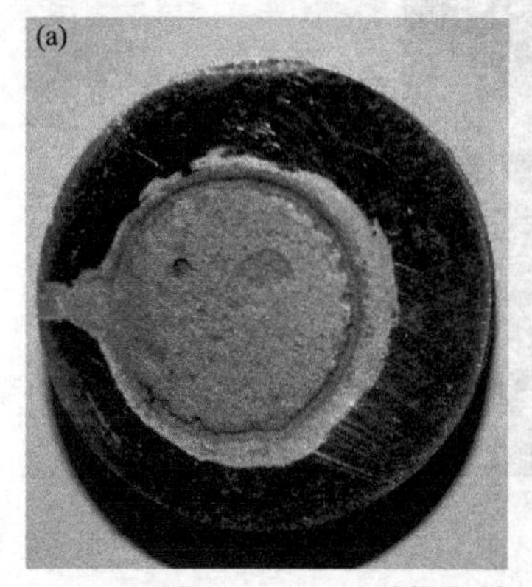

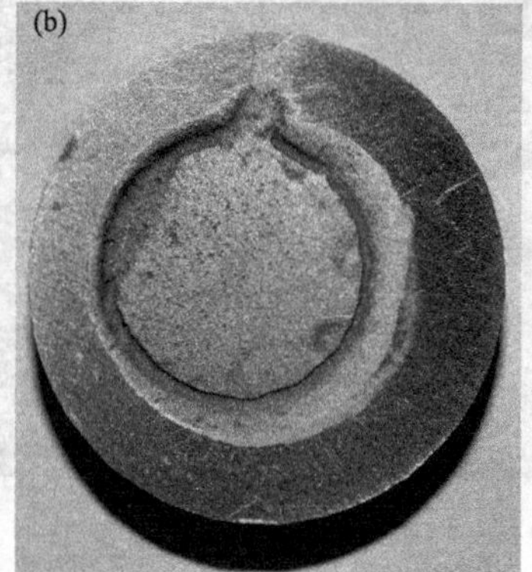

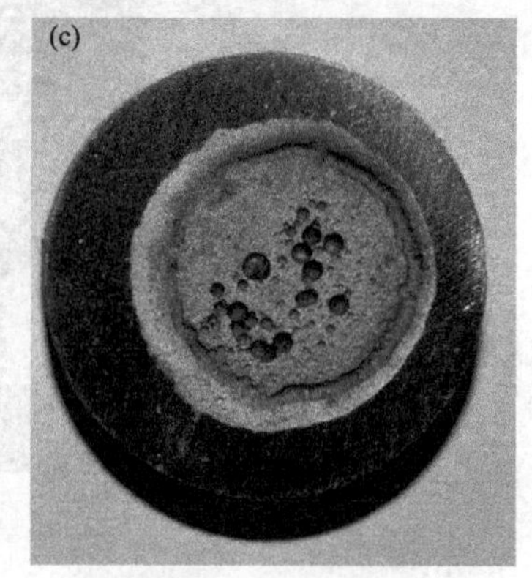

图 4-8 不同离子通道填充物下腐蚀后内试件表面腐蚀宏观形貌

(a) 无填充物；(b) 棉线；(c) 滤纸

图 4-9 为不同离子通道填充物下腐蚀后试样的微观形貌，由图可知，不同离子通道填充物下试样暴露区域均出现局部腐蚀坑，并且闭塞程度越严重（填充物为滤纸），局部腐蚀坑越深且越大。

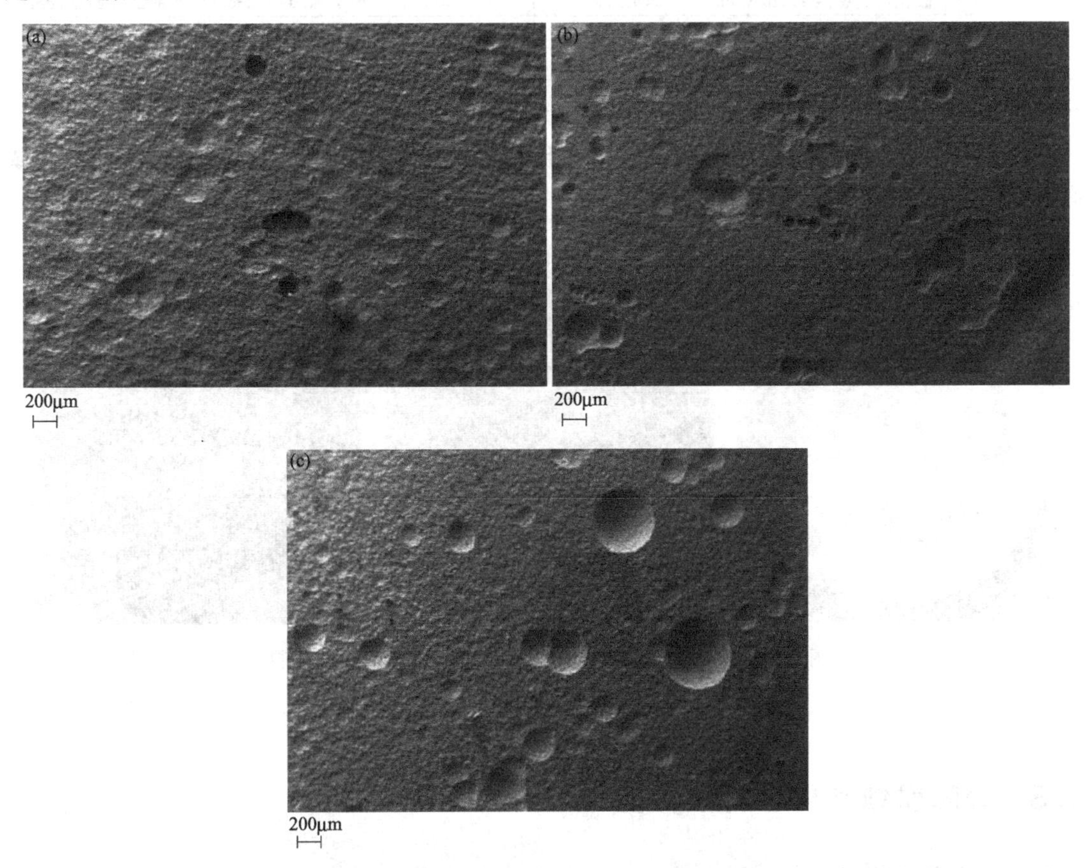

图 4-9 不同离子通道填充物下腐蚀后内试件表面腐蚀微观形貌

(a) 无填充物；(b) 棉线；(c) 滤纸

4.2.4 温度

在模拟缝隙腐蚀试验中，保持外部试件面积不变（$30cm^2$），电流密度为 $6mA/cm^2$，极化足够时间，直到缝隙内部溶液的 pH 稳定并保持不变为止，记录该温度下对应的临界 pH 以及达到稳定所需要的时间，试验结果如表 4-5 所示，并将其绘制到图 4-10。可知，温度的高低对闭塞区内的临界 pH 影响不大，但随着温度的升高，闭塞区内溶液达到临界 pH 的时间缩短。

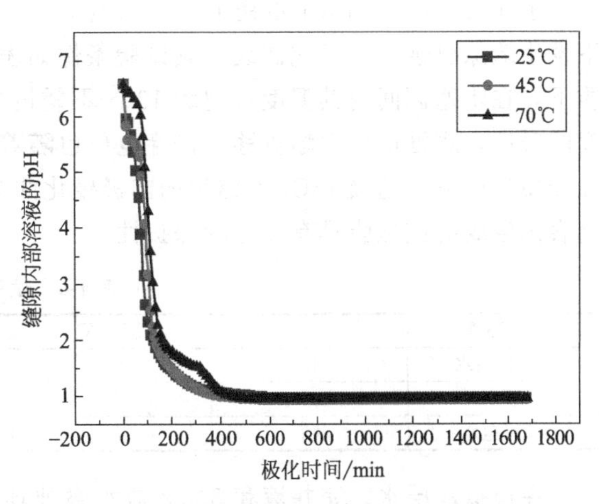

图 4-10 不同温度下缝隙内部溶液 pH 随极化时间的变化趋势

温度升高时，各种阴阳离子在腐蚀介质中的扩散速度加快。在缝隙内部的金属表面上，金属阳极溶解，阳离子在缝隙内部过剩，氯离子在缝隙内部大量聚集，腐蚀介质电阻降低。这些都会加速缝隙内外的腐蚀。

表 4-5 临界 pH 随温度的变化趋势

极化温度/℃	极化电流密度 i/(mA/cm^2)	稳定时间 t/h	临界 pH	离子通道填充物	外部试件面积/cm^2
25	6	12	0.95	纯棉线	30
45	6	10	0.95	纯棉线	30
70	6	9	0.95	纯棉线	30

图 4-11 为不同温度下腐蚀后试样的宏观形貌。由图可知，不同温度下试样的暴露区域均出现较为明显的腐蚀，而且伴有点蚀产生；而未暴露的区域仍保留有金属光泽。

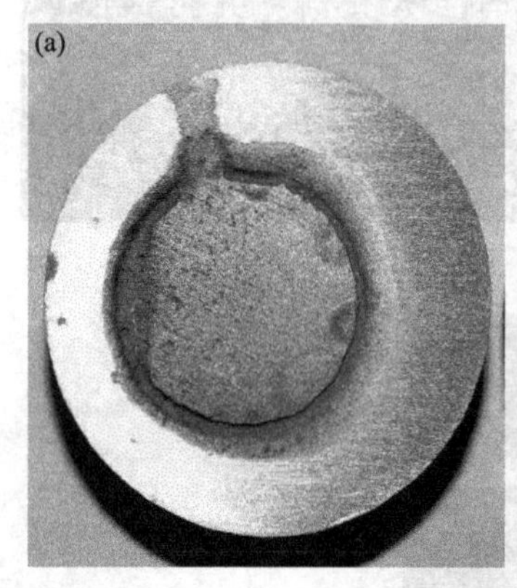

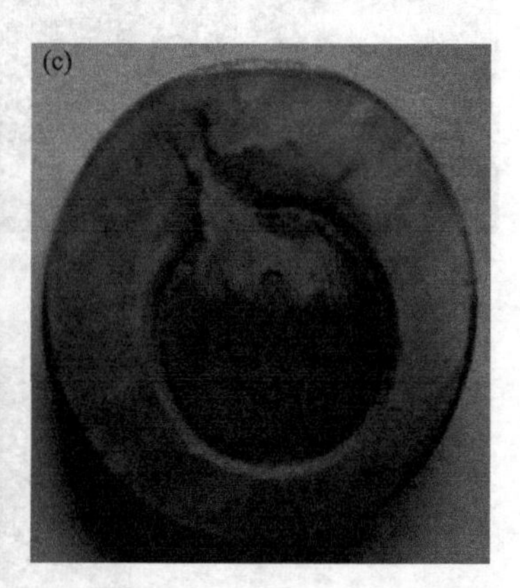

图 4-11 不同温度下腐蚀后内试件表面腐蚀的宏观形貌

(a) 25℃；(b) 45℃；(c) 70℃

4.3 缝隙腐蚀电化学腐蚀特征

4.3.1 温度的影响

4.3.1.1 极化曲线

图 4-12 为超级 13Cr 不锈钢在模拟地层水、完井液和 3.5%盐水腐蚀环境中，不同温度下发生缝隙腐蚀时的极化曲线，其试验条件如表 4-6 所示。从图中可以看出，在不同腐蚀介质下，在闭塞区间内其温度对超级 13Cr 不锈钢缝隙腐蚀的影响趋势大致是相同的。随着温度的升高，腐蚀电位逐渐负移，击穿电位也随着降低，腐蚀倾向也越来越大。而且在三种腐蚀介质环境下，超级 13Cr 不锈钢的阳极极化曲线都存在明显的钝化区，说明超级 13Cr 不锈钢表面生成的钝化膜具有良好的保护性。

表 4-6 试验条件

腐蚀环境	温度/℃			试验气体	除氧气体
模拟地层水	45	70	90	CO_2	N_2
完井液	45	70	90	CO_2	N_2
3.5%盐水	45	70	90	CO_2	N_2

在模拟地层水、完井液和 3.5%盐水腐蚀环境中超级 13Cr 不锈钢的腐蚀电位、腐蚀电流密度以及腐蚀速率的拟合结果如表 4-7 所示。从表格中可以看出，在三种不同腐蚀介质中，随着温度的升高，自腐蚀电位降低，腐蚀电流密度升高。

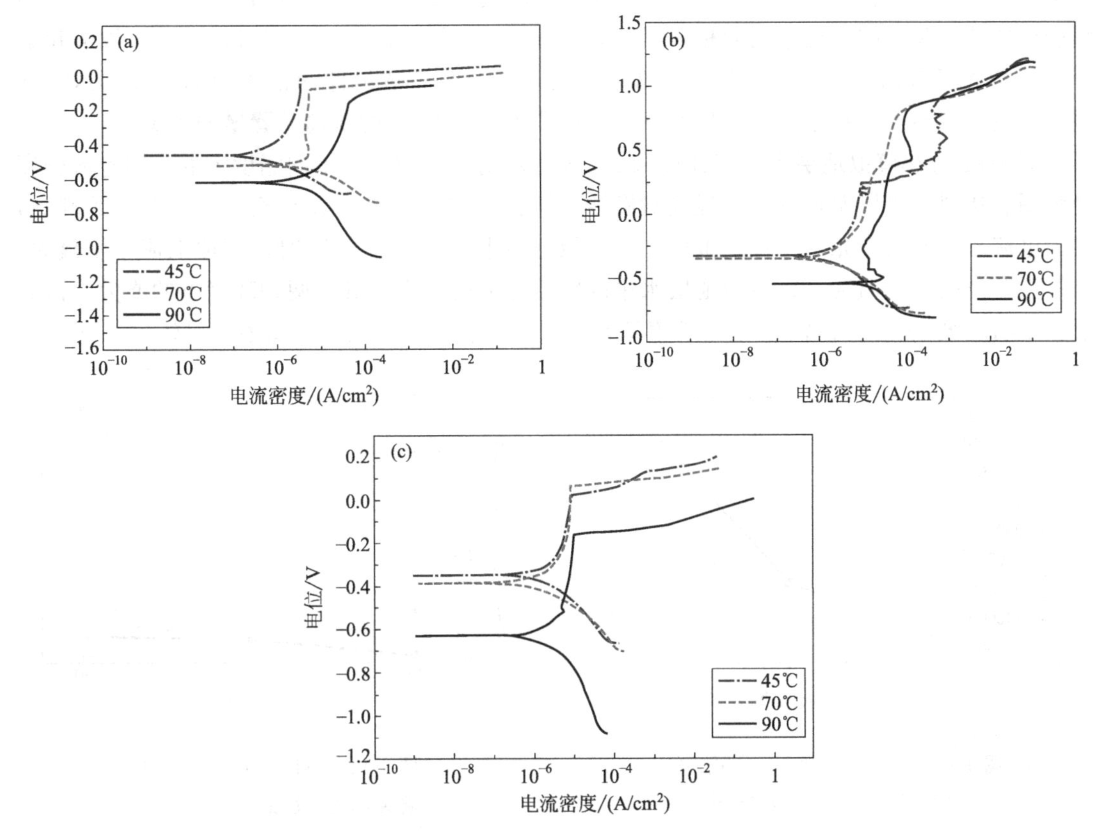

图 4-12　不同介质下闭塞区内超级 13Cr 不锈钢的极化曲线

(a) 模拟地层水；(b) 完井液；(c) 3.5%盐水

表 4-7　不同腐蚀介质下超级 13Cr 不锈钢的极化曲线参数拟合结果

腐蚀介质	温度/℃	腐蚀电位/mV	腐蚀电流密度/(A/cm²)	腐蚀速率/(mm/a)
模拟地层水	45	−452	9.526×10^{-6}	0.0482
	70	−516	1.674×10^{-5}	0.0865
	90	−619	4.750×10^{-5}	0.1941
完井液	45	−345	1.627×10^{-6}	0.0017
	70	−374	4.987×10^{-6}	0.0186
	90	−543	7.456×10^{-6}	0.0265
3.5%盐水	45	−342	1.530×10^{-6}	0.0277
	70	−390	4.114×10^{-6}	0.0316
	90	−620	5.185×10^{-6}	0.0601

在这三种环境中，从表格中可以看出，试样在温度 90℃时，腐蚀电流密度比在 45℃和 70℃温度下的都要大，腐蚀速率也比在 45℃和 70℃下的高。说明超级 13Cr 不锈钢在 90℃下腐蚀最为严重，形成的钝化膜在该条件下容易被击破；而试样在 45℃时，恰恰与 90℃相反，腐蚀电流密度、腐蚀速率均很小，超级 13Cr 不锈钢在 45℃下形成的钝化膜较难击破。

以模拟地层水环境下测量的 90℃时的数据为例，研究超级 13Cr 不锈钢在闭塞区内的极化曲线。从图 4-12 极化曲线上可以看出，阳极区有很明显的钝化区，表明闭塞区内阳极金属尚没有发生溶解，而阴极此时发生还原反应。由于本试验是在无氧、饱和 CO_2 溶液的条件下测试的，所以不会发生以 O_2 为主导的阴极反应，只是介质内的 H^+ 被还原成 H，阴极

区 H^+ 被消耗。然后随着电位缓慢上升，电流密度迅速增大，此时的电位已经击破了阳极金属表面的钝化膜，闭塞区内的阳极金属开始溶解，Fe 被氧化成 Fe^{2+} 或 Fe^{3+}，Cr 被氧化成 Cr^{3+}。随着反应的进行，阳极金属局部腐蚀逐步加剧，造成缝隙内部溶液的酸化，这又促进了阳极金属溶解。在这种循环作用下，形成了如图 4-13 中的氯离子骤增的现象。

图 4-14 为在模拟地层水、完井液和 3.5％盐水腐蚀介质中，不同温度下的腐蚀电流密度趋势图。从图中可以明显看出，温度对腐蚀电流密度趋势的影响大致相同，随温度的升高，腐蚀电流密度变大。尤其是在模拟地层水腐蚀环境中，温度为 90℃时，腐蚀电流密度最大。总体而言，在每个温度下，模拟地层水中的腐蚀电流密度都比其他两种环境下的要大。试验数据说明超级 13Cr 不锈钢在 90℃下模拟地层水中的腐蚀速率最大，腐蚀情况较为严重。

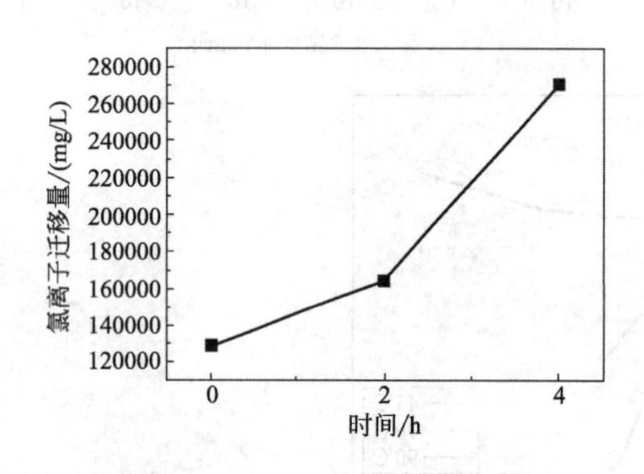

图 4-13 90℃时超级 13Cr 在闭塞区内的氯离子变化趋势图

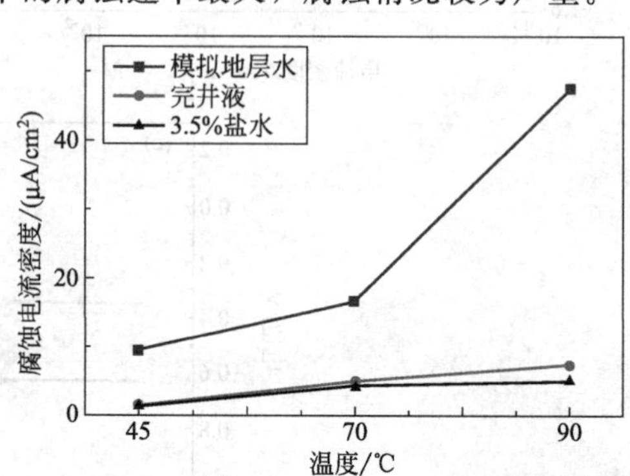

图 4-14 不同介质下温度对腐蚀电流密度的影响趋势图

4.3.1.2 交流阻抗谱

图 4-15 为超级 13Cr 不锈钢在模拟地层水、完井液和 3.5％盐水腐蚀环境下，不同温度下

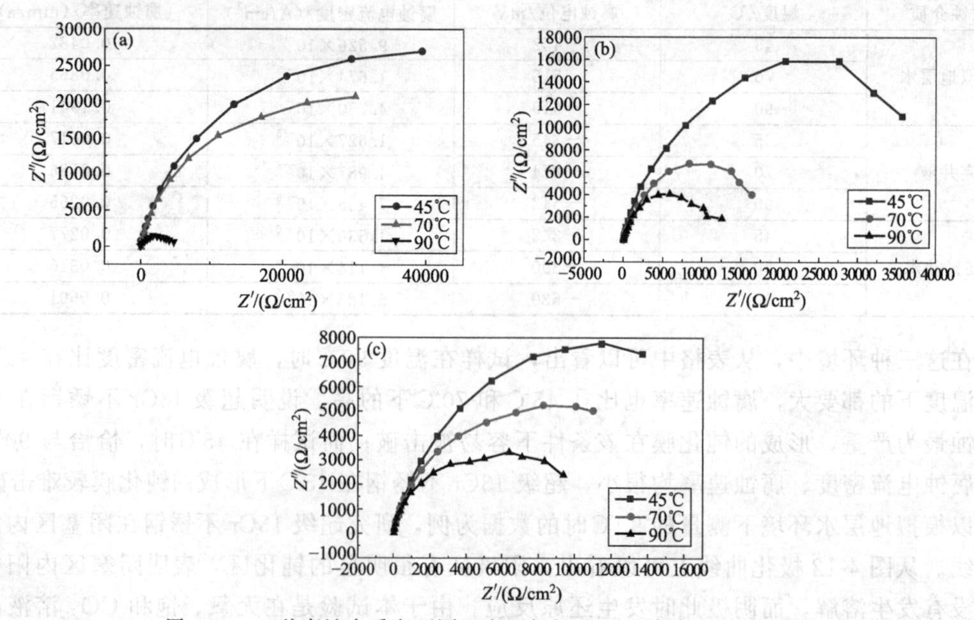

图 4-15 三种腐蚀介质在不同温度下超级 13Cr 不锈钢的 EIS 图谱

(a) 模拟地层水；(b) 完井液；(c) 3.5％盐水

的电化学阻抗谱。从图中可以看出，电化学阻抗谱中曲线是一条加宽的容抗弧（大约 1/4 圆弧）曲线。由于超级 13Cr 不锈钢主要是靠本身含有的合金元素在其外表面上形成的钝化膜来提高其抗腐蚀性能，所以可能是在测试 EIS 曲线之前，超级 13Cr 不锈钢表面形成的钝化膜上由于某种原因产生了部分缺陷，比如微型点蚀，破坏了超级 13Cr 不锈钢表面钝化膜的完整性，导致氯离子等其他侵蚀性离子穿过超级 13Cr 不锈钢表面的钝化膜，对金属基体造成破坏。

实际测得的阻抗是超级 13Cr 不锈钢试样表面钝化面和活化面的界面阻抗的总和。由于超级 13Cr 不锈钢试样表面钝化面的阻抗远远高于活化面的阻抗，所以实际上测得的 EIS 反映的是超级 13Cr 不锈钢试样表面钝化面上的阻抗，就是两个时间常数交叠在一起，出现了类似图中加宽的容抗弧，并非一般的半圆弧阻抗图。因为测量阻抗是在暂态或稳态下进行的，在实际测试中常会出现图中大约 1/4 圆弧的 EIS 曲线。主要是试样电极表面的粗糙程度、吸附层、钝化膜和溶液的导电性对 EIS 中的曲线形状产生了影响，再加上测试体系内，盐桥和工作电极的距离也会影响 EIS 的曲线形状。

从图中可以明显看出，随体系温度的升高，EIS 曲线中的半圆弧半径越来越小。这进一步可以表明，超级 13Cr 不锈钢在该体系下的耐蚀性越来越弱，即在模拟地层水、完井液和 3.5%盐水腐蚀环境中，随温度的升高，超级 13Cr 不锈钢材质的耐蚀性逐渐降低，缝隙腐蚀加剧。90℃时在模拟地层水环境下，超级 13Cr 不锈钢在闭塞区内的电化学阻抗谱中并没有出现明显的感抗弧，只有一条加宽的容抗弧（大约 1/4 圆弧）曲线。出现这种现象的主要原因可能是缝隙腐蚀开始的初期阶段，Fe 与介质内的 HCO_3^-、CO_3^{2-} 形成 $FeCO_3$，而 Cr 可能和溶液中的 OH^- 生成 $Cr(OH)_3$。当腐蚀产物的形成速度比较大时，完全可以覆盖在阳极金属表面，作为一层保护膜，将阳极金属保护起来。所以，$FeCO_3$ 和 $Cr(OH)_3$ 产物膜的出现导致在图中未出现感抗弧。

图 4-16 为超级 13Cr 不锈钢在模拟地层水、完井液和 3.5%盐水腐蚀环境中表面钝化膜阻抗谱所对应的等效电路。从图中可以看出，两个电极反应组成了等效电路。其中，R_s 为被测试体系内腐蚀介质溶液的电阻，R_t 为试样表面的电荷传递电阻，C_{dl} 为双电层电容，R_c 和 C 是离子穿过试样电极表面腐蚀产物膜而形成的电阻和容抗。

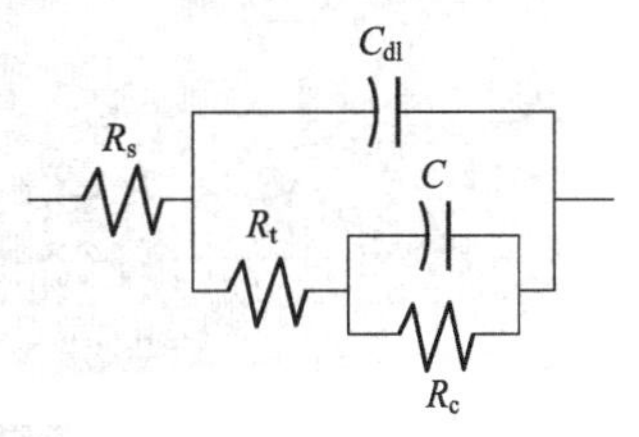

图 4-16　超级 13Cr 不锈钢在模拟地层水、完井液和 3.5%盐水环境中的等效电路图

表 4-8 为超级 13Cr 不锈钢在模拟地层水、完井液和 3.5%盐水腐蚀介质下的钝化膜交流阻抗谱拟合结果。从拟合结果可以看出，随着温度的升高，溶液电阻 R_s 减小，而超级 13Cr 不锈钢的极化电阻 R 逐渐降低。在模拟地层水腐蚀环境中，相比较该条件下的其他温度，超级 13Cr 不锈钢在温度为 45℃下的模拟地层水腐蚀环境中具有较好的抗腐蚀性能。这和极化曲线、EIS 曲线中的结果相吻合，其主要原因是超级 13Cr 不锈钢试样在 45℃下的环境中表面形成的钝化膜要比在其他两种温度下的钝化膜具有更好的抗腐蚀性能。

表 4-8　不同腐蚀环境下超级 13Cr 不锈钢的 EIS 拟合结果

腐蚀介质	温度/℃	$R_s/(\Omega\cdot cm^2)$	$C_{dl}/(F/cm^2)$	$R_t/(\Omega\cdot cm^2)$	$R_c/(\Omega\cdot cm^2)$	$C/(F/cm^2)$
模拟地层水	45	7.52	1.002×1^{-3}	99.76	1.991×10^{-4}	136200
模拟地层水	70	5.01	1.267×10^{-5}	39.27	2.425×10^{-4}	49070
模拟地层水	90	3.84	1.247×10^{-5}	37.80	3.430×10^{-4}	4415
完井液	45	6.25	1.150×10^{-5}	61.66	1.026×10^{-4}	42240

续表

腐蚀介质	温度/℃	$R_s/(\Omega \cdot cm^2)$	$C_{dl}/(F/cm^2)$	$R_t/(\Omega \cdot cm^2)$	$R_c/(\Omega \cdot cm^2)$	$C/(F/cm^2)$
完井液	70	4.54	1.213×10^{-5}	48.94	2.045×10^{-4}	19080
完井液	90	3.811	2×10^{-5}	44.35	2.025×10^{-4}	12250
3.5%盐水	45	32.60	2.192×10^{-5}	57.25	9.905×10^{-5}	25590
3.5%盐水	70	29.15	5×10^{-5}	42.17	2.350×10^{-4}	10510
3.5%盐水	90	15.85	1.242×10^{-4}	38.70	2.409×10^{-4}	22170

4.3.1.3 表面微观形貌

在模拟地层水腐蚀环境下，每个温度实验后试样均呈明显多孔状，在100倍显微镜下的微观形貌如图4-17所示。从图中可以明显看出，试样表面上出现了较为严重的点蚀坑，而且随着温度的升高，试样表面的点蚀越来越严重。表4-9为每个温度下随机选取10个试样表面点蚀坑的具体数据。从表格中可以看出，随温度升高，点蚀坑深度随之增加。

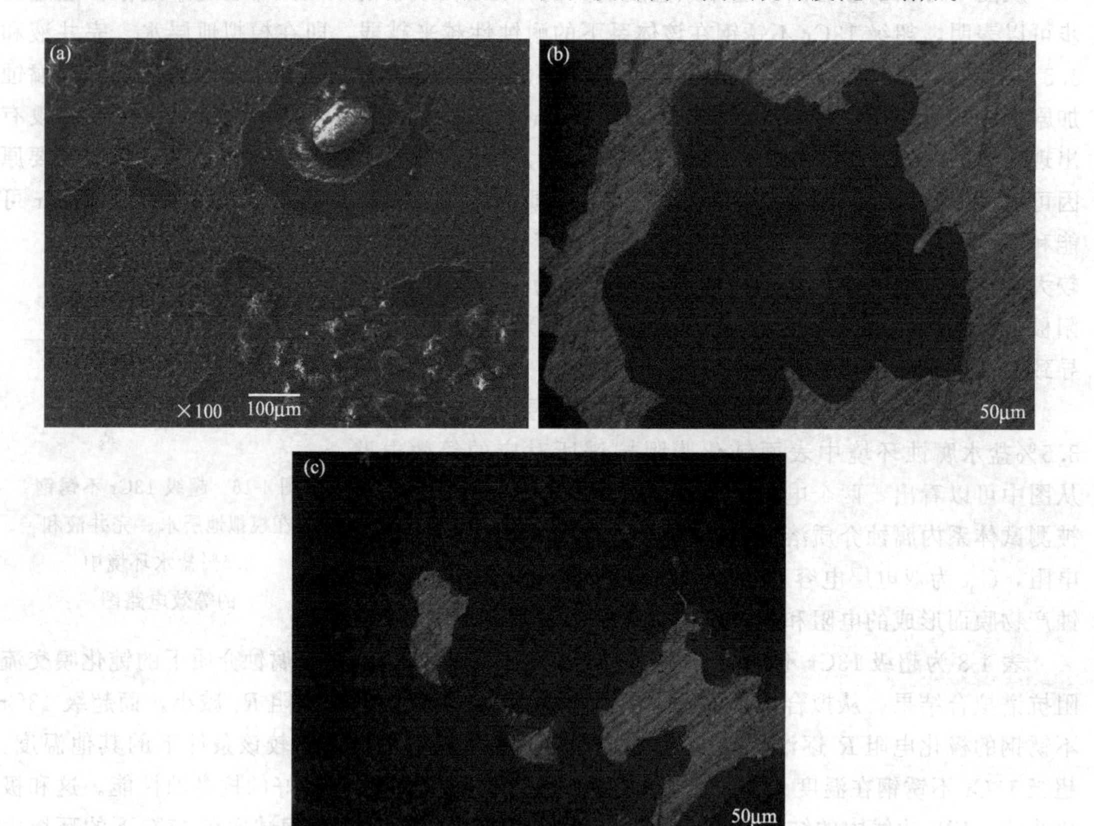

图4-17 模拟地层水中不同温度下缝隙腐蚀后内试件表面腐蚀微观形貌（×100）

(a) 45℃；(b) 70℃；(c) 90℃

表4-9 不同温度模拟地层水腐蚀环境下试样表面的点蚀坑深度

温度/℃	45	70	90
最大深度/μm	106	397	455
最小深度/μm	38	135	54
平均深度/μm	65	358	380

图 4-18 为在完井液腐蚀环境中，每个温度试验后试样在 100 倍显微镜下的微观形貌。从图中可以明显看出，45℃和 70℃时，试样表面上出现了少量微型点蚀坑。而在 90℃腐蚀环境下，试样表面的腐蚀情况并非很严重。表 4-10 为在完井液腐蚀环境中，每个温度下随机选取 10 个试样表面点蚀坑的具体数据。从表格中可以看出，随温度升高，点蚀坑深度也随之增加，但腐蚀情况并不是很严重。

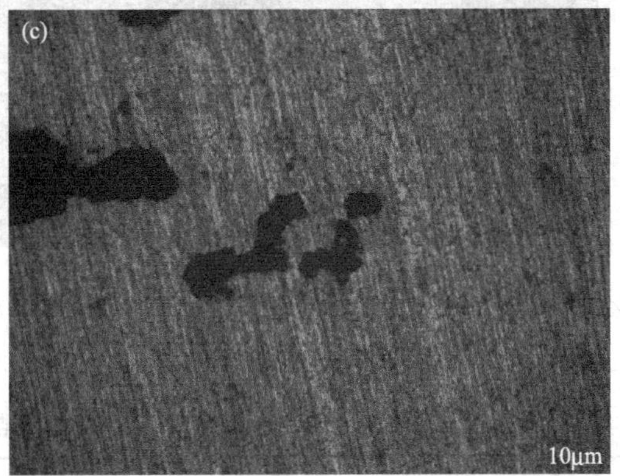

图 4-18　完井液中不同温度下缝隙腐蚀后内试件表面腐蚀微观形貌（×100）

(a) 45℃；(b) 70℃；(c) 90℃

表 4-10　在不同温度完井液腐蚀环境下试样表面的点蚀坑深度

温度/℃	45	70	90
最大深度/μm	6	10	42
最小深度/μm	3	3	9
平均深度/μm	4	5	26

图 4-19 为在 3.5%盐水腐蚀环境中，每个温度实验后试样在 100 倍显微镜下的微观形貌。从图中可以明显看出，试样表面上出现了严重的点蚀坑。在 3.5%盐水腐蚀环境下，试样产生的腐蚀情况非常严重，随着温度的升高，点蚀坑的数量以及大小均有所增加。表 4-11 是在 3.5%盐水腐蚀环境中，每个温度下随机选取 10 个试样表面点蚀坑的具体数据。从表格中可以看出，随温度升高，试样表面的腐蚀情况越来越严重，点蚀坑深度也随之增加。

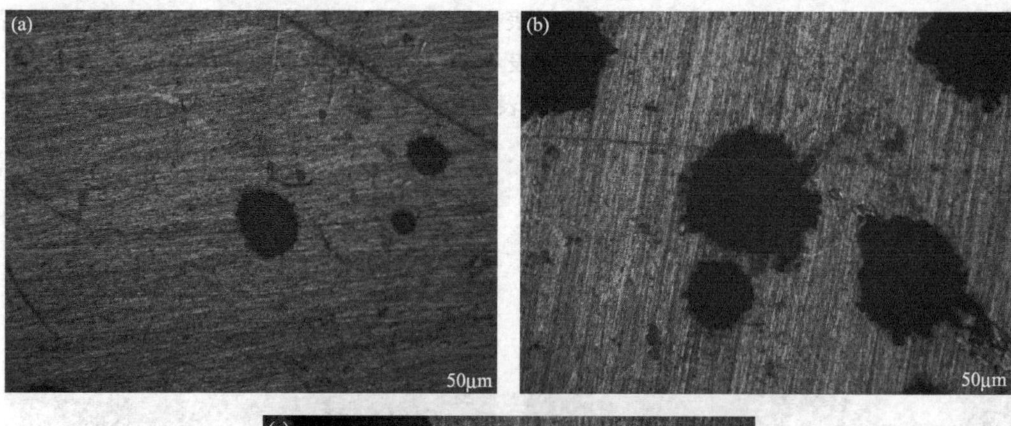

图4-19　3.5%盐水中不同温度下缝隙腐蚀后内试件表面腐蚀微观形貌（×100）
(a) 45℃；(b) 70℃；(c) 90℃

表4-11　在不同温度下3.5%盐水腐蚀环境下试样表面的点蚀坑深度

温度/℃	45	70	90
最大深度/μm	69	123	199
最小深度/μm	55	62	95
平均深度/μm	57	85	148

在模拟地层水、完井液和3.5%盐水腐蚀介质环境中，温度对闭塞区内超级13Cr不锈钢缝隙腐蚀趋势的影响是相同的。由于这三种腐蚀介质的成分不一样，模拟地层水和3.5%盐水含有大量氯离子，而完井液中离子成分较为复杂，氯离子含量较为匮乏，所以造成了试样表面的腐蚀情况大不一样。而随着温度的升高，试样表面产生了较为严重的点蚀坑，尤其是在模拟地层水腐蚀环境中，试样表面的腐蚀最为严重。

4.3.1.4　氯离子浓度变化

根据GB/T 11896—1989滴定检测缝隙腐蚀试验前后缝隙内部的氯离子浓度变化。表4-12、表4-13和表4-14分别为模拟地层水、完井液和3.5%盐水腐蚀环境中，不同温度下缝隙内部的氯离子迁移量。

表 4-12 模拟地层水腐蚀环境中不同温度下试验前后缝隙内部的氯离子变化

温度/℃	45	70	90
试验前氯离子浓度/(mg/L)	128082		
试验后氯离子浓度/(mg/L)	150913	283612	397876
变化量/(mg/L)	22831	155530	269794

表 4-13 完井液腐蚀环境中不同温度下试验前后缝隙内部的氯离子变化

温度/℃	45	70	90
试验前氯离子浓度/(mg/L)	8082		
试验后氯离子浓度/(mg/L)	31977	37978	87929
变化量/(mg/L)	23895	29896	79847

表 4-14 3.5%盐水腐蚀环境中不同温度下试验前后缝隙内部的氯离子变化

温度/℃	45	70	90
试验前氯离子浓度/(mg/L)	21239		
试验后氯离子浓度/(mg/L)	54494	57293	70389
变化量/(mg/L)	33255	36054	49150

将3个表中的数据绘制到图4-20，从图中可以明显看出在这三种腐蚀情况下，氯离子的迁移量都随温度的升高而增大，特别是在温度为90℃时，氯离子的迁移量最大；而且在模拟地层水腐蚀环境中，氯离子迁移量的增长率最大，其次是完井液，最后才是3.5%盐水腐蚀环境。

缝隙内部氯离子大量聚集是由于闭塞区内金属表面发生阳极反应，金属大量溶解，缝隙内部的金属阳离子过剩。为保持缝隙内外溶液的电中性，缝隙外部的大量氯离子以及部分阴离子逐渐迁入缝隙内部，而随着缝隙内阳极反应的进行，导致 Cl^- 迁移量逐步增加，缝隙内部的 Cl^- 浓度也就增大。

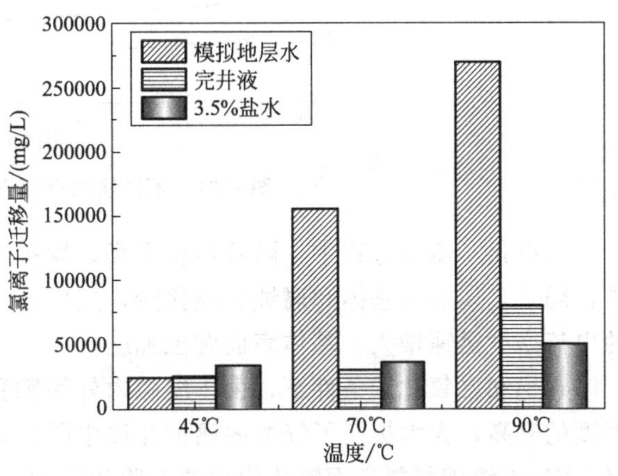

图 4-20 不同腐蚀介质在不同温度下缝隙内部实验前后氯离子变化量

而在NaCl溶液体系中，有研究报道，闭塞区内的氯离子浓度聚集倍数非常大。可是在本实验当中，闭塞区内的氯离子聚集倍数并非这么大。有可能是因为在本实验缝隙腐蚀的工作表面上形成了附着性较强的腐蚀产物，从而在某种程度上抑制了缝隙内部的腐蚀，所以在本实验中，实际测得的氯离子迁移量并非很大。而且，可能由于迁移到缝隙内部的氯离子与二价铁离子形成了络合离子，缝隙内部的工作电极表面覆盖了一层较厚的固体氯化物；在电位极高的情况下，缝隙内部的工作电极表面覆盖了一层高浓度盐溶液膜；再加上缝隙内外的溶液浓度差，迁入缝隙内部的氯离子又向缝隙外部迁移，这就使得缝隙内部溶液中氯离子的迁入量并非很大。

4.3.1.5 电位变化趋势

在前面试验中，已经测试了超级 13Cr 不锈钢在不同条件下的极化曲线，可以在阳极极化曲线上确定缝隙腐蚀电位。通常在试验中，电流密度突然增大时对应的电位值就是该组试验下的腐蚀电位。而当曲线的变化趋势很缓慢的时候，做曲线前半部分和后半部分的切线，这两个切线交点的电位值就是该组试验条件下的腐蚀电位。

结合图 4-12，利用 origin 软件，可以在阳极极化曲线上确定缝隙腐蚀电位。得到的缝隙腐蚀电位数据如图 4-21 所示。图 4-21 为在模拟地层水、完井液和 3.5%盐水腐蚀环境中，不同温度下的缝隙腐蚀电位变化趋势图。从图中可以看出，随温度的升高，缝隙腐蚀电位逐渐降低。尤其在温度为 90℃条件下，缝隙腐蚀电位最低，超级 13Cr 不锈钢的耐蚀性较差。从图中曲线可以看出，完井液环境下，缝隙腐蚀电位比较高，说明在完井液环境下的耐蚀性较好；而在模拟地层水环境中，缝隙腐蚀电位较低，说明超级 13Cr 不锈钢在该环境下的耐蚀性较差。

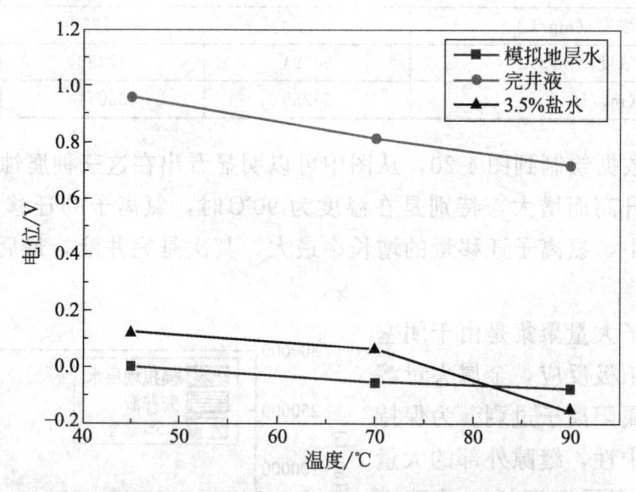

图 4-21 不同腐蚀介质下的缝隙腐蚀电位

在电化学测试过程中，随着电位升高，模拟地层水环境中试样表面的钝化膜较容易被击破，随之金属表面基体和腐蚀介质接触，发生部分腐蚀。在电位继续升高的情况下，缝隙腐蚀电流密度迅速增大，基体表面腐蚀加剧。

在饱和二氧化碳条件下，由于缝隙内外间隙狭小，腐蚀介质内阴阳离子迁移较为困难。温度的升高，大大提高了缝隙内腐蚀介质中阴阳离子的迁移速度，尤其是促进了 Cl^- 进入超级 13Cr 不锈钢材料表面钝化膜中改变膜的结构，使得材料表面膜溶解，从而导致材料表面的钝化膜被破坏，使钝化膜的保护性大大降低。因此，温度升高会降低整个金属电极的自腐蚀电位，电极反应驱动力大大提高，使缝隙内部的各种反应速度加快（例如金属氯化物的水解等反应），使缝隙腐蚀加重。

由以上分析可知，温度的升高，加快了缝隙腐蚀的进程，加重了缝隙腐蚀的程度。在极化曲线上存在明显的钝化区，随着温度升高，腐蚀电位逐渐负移，击穿电位也随着降低，腐蚀倾向性也越来越大（如图 4-12 所示）；随着温度升高，阻抗谱容抗弧半径变小（如图 4-16 所示），缝隙腐蚀电位逐渐降低（如图 4-21 所示）。这表明超级 13Cr 不锈钢在模拟地层水、完井液和 3.5%盐水腐蚀环境中，随温度的升高，材料表面的钝化膜的抗腐蚀性能越来越差，缝隙腐蚀加剧。

4.3.2 矿化度的影响

4.3.2.1 极化曲线

图 4-22 为在模拟地层水腐蚀环境中，不同矿化度下测得闭塞区内超级 13Cr 不锈钢的极化曲线。从图中可以看出，在不同矿化度下的闭塞区溶液内，超级 13Cr 不锈钢的阳极极化曲线都存在明显的钝化区，说明缝隙腐蚀反应为阳极反应过程控制，而且随着矿化度的增加，腐蚀电位逐渐负移，击穿电位随着降低，腐蚀倾向逐渐变大。在每个矿化度下，超级 13Cr 不锈钢的阳极极化曲线都存在明显的钝化区，说明超级 13Cr 不锈钢表面生成的钝化膜具有良好的保护性。

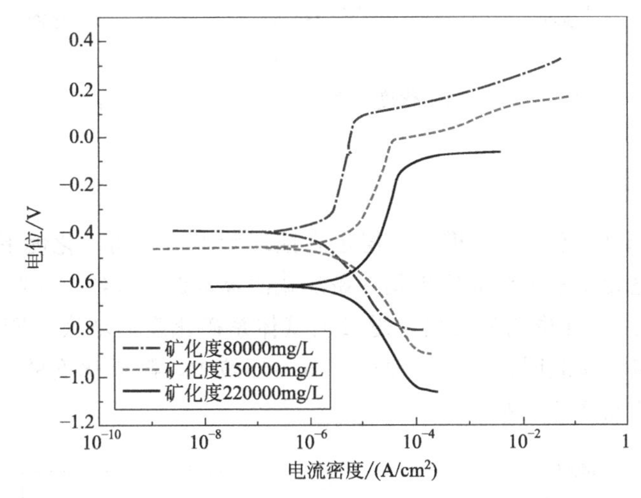

图 4-22 不同矿化度下闭塞区内超级 13Cr 不锈钢的极化曲线

在模拟地层水腐蚀环境中，三种矿化度下超级 13Cr 不锈钢的腐蚀电位、腐蚀电流密度以及腐蚀速率的拟合结果如表 4-15 所示。从表格中可以看出，随着矿化度的升高，自腐蚀电位降低（降低幅度在 0.22V 左右），腐蚀电流密度升高，腐蚀速率变大。另外从表中还可以看出，在模拟地层水腐蚀环境中，相比较于其他两个矿化度，矿化度为 220000mg/L 时，缝隙腐蚀电流密度最大，达到了 47.50μA/cm^2，说明在该情况下，缝隙腐蚀情况最为严重。

表 4-15 地层水中不同矿化度下超级 13Cr 不锈钢的极化曲线参数拟合结果

矿化度/(mg/L)	腐蚀电位/mV	腐蚀电流密度/(μA·cm^2)	腐蚀速率/(mm/a)
80000	−398	2.065	0.0239
150000	−472	6.912	0.0934
220000	−619	47.50	0.1941

图 4-23 为在模拟地层水腐蚀环境中，不同矿化度下的腐蚀电流密度趋势图。从图中可以明显看出，随着矿化度的升高，腐蚀电流密度增大。在模拟地层水腐蚀环境中，与其他两种矿化度相比，矿化度为 220000mg/L 时，腐蚀电流密度最大。实验数据说明超级 13Cr 在

模拟地层水矿化度为 220g/L 中腐蚀情况更为严重。

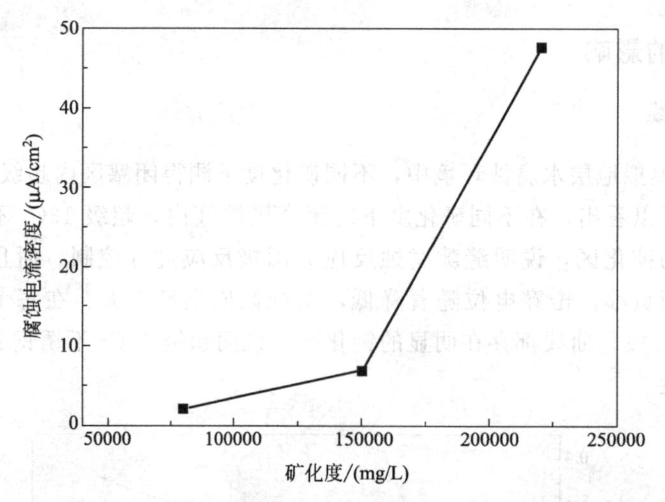

图 4-23 不同矿化度下腐蚀电流密度的变化趋势图

4.3.2.2 交流阻抗谱

图 4-24 为超级 13Cr 不锈钢在模拟地层水腐蚀环境中，不同矿化度下测得的 EIS 图谱。从图中可以看出，电化学阻抗谱曲线也是一条加宽的容抗弧（大约 1/4 圆弧）曲线，和图 4-15 大体一致。可从图 4-24 中明显看出，随被测试体系矿化度的增大，EIS 曲线中的半圆弧半径越来越小。这进一步表明，在模拟地层水腐蚀环境中，随矿化度的增大，超级 13Cr 不锈钢材质的耐蚀性逐渐降低，腐蚀加剧。

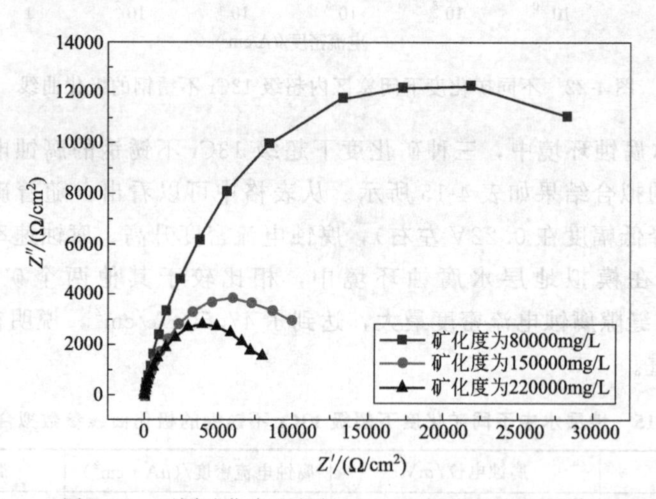

图 4-24 不同矿化度下超级 13Cr 不锈钢的 EIS 图谱

利用图 4-16 所示的等效电路对其拟合，表 4-16 为超级 13Cr 不锈钢在模拟地层水腐蚀环境中不同矿化度下表面钝化膜交流阻抗谱的拟合结果。从拟合结果可以看出，随着矿化度的升高，溶液电阻 R_s 减小，超级 13Cr 不锈钢的极化电阻 R 也逐渐降低。这说明在模拟地层水腐蚀环境中，随着体系矿化度的增大，超级 13Cr 不锈钢发生缝隙腐蚀的概率也越来越大，超级 13Cr 不锈钢表面形成的钝化膜的抗腐蚀性能逐渐变差。

表 4-16 模拟地层水中不同腐蚀环境下超级 13Cr 不锈钢的 EIS 拟合结果

矿化度/(mg/L)	R_s/(Ω·cm²)	C_{dl}/(F/cm²)	R_t/(Ω·cm²)	R_c/(Ω·cm²)	C/(F/cm²)
80000	13.64	1.406×10^{-5}	45.79	2.123×10^{-4}	36630
150000	9.76	1.365×10^{-5}	35.22	2.853×10^{-4}	11570
220000	6.95	1.164×10^{-5}	33.04	3.061×10^{-4}	7995

在模拟地层水腐蚀环境中，与该条件下的其他矿化度相比，超级 13Cr 不锈钢在矿化度为 80g/L 时的模拟地层水腐蚀环境中具有较好的抗腐蚀性能，而在其他两种矿化度下，试样的抗腐蚀性能较差。这也和极化曲线、EIS 曲线测出的结果相吻合。

4.3.2.3 表面微观形貌

图 4-25 为模拟地层水腐蚀环境中，不同矿化度下实验后试样在 100 倍显微镜下的微观形貌。从图中的微观形貌可以明显看出，试样表面上出现了较为严重的点蚀坑，随着矿化度的升高，试样表面产生的点蚀坑越来越严重。表 4-17 为模拟地层水腐蚀环境中，不同矿化度下试样表面点蚀坑的具体数据。从表格中可以看出，随着矿化度的增大，点蚀坑深度也随之增加。

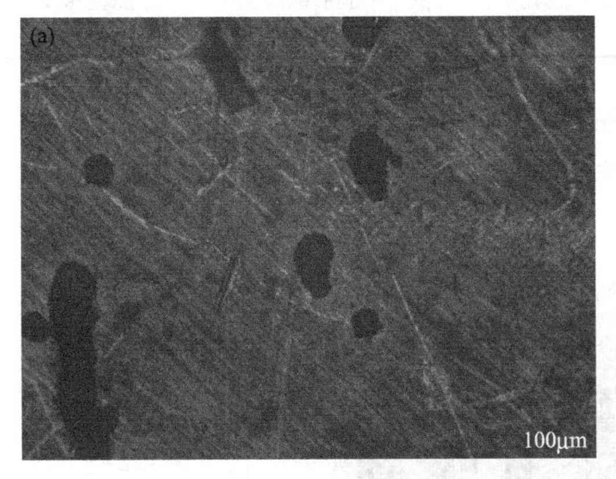

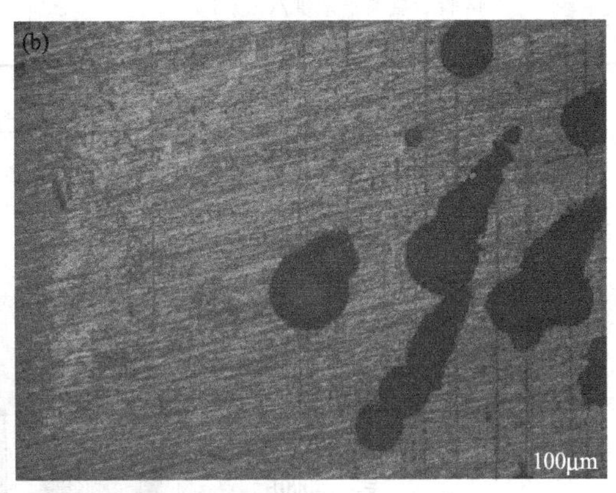

图 4-25 模拟地层水中不同矿化度下缝隙腐蚀后内试件表面腐蚀微观形貌（×100）

(a) 80000mg/L；(b) 150000mg/L；(c) 220000mg/L

表 4-17 不同矿化度下试样表面的孔蚀深度

矿化度/(mg/L)	80000	150000	220000
最大深度/μm	340	397	455
最小深度/μm	38	135	54
平均深度/μm	161	358	380

4.3.2.4 氯离子浓度变化

根据 GB/T 11896—1989 滴定检测缝隙腐蚀试验前后缝隙内部的氯离子浓度变化。表 4-18 为模拟地层水腐蚀环境中，不同矿化度下缝隙内部的氯离子迁移量，将表中的数据绘制到图 4-26，可明显看出在模拟地层水腐蚀环境中，氯离子的迁移量都随矿化度的增大而增加，特别是在矿化度为 220g/L 时，氯离子的迁移量最大。这说明在缝隙内部，随溶液矿化度的增大，氯离子的迁移量逐渐增加。主要是因为溶液里的阴阳离子总和变大，溶液的导电性变得优良。在一定电极电位下，随着矿化度的增加，溶液的电流密度增大，从而加快试样在缝隙内部的腐蚀行为。

表 4-18 地层水腐蚀环境中不同矿化度下试验前后缝隙内部的氯离子变化

矿化度/(mg/L)	80000	150000	220000
试验前氯离子浓度/(mg/L)	56542	123298	185627
试验后氯离子浓度/(mg/L)	73458	146702	234376
变化量/(mg/L)	16916	23404	48749

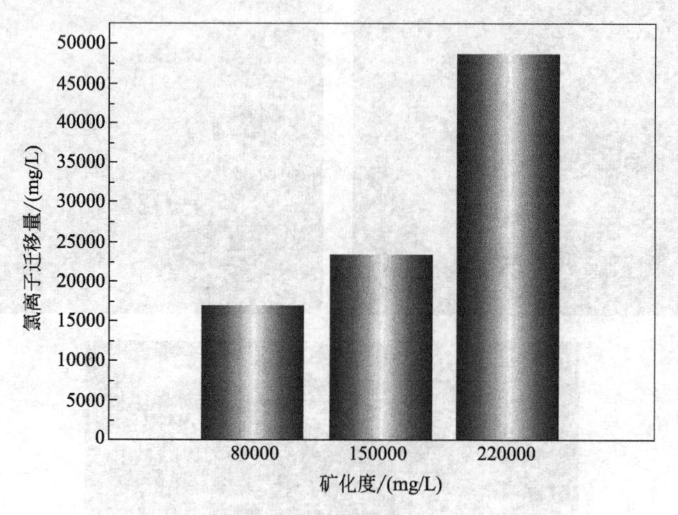

图 4-26 不同矿化度下缝隙内部试验前后氯离子变化量

4.3.2.5 电位变化趋势

结合图 4-22，利用 origin 软件，可以在阳极极化曲线上确定缝隙腐蚀电位。得到的缝隙腐蚀电位数据如图 4-27 所示。从图可以看出，随矿化度的增大，缝隙腐蚀电位逐渐降低，尤其在矿化度为 220g/L 时，缝隙腐蚀电位最低，超级 13Cr 不锈钢的耐蚀性较差。电位持续升高，缝隙腐蚀电流密度增大，基体表面腐蚀加剧。这说明腐蚀介质中矿化度的升高，更加容易引发缝隙腐蚀，而在矿化度为 220g/L 环境下的超级 13Cr 不锈钢的抗腐蚀能力较弱。

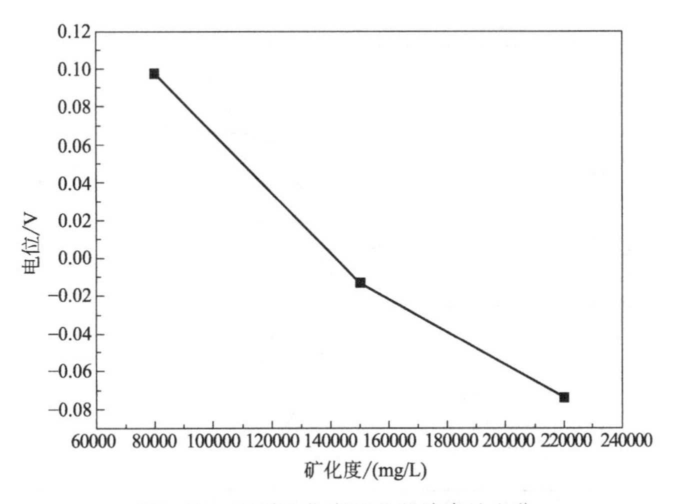

图 4-27 不同矿化度下的缝隙腐蚀电位

在饱和二氧化碳条件下，矿化度增大，意味着缝隙内部溶液中的阴阳离子浓度变大，增加了溶液内的离子强度，溶液电导率增加，电荷传递更容易进行，缝隙内的各种反应加速。

由以上分析可知，矿化度的增大，加快了缝隙腐蚀的进程，加重了缝隙腐蚀的程度。在极化曲线上存在明显的钝化区，随着矿化度的增大，腐蚀电位逐渐负移，击穿电位降低，腐蚀倾向逐渐变大，阻抗谱容抗弧半径变小，随着矿化度的升高，缝隙腐蚀电位逐渐降低。这表明超级 13Cr 不锈钢在模拟地层水溶液中，材料表面钝化膜的抗腐蚀性能越来越差，缝隙腐蚀加剧。

4.3.3 pH 的影响

4.3.3.1 极化曲线

图 4-28 为模拟地层水腐蚀介质环境中，不同 pH 下测得的闭塞区内超级 13Cr 不锈钢极化曲线。从图中可以看出，在闭塞区内 pH 为 6.8 和 4.5 时，超级 13Cr 不锈钢的阳极极化曲线都存在明显的钝化区，说明缝隙腐蚀反应为阳极反应过程控制。而在 pH 为 0.95 时，超级 13Cr 不锈钢的阳极极化曲线上的钝化区并不是很明显。

在不同 pH 下超级 13Cr 不锈钢的腐蚀电位、腐蚀电流密度以及腐蚀速率的拟合结果如表 4-19 所示。从表格中可以看出，在模拟地层水腐蚀环境中，随着 pH 的升高，自腐蚀电位降低，腐蚀电流密度降低，腐蚀速率减小。而且可以看出，在模拟地层水腐蚀环境中，pH 为 0.95 时，腐蚀电流密度最大，在该情况下，缝隙腐蚀情况较为严重。

表 4-19 不同 pH 下超级 13Cr 不锈钢的极化曲线参数拟合结果

pH	腐蚀电位/V	腐蚀电流密度/($\mu A \cdot cm^2$)	腐蚀速率/(mm/a)
0.95	−0.425	20.50	0.3627
4.5	−0.514	7.61	0.2153
6.8	−0.619	4.07	0.1941

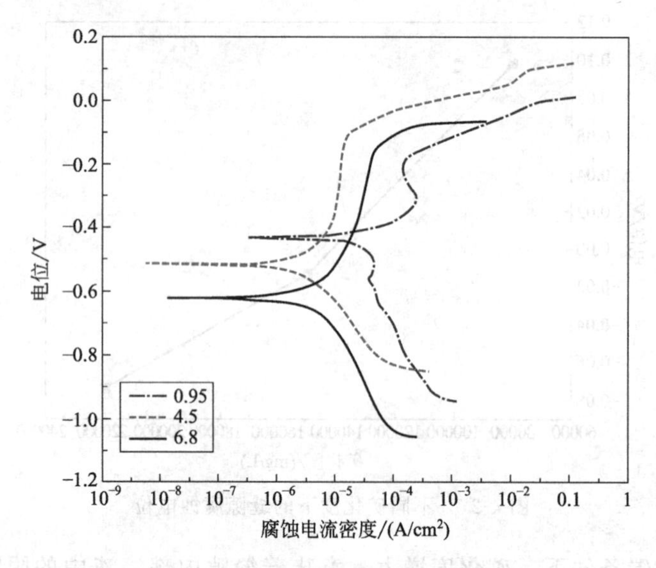

图 4-28　不同 pH 下闭塞区内超级 13Cr 不锈钢的极化曲线

图 4-29 为在模拟地层水环境中，不同 pH 下的腐蚀电流密度变化趋势图。从图中可以明显看出，随 pH 的升高，腐蚀电流密度变小。在模拟地层水腐蚀环境中，pH 为 0.95 时，腐蚀电流密度最大。试验数据说明超级 13Cr 不锈钢在 pH 为 0.95 的模拟地层水中腐蚀速率最大，腐蚀情况较为严重。

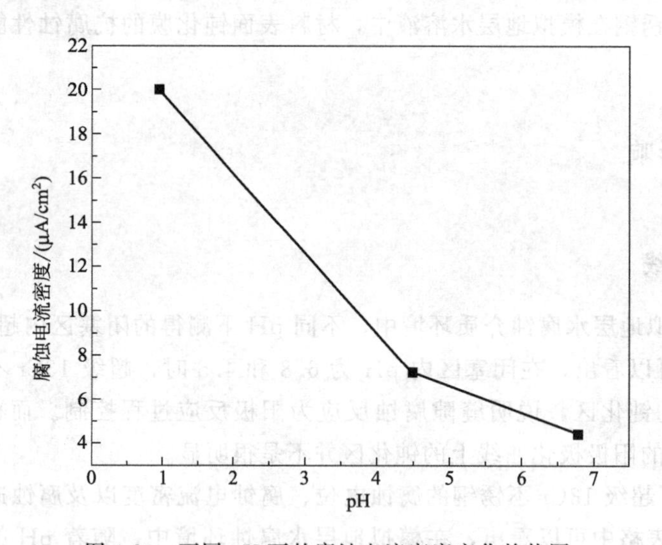

图 4-29　不同 pH 下的腐蚀电流密度变化趋势图

4.3.3.2　交流阻抗谱

图 4-30 为超级 13Cr 不锈钢在模拟地层水环境中，不同 pH 下测得的 EIS 图谱。从图中可以看出，电化学阻抗谱曲线是一条加宽的容抗弧（大约 1/4 圆弧）曲线。从图中可明显看出，随测试反应体系 pH 的升高，EIS 曲线谱中的半圆弧半径越来越大。这进一步可以表明，在模拟地层水环境中，随 pH 的降低，超级 13Cr 不锈钢材质的耐蚀性逐渐降低，试样

表面的缝隙腐蚀加剧。

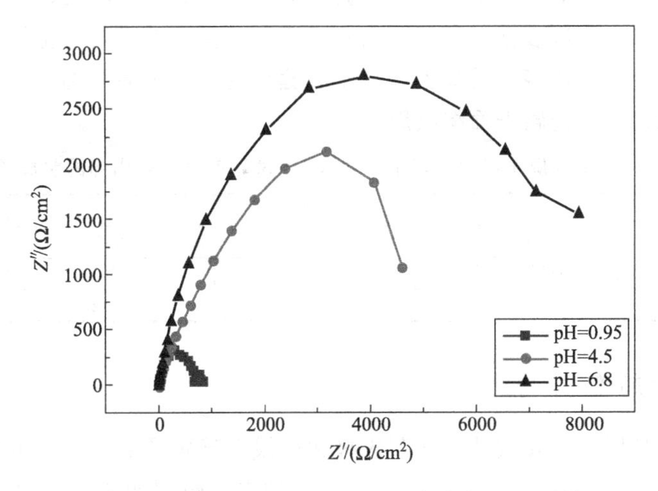

图4-30 不同pH下超级13Cr不锈钢的EIS图谱

利用图4-16等效电路对其拟合，表4-20为超级13Cr不锈钢在模拟地层水腐蚀环境中，不同pH下的钝化膜交流阻抗谱拟合结果。从拟合结果可以看出，随着pH的升高，溶液电阻R_s减小，而超级13Cr不锈钢的极化电阻R逐渐升高。这说明在模拟地层水腐蚀环境中，随着体系pH的增大，超级13Cr不锈钢发生缝隙腐蚀的概率越来越小，超级13Cr不锈钢表面形成的钝化膜更加难以击破。

表4-20 模拟地层水中不同pH腐蚀环境下超级13Cr不锈钢的EIS拟合结果

pH	$R_s/(\Omega \cdot cm^2)$	$C_{dl}/(F/cm^2)$	$R_t/(\Omega \cdot cm^2)$	$R_c/(\Omega \cdot cm^2)$	$C/(F/cm^2)$
0.95	9.53	1.624×10^{-5}	23.11	1.938×10^{-4}	669
4.5	8.21	1.434×10^{-5}	35.99	8.279×10^{-4}	6522
6.8	6.95	1.164×10^{-5}	36.04	3.061×10^{-3}	7992

在模拟地层水腐蚀环境中，与该条件下的其他pH比较，超级13Cr不锈钢在pH为6.8时的模拟地层水腐蚀环境中具有较好的抗腐蚀性能。而在其他两种pH下，试样的抗腐蚀性能较差。这也和极化曲线、EIS曲线测出的结果相吻合，试样在pH为6.8时的环境中表面形成的钝化膜要比在其他两种pH下形成的钝化膜更加不易被击破。

4.3.3.3 氯离子浓度变化

根据GB/T 11896—1989滴定检测缝隙腐蚀试验前后缝隙内部的氯离子浓度变化。表4-21为模拟地层水腐蚀环境中，不同pH下缝隙内部的氯离子迁移量。将表中的数据绘制到图4-31中，从图可明显看出在模拟地层水腐蚀环境中，氯离子的迁移量随pH的升高而减小，特别是在pH为0.95时，氯离子

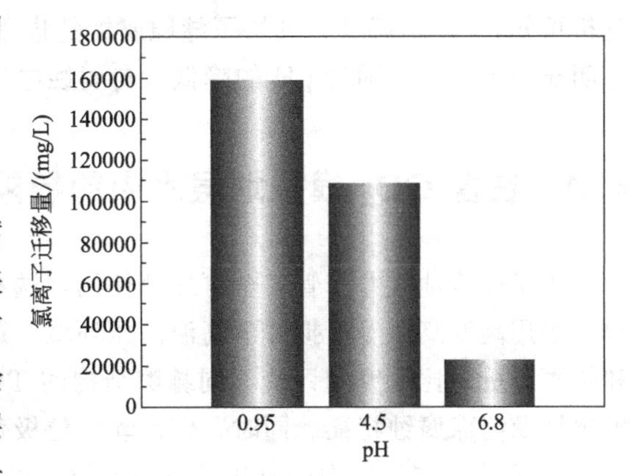

图4-31 不同pH下缝隙内部试验前后氯离子变化量

的迁移量最大。

说明在缝隙内部，随溶液pH的降低，氯离子的迁移量逐渐增大。主要是因为溶液里氢离子浓度升高，腐蚀介质显酸性。而缝隙内部由于氧化反应的进行，金属表面持续溶解，缝隙内部的金属阳离子不断增多，再加上氯离子和缝隙内部的金属阳离子结合，导致缝隙内部的氯离子快速消耗，阳极金属表面继续腐蚀。

表4-21 模拟地层水腐蚀环境中不同pH下试验前后缝隙内部的氯离子变化

pH	6.8	4.5	0.95
试验前氯离子浓度/(mg/L)	128082		
试验后氯离子浓度/(mg/L)	150913	237511	286799
变化量/(mg/L)	22831	109429	158717

4.3.3.4 电位变化趋势

结合图4-28，利用origin软件，在阳极极化曲线上确定了缝隙腐蚀电位，得到的缝隙腐蚀电位数据如图4-32所示。从图中可以看出，随pH的升高，缝隙腐蚀电位逐渐升高。在pH为0.95时，缝隙腐蚀电位最低，超级13Cr不锈钢的耐蚀性较差。

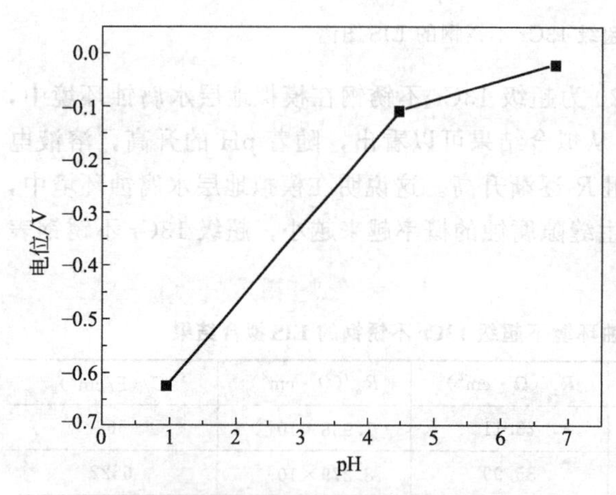

图4-32 不同pH下的缝隙腐蚀电位变化趋势

在电化学测试过程中，随着电位升高，在pH为0.95时试样表面的钝化膜较容易被击破，随之金属表面基体和腐蚀介质接触，发生部分腐蚀，在电位继续升高的情况下，缝隙腐蚀电流密度增大，基体表面腐蚀加剧。这说明腐蚀介质pH的降低，更加容易引发缝隙腐蚀和点蚀，而在pH为0.95环境下超级13Cr不锈钢的抗腐蚀能力较弱。

在饱和二氧化碳条件下，腐蚀介质的pH降低，溶液内部的H^+浓度增加，溶液酸性增强。一方面加速金属基体的溶解，在溶液中生产成Fe^{2+}或Fe^{3+}，促进腐蚀产物的形成；另一方面，pH的降低，促进腐蚀产物的溶解。在这样的作用下，缝隙腐蚀不断加剧。由以上分析可知，pH的降低，加快了缝隙腐蚀的进程，加重了缝隙腐蚀的程度。在极化曲线上存在明显的钝化区，随着pH的降低，自腐蚀电位升高，腐蚀电流密度增大。

4.4 在含CO_2模拟地层水中的缝隙腐蚀

为了保障油气井套管安全可靠地使用，选择我国深井主要用材TP140和HP-13Cr为对象，采用高温高压釜模拟井下高温高压环境，通过气、液相多缝试样的腐蚀失重、表面形貌和轮廓分析对比研究和评价不同缝隙结构的TP140和HP-13Cr在模拟地层水中的缝隙腐蚀敏感性及缝隙腐蚀特征。同时，借助动电位极化测试和交流阻抗谱技术来对比不同结构缝隙在90℃模拟地层溶液中的电化学行为差异，以揭示TP140钢和HP-13Cr不锈钢在井下地层水环境中的缝隙腐蚀行为机制。此外，还利用高温高压釜和电化学测试手段相结合研究了在

含有 CO_2 的模拟地层水中，拉伸应力对 TP140 和 HP-13Cr 缝隙腐蚀的影响规律。

4.4.1 无应力条件下的缝隙腐蚀

4.4.1.1 腐蚀速率及形貌特征

采用 Cortest 33.44MPa 动态高温高压釜进行高温高压浸泡试验。试验前，先将试样相互绝缘地安装在实验架上，将试样置于釜中，倒入腐蚀介质，密封。试验温度为 120℃，CO_2 分压为 1MPa，总压为 10MPa，实验时间为 300h，不除氧。试验结束后，取出试样，用蒸馏水冲洗干净并用冷风吹干。将取出的试样用除膜液（根据 GB/T 16545—2015，加入 500mL HCl 和 3.5g 六次甲基四胺，并用蒸馏水定容至 1000mL）在 20～30℃下除去试样表面的腐蚀产物，时间 20～25min，在室温下用无水乙醇脱水，吹干，干燥后称重，通过质量法转化为深度变化来计算腐蚀速率（mm/a）。采用 JSM-6390 扫描电子显微镜（SEM）观察去除腐蚀产物后的腐蚀形貌。

表 4-22 为 HP-13Cr 与 HP-13Cr-HP-13Cr、PTFE-HP-13Cr、G3-HP-13Cr 三种缝隙试样在模拟地层水气、液相中的 CO_2 腐蚀速率。可知，在相同的腐蚀环境中，含有缝隙的 HP-13Cr 油管钢具有显著的缝隙腐蚀敏感性，缝隙的存在会显著地增加 HP-13Cr 在含 CO_2 模拟地层水中的腐蚀速率。缝隙的存在使得 HP-13Cr 不锈钢在液相中的腐蚀速率增加了 5～10 倍，在气相中的腐蚀速率也增加了 6～10 倍左右，与 TP140 相比，其缝隙腐蚀敏感性较高，这也在一定程度上说明，易钝化金属的缝隙腐蚀敏感性高于不易钝化金属。参照 NACE RP-0775—2005 标准对均匀腐蚀程度的规定，其 HP-13Cr-HP-13Cr 的腐蚀速率在 0.025～0.125mm/a 之间，属于中度腐蚀；PTFE-HP-13Cr 的腐蚀速率在 0.125～0.254mm/a 之间，属于严重腐蚀；G3-HP-13Cr 的腐蚀速率大于 0.254mm/a，属于极严重腐蚀。可见与 HP-13Cr 不锈钢构成缝隙的材料不同，其腐蚀速率也不同。其中 G3 与 HP-13Cr 构成缝隙的腐蚀速率最大，腐蚀最严重，其次为 HP-13Cr 与 PTFE 形成的缝隙腐蚀，HP-13Cr 与 HP-13Cr 形成的缝隙腐蚀的腐蚀速率最小，腐蚀最轻微。这是因为在同一种介质中，G3 与 HP-13Cr 构成的缝隙腐蚀中有电偶腐蚀存在，对腐蚀有促进作用。而聚四氟乙烯（PTFE）由于其化学惰性、可变形性以及适度的刚性，当与 HP-13Cr 形成缝隙后，在相同的扭矩下，聚四氟乙烯相比于金属会产生轻微的变形，形成更好的闭塞区域，从而使得缝隙腐蚀更容易发生和发展，因此其腐蚀较 HP-13Cr-HP-13Cr 更为严重。由表 4-23 还可以看出，无论是有缝隙还是无缝隙的 HP-13Cr 在模拟地层水气相中的腐蚀较液相中轻微，这主要是因为在气相中，缝隙对气体无明显阻滞作用，因此气相中的腐蚀速率仅为液相中腐蚀速率的 1/3～1/2。

表 4-22 HP-13Cr 与另外三种 13Cr 缝隙试样在模拟地层水气、液相中的 CO_2 腐蚀速率

缝隙构成	腐蚀速率/(mm/a)		缝隙构成	腐蚀速率/(mm/a)	
	液相	气相		液相	气相
HP-13Cr	0.028	0.013	PTFE-HP-13Cr	0.248	0.095
HP-13Cr-HP-13Cr	0.103	0.066	G3-HP-13Cr	0.316	0.112

高温高压试验后，对腐蚀介质的 pH 进行测试，其结果显酸性，可见 HP-13Cr 在模拟地层水中的腐蚀出现明显的酸化现象。对去除腐蚀产物的试样通过 SEM 观察其腐蚀形貌，图 4-33 为 HP-13Cr 在气、液两相中腐蚀后的形貌。由图可以看出，无论在液相中还是气相中，HP-13Cr 的表面都有磨痕存在，说明其在模拟地层水中的腐蚀较为轻微。在液相和气相中，HP-13Cr 的表面都有一些浅的腐蚀坑存在，说明 HP-13Cr 在模拟地层水中的腐蚀以点蚀为主。

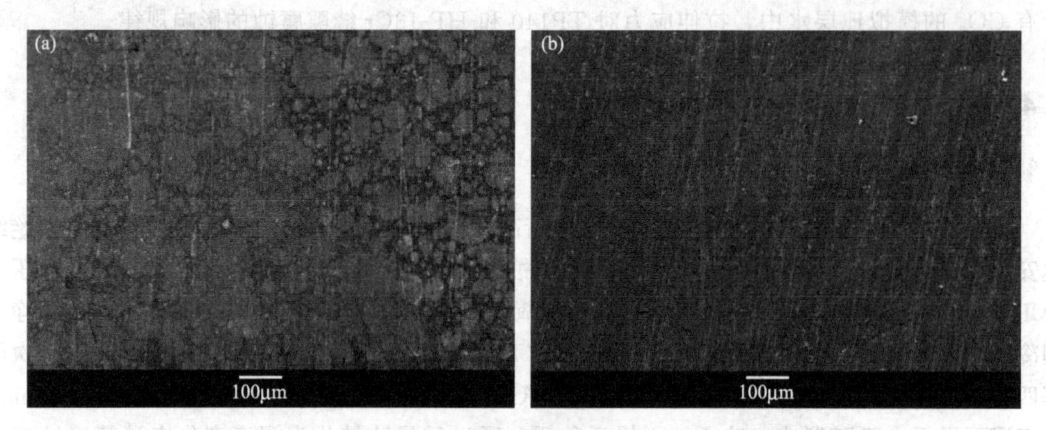

图 4-33　HP-13Cr 在模拟地层水中的 SEM

(a) 液相；(b) 气相

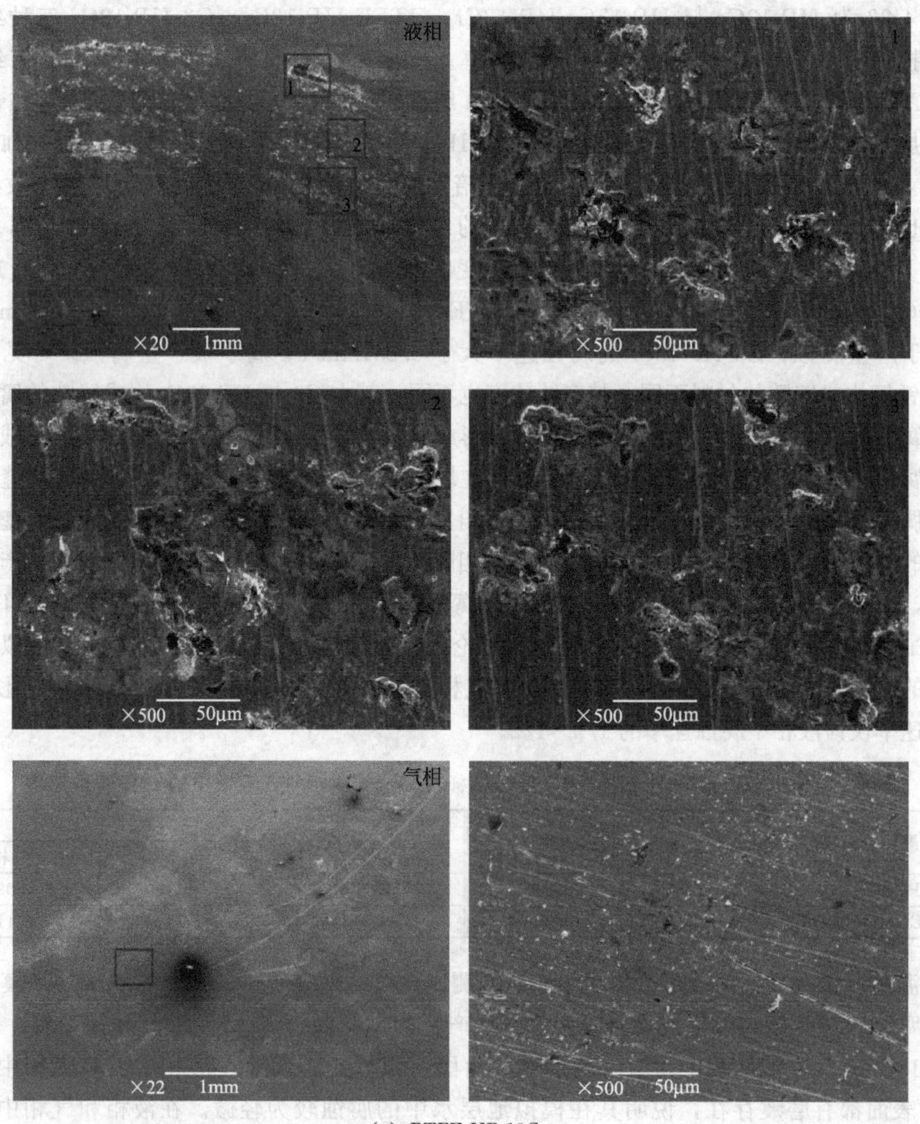

(a) PTFE-HP-13Cr

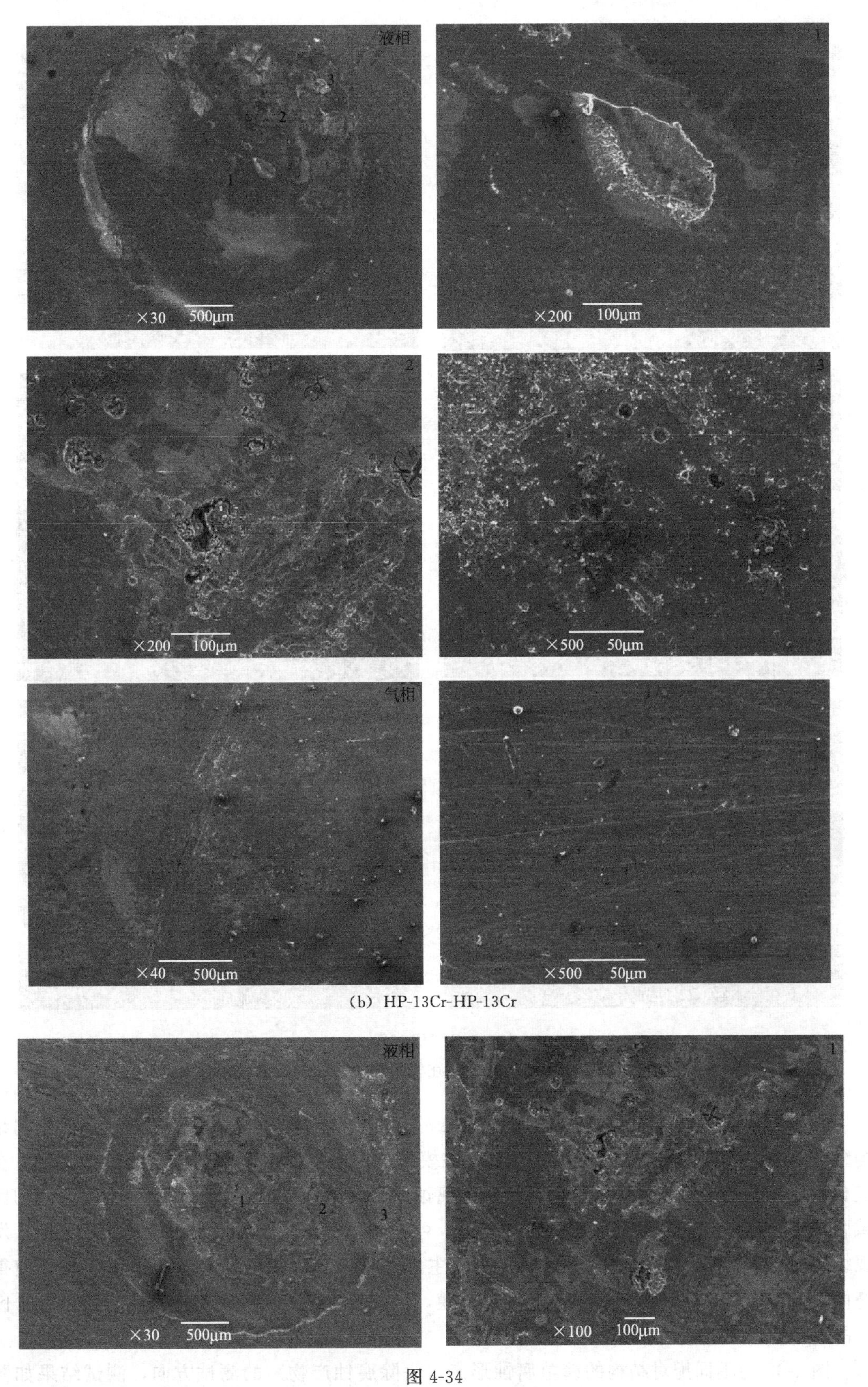
液相
3
2
1
×30
500μm
1
×200
100μm
2
×200
100μm
3
×500
50μm
气相
×40
500μm
×500
50μm
(b) HP-13Cr-HP-13Cr
液相
1
2
3
×30
500μm
1
×100
100μm

图 4-34

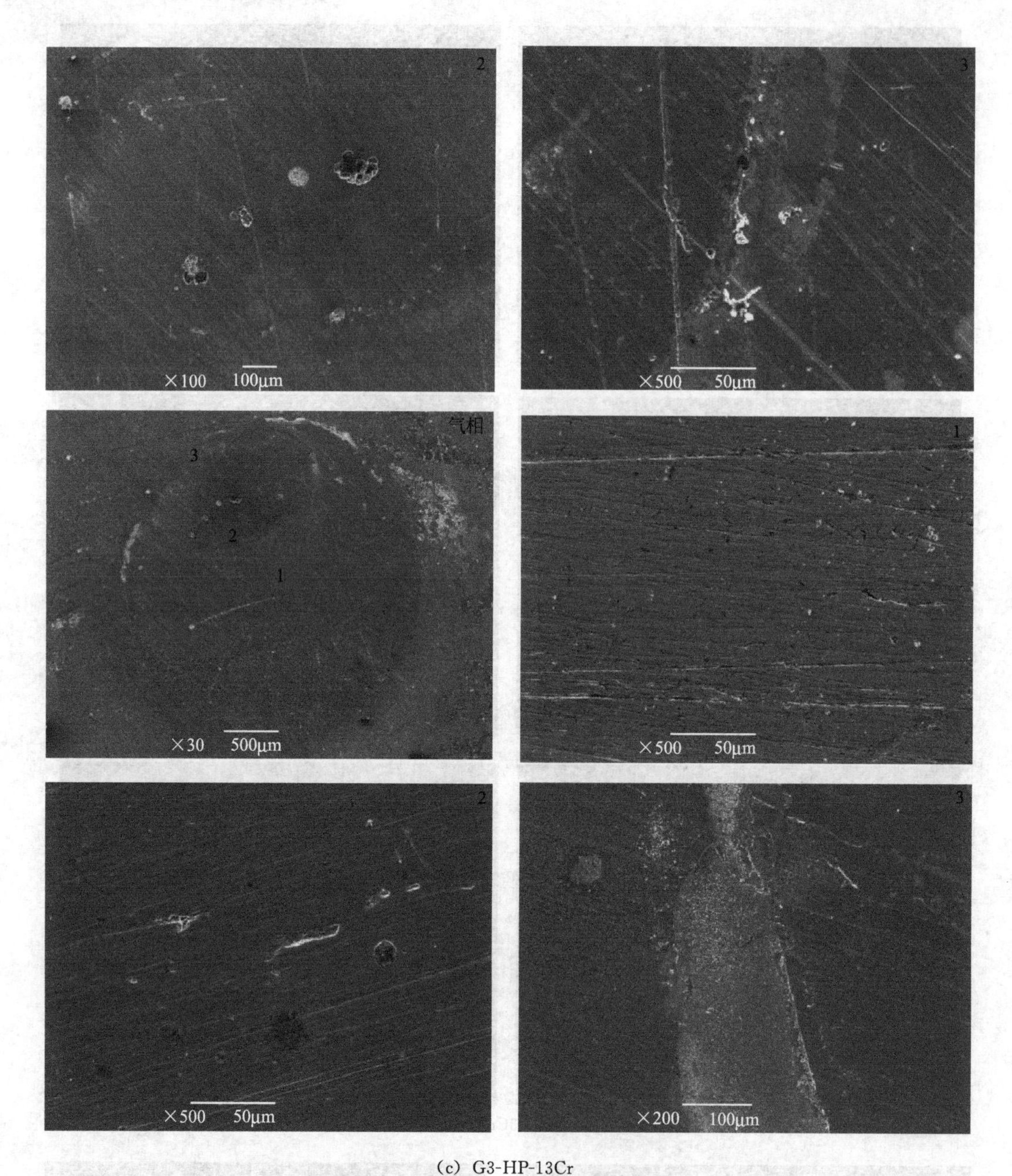

(c) G3-HP-13Cr

图 4-34 三种不同缝隙结构的 HP-13Cr 在模拟地层水中气液两相条件下的 SEM 图

图 4-34 为与 HP-13Cr 构成的 3 种缝隙结构所发生缝隙腐蚀的腐蚀形貌对比。由不同结构缝隙腐蚀的 SEM 图可以看出，HP-13Cr 在模拟地层水中发生了较为严重的缝隙腐蚀。在液相中，缝隙的边缘位置和缝隙中心区域的腐蚀较为轻微，在缝隙边缘和缝隙中心之间的区域腐蚀较为严重。在缝隙腐蚀发生的区域里，可以发现有点蚀坑的存在。通过元素分析，发现缝隙内有大量 Cl，说明缝隙腐蚀的发生，主要是因为缝隙内酸化导致 Cl^- 的富集，使得缝内发生点蚀，破坏了缝内金属表面的钝化膜，最终发生缝隙腐蚀。在气相中，缝内各个区域的腐蚀程度相差不大。

图 4-35 为不同配对结构的缝隙腐蚀形态（去除腐蚀产物）的测试方向，测试结果如图

4-36 所示，统计结果见表 4-23。从列表数据也可以看出：①气相缝隙腐蚀速率明显小于液相缝隙腐蚀，可见液相传质的阻滞作用是缝隙腐蚀的主要推动力；②从不同组成缝隙构成上来看，缝隙腐蚀的敏感性 G3-HP-13Cr＞PTFE-HP-13Cr≥HP-13Cr-HP-13Cr，可见电偶加速效应对于 HP-13Cr 钢具有明显作用；③对比轮廓测试结果与失重法计算结果对缝隙腐蚀敏感程度的比较，可以看出失重法测量数值偏小于轮廓结果，但从横向对比而言，失重法仍具有一定的参考价值，能说明不同缝隙组成的敏感性大小。

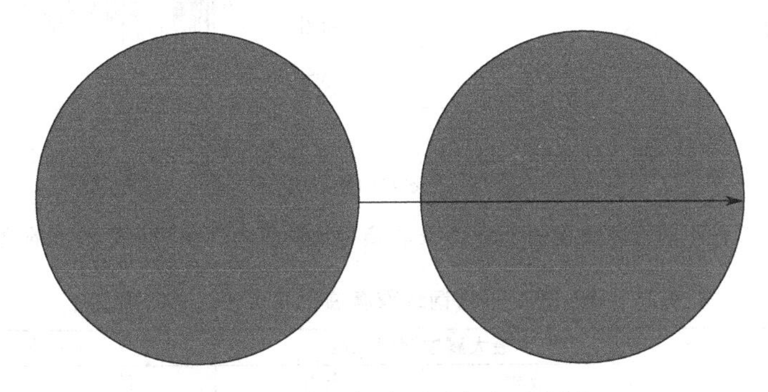

图 4-35　腐蚀深度测试方向示意图

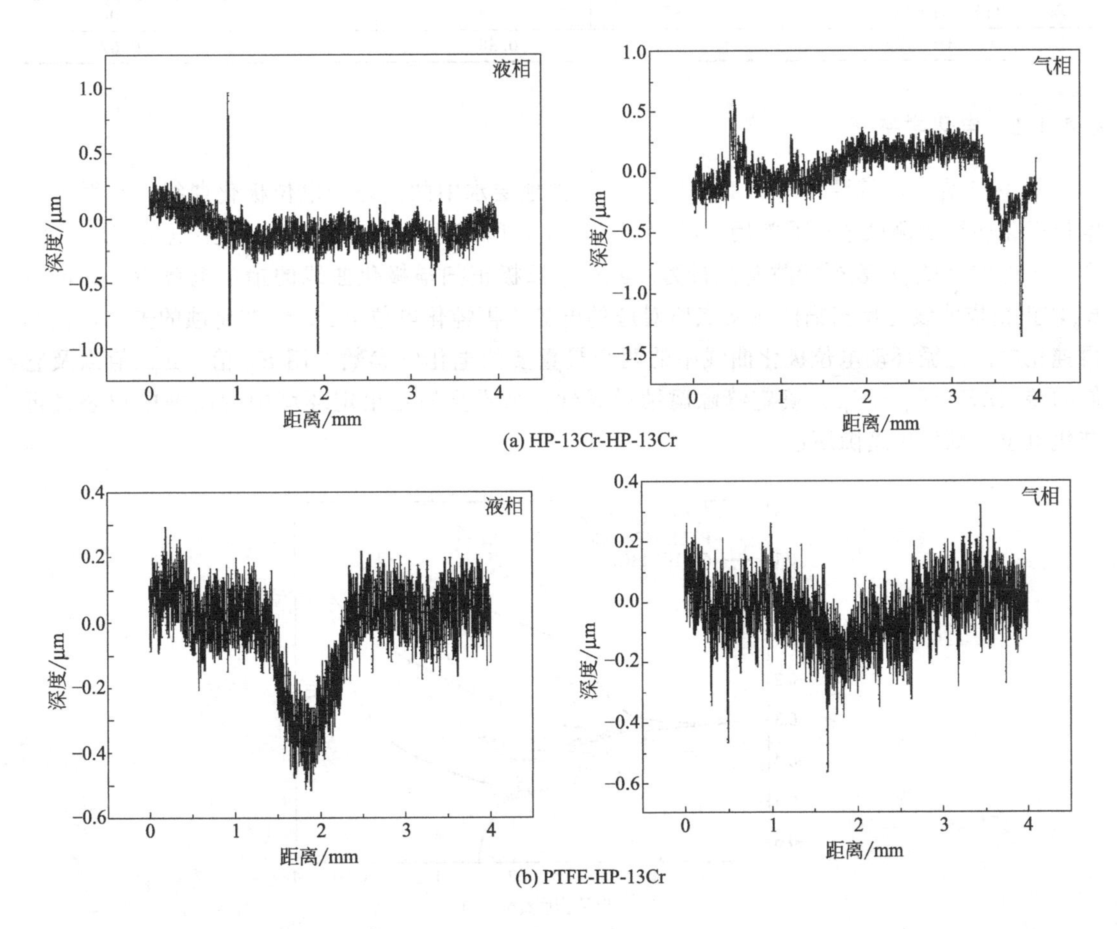

图 4-36

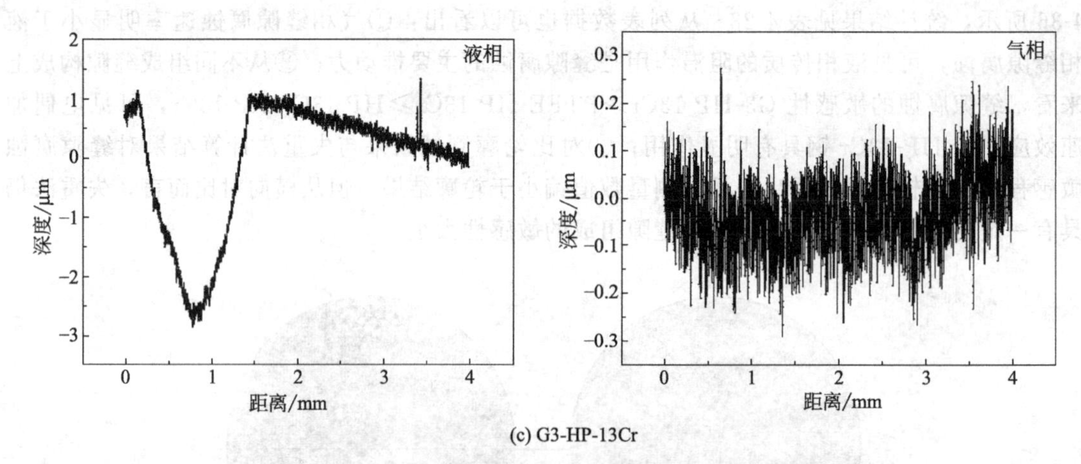

(c) G3-HP-13Cr

图 4-36　三种不同缝隙结构的 HP-13Cr 在模拟地层水中气液两相条件下的腐蚀深度

表 4-23　HP-13Cr 不锈钢缝隙腐蚀程度对比（300h 浸泡）

缝隙结构	最大腐蚀深度/μm		平均腐蚀深度/μm	
	液相	气相	液相	气相
HP-13Cr-HP-13Cr	1.01	0.58	0.05	0.03
PTFE-HP-13Cr	0.58	0.43	0.10	0.04
G3-HP-13Cr	2.82	0.38	0.12	0.07

4.4.1.2　电化学特征

图 4-37 为不同缝隙结构的 HP-13Cr 在模拟地层水中的循环动电位极化曲线。在循环动电位极化曲线的测试中，通常用三种典型的电位，即腐蚀电位（E_{corr}）、击穿电位（E_b）和再钝化电位（E_{rp}）表征缝隙腐蚀行为。其中，阳极正扫描极化曲线的抬头电势为击穿电位 E_b，正扫描曲线与反扫描曲线交点所对应的电势为再钝化电位 E_{rp}。缝隙腐蚀的击穿电位和再钝化电位是循环动电位极化曲线中的两个最重要的电化学参数。用 E_b 值、E_{rp} 值以及它们的差（$\Delta E = E_b - E_{rp}$）确定缝隙腐蚀敏感性。如果金属在给定环境中的腐蚀电位超过再钝化电位，则发生缝隙腐蚀。

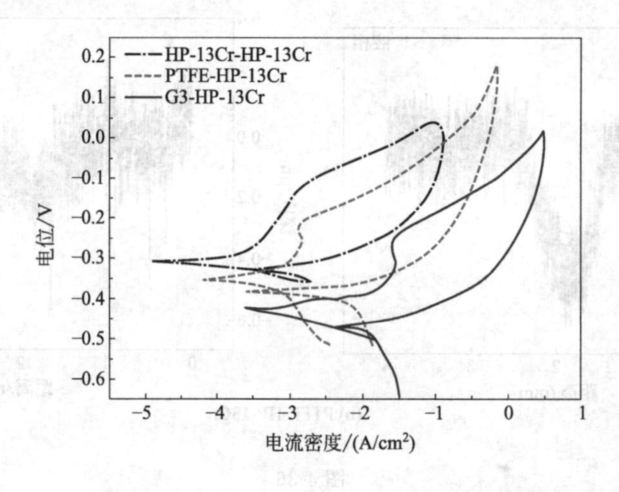

图 4-37　不同缝隙结构的 HP-13Cr 在模拟地层水中的循环动电位极化曲线

表 4-24 为不同缝隙结构的 HP-13Cr 在模拟地层水中的动电位极化曲线的解析结果。由表可知：HP-13Cr-HP-13Cr、PTFE-HP-13Cr 和 G3-HP-13Cr 的 E_{rp} 都小于 E_{corr}，说明与 HP-13Cr 构成的三种缝隙结构的试样都发生了缝隙腐蚀，这与形貌观察到的结果一致；对比三种不同缝隙结构的缝隙腐蚀，HP-13Cr 与 G3 构成的缝隙腐蚀的击穿电位 E_b 低于 HP-13Cr 与 PTFE 和 HP-13Cr 构成的缝隙腐蚀的击穿电位，说明与 HP-13Cr 构成缝隙的结构不同，会使得缝内更容易发生点蚀。根据 E_b 与 E_{rp} 差值的大小，可以看出三种不同缝隙结构的试样对缝隙腐蚀的敏感性的大小为：G3-HP-13Cr＞PTFE-HP-13Cr＞HP-13Cr-HP-13Cr。这与失重法得出的结果一致。

表 4-24　不同缝隙结构的 HP-13Cr 循环动电位极化曲线的解析结果

缝隙结构	E_{corr}/mV	E_b/mV	E_{rp}/mV	(E_b-E_{rp})/mV
HP-13Cr-HP-13Cr	−310.23	−90.28	−315.26	224.98
PTFE-HP-13Cr	−350.89	−223.45	−389.58	166.13
G3-HP-13Cr	−422.32	−291.24	−435.28	144.04

图 4-38(a) 和 (b) 分别为不同缝隙结构的 HP-13Cr 在模拟地层水中的交流阻抗图谱和等效电路。一般情况下，在电化学交流阻抗谱图中，低频区出现感抗弧说明钝性金属 HP-13Cr 在模拟地层水中形成的钝化膜受到了 Cl^- 的侵蚀而发生了点蚀。

钝性金属在点蚀的诱导期内，阻抗谱的特征表现为高频的容抗弧和低频的感抗弧，当点蚀进入发展期后，阻抗谱的低频区感抗弧退化，只表现为高频容抗弧。由图 4-38 可以看出，不同缝隙结构的 HP-13Cr 在模拟地层水中的交流阻抗图谱主要由高频容抗弧和低频感抗弧构成，说明与 HP-13Cr 构成缝隙的材料不同，只是改变了缝隙腐蚀的敏感性，并没有加快缝隙腐蚀发生的进程。随着与 HP-13Cr 构成缝隙的材料不同，高频区容抗弧的直径不同，容抗弧的直径与其在腐蚀介质中的腐蚀速率有关，容抗弧的直径越大，腐蚀速率越小。而在与 HP-13Cr 构成的三种不同缝隙结构中，HP-13Cr 与 G3 构成的缝隙腐蚀的容抗弧直径最小，腐蚀速率最大，这与循环动电位极化曲线的测试结果一致。

图 4-38(b) 中，R_s 为溶液电阻，即 Luggin 毛细管尖端到电极表面间的溶液电阻，Q

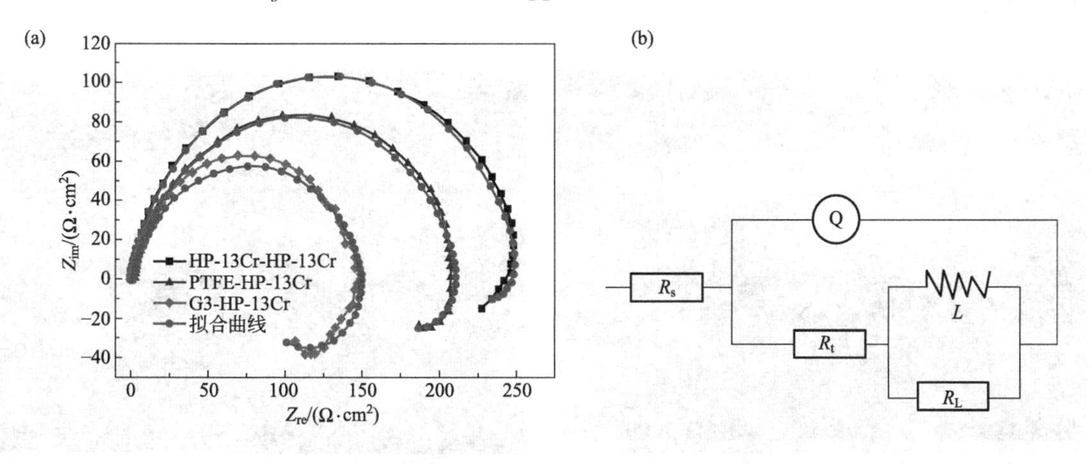

图 4-38　不同缝隙结构的 HP-13Cr 钢在模拟地层水中的交流阻抗谱及其等效电路

(a) 交流阻抗谱；(b) 等效电路

为试验溶液与研究电极表面之间所形成的双电层电容，R_t 为膜电阻，R_L 和 L 反映了 Cl^- 吸附引起的界面弛豫过程。

4.4.2 应力条件下的缝隙腐蚀

4.4.2.1 腐蚀速率及形貌特征

试验结束后，取出试样，用蒸馏水冲洗干净并用冷风吹干，并通过腐蚀产物去除溶液（根据 GB/T 16545—2015，100mL HNO_3 加蒸馏水配制成 1000mL 溶液）在 60℃下除去试样表面的腐蚀产物，时间为 20～25min。随后，在室温下用无水乙醇脱水，吹干，干燥后称重，计算腐蚀速率并观察腐蚀形貌。

表 4-25 为不同应力条件下，无缝隙和有缝隙的 HP-13Cr 在含 CO_2 模拟地层水中的腐蚀速率。由表可知，在相同的应力水平下，有缝隙的 HP-13Cr 的腐蚀速率为无缝隙的 HP-13Cr 的 6～10 倍左右，说明缝隙的存在会加快 HP-13Cr 在模拟地层水中的腐蚀速率，参照 NACE RP0775—2005 标准对均匀腐蚀程度的规定，施加应力的 HP-13Cr 的腐蚀速率大于 0.254mm/a，属于极严重腐蚀程度。施加拉伸应力的大小不同，HP-13Cr 在模拟地层水中的腐蚀速率也不一样。其中，施加应力会加快 HP-13Cr 的腐蚀速率，并且随着应力的增加 HP-13Cr 的腐蚀速率也增加。

表 4-25 不同应力条件下，无缝隙和有缝隙的 HP-13Cr 在含 CO_2 模拟地层水中的腐蚀速率

应力	腐蚀速率/(mm/a)		应力	腐蚀速率/(mm/a)	
	无缝隙	有缝隙		无缝隙	有缝隙
0	0.028	0.248	$0.8\delta_s$	0.057	0.390
$0.6\delta_s$	0.043	0.313	$1.0\delta_s$	0.074	0.461

在高温高压试验以后，肉眼观察缝隙处的宏观腐蚀形貌可以发现，在金属表面覆盖着一层致密的红褐色腐蚀产物，其主要腐蚀产物应为 $FeCO_3$ 以及铁的氢氧化物等。对去除腐蚀产物的试样表面进行宏观观察并通过 SEM 观察其微观形貌，结果如图 4-39 和图 4-40 所示。

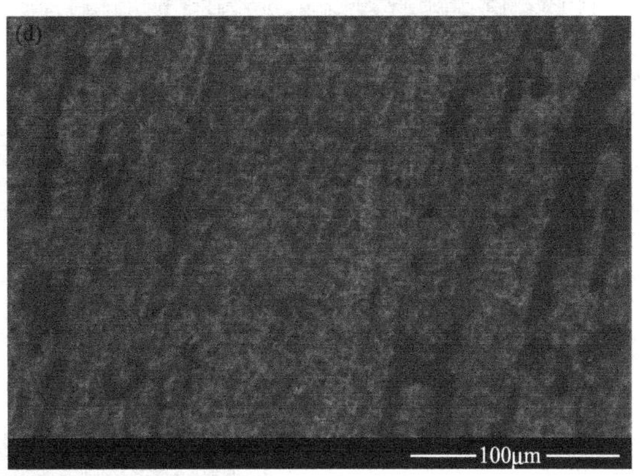

图 4-39　不同应力下 HP-13Cr 腐蚀后的宏观形貌和 SEM 图

(a) 宏观形貌；(b) $0.6\delta_s$；(c) $0.8\delta_s$；(d) $1.0\delta_s$

由图 4-40 可以看出，不同应力下，HP-13Cr 在模拟地层水中的缝隙腐蚀都表现出相同的特点：在缝口位置（1 号图）和缝隙中心区域（3 号图）腐蚀都较轻微，而在缝口与缝隙中心之间的区域（2 号图），腐蚀较为严重，此形貌特征表明 HP-13Cr 的缝隙腐蚀比较符合 IR 降机理，且在图 4-40(b) 和 (c) 的 2 号图上都出现了一条点蚀坑带，说明缝内的腐蚀主要以点蚀为主。为了更进一步研究应力对缝隙腐蚀的影响，对不同应力下缝隙腐蚀的腐蚀轮廓进行测试，结果如图 4-41 所示。对轮廓测试结果进行统计，结果如表 4-26 所示。

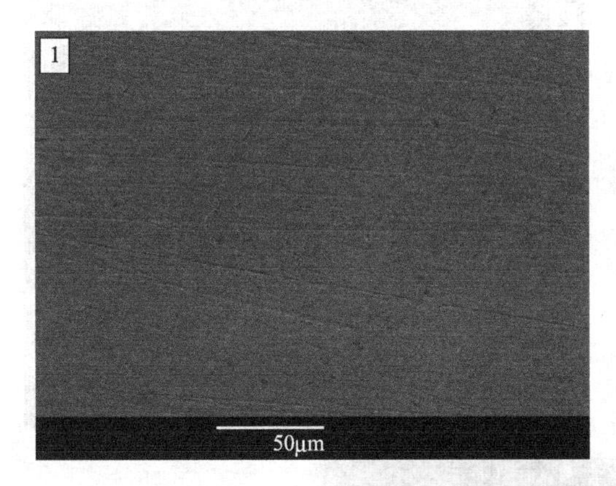

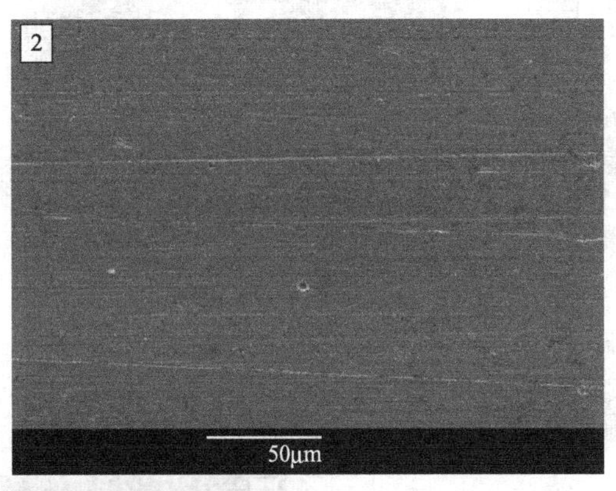

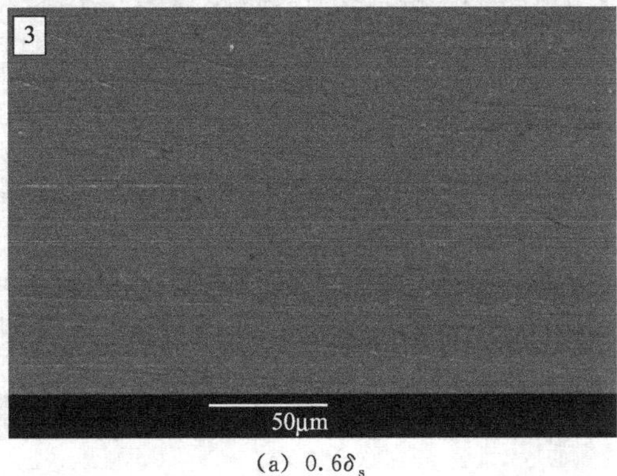

(a) $0.6\delta_s$

图 4-40

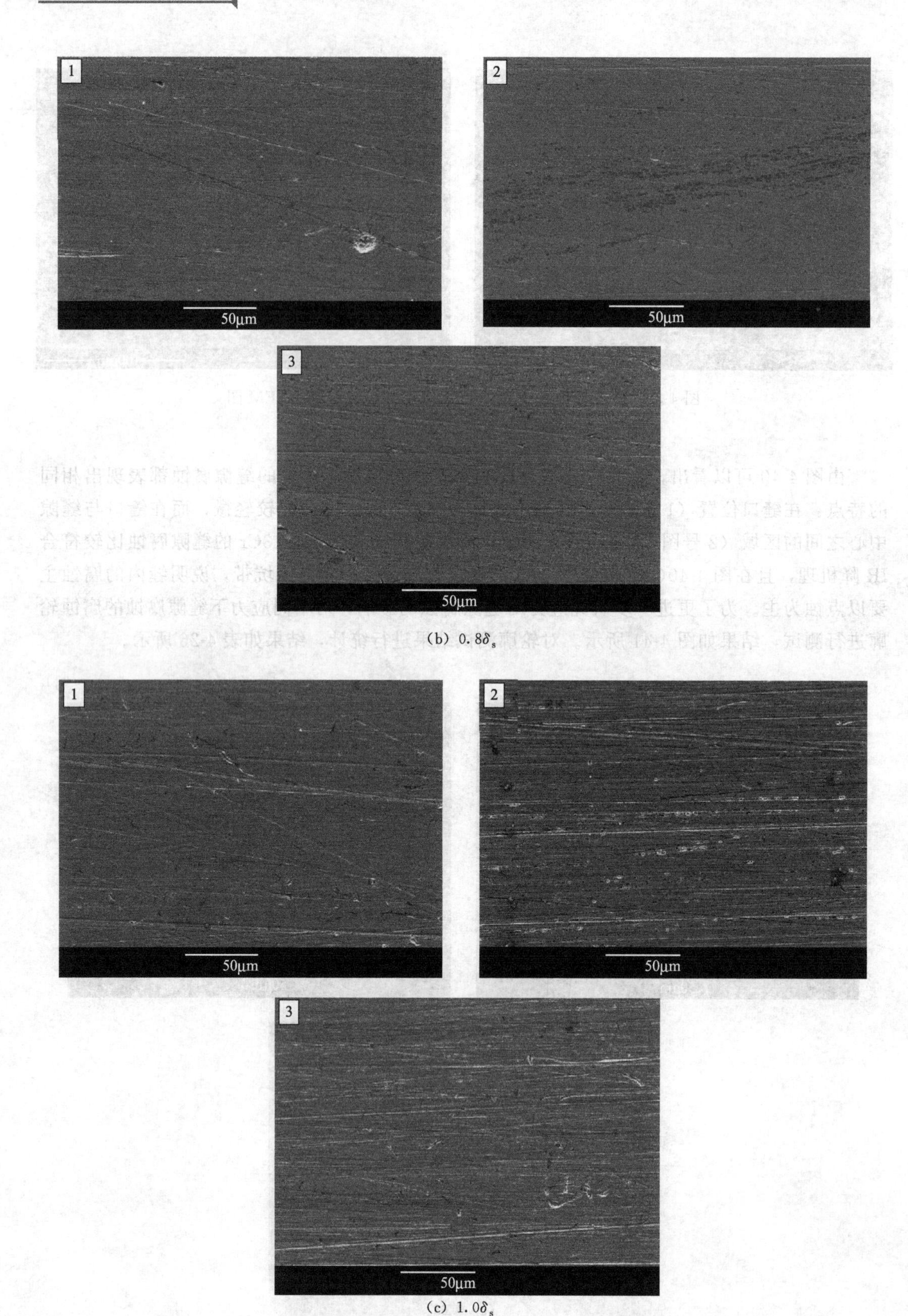

(b) $0.8\delta_s$

(c) $1.0\delta_s$

图 4-40　不同应力下 HP-13Cr 在模拟地层水中缝隙腐蚀的 SEM 图

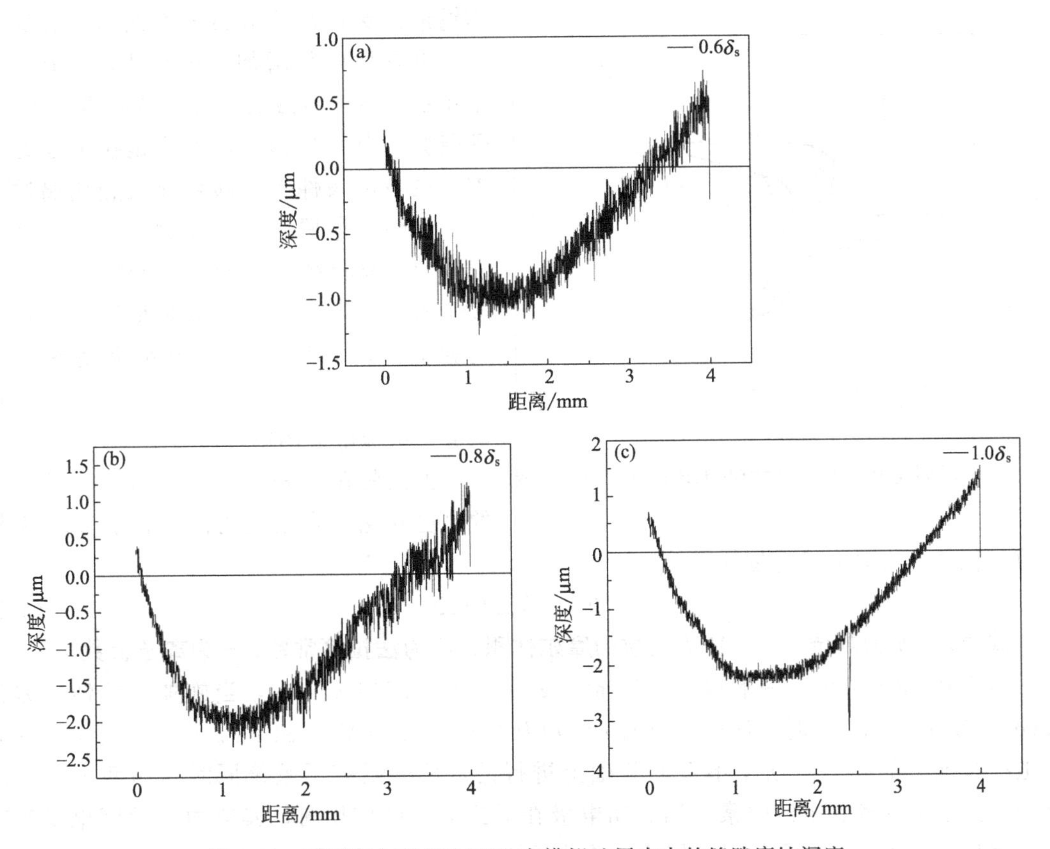

图 4-41 不同应力下 HP-13Cr 在模拟地层水中的缝隙腐蚀深度

(a) $0.6\delta_s$；(b) $0.8\delta_s$；(c) $1.0\delta_s$

表 4-26 HP-13Cr 在模拟地层水中的缝隙腐蚀深度

应力	最大腐蚀深度/μm	平均腐蚀深度/μm
$0.6\delta_s$	1.26	0.45
$0.8\delta_s$	2.32	0.93
$1.0\delta_s$	3.24	1.08

可知，不同应力下，腐蚀深度测试结果的变化趋势一致，在缝隙的边缘和缝隙中心位置，腐蚀坑的深度较浅，在缝隙边缘和缝隙中心之间的区域，腐蚀坑的深度较大，腐蚀较为严重，这与 SEM 所得出的结果一致。由表 4-26 可知，随着施加的拉伸应力的增加，HP-13Cr 在模拟地层水中的缝隙腐蚀的最大腐蚀深度和平均腐蚀深度均增加，说明拉伸应力的施加会使得 HP-13Cr 的缝隙腐蚀加剧，这与一些学者之前的研究结果一致。

4.4.2.2 电化学特征

图 4-42 为不同应力条件下，无缝隙的 HP-13Cr 在模拟地层水中发生腐蚀的动电位极化曲线。

可知，随着施加的拉伸应力的增加，HP-13Cr 在模拟地层水中的自腐蚀电位减小。其主要原因是 HP-13Cr 不锈钢在模拟地层水中的腐蚀主要是以电化学腐蚀为主，当 HP-13Cr

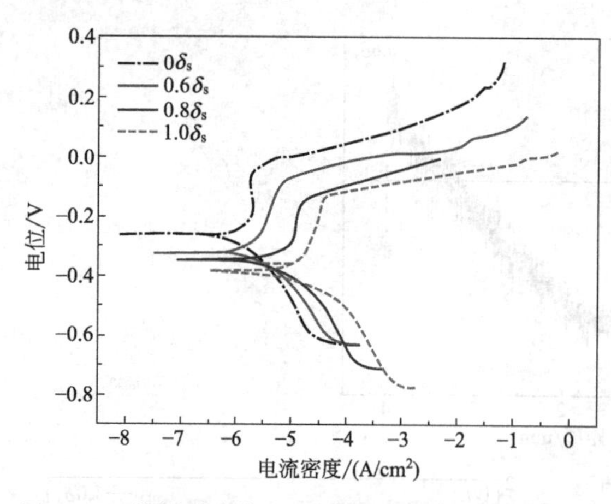

图 4-42　不同应力条件下无缝隙的 HP-13Cr 的极化曲线

不锈钢在受到拉伸应力的作用时，金属表面的电化学电位增加，从而使得 HP-13Cr 不锈钢与腐蚀溶液的界面电位降低。因此，邵荣宽认为力学作用，无论是拉伸还是压缩，在一定条件下，都将导致金属腐蚀速度的加快。金属中的内应力，不管是如何形成的，都能在金属的局部地区产生拉伸或压缩的效果。力学作用对金属腐蚀速度的影响，其实质应归因于对金属热力势（或化学位）的影响，从而导致对金属平衡电势、电极电势的影响。

王景茹在其研究中利用力学作用导致的电位变化和剩余压力之间的关系式大概估算了拉伸应力对电极电位的影响：

$$\Delta\Phi = -V\Delta p / zF \tag{4-1}$$

式中，Δp 为剩余压力；V 为物质的摩尔体积；F 为法拉第常数；z 为离子价数。

对 HP-13Cr 来说，一般取 $V\approx 7\text{cm}^3$、$z=2$、$F=96485\text{C/mol}$，当施加的拉伸应力为 $0.6\delta_s$、$0.8\delta_s$、$1.0\delta_s$ 时，计算出的 $\Delta\Phi$ 分别为 18mV、25mV 和 31mV。以上计算都是在假设电极系统中的热力学活度不变的基础上进行的，单一阳离子系统同时作用两个外部因素——力学的因素和电的因素，当金属电极在受到应力的作用时，其热力学活度也发生变化，因拉伸应力的存在会使得金属原子的化学位增加，热力学活性提高，因此当施加拉伸应力时，电极电位的实际变化应该大于上面的计算结果，这与本结果基本相符。

图 4-43 为应力条件下，HP-13Cr 在模拟地层水中腐蚀的交流阻抗图谱和等效电路。由图可以看出，在不同应力下，HP-13Cr 在模拟地层水中的交流阻抗只有一个容抗弧，随着拉伸应力的增大，其交流阻抗的容抗弧的直径越来越小，腐蚀越来越严重。这说明在 CO_2 的模拟地层水中，HP-13Cr 的腐蚀以均匀腐蚀为主。

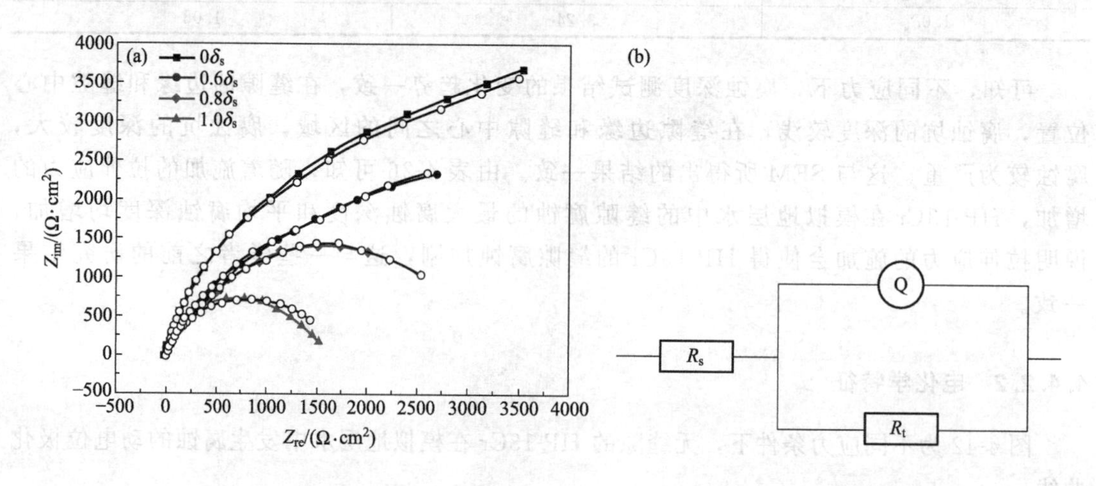

图 4-43　不同应力下 HP-13Cr 在模拟地层水中的交流阻抗图谱和等效电路

(a) 交流阻抗谱；(b) 等效电路

当 HP-13Cr 在模拟地层水中反应的时候，表面会生成一层钝化膜，其电极表面过程的非法拉第过程，由双电层的充放电过程和钝化膜中电场强度升降过程两部分构成。因为钝化膜中电场强度升降过程所形成的电容很小，可以忽略不计，所以此时整个电极表面测量电化学阻抗谱时的等效电路表示为图 4-43(b)。其中，R_s 为溶液电阻，即 Luggin 毛细管尖端到电极表面间的溶液电阻，Q 为试验溶液与研究电极表面之间所形成的双电层电容。

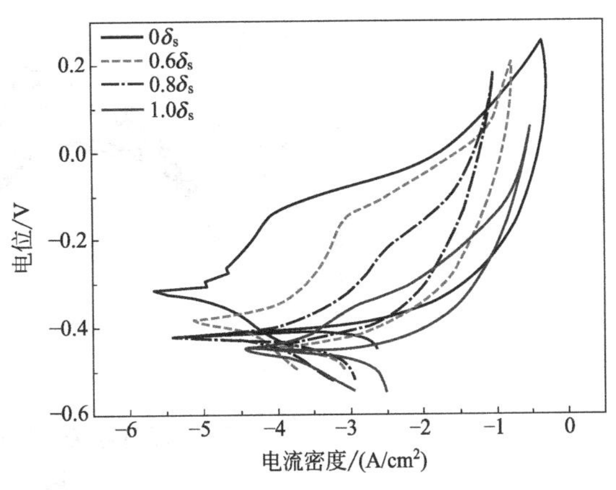

图 4-44　HP-13Cr 在模拟地层水中应力条件下的缝隙腐蚀的循环动电位极化曲线

图 4-44 为应力条件下，HP-13Cr 在模拟地层水中缝隙腐蚀的循环动电位极化曲线，表 4-27 为其电化学参量的解析结果。由前文可知，用 E_b 值、E_{rp} 值以及它们的差（$\Delta E=E_b-E_{rp}$）确定缝隙腐蚀敏感性。如果金属在给定环境中的腐蚀电位超过再钝化电位，则发生缝隙腐蚀。可知，在不同应力条件下，HP-13Cr 的腐蚀电位均大于再钝化电位，说明发生了缝隙腐蚀，且随着应力的增加，E_b 与 E_{rp} 的差值减小，说明应力的增加会增强 HP-13Cr 的腐蚀敏感性。

表 4-27　循环动电位极化曲线的解析结果

应力	E_{corr}/mV	E_b/mV	E_{rp}/mV	(E_b-E_{rp})/mV
$0\delta_s$	−312.45	−103.42	−400.26	296.84
$0.6\delta_s$	−390.89	−131.25	−419.58	288.33
$0.8\delta_s$	−410.02	−212.04	−422.41	210.37
$1.0\delta_s$	−432.32	−321.24	−439.33	118.00

图 4-45 为应力条件下，HP-13Cr 在模拟地层水中缝隙腐蚀的交流阻抗及其等效电路。可以看出，在不同的拉伸应力下，HP-13Cr 在模拟地层水中发生缝隙腐蚀的交流阻抗谱的构成不同。当施加的应力为 $0\delta_s$、$0.6\delta_s$ 和 $0.8\delta_s$ 时，交流阻抗谱由一个高频容抗弧和一个低频感抗弧构成；在施加的应力为 $1.0\delta_s$ 时，交流阻抗谱仅有一个容抗弧，感抗弧消失。一般情况下，在电化学交流阻抗谱中，低频感抗弧的产生和消失与金属表面形成的钝化膜在腐蚀环境中遭受氯离子侵蚀而发生点蚀性的破坏过程有关。钝性金属在点蚀诱导期时，其特征阻抗谱图主要由高频容抗弧和低频感抗弧构成。当点蚀进入发展期以后，其特征阻抗谱图的低频感抗弧逐渐消失，只剩下容抗弧。其测试结果说明，随着施加的拉伸应力的增大，点蚀的诱导期缩短，腐蚀很快进入发展期，加快了腐蚀的发展进程。此结果是与点蚀发生与形成的基本条件紧密相关的。点蚀的形成主要是因为金属表面形成的钝化膜的不均匀性，在钝化膜表面比较薄弱或不完整的区域，腐蚀产生的阳极电流的密度就会偏大。局部表面的钝化膜越薄弱，在这些薄弱区域产生的阳极电流密度偏大的幅度会越大，在这些表面也就越容易发生点蚀。当在腐蚀试样的表面施加拉伸应力，会破坏金属表面的钝化膜，施加的拉伸应力越大，对金属表面钝化膜的破坏越严重，因此越容易在这些表面形成点蚀，缩短了点蚀的诱导期。

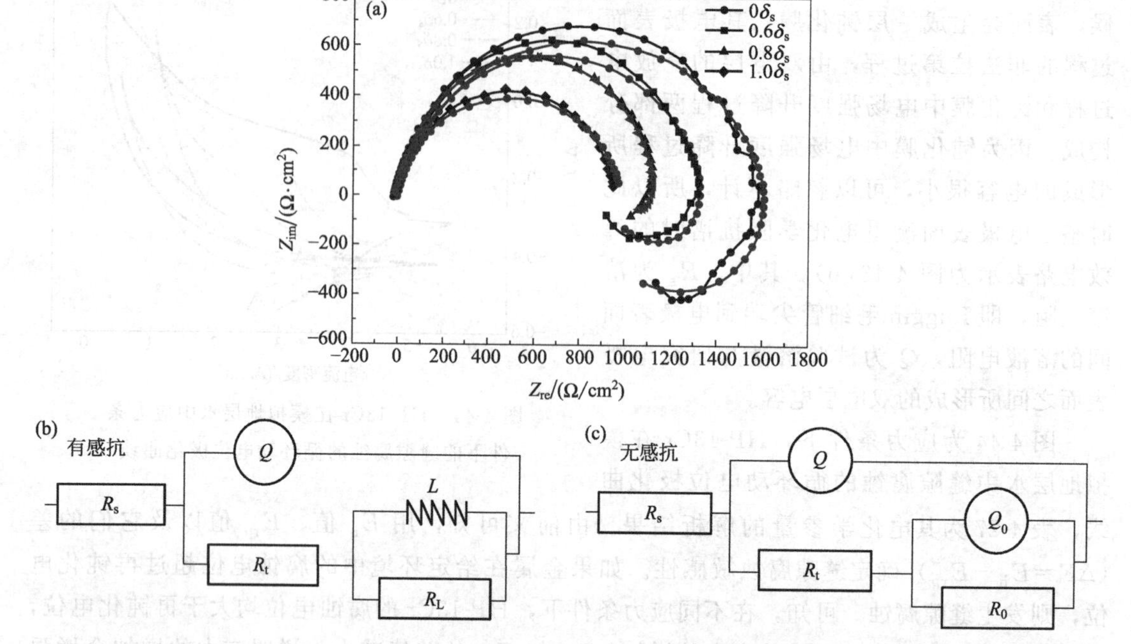

图 4-45　应力条件下 HP-13Cr 在模拟地层水中缝隙腐蚀的交流阻抗谱及其等效电路

(a) 交流阻抗谱；(b) 有感抗等效电路；(c) 无感抗等效电路

4.5　高温高压气井生产阶段管柱缝隙腐蚀

高温高压气井管柱系统的管端螺纹连接处，管体自重及生产过程产生的载荷导致接头部位出现缝隙。生产介质中的产出液进入缝隙导致腐蚀失效的发生，因此缝隙结构大大增加了油气管柱的腐蚀失效风险。缝隙腐蚀与其他腐蚀形式的根本区别在于，缝隙腐蚀除了需要具备一般腐蚀形式的材料因素和环境因素外，还需要特殊的结构因素，一般发生缝隙腐蚀的缝隙宽度为 0.025～0.1mm。几乎所有的金属和合金都会发生缝隙腐蚀，但各种金属对缝隙腐蚀的敏感性不同，钝性金属（不锈钢）的敏感性高于非钝性金属（碳钢），且钝化能力越强越敏感。对于不锈钢材质，缝隙腐蚀的敏感性与点蚀电位、Cr 和 Mo 的含量直接相关，缝隙腐蚀最终往往导致局部发生点蚀。

在缝隙腐蚀机理方面，除了典型的氧浓差电池原理和闭塞电池自催化原理，Fontana 和 Greene 提出了一元化机理，该机理对缝隙腐蚀的解释是较全面的，充分考虑了很多因素，如金属离子浓度、氧浓度、酸化作用等对缝隙腐蚀的影响，重要的是，该机理还可以用于解释不锈钢的活化型缝隙腐蚀和点蚀型缝隙腐蚀。在 20 世纪 90 年代初，有研究者还提出了电阻降机理（IR drop mechanism）解释缝隙腐蚀，该机理主要关注缝隙内外金属表面状态的差异性，即缝隙内金属表面处于活化状态，而缝隙外金属表面处于钝化状态。实验室研究和数学模型计算都表明电阻降机理适用于解释缝隙腐蚀。

缝隙腐蚀的主要研究工作可归纳为四大方面。第一，在缝隙材料方面，采用金属/非金属和金属/金属形成缝隙，从实验室研究来看，大部分采用被研究的金属和非金属的缝隙工具（PTFE 聚合物材料）形成缝隙。第二，在缝隙结构设计方面，有长方形缝隙、楔形缝隙、复式缝隙组合（multiple crevice assembly）、不规则缝隙。第三，在环境介质方面，主要为氧浓度、氯离子浓度、温度、pH、流体流速对缝隙腐蚀的影响。第四，在计算机模拟建模方面，根据传质学、电化学、热力学和动力学建立缝隙内的2D和3D模型，表征缝隙内电流电位分布、离子分布、电导率分布，以及缝隙外介质和电流电位改变对缝隙内上述各分布的影响。目前关于高温高压气井管柱的缝隙腐蚀研究很鲜见，尤其在众多的管柱腐蚀失效案例中，忽略了缝隙腐蚀这一关键影响因素。Pohjanne等研究发现25Cr油管缝隙腐蚀可诱发应力腐蚀开裂，实验结果表明有三分之一的应力腐蚀开裂裂纹与缝隙腐蚀有关。

参考文献

[1] 张琳，曹备，吴荫顺，等．316L不锈钢楔形缝隙内溶液化学[J]．北京科技大学学报，1996，18：37-41.

[2] 林玉珍．不锈钢在氯化钠水溶液中的缝隙腐蚀——缝内阳极液的变化Cr(Ⅲ)存在的形态[J]．中国腐蚀与防护学报，1985,5(1)：9-17.

[3] 王婷．Q345E钢在模拟海水溶液中缝隙腐蚀行为研究[D]．包头：内蒙古科技大学，2014.

[4] 张恒，李俊，毛庆斌，等．NaCl水溶液中1CrNi9Ti钢的缝隙腐蚀[J]．中国腐蚀与防护学报，1991,11(4)：353-363.

[5] 梁成浩．镍对304不锈钢在NaCl溶液中缝隙腐蚀行为的影响[J]．腐蚀科学与防护技术，1999,11(3)：20-24.

[6] 徐秋发，庞晓露，刘泉林，等．低合金钢和碳钢在90℃地下水模拟溶液中的缝隙腐蚀[J]．金属学报，2014，50(6)：659-666.

[7] 刘幼平．局部腐蚀的保护电位与闭塞电池间的内在关系[J]．北京化工大学学报．1996，23(2)：66-70.

[8] 陈尧，白真权，林冠发．普通Cr13钢在高温高压下的抗CO_2腐蚀性能[J]．腐蚀与防护，2007,28(5)：242-245.

[9] 陈东旭，吴欣强，韩恩厚，等．缝隙腐蚀研究进展及核电材料的缝隙腐蚀问题[J]．中国腐蚀与防护学报，2014，34(4)：295-300.

[10] 卢燕凤，彭乔，安帅，等．2Cr13不锈钢在含饱和CO_2盐溶液中的缝隙腐蚀行为研究[J]．辽宁化工，2014，43(4)：384-388.

[11] 朱世东，白真权，刘会，等．Ca^{2+}、Mg^{2+}对N80钢腐蚀速率的影响[J]．腐蚀与防护，2008，29(12)：724-726.

[12] 王星．模拟油气田环境中超级13Cr缝隙腐蚀研究[D]．西安：西安石油大学，2018.

[13] 薛娟琴，张耀，唐长斌，等．模拟地层水中TP140钢的缝隙腐蚀行为研究[J]．腐蚀科学与防护技术，2017，29(1)：34-40.

[14] 张耀．TP140和HP-13Cr钢在含CO_2模拟地层水中缝隙腐蚀行为的研究[D]．西安：西安建筑科技大学，2016.

[15] Cai B P. An experimental study of crevice corrosion behaviour of 316L stainless steel in artificial seawater[J]. Corrosion Science, 2010, 52: 3235-3242.

[16] 王景茹，朱立群，张峥．静载荷对30CrMnSiA在中性及酸性溶液中腐蚀速度的影响[J]．腐蚀科学与防护技术，2008，20(4)：253-256.

[17] 邵荣宽．弹性变形金属的力学化学效应与腐蚀过程相关性的研究[J]．中国民航学院学报，1997，15(1)：102-105.

[18] Schiroky G, Dam A, Okeremi A, et al. Preventing pitting and crevice corrosion of offshore stainless steel tubing [J]. World Oil, 2009, 34(4): 73-90.

[19] Brigham R J, Tozer E W. Localized corrosion resistance of Mn-substituted austenitic stainless steels effect of molybdenum and chromium[J]. Corrosion, 1976, 32(7): 274-276.

[20] Al-Zahrani A M, Pickering H W. IR voltage switch in delayed crevice corrosion and active peak formation detected using a repassivation-type scan [J]. Electrochimica Acta, 2005, 50(16/17): 3420-3435.

[21] Kennell G F, Evitts R W, Heppner K L. A critical crevice solution and IR drop crevice corrosion model[J]. Corrosion Science, 2008, 50(6): 1716-1725.

[22] Shaw B A, Moran P J, Gartland P O. The role of ohmic potential drop in the initiation of crevice corrosion on alloy 625 in seawater[J]. Corrosion Science, 1991, 32(7): 707-719.

[23] Lillard R S, Scully J R. Modeling of the factors contributing to the initiation and propagation of the crevice corrosion of alloy 625[J]. Journal of Electrochemical Society, 1994, 141(11): 3006-3015.

[24] Na E Y. An Electrochemical evaluation on the crevice corrosion of 430 stainless steel by micro capillary tubing method [J]. Journal of Materials Science, 2006, 41(11): 3465-3471.

[25] Hu Q, Qiu Y B, Guo X P, et al. Crevice corrosion of Q235 carbon steels in a solution of $NaHCO_3$ and NaCl[J]. Corrosion Science, 2010, 52(4): 1205-1212.

[26] Yan M C, Wang J Q, Han E H, et al. Local environment under disbonded coating on steel pipelines in soil solution [J]. Corrosion Science, 2008, 50(5): 1331-1339.

[27] Perdomo J J, Song I. Chemical and electrochemical conditions on steel under disbonded coatings: the effect of applied potential, solution resistivity, crevice thickness and holiday size[J]. Corrosion Science, 2000, 42(8): 1389-1415.

[28] 宋义全，杜翠薇，李晓刚，等．大块涂层缺陷对碳钢腐蚀特性及阴极保护效果的影响[J]．中国腐蚀与防护学报，2005，25(2)：74-78.

[29] ASTM G78—2015[S].

[30] Pohjanne P, Leinonen H, Scoppio L. Crevice corrosion induced SSC of 25Cr tungsten alloyed super duplex stainless steel tubing exposed to H_2S/CO_2 sour environment[C]//Corrosion 2011. Houston: NACE International, 2011.

[31] Song F M, Sridhar N. Modeling pipeline crevice corrosion under a disbonded coating with or without cathodic protection under transient and steady state conditions[J]. Corrosion Science, 2008, 50(1): 70-83.

[32] Song F M. Predicting the chemistry, corrosion potential and corrosion rate in a crevice formed between substrate steel and a disbonded permeable coating with a mouth[J]. Corrosion Science, 2012, 55(2): 107-115.

[33] 赵密锋，付安庆，秦宏德，等．高温高压气井管柱腐蚀现状及未来研究展望[J]．表面技术，2018，47(6)：44-50.

第5章 其他腐蚀类型

5.1 概述

石油和天然气的产量是衡量一个国家石油化工水平的重要条件。在石油和天然气开采过程中，油井管作为连接油气储层和地面之间的通道，其稳定性对开采过程尤为重要。据腐蚀失效事故统计，全面腐蚀仅占17.8%、局部腐蚀占比高达82.2%，其中前面所介绍的点蚀占25%、应力腐蚀占38%、缝隙腐蚀占2.2%，还有磨蚀、冲蚀、腐蚀疲劳、电偶腐蚀等，具有复杂性、集中性和突发性。张智等研究发现流场诱导腐蚀、缝隙腐蚀、电偶腐蚀以及相变诱导腐蚀是控制油井管腐蚀的主要环境因素。

近些年油井管材新产品日渐增多，油井管组合使用广泛被油气田接受，由于井下环境的电偶腐蚀研究相对较少，油井管电偶腐蚀通常被忽视。为了优化管柱结构，通常油管和套管的材料不用，油管柱上下端各异，管柱与井下附件材料也不同，由此会引起异种材料间的电偶腐蚀。油井管在开采过程中不但会受到管内外压力、弯曲、扭转等交变载荷，同时还会受到周围环境的腐蚀性介质（Cl^-、CO_2、H^+和O_2等）对其造成的腐蚀损伤，这两者之间会产生交互作用，在交互作用下金属构件发生开裂或断裂而提前失效的现象，称为腐蚀疲劳。腐蚀疲劳现象既不是纯粹的化学腐蚀现象或者单纯的应力断裂现象，更不是简单的两者数值相加，而是在交变载荷和腐蚀介质交互作用下形成裂纹及扩展的现象。

5.2 腐蚀疲劳

腐蚀疲劳涉及多个学科，其影响因素包括环境因素、力学因素和材料特性。环境因素有温度、压力、电化学势、pH、CO_2、O_2和Cl^-浓度等；力学因素有应力大小、应力比、应力幅、频率和波形等；材料特性有微观组织、热处理、力学性能、合金成分和杂质分布等。

近年来油井管的服役条件越来越苛刻，其主要表现在：井的深度向深井和超深井方向发展，井型包括定向井、水平井和分支井等；地层压力和温度向更高发展；酸化工艺对油井管的腐蚀。油井管在腐蚀疲劳工况下的承受能力及稳定性正面临着比以往更加严峻的挑战。油管服役环境中常存在Cl^-、CO_2等腐蚀性介质，它们会导致油管壁面产生点蚀坑。这些点蚀坑成为受交变载荷油管发生疲劳损伤的疲劳源。在油气田生产过程中，油管作为油气储层与地面之间的通道，会受到内外压力的作用（上、下冲程产生交变载荷），拉-拉、弯曲、扭转等交变载荷以及压裂过程中产生的高频低幅振动作用。油管受到交变载荷应力损伤的同时，还受到CO_2、H_2S、O_2和Cl^-等腐蚀性介质的腐蚀损伤，两者共同作用使油管产生腐蚀疲劳失效。腐蚀介质使油管全面腐蚀引起壁厚减薄，壁厚减薄使油管抗压强度降低，产生挤毁失效。油管在腐蚀和应力作用下发生腐蚀疲劳失效，产生该现象首先是腐蚀介质在壁面产生点蚀坑，点蚀坑处不仅产生构件局部应力集中，还会明显降低油管整体强度，在交变载荷作用下，油管使用寿命大大缩短。当介质中含Cl^-时，不但会降低钝化膜形成的可能性，而且会在金属表面产生点蚀现象，点蚀处产生应力集中。13Cr不锈钢油管受腐蚀损伤影响，塑性降低，脆性增大。吕祥鸿和姚小飞分别研究了13Cr不锈钢油管的应力腐蚀开裂，腐蚀作用使油管在解理面上穿晶断裂，腐蚀损伤和应力损伤同时作用会促使油管断裂失效。腐蚀环境下金属构件的抗疲劳性能会显著降低，且没有明显的疲劳极限，在相同的交变载荷下，腐蚀疲劳寿命相比于大气环境下的疲劳寿命往往要缩短许多。在腐蚀疲劳过程中，裂纹萌生占总寿命的10%，裂纹扩展占总寿命的90%。因此，通过科学严谨的腐蚀疲劳试验来模拟实际工况下介质环境和交变载荷对油井管的破坏是非常有必要的。

5.2.1 试验条件

依照GB/T 6398—2017，利用微机控制电液伺服疲劳试验机（PLD-200kN），采用降载法（应力强度因子K随着裂纹长度的增加而减小）进行疲劳裂纹扩展试验，试样与试验装置如图5-1和图5-2所示。主要研究在大气环境下和CO_2-Cl^-介质中，超级13Cr不锈钢油管疲劳裂纹扩展速率的变化，分析该油管腐蚀疲劳失效机理。研究腐蚀介质对超级13Cr不锈钢油管腐蚀疲劳裂纹扩展速率的影响，可以有效预测油管的服役寿命。观察腐蚀疲劳断口形貌，研究不同腐蚀介质对13Cr不锈钢油管的损伤机理。

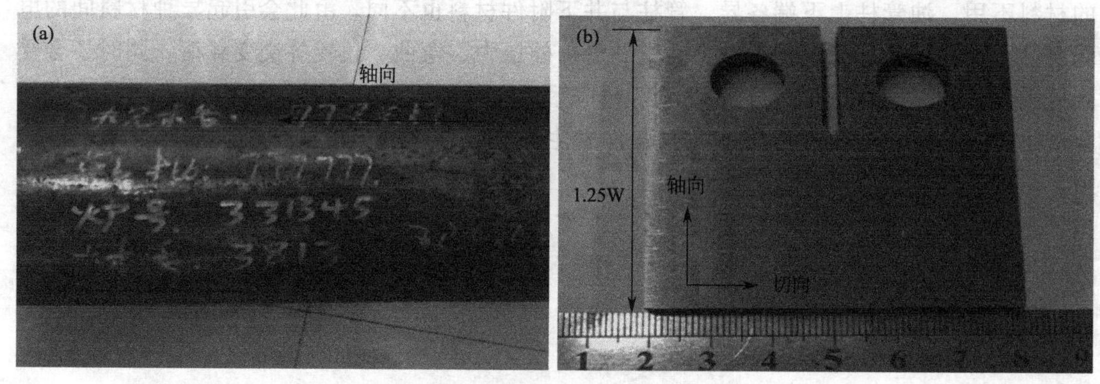

图5-1 疲劳裂纹扩展试样

(a) 油管；(b) CT样

其试验环境为：大气环境、3.5%（质量分数，下同）NaCl环境和含CO_2的3.5% NaCl环境。其中含CO_2的3.5% NaCl环境是在3.5% NaCl溶液中加入模拟油田环境的CO_2替代液（NaCl 6.15g/L、$NaHCO_3$ 2.71g/L、Na_2SO_4 0.33g/L，并用5%的CH_3COOH调节pH为4）配制而成。

最终，测量不同环境下裂纹扩展速率，包括大气环境、3.5% NaCl环境以及CO_2-Cl^-环境下的裂纹扩展速率。将标准紧凑拉伸试样（CT）通过夹具直接夹持在疲劳试验机夹头，采用应力比为0.1的正弦波进行应力加载，最大应力为12kN，最小应力1.2kN预制裂纹1mm，不断降低最大应力，且每次降载幅度小于10%。由于大气环境下腐蚀损伤较小可忽略不计，同时载荷频率对裂纹扩展影响较小，因此只进行频率为 10Hz 的疲劳裂纹扩展研究。3.5% NaCl 溶液环境与含 CO_2 的 3.5% NaCl 环境（即 CO_2-Cl^- 环境）下，腐蚀疲劳裂纹扩展测量的方法与大气环境下相同，频率分别选取 10Hz、5Hz 和 1Hz。腐蚀箱材料为有机玻璃，腐蚀箱与夹具之间通过锥形橡胶圈密封。

图 5-2　腐蚀环境装置

当交变应力幅值一定时，在足够小的周期 ΔN 内，裂纹扩展变化量 Δa 可近似地认为是此段载荷下的疲劳裂纹扩展速率 da/dN。应力强度因子幅值 ΔK 由公式可知：

$$\Delta K=\frac{\Delta p}{1000B\sqrt{W}}\times\frac{(2+\alpha)}{(1-\alpha)^{\frac{3}{2}}}(0.886+4.64\alpha-13.32\alpha^2+14.72\alpha^3-5.6\alpha^4)$$

式中，B 为试样厚度；W 为试样长度，m；α 为裂纹尖端到应力载荷轴线的距离，$\alpha=a/W$；Δp 为应力幅值，$\Delta p=p_{\max}-p_{\min}$，kN。

将不同频率、不同环境工况下裂纹扩展速率 da/dN 与其所对应的应力强度因子幅值 ΔK 绘制在双对数坐标中，即可得出裂纹扩展速率。

5.2.2　扩展曲线

图 5-3 为超级 13Cr 不锈钢油管在大气环境（纯疲劳）和不同频率下 3.5%NaCl 溶液中的疲劳裂纹扩展曲线。超级 13Cr 不锈钢有较强的耐蚀性，当频率为 10Hz 和 5Hz 时，NaCl 溶液中的腐蚀疲劳裂纹扩展速率与大气环境时较为接近。当频率降低到 1Hz 时，与频率为 10Hz 和 5Hz 时相比，腐蚀疲劳裂纹扩展速率明显增大。应力交变载荷相同时，频率越低，周期内的腐蚀损伤时间越长，腐蚀疲劳损伤越严重。频率较高时，腐蚀疲劳裂纹扩展速率与纯交变应力作用的疲劳裂纹扩展速率几乎重合，Cl^- 对超级 13Cr 不锈钢油管的疲劳裂纹扩展影响较小；频率较低时，周期内 Cl^- 腐蚀损伤时间较长，Cl^- 会吸附在金属表面的钝化膜上，产生了 Cl^- 的局部点蚀现象，不断加快腐蚀，促进了油管的疲劳裂纹扩展。

图5-4为载荷相同时，在只有Cl^-环境下和含CO_2-Cl^-环境下油管材料疲劳裂纹扩展速率的变化。当应力强度因子幅值较小（小于15MPa·$m^{0.5}$）时，CO_2-Cl^-环境下油管钢疲劳裂纹扩展速率比纯Cl^-环境下油管钢疲劳裂纹扩展速率要慢。当应力强度因子幅值较大（大于15MPa·$m^{0.5}$）时，CO_2-Cl^-环境下油管钢疲劳裂纹扩展速率比纯Cl^-环境下油管钢疲劳裂纹扩展速率要快。油管内壁点蚀坑为CO_2-Cl^-两者共同作用产生，CO_2会促进Cl^-对13Cr不锈钢油管点蚀的产生和发展，并出现了应力腐蚀开裂。当应力强度较小时，CO_2裂纹尖端生成钝化膜，降低了Cl^-点蚀的腐蚀损伤，即CO_2抑制了Cl^-对油管疲劳裂纹扩展的影响。当应力强度因子较大时，裂尖不断出现裸露的金属表面，且裂纹张开位移较大，腐蚀介质更容易到达裂纹尖端，在新表面重新腐蚀，腐蚀与应力损伤两者相互促进，CO_2促进了Cl^-对油管疲劳裂纹扩展的影响。

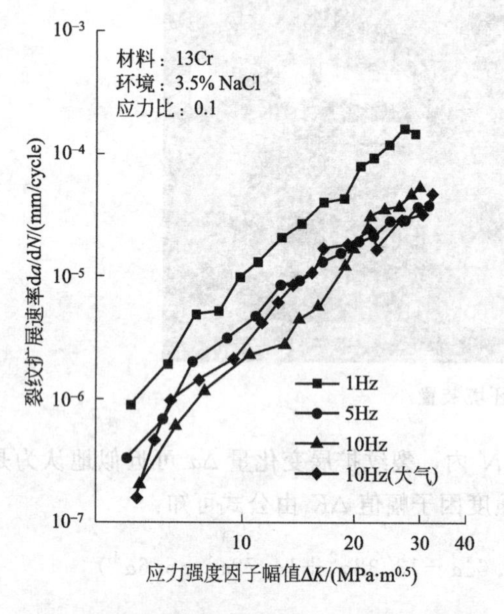

图5-3 超级13Cr不锈钢疲劳裂纹扩展曲线

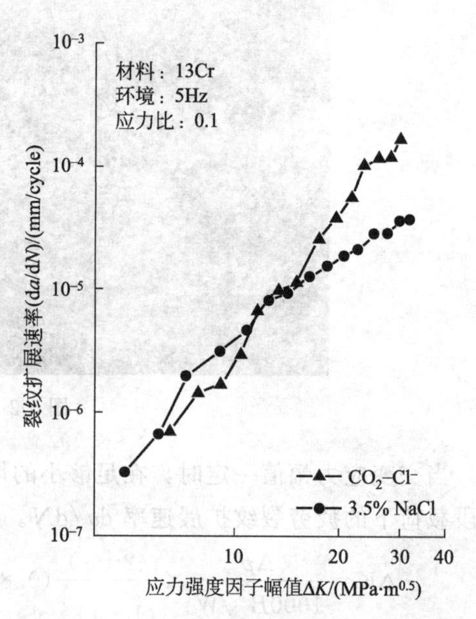

图5-4 不同腐蚀环境下疲劳裂纹扩展曲线

5.2.3 断口形貌

图5-5是不同腐蚀介质和频率下超级13Cr不锈钢稳定扩展区的断口形貌，图5-5(a)为大气环境下断口形貌，疲劳灰纹与裂纹扩展方向垂直；图5-5(b)、图5-5(c)、图5-5(d)分别为3.5%NaCl溶液中10Hz、5Hz、1Hz的断口形貌。从图中可以明显地看出，加载频率为10Hz时产生了穿晶断裂，断面上没有腐蚀产物生成。当加载频率降低到5Hz和1Hz时，将图5-5(c)和图5-5(d)进行对比，发现同样放大200倍，断面上有点蚀腐蚀产物，频率为5Hz时出现极少量的点蚀坑和少量腐蚀产物覆盖，频率为1Hz时周期内腐蚀损伤时间变长，腐蚀产物较多，腐蚀介质促进了13Cr不锈钢油管的腐蚀疲劳裂纹扩展。

5.2.4 产物膜能谱

在腐蚀疲劳形貌分析的基础上，进行腐蚀产物能谱分析，大气环境、3.5% NaCl溶液中腐蚀产物能谱分析，如图5-6所示。大气环境下，频率为10Hz、应力比为0.1，只含有

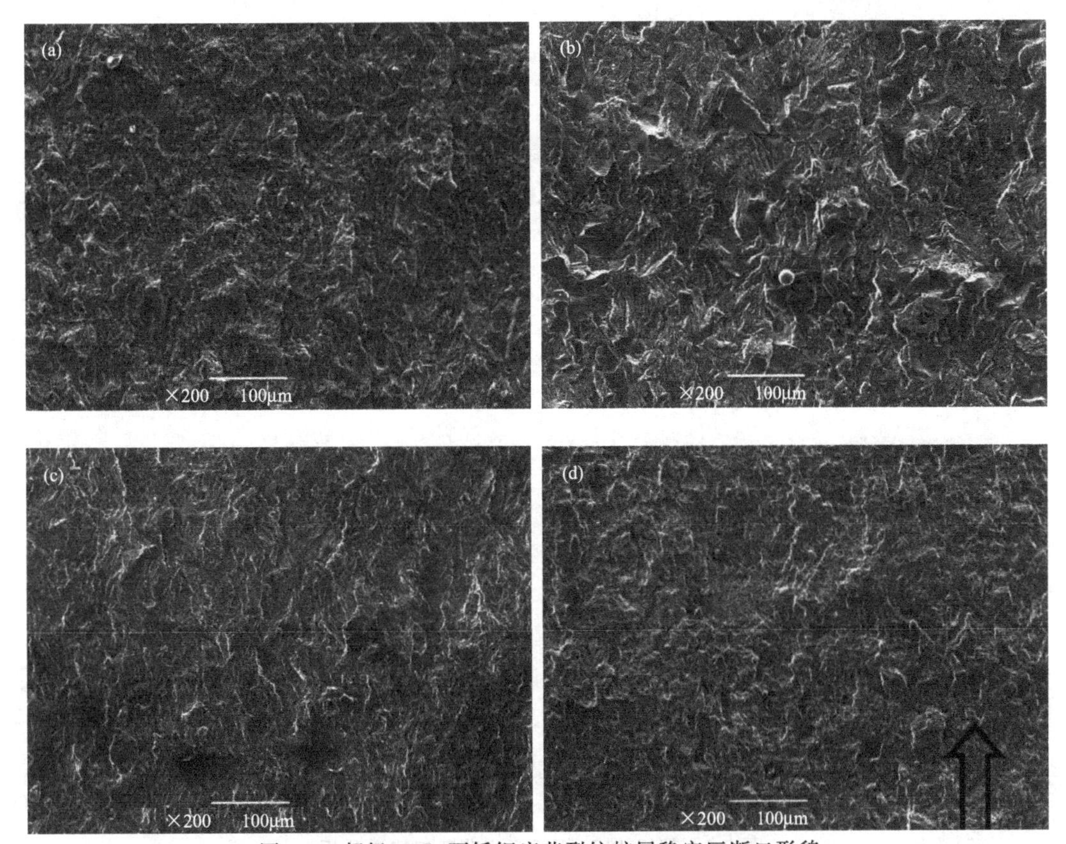

图 5-5　超级 13Cr 不锈钢疲劳裂纹扩展稳定区断口形貌

(a) 大气环境、10Hz；(b) 3.5% NaCl、10Hz；(c) 3.5% NaCl、5Hz；(d) 3.5% NaCl、1Hz

Fe、C、Cr、Mo、Ni 等元素，不存在腐蚀损伤，可看作纯疲劳断裂失效。图 5-6(a)、图 5-6(b) 腐蚀介质不同，应力载荷都为 10Hz，图 5-6(a) 为大气环境，图 5-6(b) 为 3.5% NaCl 腐蚀介质。图 5-6(b) 中产物 Fe 元素含量降低，O 元素含量增加，但是未出现 Cl 元素，说明 Cl^- 腐蚀不严重或者不参与腐蚀；频率继续降低到 5Hz 和 1Hz 时，腐蚀产物中仍未出现 Cl 元素。

在研究超级 13Cr 不锈钢油管应力腐蚀失效时，腐蚀介质为 NaCl 腐蚀，进行 XRD 分析发现 Fe-Cr、FeO 和 CrO_3 的物相峰，腐蚀产物为 Fe 和 Cr 氧化物，Cl^- 对超级 13Cr 不锈钢油管腐蚀疲劳失效起到促进作用。本文在相同介质中，研究 13Cr 不锈钢油管在交变载荷下的失效机理，结果表明：通过超级 13Cr 不锈钢油管腐蚀疲劳断口产物膜能谱分析，发现相对于大气环境，3.5% NaCl 环境下腐蚀介质中产物成分变化不大，该油管有较好的耐蚀性。但与应力腐蚀损伤相似，腐蚀产物中未出现 Cl 元素，而 O 元素增加，可以推断出腐蚀产物主要是氧化物。

5.2.5　影响因素

5.2.5.1　pH 的影响

超级 13Cr 不锈钢的 CT 试样通过夹具夹持在疲劳试验机夹头，频率为 1Hz，腐蚀介质为 3.5% NaCl 溶液，pH 分别为 7 和 3，采用应力比为 0.1 的正弦波进行应力加载，最大应

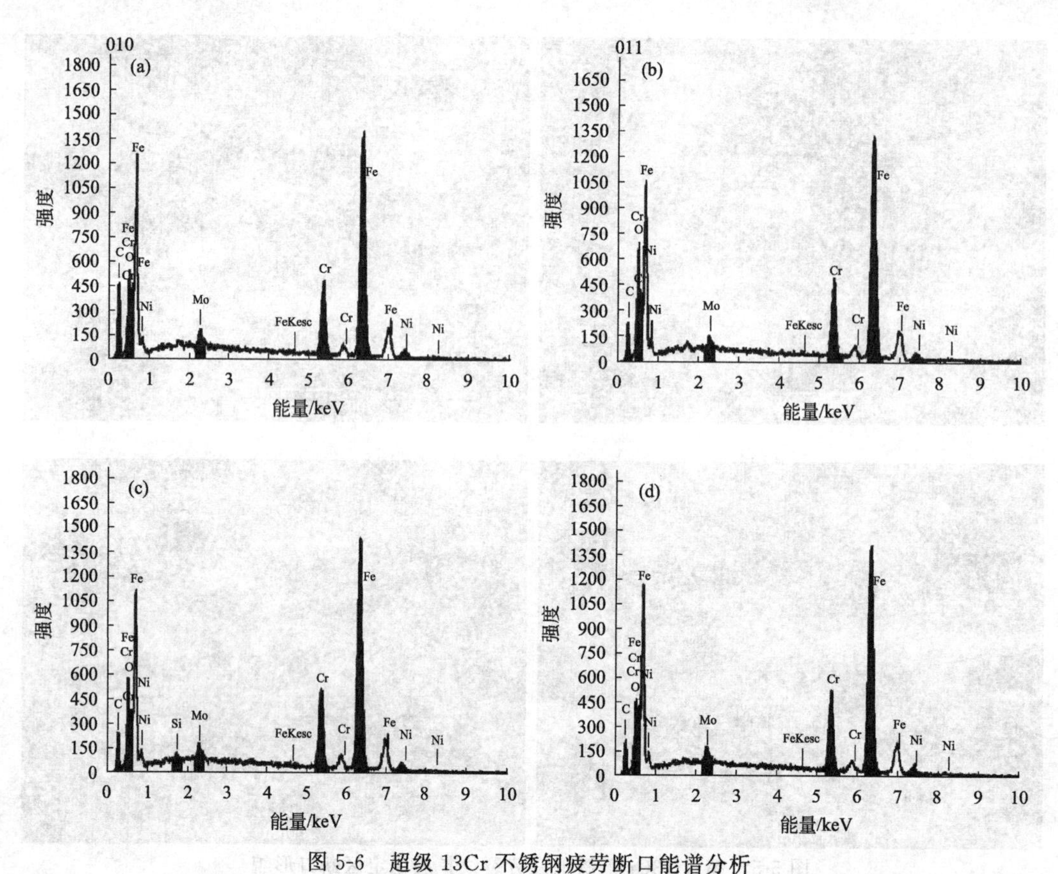

图 5-6　超级 13Cr 不锈钢疲劳断口能谱分析

(a) 大气环境、10Hz；(b) 3.5% NaCl、10Hz；(c) 3.5% NaCl、5Hz；(d) 3.5% NaCl、1Hz

力 12kN，最小应力 1.2kN。首先预裂 1～2mm，随着裂纹的扩展，不断降低最大应力，且每次降载幅度小于 10%，最终得到的腐蚀疲劳裂纹扩展速率与应力强度因子幅值之间的关系如图 5-7 所示。

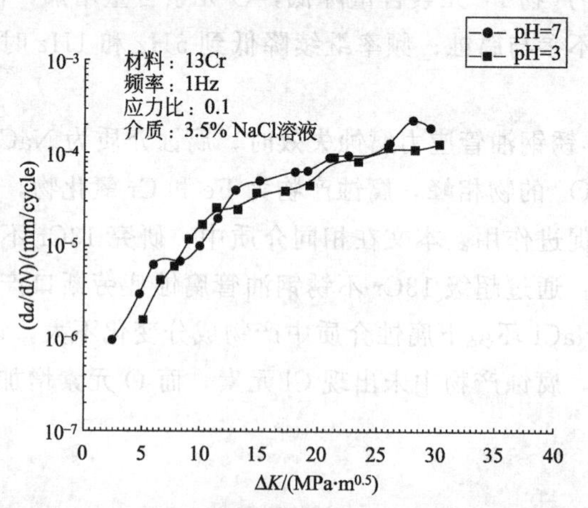

图 5-7　超级 13Cr 不锈钢在不同 pH 下的裂纹扩展速率曲线

由图 5-7 可知，整体而言，超级 13Cr 不锈钢的裂纹扩展速率随 pH 的降低而降低。一方面是由于随着 pH 的降低，氢离子浓度增加，溶液的腐蚀性增大，金属全面腐蚀严重而局部腐蚀被抑制；另一方面是裂纹尖端反复张开和闭合，氢离子不能充分进入裂纹尖端，进而导致裂纹尖端的腐蚀环境不是很稳定，即裂纹尖端的酸性不稳定，所以腐蚀损伤也不稳定，进而导致疲劳裂纹扩展速率降低。

5.2.5.2 材质的影响

超级13Cr不锈钢的CT试样通过夹具夹持在疲劳试验机夹头，频率为10Hz和5Hz，腐蚀介质为3.5% NaCl溶液，采用应力比为0.1的正弦波进行应力加载，最大应力12kN，最小应力1.2kN。首先预裂1～2mm，随着裂纹的扩展，不断降低最大应力，且每次降载幅度小于10%。最终得到的腐蚀疲劳裂纹扩展速率与应力强度因子幅值之间的关系如图5-8所示。

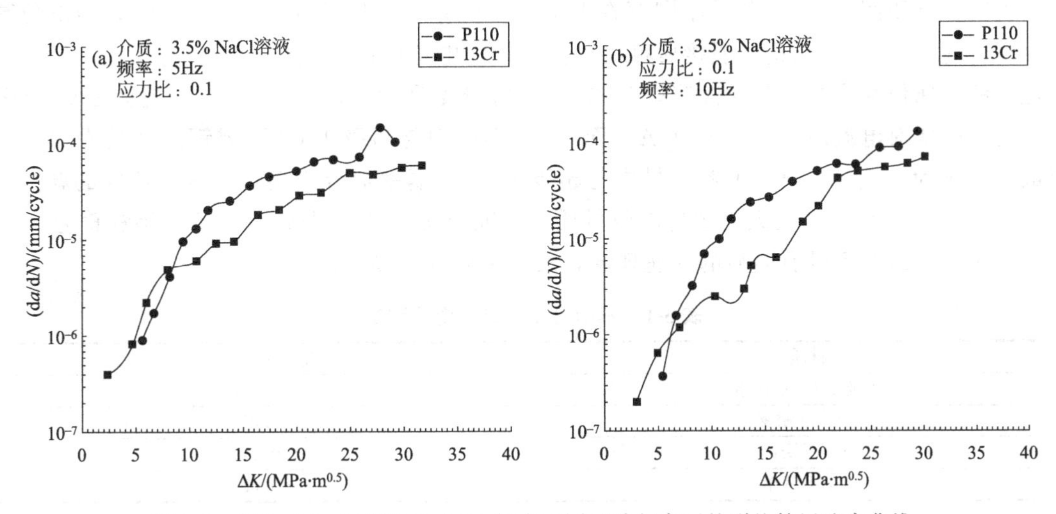

图5-8 超级13Cr不锈钢和P110钢在不同试验频率下的裂纹扩展速率曲线

可见，不论是在5Hz还是在10Hz频率下进行实验，P110钢的疲劳裂纹扩展速率均比13Cr不锈钢的要快。这是因为13Cr是不锈钢，铬含量较高，相比于P110钢其耐蚀性更强，在其金属表面易形成一层非常致密且紧紧依附在表面的钝化膜，钝化膜可以将金属和腐蚀介质隔开，防止介质与金属接触，避免金属腐蚀。

5.3 电偶腐蚀

电偶腐蚀又称接触腐蚀，是指不同金属在导电介质中接触后因各自电极电位差异形成腐蚀原电池的现象，通常特指两种金属间的接触腐蚀，其中一种金属的腐蚀过程中被加速。电偶腐蚀与金属自腐蚀电位相关，两者自腐蚀电位相差越大，高电位的阴极越受保护，而低电位阳极越容易腐蚀。目前研究人员对海水环境中常用的金属偶对进行了大量研究测量，形成了海水环境的电偶序。

研究表明3Cr不锈钢材质与超级13Cr不锈钢混合连接后，接触位置的腐蚀加重程度增加近50%，若是采用9Cr材质，3Cr不锈钢材质腐蚀加速程度大幅降低至15%，9Cr材质本身的腐蚀加重程度也低于15%。钢级对电偶腐蚀影响较小，采用中间材质过渡有利于保护低铬合金，提高其使用寿命。王春生等研究了致密性气藏氮气钻完井一体化管柱中超级13Cr不锈钢油钻杆和4145H钻铤螺纹连接的电偶腐蚀问题。不同材质随金属材质中铬含量的增加，其电位增加明显，这表明该金属材质的耐蚀性能增加，同一种金属材质，随管材钢级的增加，其电位略有增加，耐蚀性能提高不明显。

5.3.1 超级13Cr不锈钢与其他铬钢

以中东某油田Asmari油层的实际井下环境对不同材质间的电偶腐蚀进行了研究。Asmari油层温度为90℃，饱和压力为18.3MPa，CO_2含量为4.3%，CO_2分压为0.8MPa，地层水230g/L，其中氯离子含量为145g/L。实验分别测试了可用该油田不同井段的3Cr、9Cr、13Cr和超级13Cr不锈钢之间的腐蚀情况。

表5-1为各铬钢的实际油田环境条件下的腐蚀电位。腐蚀电位随着Cr含量的升高而升高，说明各材质间由于Cr含量不同存在明显的电位差，电位低的金属（如3Cr）与电位高的金属（超级13Cr不锈钢）偶接后存在电偶腐蚀，电位低的金属作为阳极将加速腐蚀，而电位高的金属作为阴极，其腐蚀速率会减小，如表5-2和表5-3所示。3Cr与超级13Cr不锈钢之间的电偶对电流最高，为6.0μA，而13Cr不锈钢与超级13Cr不锈钢之间的电偶对电流最低，仅为0.5μA。3Cr不锈钢材质与超级13Cr不锈钢混合连接后，接触位置的腐蚀加重程度增加近50%，会大大缩短低电位材质的腐蚀寿命。对于超级13Cr不锈钢和普通13Cr不锈钢来说，组合后没有明显的加速现象，实际中可以直接连接。

表5-1 不同材质的腐蚀电位测试

材质	腐蚀电位/V
超级13Cr不锈钢	−0.258
13Cr不锈钢	−0.310
9Cr不锈钢	−0.412
3Cr不锈钢	−0.654

表5-2 不同材质偶合后的稳定电流

组合材质	ΔE/mV	I/μA
3Cr-超级13Cr	0.030	6.0
3Cr-13Cr	0.026	5.0
3Cr-9Cr	0.022	4.5
9Cr-超级13Cr	0.015	3.0
13Cr-超级13Cr	0.007	0.5

表5-3 电偶腐蚀对腐蚀的加重程度

材质	超级13Cr不锈钢	13Cr不锈钢	9Cr不锈钢	3Cr不锈钢
超级13Cr不锈钢	0	—	—	—
13Cr不锈钢	0.0112	0	—	—
9Cr不锈钢	0.2540	0.121	0	—
3Cr不锈钢	0.4540	0.402	0.312	0

5.3.2 超级13Cr不锈钢与4145H钻铤

为满足致密性气藏氮气钻完井需要，需采用超级13Cr不锈钢油钻杆进行钻井。若下部钻铤也用13Cr不锈钢，因钻铤壁厚和尺寸均较大，材料成本太高，不满足高效经济开发的原则；若选用常规4145H碳钢作为钻铤用钢，在采气阶段将面临CO_2腐蚀问题，而且不同材料之间（13Cr不锈钢和4145H碳钢）的偶合连接将伴有电偶腐蚀和缝隙腐蚀。针对致密性气藏氮气钻完井一体化管柱中超级13Cr不锈钢油钻杆和4145H钻铤螺纹连接的电偶腐蚀问题，模拟工程实际管柱结构，设计了超级 13Cr 不锈钢和 4145H 碳钢的螺纹连接电偶腐蚀试样，利用高温高压釜模拟井下腐蚀工况，在 CO_2 分压为 1.75MPa、总压为 35MPa、温度分别为 90℃和 110℃条件下进行了高温高压腐蚀试验，测试了超级 13Cr 不锈钢和 4145H 钢分别在气相和液相中的腐蚀速率。

由图 5-9 可知，在 90℃和 110℃温度条件下，超级 13Cr 不锈钢均匀腐蚀速率较小，据 NACE RP0775—2005 对腐蚀程度的划分，超级 13Cr 不锈钢油钻杆材质在各种条件下均匀腐蚀速率均小于 0.025mm/a，为轻微腐蚀；而 4145H 钢的腐蚀速率较大，在两种温度条件下气相中腐蚀速率分别为 0.1713mm/a 和 0.1811mm/a，液相中腐蚀速率分别为 1.8914mm/a 和 2.1328mm/a。虽然 4145H 钻铤在模拟井底工况下腐蚀速率较大，但因其壁厚大，腐蚀裕量同样也较大。以超深井油钻杆匹配 43/4″钻铤为例，其壁厚达 34.95mm，若仅从强度考虑，可均匀减薄 20mm。在前期凝析水采气阶段（相当于气相腐蚀）腐蚀速率为 0.18mm/a；后期积水采气阶段（相当于液相腐蚀）腐蚀速率为 2.1328mm/a；中期气水同采，其腐蚀速率将介于两者之间。同时，考虑局部腐蚀的可能性，4145H 钢在该腐蚀工况下至少能安全使用 10 年以上。

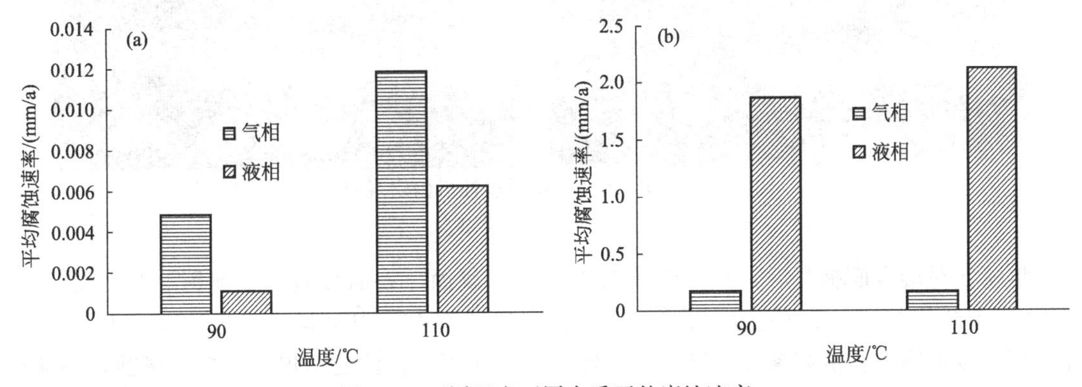

图 5-9　不同温度不同介质下的腐蚀速率

(a) 超级 13Cr 不锈钢油钻杆；(b) 4145H 钻铤

温度为 90℃时，试件腐蚀后的宏观照片如图 5-10 所示。气相中 4145H 试样表面有较多腐蚀产物，且形成的腐蚀产物堆积不均匀，超级 13Cr 不锈钢腐蚀后表面仍具有金属光泽，但在超级 13Cr 不锈钢的连接处有少许腐蚀产物堆积，具有局部腐蚀特征；液相中 4145H 试样表面腐蚀产物膜堆积较为平整，为全面腐蚀特征。

图 5-10　90℃条件下试样腐蚀后的宏观形貌

(a) 气相；(b) 液相

与 90℃时相同，110℃时超级 13Cr 不锈钢表面仍具金属光泽，几乎没有明显腐蚀特征，而 4145H 表面发生了全面腐蚀，试样腐蚀后的宏观照片如图 5-11 所示。温度升高至 110℃时，气相和液相中腐蚀速率均有所升高。气相中超级 13Cr 不锈钢腐蚀速率由 90℃时的 0.0048mm/a 升高至 0.0118mm/a；4145H 腐蚀速率由 90℃时的 0.1713mm/a 升高至 0.1811mm/a。而液相中 13Cr 不锈钢腐蚀速率由 90℃时的 0.0011mm/a 升高至 0.0063mm/a；4145H 腐蚀速率由 90℃时的 1.8914mm/a 升高至 2.1328mm/a。这主要是因为气相中电离作用和离子交换作用远不如液相中明显，因而气相腐蚀速率远小于液相中腐蚀速率。当温度升高，液相以蒸气小液滴形式存在于气相中，附着在试样表面的液滴足够供应腐蚀作用，液滴持续不断的供应造成腐蚀速率明显提高。对于 4145H 来说，温度升高，进一步加速了腐蚀反应的进行，再加上电偶作用造成了腐蚀速率的升高。

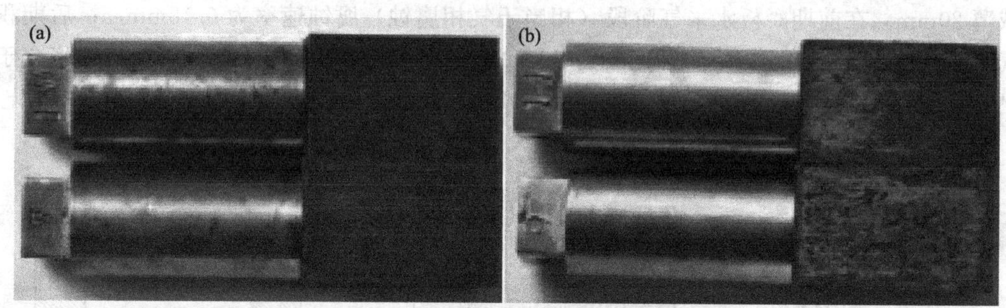

图 5-11　110℃条件下试样腐蚀后的宏观照片

(a) 气相；(b) 液相

将电偶对旋合面拆开后，4145H 旋合面发生了腐蚀，表面形貌特征如图 5-12 所示。超级 13Cr 不锈钢与 4145H 的接触面（图中黑色虚线圆圈内）与接触面以外的 4145H 表面腐蚀特征明显不同，且液相条件下试样的腐蚀程度明显更大。此处不仅存在电偶腐蚀，还存在旋合面间的缝隙腐蚀，并且旋压应力的作用加重了腐蚀的程度。气相中不存在连续的电解质，因而其腐蚀特征不明显；液相为连续的电解质，为离子和电子的传递提供了良好的通道，因而其腐蚀程度更大。

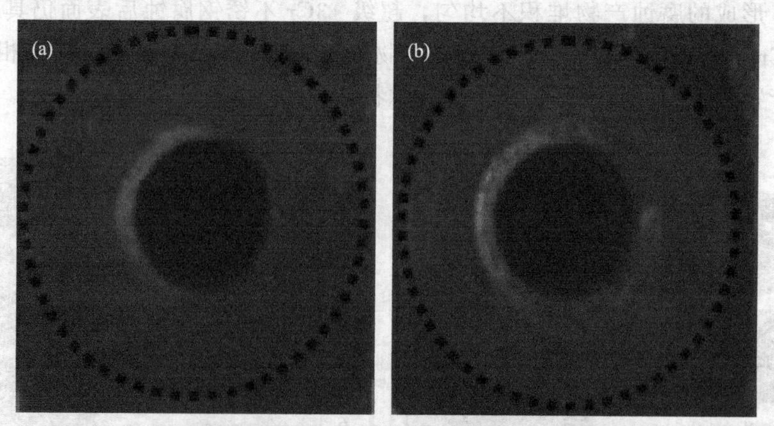

图 5-12　90℃下 4145H 电偶对旋合面拆开后的腐蚀形貌

(a) 气相；(b) 液相

图 5-13 为 90℃条件下电偶对低倍腐蚀形貌。由图可以看出，电偶对超级 13Cr 不锈钢一侧基本无腐蚀产物膜附着，但 4145H 表面腐蚀产物较多，且在超级 13Cr 不锈钢与 4145H

接触面有大量腐蚀产物堆积，该现象说明在超级13Cr不锈钢与4145H接触处存在的电位差和缝隙加速了4145H材质的腐蚀，因超级13Cr不锈钢表面无腐蚀产物，连接处的腐蚀产物向超级13Cr不锈钢一侧生长和堆积。对比图5-13(a)和图5-13(b)可知：气相试样的腐蚀产物堆积得更厚，呈堆积态；液相中的腐蚀产物堆积得较薄，呈溶蚀态。

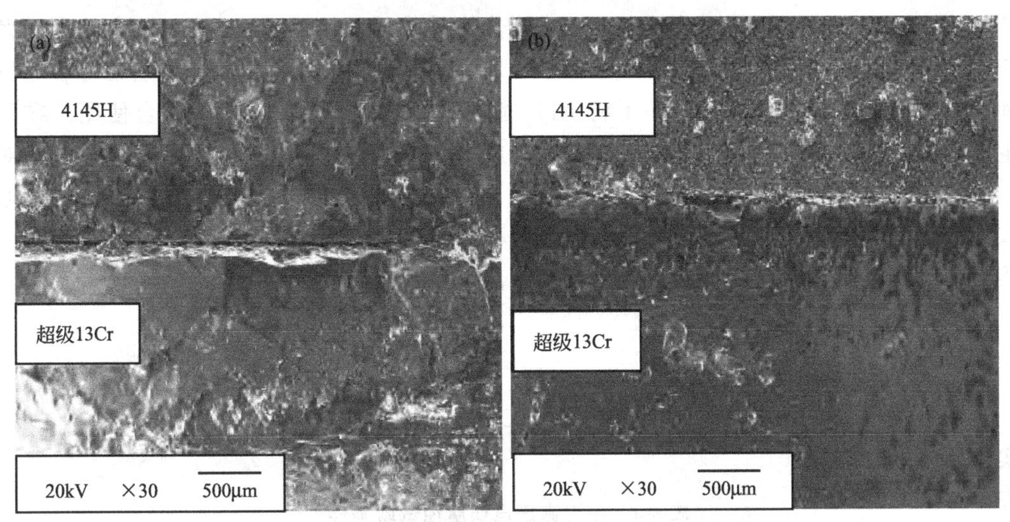

图5-13 90℃时电偶对接触部位的表面微观形貌

(a) 气相；(b) 液相

在温度为110℃条件下，电偶试样在气相和液相中腐蚀后的微观形貌如图5-14所示。由图可以看出，在110℃时超级13Cr不锈钢一侧同样无腐蚀产物膜附着，4145H一侧被较多腐蚀产物覆盖，同样在超级13Cr不锈钢与4145H接触面有大量腐蚀产物堆积，且腐蚀产物基本填满了超级13Cr不锈钢与4145H螺纹连接之间的缝隙。这说明当温度由90℃升至110℃后，偶接处的腐蚀程度大幅度提高。对比图5-14(a)和图5-14(b)同样可以发现，气相中的腐蚀产物呈絮状堆积，液相中的腐蚀产物呈溶蚀态，仅堆积在超级13Cr不锈钢与4145H偶接空隙处。

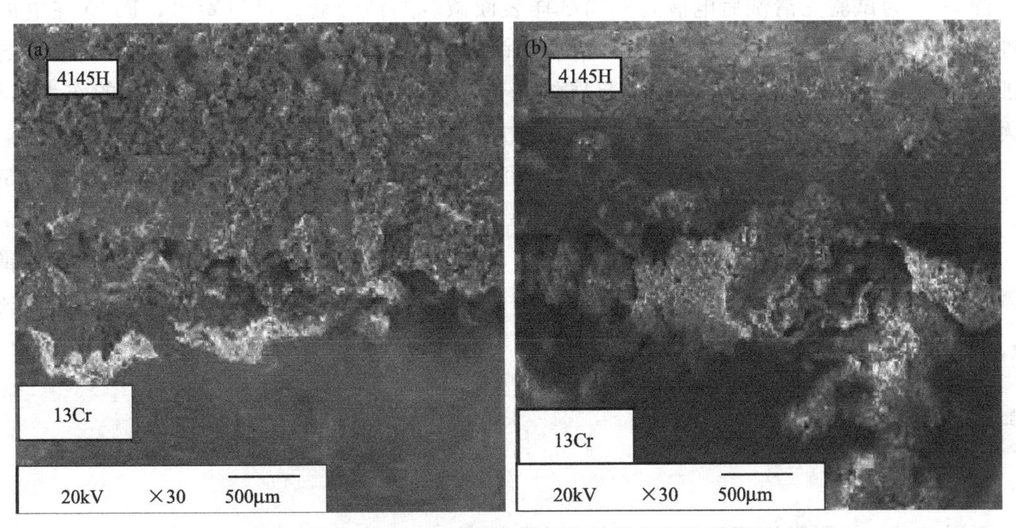

图5-14 110℃时电偶对接触部位的微观腐蚀形貌图

(a) 气相；(b) 液相

5.3.3 超级13Cr不锈钢与P110碳钢

贺海军等针对大庆深层气田具有埋藏深、温度高、产出气含CO_2且CO_2分压多在0.2MPa以上的特点进行研究，发现井下油套管处于严重腐蚀状态。若采用超级13Cr不锈钢套管用于CO_2防腐，由于超级13Cr不锈钢价格是普通碳钢的5～6倍，成本较高，尤其是应用在低产能气井上，投入产出比非常不合理。因此，深井或超深井用油管需综合考虑强度和耐蚀性，基于成本因素，在井下将P110钢和超级13Cr不锈钢油管联合使用。在腐蚀严重的区段使用耐腐蚀性能及力学性能良好的超级13Cr不锈钢油管。而在腐蚀环境相对较弱的区段仅使用力学性能良好的P110钢油管。众所周知，在油气井内服役的油管均是通过螺纹连接并浸入高矿化度的油田产出液中，两种不同金属连接，再加上工况条件为腐蚀电解质溶液环境，必然导致电偶腐蚀发生，造成电位较负的油管加速腐蚀。

5.3.3.1 小样与实物对比

利用小样和实物两种方式研究了超级13Cr马氏体不锈钢与P110碳钢间的电偶腐蚀，其实验条件见表5-4。

表5-4 高温高压电偶腐蚀试验条件

CO_2分压/MPa	温度/℃	试验时间/h	介质
1.0	100	168	Na_2SO_4(7970.5mg/L)、$NaHCO_3$(3062mg/L)、$CaCl_2$(291.4mg/L)、$MgCl_2$(3792mg/L)、NaCl(200000mg/L)、KCl(75500mg/L)

(1) 小试样模拟试验

图5-15及图5-16分别为试验完清洗后未接触处和电偶处试样表面微观腐蚀形貌。可以看出，P110在电偶处腐蚀比未接触处严重，超级13Cr马氏体不锈钢和P110组成电偶对，发生了严重的电偶腐蚀。

(2) 实物试验

图5-17为试验完清洗后电偶处实物试样表面微观腐蚀形貌。可以看出，P110在电偶处腐蚀比未接触处严重，超级13Cr马氏体不锈钢和P110组成电偶对，亦发生了严重的电偶腐蚀。两种相互接触金属具有不同的自腐蚀电位，电位低的作为阳极，电位高的作为阴极。在无电偶效应时，两种金属发生如下阴、阳极反应：

$$Fe = Fe^{2+} + 2e^- \text{（阳极反应）} \tag{5-1}$$

$$2H^+ + 2e^- = H_2 \text{（阴极反应）} \tag{5-2}$$

在电偶腐蚀过程中，上述两种电极反应的动态平衡被打破，普通P110作为阳极金属发生微小阳极极化，阳极反应向右移动，腐蚀加速。超级13Cr马氏体不锈钢发生微小阴极极化，阴极反应向右移动，溶解速度增大。

5.3.3.2 电偶对特征

(1) 电偶特性

不同S_c/S_a（阴阳极面积比）的超级13Cr-P110油管钢电偶对在3.5%NaCl溶液中的电

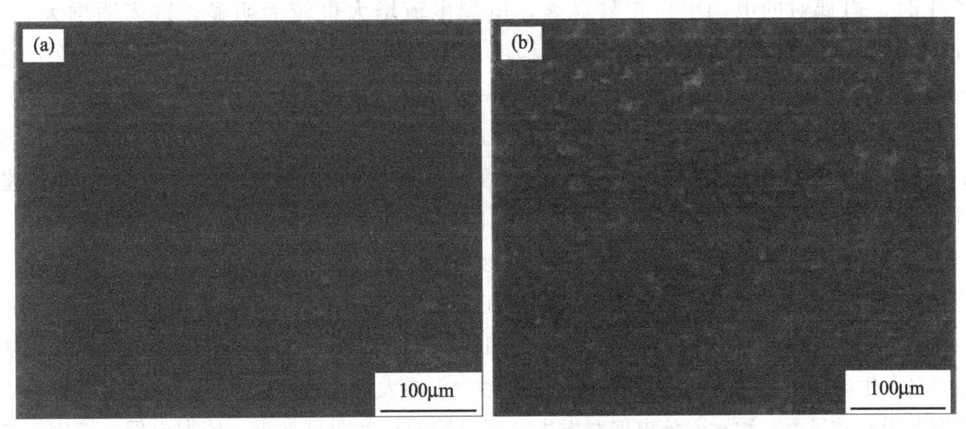

图 5-15　清洗后未偶接试样表面微观腐蚀形貌

（a）超级 13Cr 不锈钢；（b）P110

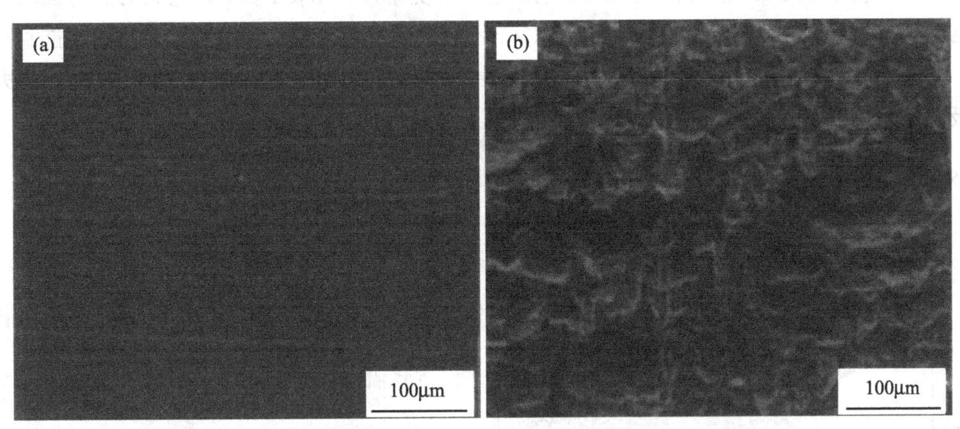

图 5-16　清洗后偶接后试样表面微观腐蚀形貌

（a）超级 13Cr 不锈钢；（b）P110

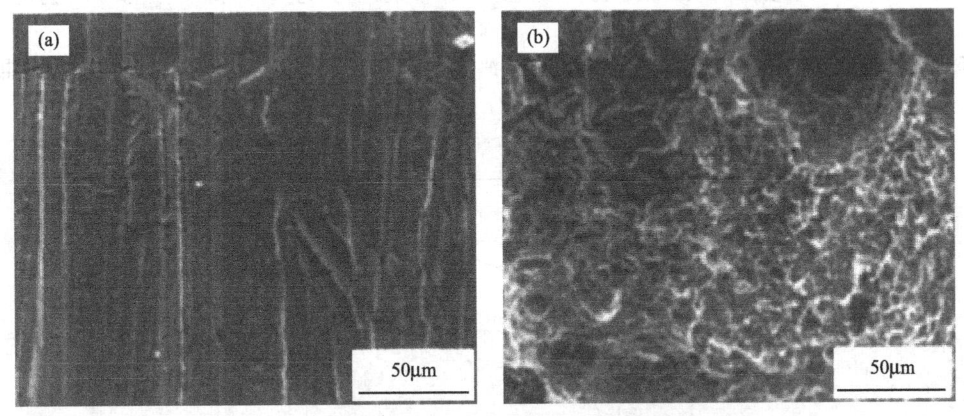

图 5-17　清洗完偶接后实物试样表面微观腐蚀形貌

（a）超级 13Cr 不锈钢；（b）P110

偶电位和电偶电流随时间的变化曲线分别如图 5-18(a) 和（b）所示。由图可以看出，随着 S_c/S_a 的增大，超级 13Cr-P110 油管钢电偶对的电偶电位正移，电偶电流增大，当 S_c/S_a

大于 2/1 时，电偶对的电偶电位正移显著，电偶电流增大也较为明显。这表明增大 S_c/S_a，超级 13Cr-P110 油管钢电偶对的电偶腐蚀程度加重，因此，其偶接使用时应该避免大阴极小阳极连接。电偶对的 I_g-t 曲线变化趋势基本一致，但曲线振荡比较厉害。一方面是 P110 钢中电位较低的元素在表面容易发生溶解，导致 P110 钢试样表面状态不断变化，从而造成 I_g 波动；另一方面 P110 钢表面在溶液中形成的腐蚀膜被破坏，相关文献认为腐蚀膜层破坏是由于腐蚀膜层的保护性差，容易产生点蚀，同时腐蚀膜又再次形成或自修复，因此出现腐蚀膜破坏和形成的反复过程，这也会引起 I_g 的波动。

不同 S_c/S_a 的超级 13Cr-P110 油管钢电偶对在 NaCl 溶液中的平均电偶电位和电偶电流密度如图 5-19 所示。由图可知，随着 S_c/S_a 的增大，超级 13Cr-P110 油管钢电偶对的电偶电流密度增大，表明该电偶对发生电偶腐蚀的倾向性随着 S_c/S_a 的增大而增大，尤其是当 S_c/S_a 大于 2/1 时，电偶电流密度增大得非常显著，预示着该电偶对发生电偶腐蚀的程度明显加重。依据电偶电流密度与电偶腐蚀等级评定方法对不同 S_c/S_a 超级 13Cr-P110 油管钢电偶对在 NaCl 溶液中的电偶腐蚀行为进行评价，可知，超级 13Cr-P110 油管钢电偶对的电偶电流密度均大于 10μA/cm^2，电偶对的腐蚀敏感性等级为 E 级，即严重的电偶腐蚀。因此，超级 13Cr 不锈钢和 P110 钢在 NaCl 溶液介质中不能直接接触使用，需进行保护，否则将会发生严重的电偶腐蚀，尤其是当阴阳极面积比大于 2/1 时，即大阴极小阳极偶接，其电偶腐蚀的程度会明显加重。

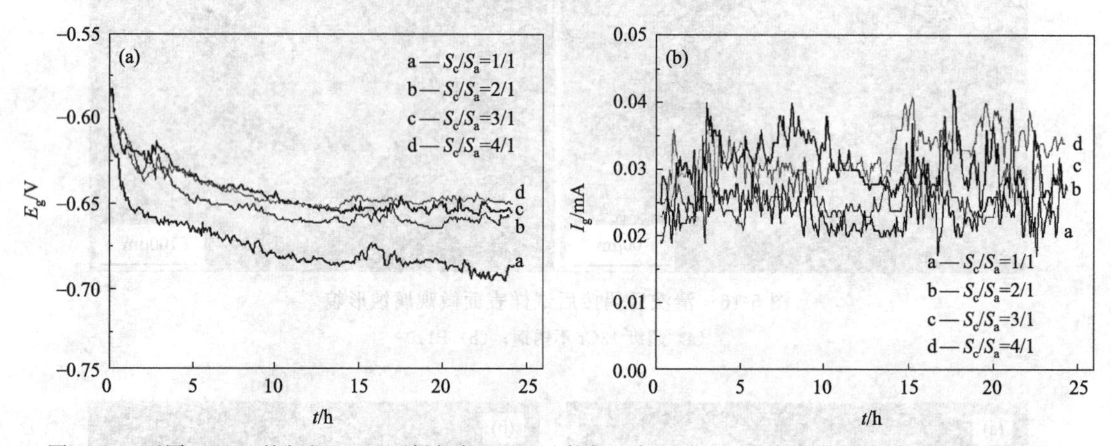

图 5-18　不同 S_c/S_a 的超级 13Cr 不锈钢与 P110 油管钢电偶对在 NaCl 溶液中的电偶电位和电偶电流

(a) 电偶电位；(b) 电偶电流

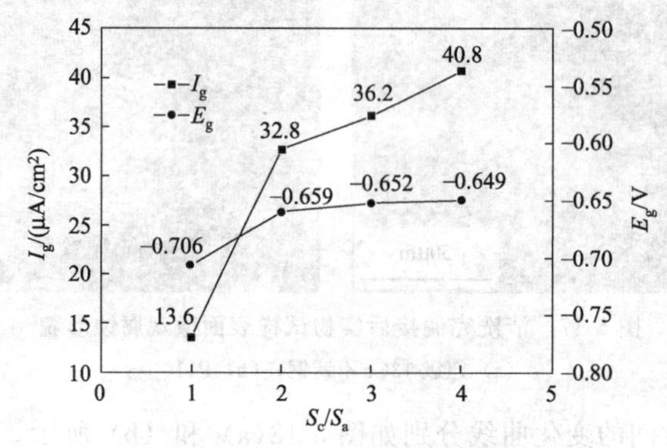

图 5-19　超级 13Cr-P110 电偶对在 NaCl 溶液中电偶电位和电偶电流密度随 S_c/S_a 的变化曲线

（2）电偶腐蚀形貌

不同 S_c/S_a 的超级 13Cr-P110 油管钢电偶对在 NaCl 溶液中电偶腐蚀试验后的宏观形貌如图 5-20 所示。超级 13Cr 不锈钢试样表面呈现镜面的金属光泽，均未发生腐蚀，而 P110 试样表面均发生了不同程度的腐蚀，且随着电偶对 S_c/S_a 的增大，电偶对中 P110 试样的腐蚀程度加重。这表明大阴极小阳极的超级 13Cr 不锈钢与 P110 油管钢偶接均加速了其电偶腐蚀过程，虽然电位较正的超级 13Cr 不锈钢试样作为阴极其表面受到保护而未被腐蚀，但是电位较负的 P110 试样作为阳极其表面被加速腐蚀的程度加重，且随着电偶对 S_c/S_a 的增大，超级 13Cr-P110 油管钢电偶对中被加速腐蚀的 P110 钢腐蚀程度加重。

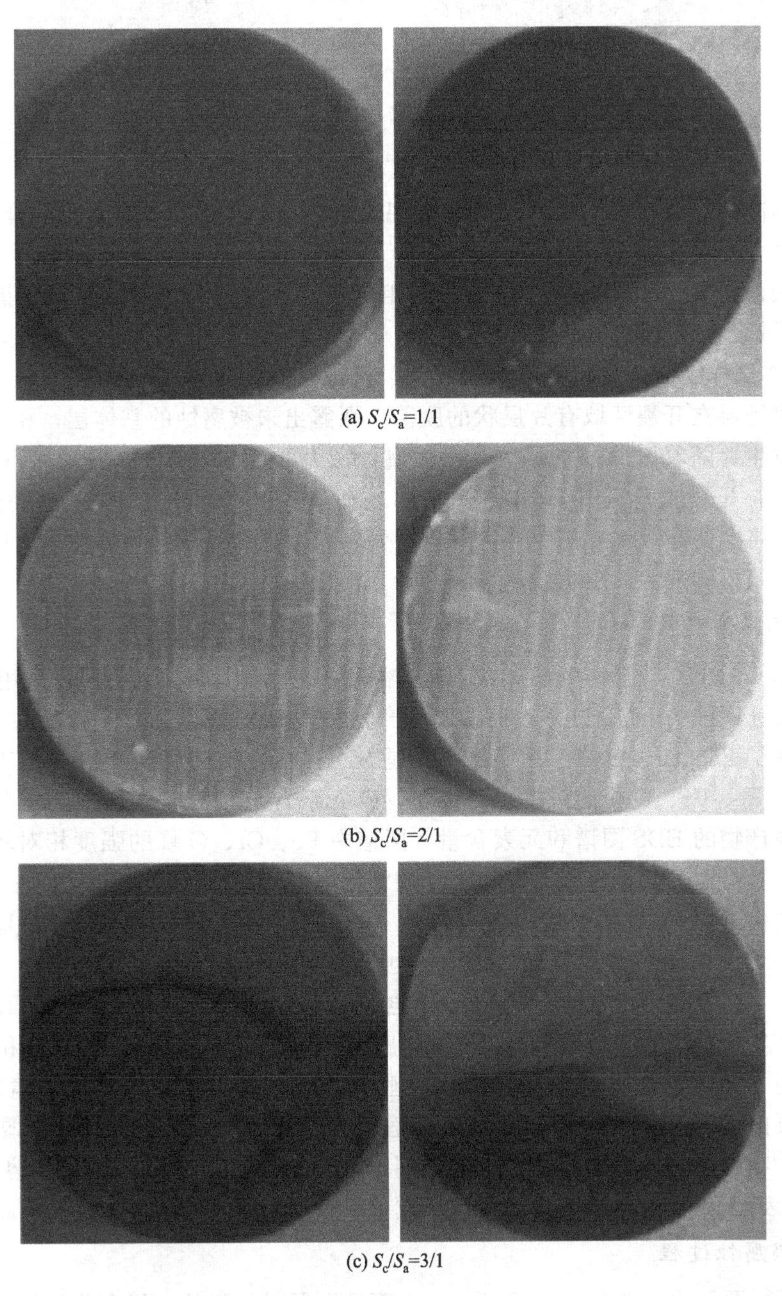

(a) S_c/S_a=1/1

(b) S_c/S_a=2/1

(c) S_c/S_a=3/1

图 5-20

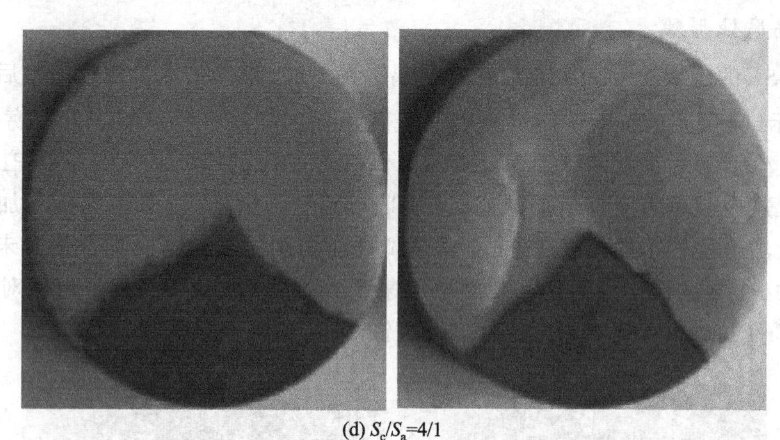

(d) S_c/S_a=4/1

图 5-20 不同 S_c/S_a 的超级 13Cr-P110 钢电偶对在 NaCl 溶液中电偶腐蚀后的宏观形貌

S_c/S_a 不同的超级 13Cr-P110 油管钢电偶对在 NaCl 溶液中电偶腐蚀试验后 P110 试样表面腐蚀的微观形貌如图 5-21 所示。当 S_c/S_a 为 1/1 时，P110 试样表面仍可见很少部分未被蚀的基体表面，发生局部腐蚀，腐蚀程度相对较轻（白色为未腐蚀区域，黑色为腐蚀区域），腐蚀区域附着有松散的腐蚀产物；当 S_c/S_a 大于 2/1 时，发生全面腐蚀，腐蚀程度较为严重，P110 试样表面完全被腐蚀产物覆盖，腐蚀层较为致密，但腐蚀表面层形成大量的开裂，并且腐蚀层在开裂区域有片层状的脱落，裸露出未被腐蚀的基体层，相关文献研究也有相同现象发生。随着 S_c/S_a 的增大，表面腐蚀层开裂越来越严重，开裂后片层状脱落面积也随之增大，开裂脱落区裸露出的新基体表面发生再次腐蚀。腐蚀的微观形貌表明，S_c/S_a 增大，将会使超级 13Cr-P110 油管钢电偶对发生电偶腐蚀的程度加重，腐蚀破坏形式也由腐蚀产物疏松转变为片层状脱落。

(3) 电偶腐蚀产物

将超级 13Cr-P110 油管钢电偶对在 NaCl 溶液中进行电偶腐蚀试验后，采用 EDS 分析了电偶对中被加速腐蚀的 P110 试样表面的腐蚀产物，其 EDS 图谱和元素含量如图 5-22 所示，图谱中均出现了 Fe、Cr、O 峰。图 5-22(a) 是 S_c/S_a 为 1/1 时腐蚀产物的 EDS 图谱和元素含量，图谱中 Fe、Cr、O 峰的强度相对较弱，O 元素含量相对较低；图 5-22(b) 是 S_c/S_a 为 2/1 时腐蚀产物的 EDS 图谱和元素含量，图谱中 Fe、Cr、O 峰的强度相对较强，O 元素含量相对较高。由图可知，超级 13Cr-P110 油管钢电偶对在 NaCl 溶液中被加速腐蚀的 P110 钢腐蚀产物均由 Fe 的氧化物组成，随着超级 13Cr-P110 油管钢电偶对 S_c/S_a 的增大，Fe、Cr、O 的峰值增大，且 O 含量也相对增加，电偶腐蚀程度加重。

对不同 S_c/S_a 的超级 13Cr-P110 油管钢电偶对在 NaCl 溶液中被加速腐蚀的 P110 试样表面的腐蚀产物进行了 XRD 分析，如图 5-23 所示。XRD 分析结果显示为 Fe 和 FeO 的物相峰，可知不同 S_c/S_a 的超级 13Cr-P110 油管钢电偶对在 NaCl 溶液中被加速腐蚀的 P110 腐蚀产物均主要由 FeO 组成。实验发现，随着超级 13Cr-P110 电偶对 S_c/S_a 的增大，P110 试样表面黑色产物的形成速率显著加快，这表明 P110 试样表面单质 Fe 的阳极溶解过程加快，即 P110 试样表面 Fe^{2+} 的生成速率加快，形成了 Fe 的氧化物，被腐蚀的速率加快。

(4) 电偶腐蚀过程

电偶腐蚀主要取决于两方面的因素：一方面是电偶对材料的本征电位特性；另一方面则

图 5-21 不同 S_c/S_a 的超级 13Cr-P110 油管钢电偶对在 NaCl 溶液中电偶腐蚀微观形貌

(a) 1/1；(b) 2/1；(c) 3/1；(d) 4/1

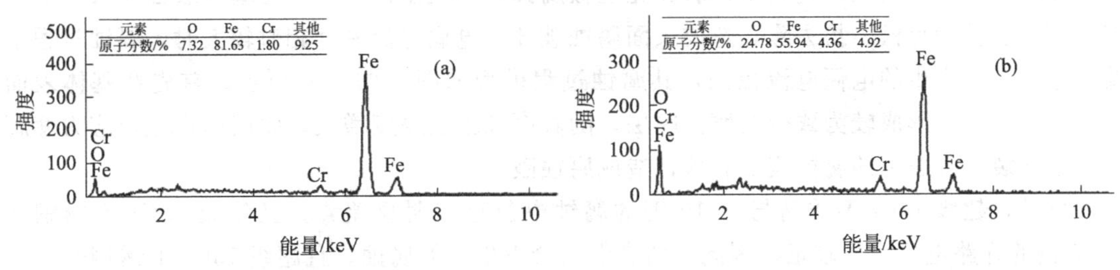

图 5-22 超级 13Cr-P110 钢电偶对在 NaCl 溶液中电偶腐蚀产物的 EDS 图谱

(a) S_c/S_a 为 1/1；(b) S_c/S_a 为 2/1

是电偶对所处的介质与环境条件。材料在不同的介质中，其电特性不同，而在相同介质中环境条件不同时，其电特性也是不同的。因此，电偶对发生电偶腐蚀时主要包括两个不同的过程：一个是非偶合情况下的自腐蚀过程；另一个是偶合情况下的加速腐蚀过程。当 P110 钢非偶合时主要的阳极反应为 $Fe \longrightarrow Fe^{2+} + 2e^-$，阴极反应为 $2H^+ + 2e^- \longrightarrow H_2$；非偶合的超级 13Cr 不锈钢的阴极反应为 $2H^+ + 2e^- \longrightarrow H_2$，阳极反应为 $Cr + 3H_2O \longrightarrow Cr(OH)_3 + 3H^+ + 3e^-$。阴极过程和阳极过程在两种材料表面同时进行，当两个电极偶合后，虽然其各自表面的阴阳极反应仍然存在，但是该电偶对以新的速度重新参与腐蚀过程，P110 钢作为电偶对中的阳极被腐蚀，其主要的电极反应为 $Fe \longrightarrow Fe^{2+} + 2e^-$，而超级

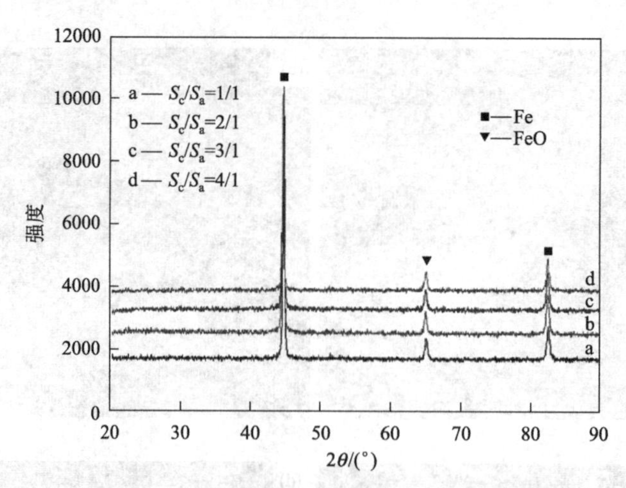

图 5-23 超级 13Cr-P110 钢电偶对在 NaCl 溶液中电偶腐蚀产物的 XRD 图谱

13Cr 不锈钢作为电偶对中的阴极，主要的电极反应为 $H^+ + 2e^- \longrightarrow H_2$。当 P110 被阳极极化，电位由自腐蚀电位（$E_{corr}$）移至电偶电位（$E_g$）处时，产生阳极溶解电流，从而加速腐蚀。当 S_c/S_a 为 1/1 时，电偶对的电流密度相对较小，加速了阳极 P110 的自然腐蚀过程，因而其表面腐蚀为局部腐蚀，形成的腐蚀产物较为疏松、易于去除，腐蚀程度也相对较轻；当 S_c/S_a 大于 2/1 时，电偶对的电流密度增幅较大，由此形成的腐蚀程度也随之加重，因而表面腐蚀为全面腐蚀，且腐蚀层发生开裂，并发生片层状脱落，其破坏形式也由腐蚀产物的疏松易去除变为片层状脱落，且腐蚀破坏度随 S_c/S_a 的增大而加重。

结合电偶电流密度和被加速腐蚀表面的腐蚀形貌，可知腐蚀程度和腐蚀形态随电偶电流密度的发展变化过程一致。电偶电流密度相对较小时，腐蚀仍以自然腐蚀形态为主，其腐蚀过程模型如图 5-24(a) 所示。首先在基体表面局部发生腐蚀，随着时间的延长，腐蚀不断发展，腐蚀面积不断增大，直到基体表面完全被腐蚀，形成全面腐蚀，在基体表面形成腐蚀膜层，该膜层较为疏松、易去除，造成表面腐蚀破坏。电偶电流密度相对较大时，腐蚀过程主要由电偶对所产生的电偶电流控制，其腐蚀过程模型如图 5-24(b) 所示，首先在基体表面发生全面腐蚀，形成较为致密的腐蚀膜层，随着腐蚀膜层厚度增大，膜层内产生内应力使腐蚀膜层开裂，开裂后的腐蚀膜层脱落，造成腐蚀破坏。

可见，超级 13Cr 不锈钢与 P110 钢的腐蚀电位存在明显差异，且超级 13Cr 不锈钢比 P110 钢的开路电位明显较正，因此，两者偶接会发生电偶腐蚀，且超级 13Cr 不锈钢作为电偶对的阴极被保护，而 P110 钢则作为电偶对的阳极被加速腐蚀，其表面的腐蚀产物主要由 FeO 组成。随着 S_c/S_a 增大，超级 13Cr-P110 电偶对在 NaCl 溶液中的电偶电流密度增大，作为阴极被腐蚀的 P110 钢腐蚀速率增大，接触时发生电偶腐蚀的程度加重，腐蚀破坏形式也由形成疏松易去除的腐蚀产物转变为片层状脱落。

5.3.4 超级 13Cr 不锈钢与 N80 碳钢

由于油气田材料之间的差异性，再加上工况条件为腐蚀电解质溶液环境，满足了产生电偶腐蚀的条件，必然会导致电偶腐蚀（galvani corrosion）的发生。在电偶对形成后，电偶腐蚀将使得电位低的材料更容易失效，使材料的使用寿命大幅度降低，设备的安全性明显降低。本工作以石油管道常用材料超级 13Cr 不锈钢和 N80 油管钢为对象，研究它们在模拟油

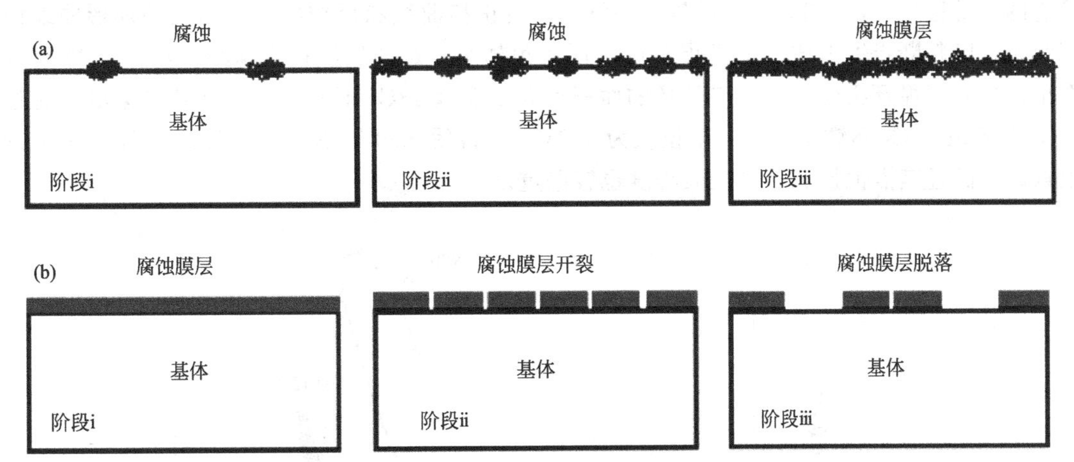

图 5-24 弱电偶电流和强电偶电流条件下的腐蚀过程模型

(a) 弱电偶电流；(b) 强电偶电流

气田环境下含饱和 CO_2 的 NaCl 水溶液中的腐蚀行为。

5.3.4.1 极化曲线和循环极化曲线

图 5-25 是在 30℃条件下 5%NaCl 溶液中测得的超级 13Cr 不锈钢和 N80 油管钢的极化曲线，从图中可以看出，超级 13Cr 不锈钢的自腐蚀电位为－500mV，比 N80 的自腐蚀电位高 150mV。用 PowerSuite 软件对图 5-25 进行分析，得到超级 13Cr 不锈钢与 N80 自腐蚀电流密度分别为 0.509μA/cm^2 和 3.02μA/cm^2。由此可知，无论是从自腐蚀电位的高低还是从自腐蚀电流密度的大小方面看，超级 13Cr 不锈钢在 NaCl 水溶液中的抗 CO_2 腐蚀的能力均好于 N80 钢。

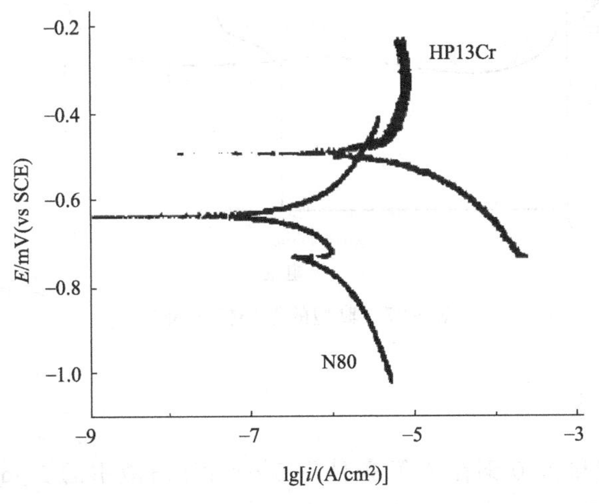

图 5-25 超级 13Cr 不锈钢和 N80 的极化曲线

图 5-26 是 30℃条件下 5%NaCl 溶液中测得的超级 13Cr 不锈钢和 N80 油管钢的循环极化曲线，可以看出两种钢的循环极化曲线上均出现了滞后环。循环阳极极化曲线是研究点蚀的一种有效方法，典型的循环极化曲线见图 5-27。阳极正扫描极化曲线的抬头电位为击穿电位 E_b，正扫描曲线与反扫描曲线交点所对应的电位为钝化电位 E_{rp}，由 E_b 可以判断点蚀

发生的难易程度，E_b 越大，点蚀越不易发生，由正扫曲线和反扫曲线所围成的环形曲线面积大小可以判断点蚀形成后的发展程度，环面积越小，点蚀发展程度越小。从图 5-26 可以看出，N80 钢循环极化曲线上滞后环的面积远大于超级 13Cr 不锈钢的，且其击穿电位超过 1V，而超级 13Cr 不锈钢的击穿电位仅为 0.2V。这说明 N80 钢不仅较超级 13Cr 不锈钢易发生点蚀，而且其点蚀形成后的发展程度也较严重。

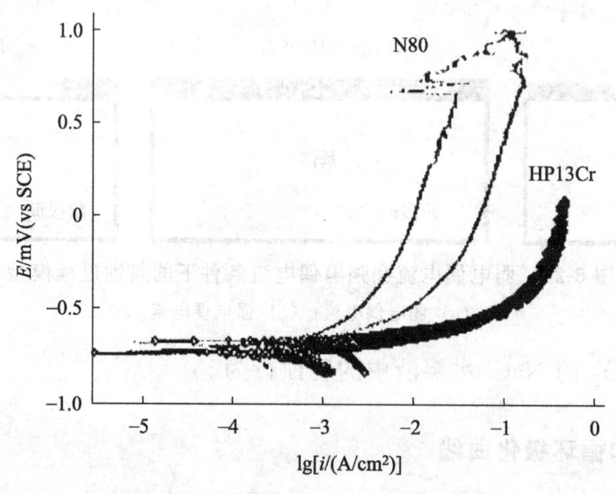

图 5-26　超级 13Cr 不锈钢和 N80 油管钢的循环极化曲线

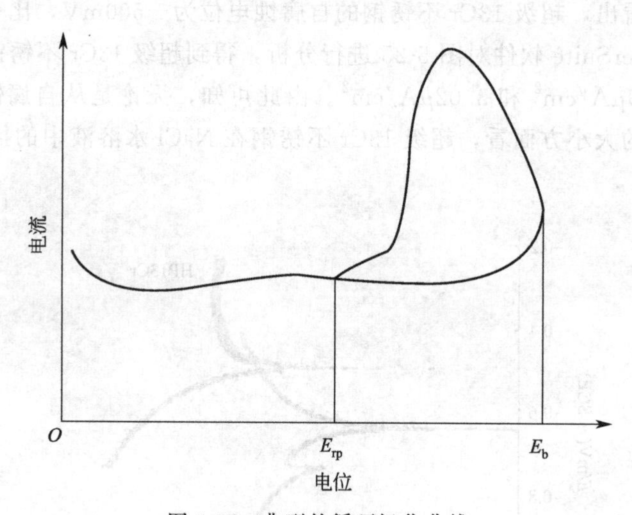

图 5-27　典型的循环极化曲线

5.3.4.2　电化学阻抗谱

超级 13Cr 不锈钢和 N80 钢在 30℃条件下 5%NaCl 溶液中的 Nyquist 曲线如图 5-28 所示。从图中可以明显看出，与 N80 钢相比，超级 13Cr 不锈钢的阻抗谱圆的半径要大得多，而阻抗谱圆半径的大小反映了材料抗腐蚀能力的强弱。采用 PowerSuite 软件对图中超级 13Cr 不锈钢和 N80 油管钢的电化学阻抗谱进行分析，得出在 30℃时超级 13Cr 不锈钢和 N80 钢的极化电阻分别为 $3721\Omega \cdot cm^2$ 和 $76.6\Omega \cdot cm^2$。一般来说，极化电阻值越大，材料的耐蚀性越好。

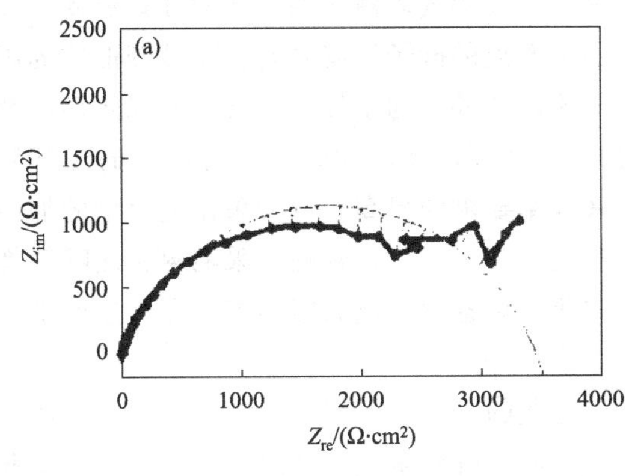

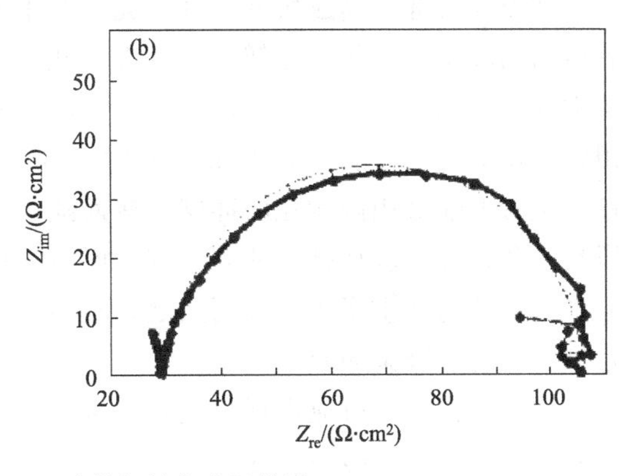

图 5-28　超级 13Cr 不锈钢与 N80 油管钢的交流阻抗谱

(a) 超级 13Cr 不锈钢；(b) N80

5.3.4.3　电偶腐蚀行为

由图 5-25 已经知道，超级 13Cr 不锈钢的自腐蚀电位为－500mV，比 N80 的自腐蚀电位高 150mV。根据电偶腐蚀理论，在同一种介质中，当存在电位差的两种金属材料偶接时，自腐蚀电位较低的金属会有阳极极化电流流过，作为阳极而腐蚀加剧；自腐蚀电位较高的金属会有阴极极化电流流过，作为阴极而腐蚀减缓。因此，当超级 13Cr 不锈钢与 N80 钢在试验溶液中偶接时，低电位的 N80 作为阳极腐蚀加速，高电位的超级 13Cr 不锈钢作为阴极会受到保护而腐蚀减缓。

图 5-29 为超级 13Cr 不锈钢与 N80 钢在试验溶液中偶接时电偶电流密度的变化情况。可以看出，超级 13Cr-N80 的电偶电流密度呈递增的趋势，这说明超级 13Cr 不锈钢与 N80 钢偶接时的电偶腐蚀敏感性提高。

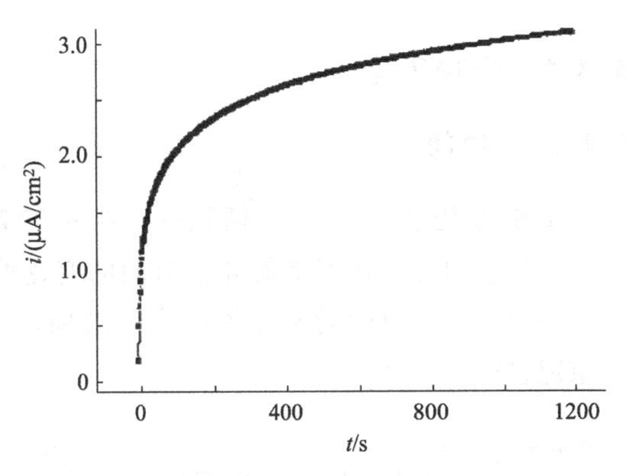

图 5-29　超级 13Cr 不锈钢与 N80 钢偶接时的电偶电流密度

偶接后超级 13Cr 不锈钢与 N80 钢的电偶电位分别为－508mV 和－717mV，均较其自腐蚀电位负移，这说明偶接后两种钢在试验溶液中仍处于活性状态。另外对超级 13Cr 不锈钢与 N80 钢的电偶电流密度曲线进行分析，得到其电偶电流密度为 8.3$\mu A/cm^2$，根据电偶腐蚀评价标准，超级 13Cr 不锈钢与 N80 钢不能偶接使用。

5.4　冲蚀

冲刷腐蚀（又称冲蚀）是指金属表面和腐蚀流体之间由于相对高速运动而引起的金属损坏现象，是机械作用和电化学作用共同作用的结果。冲蚀已是导致很多工业设备或材料破坏的重要原因之一，英国科学家 Eyre 认为冲蚀磨损占工业生产中经常出现的磨损破坏总数的 8%。

在石油行业，高压气井试油、完井及生产过程中，天然气以液态的方式向井口流动。随着压力的减小，天然气会转变为气态，孔隙和地层中游离的砂子还有岩石骨架破碎形成的固体颗粒，它们会随油气混合，形成气、固、液多相流。此外，为了提高油气的开采效率，油田常采用储层改造方法，如水力喷射、酸化、加砂压裂等，地面的管汇还有井下的油井管柱，经常面临液固两相流的冲刷。然而随着对开采效率要求的提高，通常采用更大型的加砂压裂工艺，进一步加剧了冲刷过程。所以，地面管汇、井下工具、管柱、采油树、油嘴等都会受到冲蚀的严重影响，久而久之，会导致管壁减薄、设备承载能力减小等，会给生产带来隐患，影响了开采的效率。

油井管在石油行业占据很重要的位置，是石油行业的基础，不但用量大、成本大，而且油井管的质量、性能与石油行业的发展紧密相连，而油井管柱服役条件恶劣。比如，套管和油井管要承受很高的压强，还有比较恶劣的腐蚀环境。我国每年钻柱断裂的事故很多，据国际钻井承包商协会（IADC）统计，每一个钻柱断裂事故直接损失 10.6 万美元，钻柱或套管的失效会给油井带来很大的麻烦，有时可能直接使油井废弃。我国西部一口油井的成本大约在上亿人民币，成本相当高，套管作为石油天然气井施工、生产必不可少的三大管柱之一，套管的寿命直接决定油井的寿命，油井的寿命又决定了油田寿命。因此，油井管的安全可靠性、使用寿命和经济性与石油工业关系极其密切。

超级 13Cr 不锈钢材料具有良好的综合力学性能，是油田开发中油管、套管的常用材料。在压裂等储层改造过程中，携砂压裂液形成液固两相流体，而且液体中一般会含有腐蚀性介质（Cl^- 等），此时油井管会受到大排量工况下流体冲刷和腐蚀的协同作用，严重时造成油井管破坏。

5.4.1 影响因素

5.4.1.1 时间

图 5-30 为超级 13Cr 不锈钢材料在 60℃条件下含 70～140μm 石英砂的 3.5% NaCl 溶液中的失重量和冲蚀速率随着冲蚀时间的变化情况。随冲蚀时间的增加，失重量也在增加。冲蚀速率随着冲蚀时间的变化先减小后增加，90～120min 时间段内，冲蚀速率基本没变，趋于稳定状态。

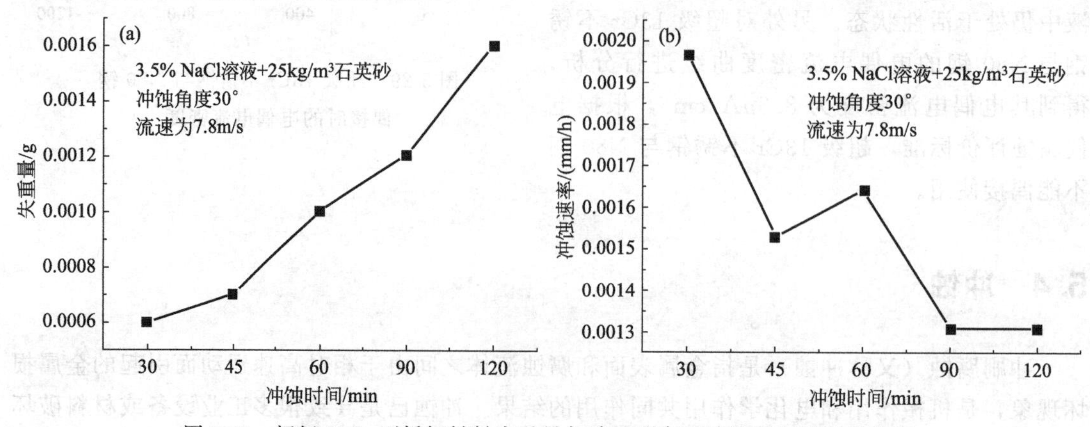

图 5-30 超级 13Cr 不锈钢材料失重量与冲蚀速率随冲蚀时间的变化情况

(a) 失重量；(b) 冲蚀速率

对超级13Cr不锈钢材料而言，材料的流失同样分为三个阶段。第一个阶段：孕育期，此时材料没有失重，固体颗粒撞击到材料表面，只引起材料的弹性形变，不会造成材料的流失。第二阶段：过渡阶段，由于孕育期固体颗粒对试样表面冲击，造成表面粗糙度增加，产生加工硬化，损伤不断积累，所以到此阶段，材料的失重量逐渐地增加。第三阶段：冲蚀率基本不变，属于稳定的冲蚀阶段。材料的冲蚀阶段属于孕育期向稳定期的过渡。材料的加工硬化系数决定了材料到达稳定冲蚀阶段所用时间的长短，加工硬化系数高的材料，当固体颗粒冲击试样表面时，在试样表面的亚表面会形成一层加工硬化区，加工硬化区会促进表面微小钢片的剥离。

本次实验包含了材料的过渡阶段和稳定冲蚀阶段，30～45min，失重量在增加，冲蚀速率减小，表明材料已经开始受到损伤。实验开始时，固体颗粒棱角分明、表面粗糙度大、形状不均匀，在冲蚀角为30°的时候，对材料表面的划伤作用很大，不仅冲刷的机械作用强，而且同时也促进了腐蚀，显然开始时的冲蚀速率较大。随着时间的增加，固体颗粒之间不断地进行打磨和管壁不断的碰撞，固体颗粒的形状逐渐接近球形，表面粗糙度减小，对试样表面的划伤力减小。当接近球形的颗粒碰撞在试样表面上时，同样是平行于试样表面的力，球形的固体颗粒就像“滑行”过表面一样，对表面的损伤明显减小，冲刷的机械作用减小，与腐蚀的交互作用也减小。因此，在45min的时候，冲蚀速率减小。

当冲蚀时间在60min时，固体颗粒受到试样表面的碰撞、管壁的碰撞、粒子之间的碰撞，比较脆的石英砂颗粒容易破碎，破碎后的粒子又如同新的颗粒一样，棱角分明、表面粗糙度大、形状不均匀，又增加了对试样表面的划伤，腐蚀也同样加重，所以在60min的时候，材料的腐蚀速率又开始增加。而到90min时，冲蚀速率又降低，原因可能为：破碎后的粒子虽然有了较大的划伤力，但是经过一定的时间后，和之前破碎的颗粒一样，又慢慢被打磨得接近于球形，而此次被打磨成球形的颗粒，质量、形状已经变得较小，相当于原来的一个固体颗粒被分为好几个，颗粒的尺寸显然减小，颗粒通过液体膜到达试样表面时，已经消耗了很多动能，颗粒具有的冲击动能（惯性力）减小。同时，颗粒增加，颗粒之间的碰撞概率也增加，因而对超级13Cr材料的破坏作用减小。随着冲蚀时间的增加，大部分颗粒的尺寸已经变得均匀，一定质量的颗粒受到介质阻力的影响时不再破碎，因此，冲蚀速率变得稳定。冲蚀中颗粒的“尺寸效应”很好地解释了这一现象。当颗粒的尺寸小于一定的尺寸时，由于空气动力学的效应，尺寸较小的颗粒围绕着试样表面旋转，而不再进行冲击，或者冲击力很小，产生的磨损可以忽略不计，粒子也不再破碎，不再有二次冲蚀的存在，冲蚀速率稳定。而随着颗粒的增加，冲蚀速率也增加，但是增加到一定的尺寸后，固体颗粒二次冲蚀的影响将达到饱和状态，冲蚀速率不再变化。

5.4.1.2 流速

图5-31为超级13Cr不锈钢在不同流速下的失重量和冲蚀速率随流速的变化。可见，当流速为3.4m/s和4.8m/s时，失重量和冲蚀速率均为零，表明在此介质、流速下，超级13Cr不锈钢材料没有发生冲蚀；当流速在5.6～15m/s之间变化时，超级13Cr不锈钢材料的失重量和冲蚀速率都是处于一直增加的状态。

冲蚀的定义，概括来说就是金属表面和高速流动下的腐蚀性介质相对运动而造成金属损坏的现象。从定义上来讲，主要强调了腐蚀和相对运动，这两个内容是冲蚀的重要因素，因此，冲蚀本身就是机械的磨损和腐蚀两个条件联合作用下的结果。不是所有流动条件下或输

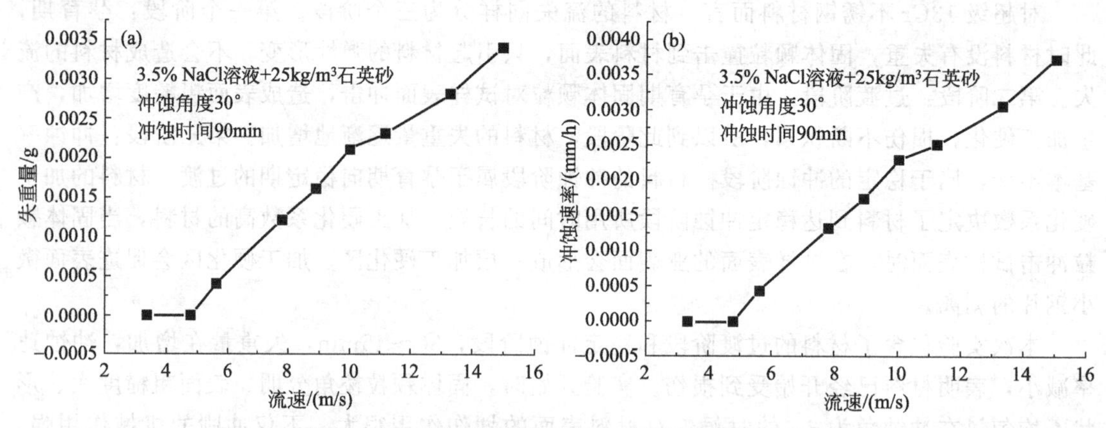

图 5-31　超级 13Cr 不锈钢材料失重量与冲蚀速率随流速的变化情况

(a) 失重量；(b) 冲蚀速率

送固体物料时都会发生冲蚀，只有金属裸露在流体中经受的腐蚀比静态下大得多时，才能称为冲蚀。至此，提出了一个临界流速的概念，超过这个临界流速，金属在具体体系中的腐蚀才叫冲蚀。当流速为 3.4m/s 和 4.8m/s 时，重复进行三次试验，没有称出失重量，表明在此介质、流速下，超级 13Cr 不锈钢材料没有发生冲蚀。因此，在此试验条件下，超级 13Cr 不锈钢材料发生冲刷腐蚀的临界流速可以认为是 5.6m/s 左右。

固体颗粒撞击试样表面，由于液体介质的存在，必须在推开液体膜后，从材料表面分离掉之前累积在试样表面的颗粒，这就使一部分动能被消耗掉，剩余的动能消耗在撞击材料表面上。当流速比较低的时候，由于挤压模的效应，固体颗粒剩余的动能撞击在试样表面，使材料发生较小的塑性变形和材料流失。超过临界流速以后，小部分的动能被消耗，大部分的动能消耗在撞击材料表面上，重复锻打使材料总流失量增大。

具有钝化膜的材料发生冲蚀时，冲刷对钝化膜有双重作用。一方面，在低流速时，冲刷促进钝化膜的生成，会促进氧和材料表面充分接触，生成钝化膜；另一方面，在较高流速下，冲刷的机械作用会导致钝化膜的减薄甚至破坏，此时冲刷的破坏作用要大于修复作用，使新的金属表面裸露出来，使腐蚀加剧。超级 13Cr 材料属于低碳不锈钢，含 Cr 量为 13.5%，具有良好的钝化能力，所以在冲蚀速度为 3.4m/s 和 4.8m/s 的时候，材料没有发生冲蚀，失重量为零。当冲刷速度为 5.6m/s 时，此时冲刷的机械作用（固体颗粒的撞击）使钝化膜减薄，超级 13Cr 不锈钢材料略有失重。继续增大流速，固体颗粒获得的动能增加，冲刷的机械作用增强，撞击试样表面的切削力增大，致使钝化膜破裂或者剥离，此时冲刷对钝化膜的破坏已经远大于修复作用，冲刷的机械作用为主要作用，同时腐蚀的存在促进了冲刷，使高流速时冲蚀速率逐渐增大。

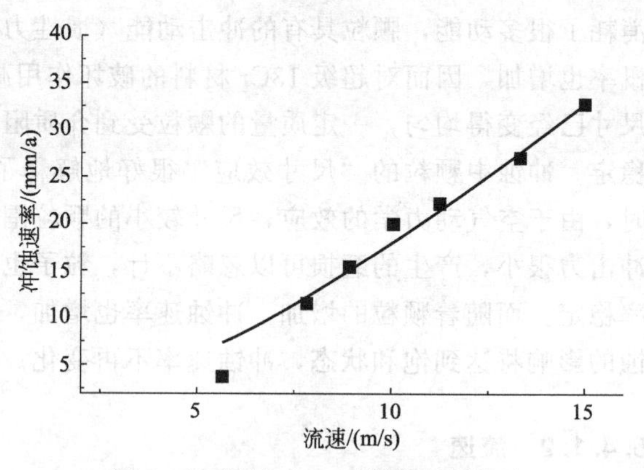

图 5-32　超级 13Cr 不锈钢材料流速和冲蚀速率的指数拟合图

由流速与冲蚀速率的拟合图（图 5-32）可知，不管在低流速还是高流速时，拟合整体较好。液固两相中，由于液体介质的存在，颗粒要通过液体及颗粒之间才能撞击试样表面，冲蚀的作用也明显较小，因此固体颗粒的速度要比理想的速度低，速度指数 n 也较小。各种实验结果的 n 值波动较大。Levy 的研究表明，速度指数在 2～3 之间时，冲蚀的力学因素起主导作用；如果介质的腐蚀性很强，控制材料流失的主要因素是氧扩散，这时速度指数会从 2～3 降至 0.8～1。

5.4.1.3 冲蚀角度

超级 13Cr 不锈钢材料在不同冲蚀角度下的实验结果如图 5-33 所示，超级 13Cr 不锈钢材料的失重量和冲蚀速率存在两个极大值和一个低谷值，先减小后增大。冲蚀角度为 30°时最大，在 75°时出现低谷值，而后在 90°的时候失重量和冲蚀速率又上升到极大值。这表明超级 13Cr 不锈钢材料存在塑性的冲蚀，同时在较大冲蚀角度的时候，也符合脆性冲蚀的理论。

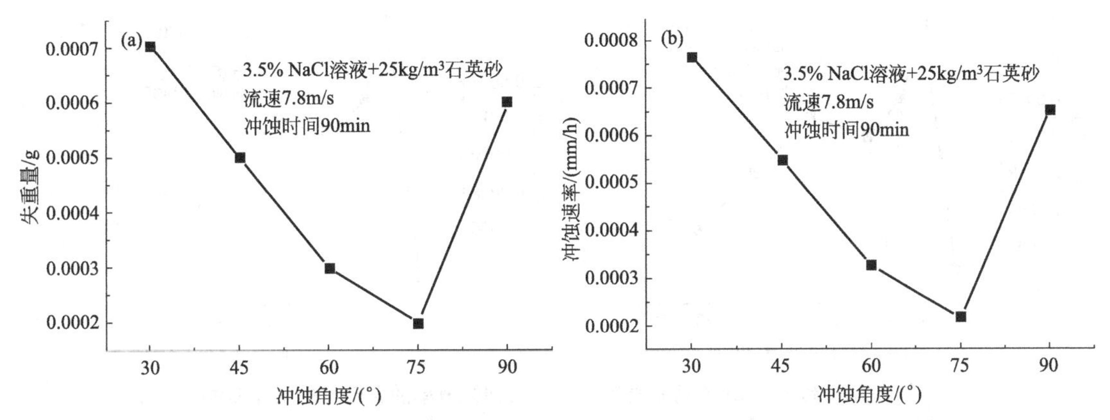

图 5-33 超级 13Cr 不锈钢材料失重量与冲蚀速率随冲蚀角度的变化情况

(a) 失重量；(b) 冲蚀速率

当颗粒冲击在试样表面时，冲击力分为两种：一种是平行于试样表面的切削作用，在材料表面形成冲击坑以及周围的突出唇；另一种是垂直于试样的锻打、冲击，形成微裂纹，裂纹扩展导致材料脱落。随着冲蚀角度的增大，这两个力相互作用，导致材料流失。因此，会存在几个冲刷角度，在微切削和冲击共同作用下使材料的失重量达到最大。本实验中可以认为 30°是微切削和冲击交互最强的角度，冲蚀角度继续增大，微切削作用力减小，固体颗粒不再在材料表面“滑行”，因此破坏作用减小，而垂直的冲击作用慢慢增大。但超级 13Cr 不锈钢材料的硬度较高，在冲蚀角度为 45°、60°、75°的时候，垂直的冲击力还不足以让材料流失；而在冲蚀角度为 90°的时候，固体颗粒完全冲击在试样表面，致使颗粒产生微裂纹，既有利于腐蚀，也利于后来颗粒的撞击。

在温度较高的情况下，材料的塑性变形可以抵消冲击能量，使法向冲击力减小，在实验过程中，温度的变化在 30℃以下时，可以认为是在室温下进行冲击。有文献报道，不锈钢在室温冲蚀时，冲蚀磨损率较高，所以，在冲蚀角度为 90°的时候，超级 13Cr 不锈钢材料的失重量和冲蚀速率升高。另一种原因可能是冲蚀角度为 90°的时候，造成了二次冲蚀。文献中指出，在大冲蚀角的时候，很容易发生二次冲蚀，此时的流速为 7.8m/s，可以很好地给粒子提供较大的动能，当粒子撞击材料表面时，很可能发生破碎现象，破碎的粒子对材料表面再进行二次冲蚀。因此，冲蚀角度为90°的时候，失重量和冲蚀速率又上升，但是，此时的失重量和冲蚀速率都没有在冲蚀角度为30°时的大。在低角度冲蚀的时候，应优先考虑材料的硬度，兼顾材料的塑性；而在高角度冲蚀的时候，应优先考虑材料的塑性，兼顾材料的硬度。

5.4.1.4 含砂量

超级 13Cr 不锈钢材料在不同含砂量下的实验结果如图 5-34 所示。失重量在含砂量为 $25kg/m^3$ 时最大。含砂量在 $10\sim25kg/m^3$ 变化时，超级 13Cr 不锈钢的失重量增加，含砂量超过 $25kg/m^3$ 后，失重量基本处于减小的状态，而在 $125\sim175kg/m^3$ 时，失重量波动较小，基本到达稳定值。冲蚀速率随着含砂量的变化在 $25kg/m^3$ 时达到最大，从 $50kg/m^3$ 到 $75kg/m^3$ 时略有增加，之后随着含砂量增加，冲蚀速率减小。

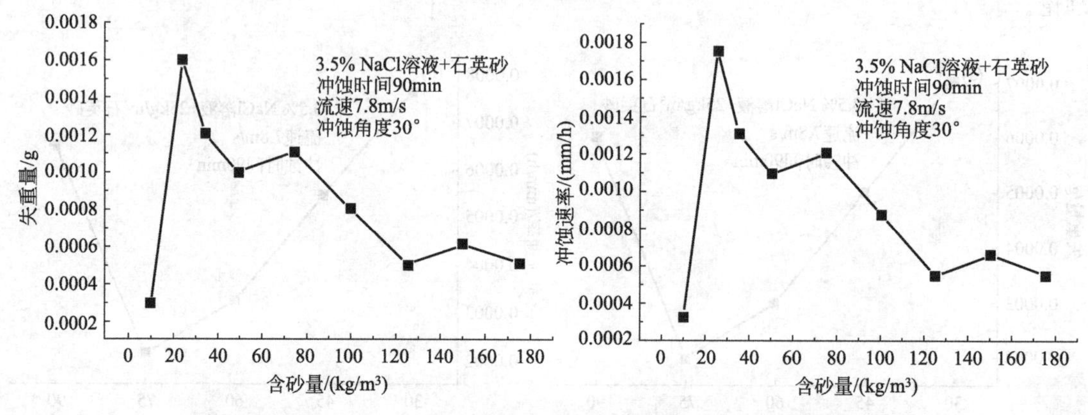

图 5-34 超级 13Cr 不锈钢材料失重量与冲蚀速率随含砂量的变化曲线

很多研究者指出，含砂量对冲蚀的影响存在临界值，此实验中的临界值可认为是 $25kg/m^3$。含砂量为 $10kg/m^3$（20L 的介质中，加 0.2kg 的石英砂）时含砂量较小，虽然在实验过程中，每 20min 人工搅拌一次，尽量使石英砂在介质中充分悬浮起来，但固体颗粒撞击材料表面的概率很小。冲刷的机械作用对材料的失重几乎没有什么影响，并且超级 13Cr 不锈钢材料的耐蚀性很好，冲刷过程中可以很好地形成钝化膜，因此在石英砂含量较低时，失重量和冲蚀速率都很小。在含砂量为 $25kg/m^3$（20L 的介质中，加 0.5kg 的石英砂）时，石英砂撞击材料表面的概率明显增大，颗粒之间的相互作用很小，固体颗粒“有序”地去撞击固体颗粒，超级 13Cr 不锈钢的失重量明显增大。此时，因固体颗粒的增加，冲刷的机械作用可以破坏钝化膜的形成，冲蚀速率增加，继续增加含砂量，颗粒之间存在了相互效应，在碰撞试样表面之前，一部分动能已经损失，所谓的屏蔽效应同样存在，而且颗粒的存在一样可以改变流体的黏度，使流体的流动速度减小，失重量和冲蚀速率都减小。

在含砂量为 $50\sim75kg/m^3$ 时，失重量和冲蚀速率略有增加，可以从颗粒之间的效应和碰撞材料表面的概率方面解释。含砂量为 $75kg/m^3$ 的时候，颗粒之间的相互效应增加，但撞击材料表面的概率可能增加，钝化膜的削弱程度和破坏程度可能大于含砂量为 $50kg/m^3$ 的时候，更多的介质和材料表面接触，加重了腐蚀。之后在更大的含砂量时，一部分石英砂会沉积在试样的表面，给冲刷造成障碍，而且相互效应也减弱，因此含砂量大于 $75kg/m^3$

时，失重量和冲蚀速率减小，含砂量达到一定值后失重量和冲蚀速率也达到了稳定值。

5.4.1.5 压裂排量

分别采用蒸馏水+石英砂和3.5%NaCl溶液+石英砂为介质，在固定冲击角度为30°、石英砂的质量浓度为25kg/m^{3}条件下进行实验，得到材料总的冲蚀速率v_T、纯冲刷引起的磨损速率v_E以及冲刷和腐蚀交互作用引起的壁厚损失速率v_S随流速的变化曲线，如图5-35(a)所示。将流速折算成ϕ114.3mm×6.88mm油管压裂排量，得到冲蚀速率随压裂排量的变化曲线，如图5-35(b)所示。

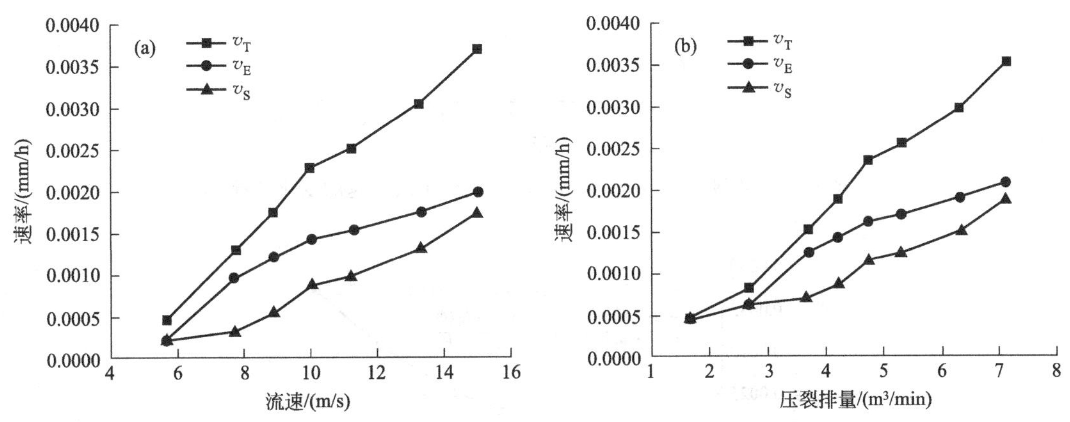

图5-35 超级13Cr不锈钢v_T、v_E、v_S随流速和压裂排量的变化情况

(a) 流速；(b) 压裂排量

由图可以看出，当流速小于5.8m/s(对应的ϕ114.3mm×6.88mm油管压裂排量小于1.7m^3/min)时，由于超级13Cr不锈钢具有较强的抗冲蚀性能，流体流速较低，产生的壁面切应力不足以冲刷掉材料表面钝化膜，材料表面处于弹性或塑性变形阶段，所以没有测出总失重量，即宏观上没有发生冲蚀。当流速大于5.8m/s(对应ϕ114.3mm×6.88mm油管压裂排量大于1.7m^3/min)时，图中蒸馏水与石英砂形成的介质中冲蚀速率随流速变化曲线增长较快，表明此时流体力学因素所占比例增加，材料表面因为流体和固相颗粒产生的机械冲刷（力学因素）导致材料表面腐蚀产物膜开始剥落，总的冲蚀速率增加。而当流速大于7.8m/s（对应ϕ114.3mm×6.88mm油管压裂排量大于2.7m^3/min,）时，腐蚀产物膜可能已经完全从材料基体剥落，纯冲刷磨损曲线增加变缓，而总冲蚀速率增加较快。总冲蚀速率的增加主要是腐蚀产物膜剥落后腐蚀加重所致。

5.4.2 交互作用

5.4.2.1 流速的影响

超级13Cr不锈钢材料冲刷与腐蚀的交互作用在不同流速下的试验结果如图5-36～图5-38所示。可见，随着流速的变化，交互作用占总冲蚀率的比值均在30%～50%，说明此试验条件下冲刷和腐蚀的交互作用较强。超级13Cr不锈钢材料纯冲刷的失重量随着流速的增大而增加，冲蚀流速为5.6～7.8m/s时增加较快，冲刷和腐蚀的交互作用随流速的增加而增加。交互作用占总冲蚀率的比值先是减小，而后再增加，在冲蚀流速为7.8m/s时出现极小值。因此，在本试验的条件下，v_S/v_T 随流速的变化存在临界流速，临界流速为7.8m/s左右。这和郑玉贵等在泥浆型冲蚀中冲刷和腐蚀的交互作用试验结果相似，交互作用占总冲蚀率的比值超过临界值后减小。

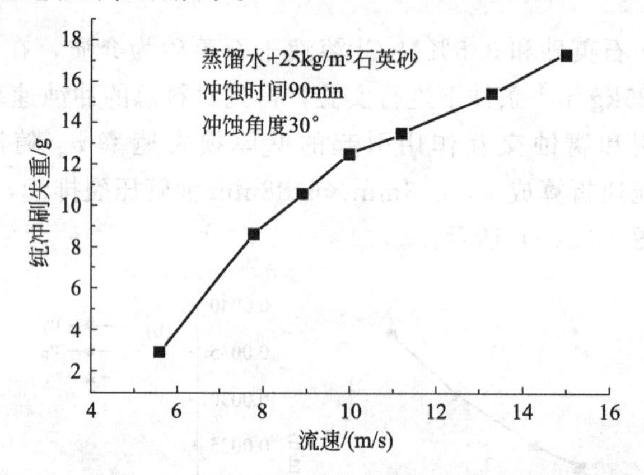

图5-36 超级13Cr不锈钢材料纯冲刷失重随流速的变化情况

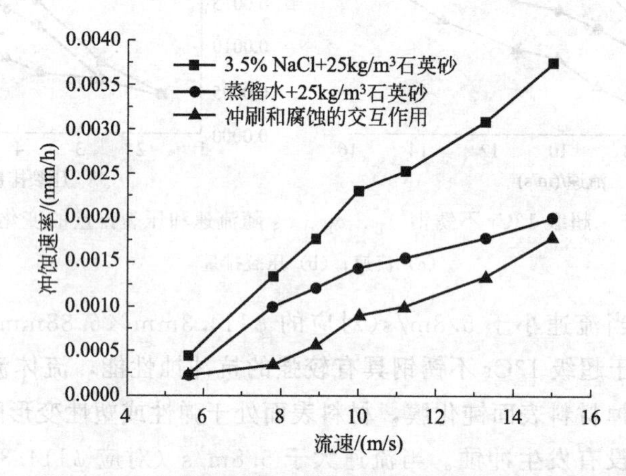

图5-37 超级13Cr不锈钢材料在不同条件下冲蚀速率随流速的变化情况

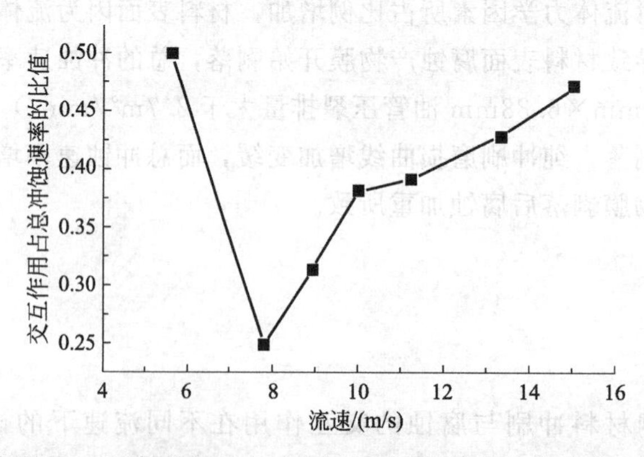

图5-38 超级13Cr不锈钢材料交互作用占总冲蚀率的比值随流速的变化情况

当冲蚀速率为5.6m/s时，冲刷加速了氧传质的过程，使流体中的去极化剂（如氧）与试样表面充分接触，形成了一层钝化膜，此时，冲刷腐蚀过程在钝化膜上进行，导致冲蚀速率很慢，且固体颗粒得不到足够让钝化膜破裂或剥离的冲击动能，因此，在低流速时，冲蚀速率缓慢。钝化膜的形成导致腐蚀缓慢，腐蚀对冲刷的促进几乎没有，只是冲刷对腐蚀的单一促进，因而交互作用也比较小。随着流速继续增加，交互作用略有增加，说明固体颗粒冲击试样表面的冲击力逐渐增加，冲刷对腐蚀的促进缓慢增加。当冲蚀速率超过 7.8m/s 时，交互作用占总冲蚀率的比值增大，冲刷的机械作用可能破坏、减薄、剥离了钝化膜，试样表面呈活化状态。在动态条件充分氧传送下，腐蚀速率逐渐变大，交互作用变强。当流速继续增加，由于固体颗粒的撞击，材料表面出现塑性变形，还可能使试样表面有冲击坑的存在，增加了表面的粗糙度，这些都对腐蚀有大大的促进作用。另外，腐蚀同时会促进冲刷的机械作用，腐蚀首先会使材料表面粗化、疏松、多孔等，很容易被固体颗粒冲刷掉而增加材料的损失量，同时会增加试样表面的粗糙度。金属组织的不均匀性腐蚀会破坏材料的晶界、相界或其他组织的完整性，使碳化物或者第二相颗粒暴露在基体表面，很容易脱落、折断，增加了材料的失重量。腐蚀会溶解固体颗粒冲击时可能造成的硬化层，降低了其疲劳强度，促进了冲刷，因此，随着冲蚀流速的继续增加，腐蚀促进了冲刷，冲刷也促进了腐蚀，二者协同作用增强，腐蚀速度增大，进而材料的流失增加。

窦益华等也认为液固两相流体流速是影响冲蚀速率的主要因素。在固定砂含量为 25kg/m^3、流体喷射角度为 30°条件下，蒸馏水介质和 3.5%NaCl 介质中冲蚀速率随流体流速的变化规律分别如图 5-39(a) 和图 5-39(b) 所示。采用幂律关系对试验数据进行拟合，蒸馏水介质中的幂律指数较小（n=1.23），3.5% NaCl 介质中的幂律指数较大（n=1.57）。这说明在 3.5%NaCl 介质中，Cl^- 的加入导致了冲蚀速率随流速急剧增加。

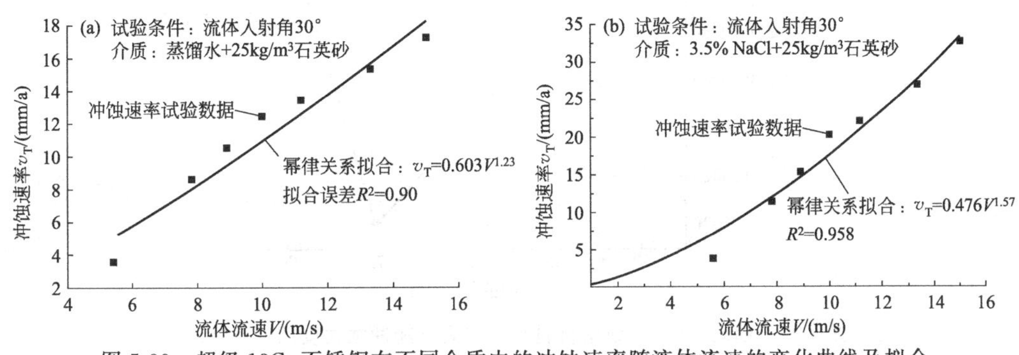

图 5-39 超级 13Cr 不锈钢在不同介质中的冲蚀速率随液体流速的变化曲线及拟合

(a) 蒸馏水；(b) 3.5%NaCl

如果采用空气携带 200 目石英砂，在砂含量为 0.4g/m^3、冲刷时间为 10h、冲刷角度为 10°、冲蚀磨损速率从 88.4m/s 降到 0m/s 的条件下做冲蚀磨损试验，冲蚀磨损速率与失重的关系如图 5-40 所示。

可以看出，在其他条件不变的情况下，冲蚀磨损速率从 88.4m/s 降到 0m/s，失重量在减少。速率为 88.4m/s 时，冲蚀磨损失重量最大，在小的冲蚀磨损速率下，失重量不是很明显。这说明流体流速对冲蚀磨损有影响，且存在当速率达到某一值时，冲蚀磨损会突然增大，也说明影响冲蚀磨损程度的流速可能存在临界值。

5.4.2.2 冲蚀角度的影响

超级 13Cr 不锈钢材料冲刷与腐蚀的交互作用在不同冲蚀角度下的试验结果如图 5-41 和

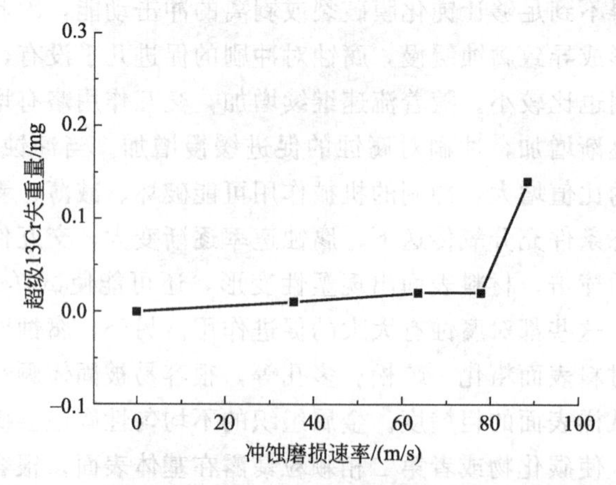

图 5-40　超级 13Cr 不锈钢冲蚀磨损速率与失重的关系图

图 5-42 所示。冲刷和腐蚀的交互作用均在 30%以下，并且出现了负交互，表明在此试验条件下，冲刷和腐蚀的交互作用不强。纯冲刷的失重量随着冲蚀角度的增加，在 75°处出现极小值，有两个峰值，一个是冲蚀角度为 30°，另一个是 90°。交互作用趋势和总的冲蚀速率趋势相似，只是在 60°和 75°处出现平台，也存在两个峰值。

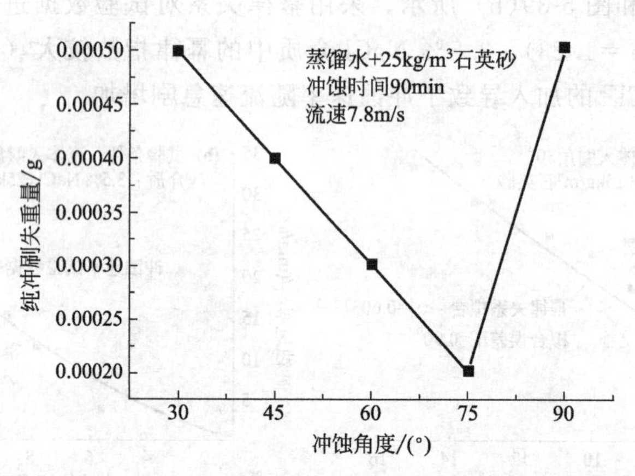

图 5-41　超级 13Cr 不锈钢材料纯冲刷失重随冲蚀角度的变化情况

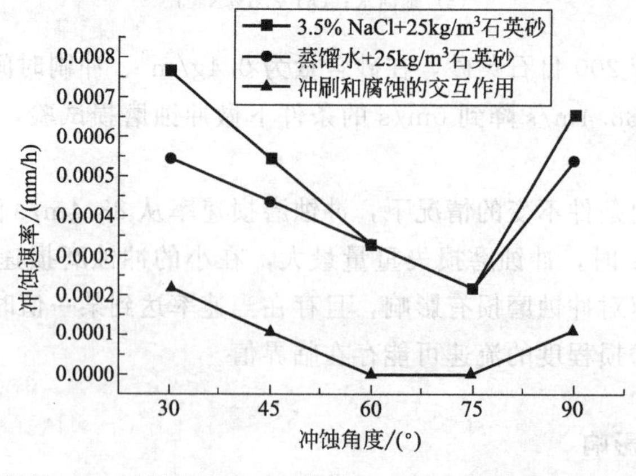

图 5-42　超级 13Cr 不锈钢材料不同条件下冲蚀速率随冲蚀角度的变化情况

此试验的条件为临界流速7.8m/s时纯冲刷量比较大，但是交互作用比较小，主要是由于钝化膜的存在。同时文献中指出，负交互这种现象一般是出现在腐蚀介质比较弱的情况下，腐蚀造成的失重量很小。材料的流失量主要是由于冲刷的机械作用，本实验用的介质为NaCl溶液，pH=7，中性溶液，腐蚀性较弱，超级13Cr不锈钢材料又是耐蚀性比较强的马氏体不锈钢，所以在此试验条件下，材料的冲刷腐蚀主要是由于机械作用。当冲蚀角度为30°时，水平分量的冲击力大，微切削的作用力大，对材料的损伤较大，但冲刷和腐蚀之间的交互作用比较小，随着冲蚀角度的继续增加，水平分量减小，垂直于试样表面的冲击力增加。在冲蚀角度为60°和75°时，交互作用出现了正值，此时的总冲蚀率几乎都是纯冲刷的值，腐蚀几乎没有。原因是在角度较小的时候，微切削作用大，即使有钝化膜的存在，也可能在此流速下使其减薄，使腐蚀性介质与试样表面接触；而在大角度时，水平力减小，不能使钝化膜减薄或破裂，再加上有充分的氧，钝化膜比较牢固，腐蚀导致材料的流失量很小。当冲蚀角度为90°时，腐蚀速率增加，交互作用增加，纯冲刷的失重量也增加，此刻由于固体颗粒破碎，再次冲击试样表面，出现二次冲蚀现象，使腐蚀速率和交互作用增加。

采用0.2%胍胶压裂液与40～70目石英砂混合形成的液固两相流体，结果发现，在大规模压裂过程中，超级13Cr不锈钢油管的壁厚损失范围为0.2～1.3mm，应该控制排量和砂含量，防止油管壁由冲蚀而导致安全性降低。颗粒的冲蚀角度和速度是影响材料冲蚀速率的主要因素。冲蚀速率又与材料硬度、颗粒形状以及颗粒的硬度等因素有关，当颗粒形状和颗粒硬度等其他因素固定时，可以基于试验数据获得冲蚀角度对冲蚀速率的影响关系。而在黏度较大的非牛顿流体中，颗粒与流体之间的跟随性较好，可以认为颗粒速度与流体速度相等。王治国等的研究表明超级13Cr不锈钢油管冲蚀速率随喷射速度的增大呈幂律关系增长。冲击角度为30°时超级13Cr不锈钢油管的冲蚀速率最大，但幂指数较小；冲击角度为45°时，冲蚀速率居中，但幂指数最大；而冲击角度为90°时，冲蚀速率最低，幂指数最小。SEM分析结果表明，在较小的冲击角度和较高的喷射速度下，石英砂颗粒对超级13Cr不锈钢油管表面产生了较深的切削犁沟；而在较大的冲击角度和较高的喷射速度下，超级13Cr不锈钢油管表面产生微裂纹，主要损伤机理为冲击锻打造成的材料挤压成片脱落。

5.4.2.3 含砂量的影响

不同含砂量下超级13Cr不锈钢材料冲刷与腐蚀交互作用的实验结果如图5-43和图5-44所示。在其他条件一定的情况下，随着含砂量的变化，超级13Cr不锈钢材料的交互作用占总冲蚀率的比值几乎均在30%以下，表明在此实验条件下，超级13Cr不锈钢材料的交互作用较强。从交互作用随含砂量的变化情况可以看出，在25kg/m^{3}处有峰值，之后缓慢减小直到趋于稳定。

当含砂量在10kg/m^{3}时，介质中的石英砂含量比较小。一方面由于液体阻力的影响，另一方面由于单位面积上颗粒碰撞的次数较小，所以冲刷的机械作用不大。纯冲刷的冲蚀速率比较小，交互作用不强。随着含砂量增加，固体颗粒碰撞试样表面的次数增多，粒子之间的相互作用又不大，冲刷的机械作用很强。在冲蚀角度为30°的情况下，冲刷使材料表面出现划痕、毛刺等，促进了腐蚀，腐蚀又使超级13Cr不锈钢材料表面变得多孔、疏松等，又促进了冲刷作用，因此此时表现出交互作用增强。之后继续增加介质中石英砂的含量，由于粒子之间的相互效应已经达到了饱和，同时大量的固体颗粒又沉积在试样表面，出现屏蔽效应，不但降低了冲蚀作用，也阻碍了腐蚀的进行。在冲刷和腐蚀的交互作用中，只要降低冲刷和腐蚀两者中的

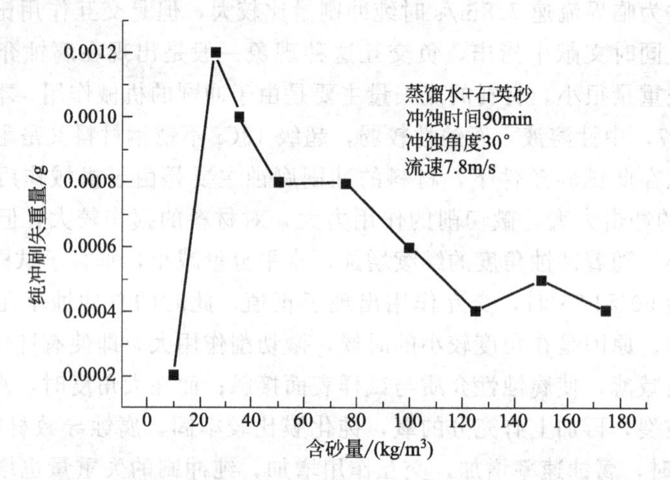

图5-43 超级13Cr不锈钢材料纯冲刷失重量随含砂量的变化情况

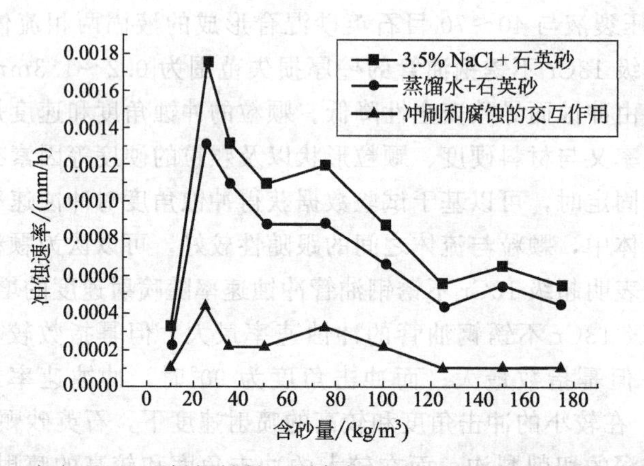

图5-44 超级13Cr不锈钢材料不同条件下冲蚀速率随含砂量的变化情况

任意一个，它们的交互作用就会明显减小。因此，交互作用变得小而缓慢。

如果采用空气加200目细砂粒的方式，在冲刷速度为88.4m/s、冲刷角度为10°的室温条件下做井下管柱的冲蚀磨损试验，得到超级13Cr不锈钢冲蚀磨损时间与失重的关系，如图5-45所示。

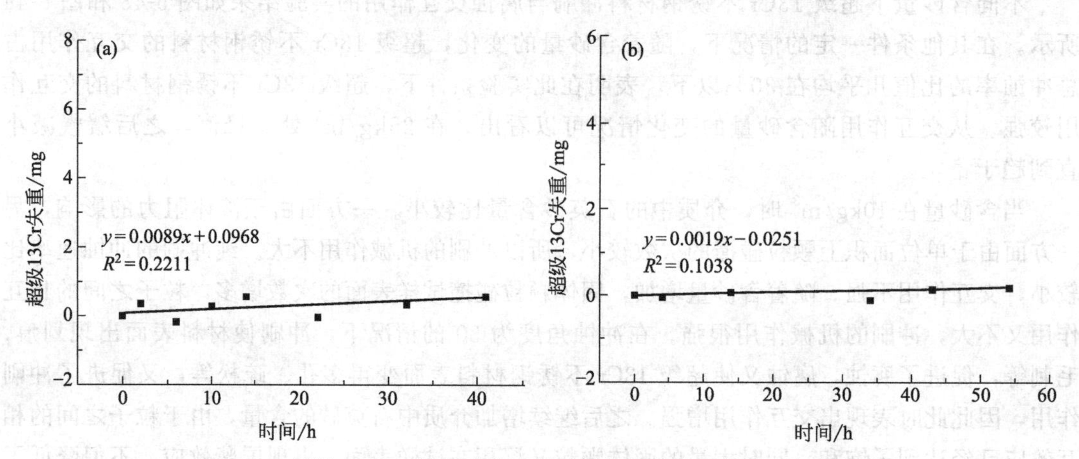

图5-45 超级13Cr不锈钢冲蚀磨损时间与失重关系线性回归曲线图

(a) 0.2g/m³；(b) 0.4g/m³

从图5-45试验结果可以看出，当含砂量为0.2g/m³时，从0h到41h这段时间，失重量存在波动，但波动范围不大，基本上都在一条直线上，并且由线性回归方程可以看出，失重量呈现缓慢增加的趋势。进一步计算得到的失重所对应的壁厚减薄如表5-5所示，冲蚀磨损时间与壁厚减薄关系线性回归曲线图如图5-46(a)所示。由表5-5和图5-46(a)可以得出超级13Cr不锈钢随时间增加失重量增加的趋势，但是变化量不大，壁厚减薄随冲蚀磨损时间变化也不大，说明在该实验条件下超级13Cr不锈钢是比较耐冲蚀磨损的。

表5-5 含砂量为0.2g/m³时不同冲蚀磨损时间下超级13Cr不锈钢的失重和壁厚减薄

时间/h	0	2	6	10	14	22	32	41
失重/mg	0	0.36	−0.16	0.28	0.56	−0.04	0.32	0.58
壁厚减薄/(×10⁻⁴mm)	0	4.65	−2.06	3.62	7.23	−0.52	4.13	7.49

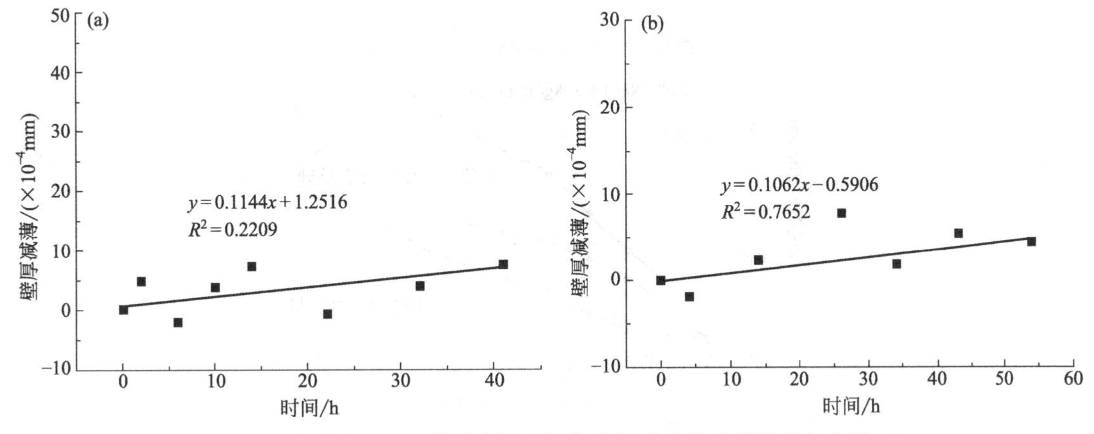

图5-46 超级13Cr冲蚀磨损时间与壁厚减薄关系线性回归曲线

(a) 0.2g/m³；(b) 0.4g/m³

当含砂量为0.4g/m³时，发现时间为26h点处与其他点相比失重量偏大，明显是误差造成的。去除该点绘图，得到线性回归曲线，如图5-45(b)所示，可以看出超级13Cr不锈钢随时间增加，失重量呈增加的趋势，但冲蚀磨损时间与失重的线性回归曲线较平缓，说明随时间的增加失重量变化不大，表明超级13Cr不锈钢在上述实验条件下，冲蚀损失量非常小。进一步计算可得失重所对应的壁厚减薄，如表5-6所示。

表5-6 含砂量为0.4g/m³时不同冲蚀磨损时间下超级13Cr不锈钢的失重和壁厚减薄

时间/h	0	4	14	26	34	43	54
失重/mg	0	−0.04	0.08	4.4	−0.12	0.14	0.18
壁厚减薄/(×10⁻⁴mm)	0	−1.81	2.33	7.79	1.94	5.3	4.52

图5-46(a)和(b)的试验条件差别只是改变了含砂量，含砂量分别为0.2g/m³和0.4g/m³，含砂量的变化对超级13Cr不锈钢的失重有影响，在含砂量为0.4g/m³时，冲蚀磨损速度反而变小。这可能是因为含砂量的增加造成了屏蔽效应，使冲蚀磨损减小。这就说明过大的颗粒浓度会导致屏蔽效应反而使其冲蚀磨损速率降低。

5.4.2.4 压裂排量的影响

在实际压裂或者返排过程中，油管内壁冲蚀速率随压裂排量的变化对油管柱安全评价具有重要价值。将主流速度换算成 ϕ89mm×6.45mm 超级13Cr不锈钢油管中的排量，可以得到冲蚀速率随压裂排量的变化规律，如图5-47所示。当排量低于 $1.5m^3/min$ 时，对于相同的含砂量，超级13Cr不锈钢油管在蒸馏水介质中的冲蚀速率与3.5%NaCl介质中的冲蚀速率比较接近。这表明在较低的压裂排量时，超级13Cr不锈钢油管的冲蚀主要由蒸馏水中的溶解氧腐蚀主导，Cl^- 对冲蚀的加剧作用尚不明显。当压裂排量高于 $2.2m^3/min$ 时，随着排量的增加，相比于蒸馏水介质中的冲蚀速率，超级13Cr不锈钢油管在3.5% NaCl介质中的冲蚀速率明显增加，表明在压裂排量大于 $2.2m^3/min$ 时，Cl^- 的存在明显加剧了超级13Cr不锈钢油管的冲蚀。因此，对于采用 ϕ89mm×6.45mm 超级13Cr不锈钢油管压裂，当压裂或者返排液体中含有较高的 Cl^- 时，应该将施工排量控制在 $2.2m^3/min$ 以下。

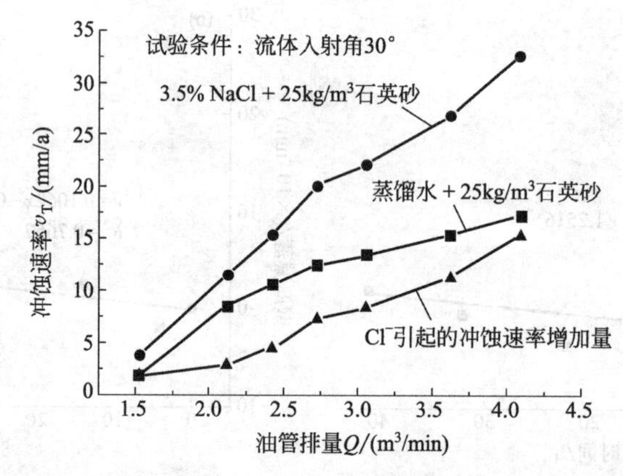

图5-47 ϕ89mm×6.45mm 超级13Cr不锈钢油管冲蚀速率随压裂排量的变化曲线

Cl^- 的存在加速了超级13Cr不锈钢油管材料的冲蚀速率，其加速的程度随压裂排量的变化急剧增加。ϕ89mm×6.45mm 超级13Cr不锈钢油管中压裂或者返排时，当排量为 $2.2m^3/min$ 以下时，超级13Cr油管壁厚损失以溶解氧腐蚀为主，Cl^- 加速的冲蚀作用不明显；当排量为 $2.2\sim2.75m^3/min$ 时，超级13Cr不锈钢油管壁厚损失机理为溶解氧电化学腐蚀和液固两相流体机械冲刷共同作用，Cl^- 加速了电化学腐蚀，导致腐蚀产物膜松动，冲蚀速率相对于蒸馏水急剧增加；当压裂排量大于 $2.75m^3/min$，超级13Cr不锈钢钢壁厚损失以流体的机械作用为主，Cl^- 加剧了点蚀坑的产生和腐蚀，导致材料壁厚损失急剧增加。

5.4.2.5 冲刷磨损和腐蚀交互作用的影响

喷射条件下冲刷腐蚀交互作用分为冲刷加速腐蚀和腐蚀加速冲刷两部分，即有：

$$v_S=\Delta C+\Delta E \tag{5-3}$$

ΔC 的发生机理主要有：①流速增加导致其携带的固体颗粒能量增加，可以通过去除金属表面保护膜的方法加速腐蚀；②高流速流体的冲刷加速了颗粒与流体边界层的相互作用，对金属表面产生局部冲击；③冲刷磨损会使材料表面变得更加粗糙，在凹槽处形成局部湍流，加速了腐蚀性介质的传质过程，从而导致局部腐蚀发生。

ΔE 的发生机理主要有：①腐蚀引起材料局部产生点蚀坑或者应力腐蚀裂纹，从而加速流体的扰动，引起冲蚀速率增加；②材料表面保护膜被腐蚀或者溶解，变得更加松散，更易从材料基体被机械冲刷掉，也是腐蚀加速冲蚀的表现。文献总结出的能够描述所有材料冲刷磨损和腐蚀交互作用的半经验模型：

$$\Delta C = \Delta C_f + \Delta C_e + \Delta C_p + \Delta C_m \tag{5-4}$$

$$\Delta E = \Delta E_p + \Delta E_m + \Delta E_i + \Delta E_f \tag{5-5}$$

式中，ΔC_f 为由腐蚀产物膜的侵蚀破坏引起的金属表面腐蚀增量；ΔC_e 为由表面侵蚀变形引起的腐蚀增量；ΔC_p 为由冲刷导致材料表面变形引起的点蚀增量；ΔC_m 则为冲刷导致腐蚀性介质的传质系数增加而引起的腐蚀加剧量；ΔE_p 为由金属相的腐蚀导致的磨损增量；ΔE_m 为由腐蚀导致金属力学性能降低引起的冲蚀增量；ΔE_i 则为由磨粒之间的腐蚀导致的磨损增加量；ΔE_f 则为由局部腐蚀引起的金属局部开裂导致的侵蚀能力削弱量。对于碳钢而言，总的交互作用主要由公式(5-4) 右边的 ΔC_f 和 ΔC_e 组成。而超级 13Cr 不锈钢交互作用所产生的机理则更为复杂，很难定量化描述每一项。

交互作用与总的冲蚀速率的比值 v_S/v_T 随纯冲刷占总的冲蚀速率的比值 v_E/v_T 的变化曲线如图 5-48 所示。由图可以看出，交互作用与总的冲蚀速率比值 v_S/v_T 与 v_E/v_T 之间呈倒数关系，由此可以推断，对于超级 13Cr 不锈钢表面的钝化膜，当冲蚀速率非常低时，交互作用占总失重的比值较大，然而随着纯冲刷作用的增加，总的协同作用迅速降低。表明冲刷占主导因素时，交互作用降低至最小。因此，在大排量施工作业时，超级 13Cr 不锈钢油管的壁厚损失主要由机械冲刷引起。

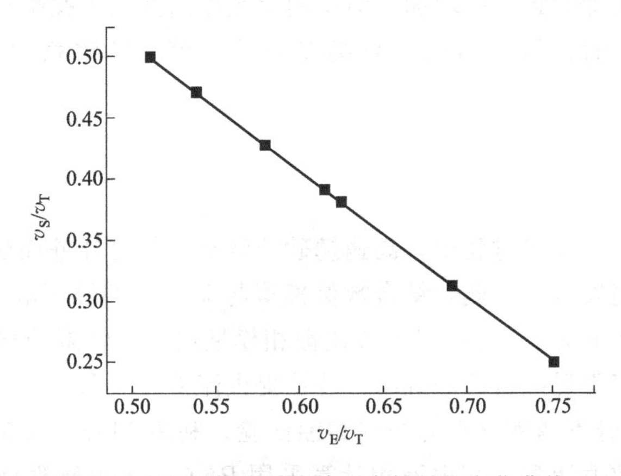

图 5-48 交互作用随纯冲刷磨损量的变化曲线

冲刷和腐蚀间交互作用的出现是电化学腐蚀和冲刷磨损共同作用的结果，深入分析交互作用有利于认识冲刷磨损和腐蚀交互作用的机制。为此，计算出各个流速时的交互作用失重量，将其与总失重量的比值作为衡量交互作用的指标。同样，分别采用 v_C/v_T、v_E/v_T 作为衡量静态腐蚀、流速导致冲刷磨损所占总失重量的比值。各项比值随流速的变化关系如图 5-49 所示。

由图可以看出，低排量施工时，超级 13Cr 不锈钢的总失重量由腐蚀主导。随着排量（流速）的增加，冲刷磨损部分所占比例迅速增加，而交互作用所占比值则在较低的排量 $2.65m^3/min$（对应流速 5.6m/s）时迅速增加至总失重量的 50%。这一点对实际压裂工况非常重要，在压裂施工时，通常要避免在此排量下施工。继续增加排量，冲刷磨损部分开始逐渐降低，而交互作用占总失重量的比值在喷射流速为 5.6m/s 时达到最大值。对应施工排

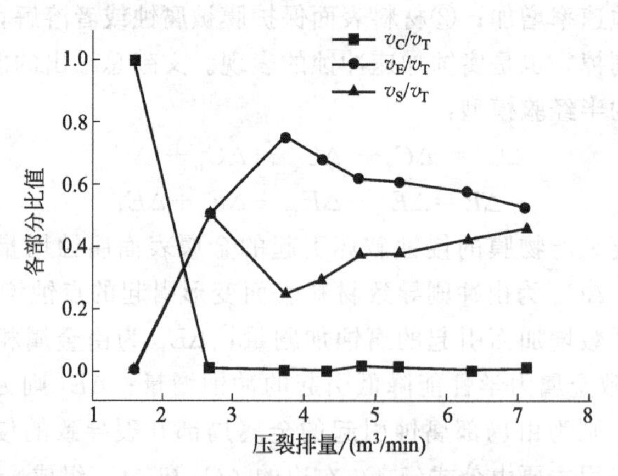

图 5-49 冲刷和腐蚀交互作用随流速的变化曲线

量为 3.7m^3/min（流速为 7.8m/s）时，纯冲刷磨损速率达到最大值（总冲蚀速率的 74.9%），表明此时的冲刷加速腐蚀增量 ΔE 和腐蚀加速冲蚀增量 ΔC 值达到了最大。一方面，随着流体排量的增加，高速流动的液体在超级 13Cr 不锈钢表面产生的较大的壁面剪切应力，促进材料表面形成的腐蚀产物膜溶解；另一方面，固相颗粒冲刷腐蚀产物膜，产生的剪应力使得腐蚀产物膜从金属基体脱落，导致交互作用达到最大。随着流速的进一步提高，溶解氧穿透腐蚀产物膜在新鲜的金属表面又形成了新的氧化膜，冲刷加速腐蚀部分 ΔC 减小。因此，虽然流速增加导致 ΔE 增加，但总的交互作用开始大幅降低。随着流速进一步增加，达到 7.8m/s 以上时，新的腐蚀产物膜又开始剥落，导致总的冲蚀速率又呈现增加趋势。

5.4.3 数值模拟

在油气田压裂等储层改造过程中，高速携砂液流动会使管柱壁面受到冲刷腐蚀影响，造成材料流失，威胁井筒安全。为此，结合数值模拟与喷射式冲蚀试验，分析超级 13Cr 不锈钢材料受冲刷腐蚀的影响规律，利用 DPM 离散相模型追踪固体颗粒撞击材料表面的速度与角度，为研究不锈钢表面受撞击后的抗腐蚀特性提供流体力学参数。选用射流式试验装置进行超级 13Cr 不锈钢油管不锈钢材料的冲刷腐蚀试验。利用 Fluent 6.3 流体计算软件对射流场液、固两相流进行数值计算，其中液相计算采用 RNG κ-ε 湍流模型，然后利用拉格朗日离散相模型追踪颗粒群轨迹，得到颗粒撞击试样表面的速度与角度，推导出单颗粒冲蚀公式，计算裸露基体金属表面积，从而计算腐蚀量。

图 5-50 为超级 13Cr 不锈钢材料分别在纯液相（Ⅰ区域）和液、固两相（Ⅱ区域），再到纯液相（Ⅲ区域）整个过程的开路电位监测结果。从图可以看出，当流速为 9m/s 时，在质量分数为 3.5% 的 NaCl 介质中，超级 13Cr 不锈钢开路电位在 −0.16V 附近波动，反映出流动介质中超级 13Cr 不锈钢材料表面具有钝化膜，可以抵抗耗氧腐蚀作用，而氯离子点蚀作用使开路电位小幅度波动，短时间内（1h）并没有造成试样表面大规模点蚀，此时超级 13Cr 不锈钢油管用钢具有较强的抗腐蚀能力。当颗粒群撞击试样表面后，开路电位急剧下降（Ⅱ区域），说明试样表面的钝化膜遭到破坏，新的基体金属参与了电化学反应。通过数值计算单颗粒（19 号颗粒）撞击水平速度和竖直速度（见图 5-51 和图 5-52）。

单颗粒撞击 SEM 图像如图 5-53 所示。

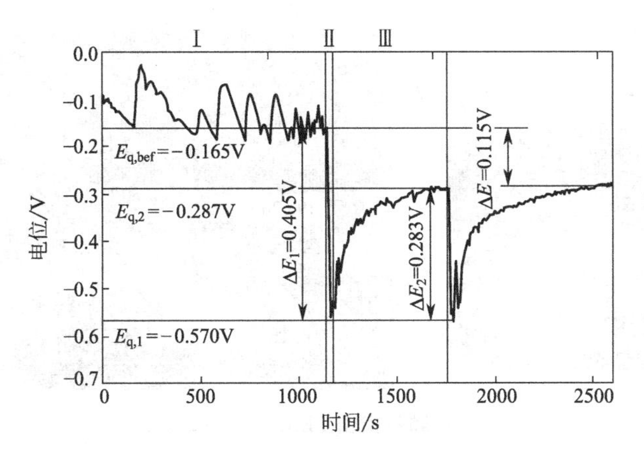

图 5-50 9m/s 流速下超级 13Cr 不锈钢开路电位监测图

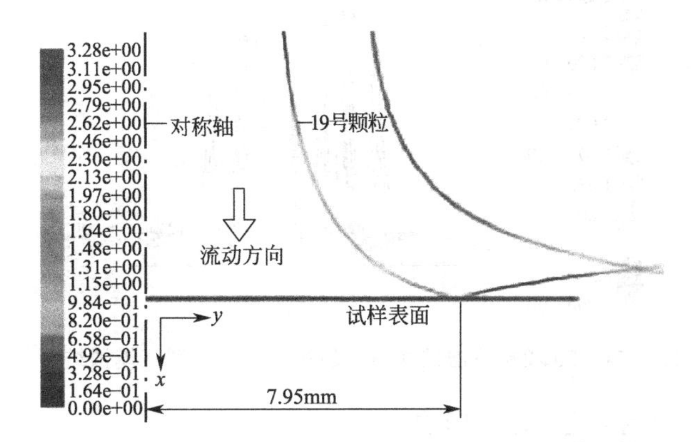

图 5-51 19 号颗粒撞击试样表面水平速度云图（模拟结果）

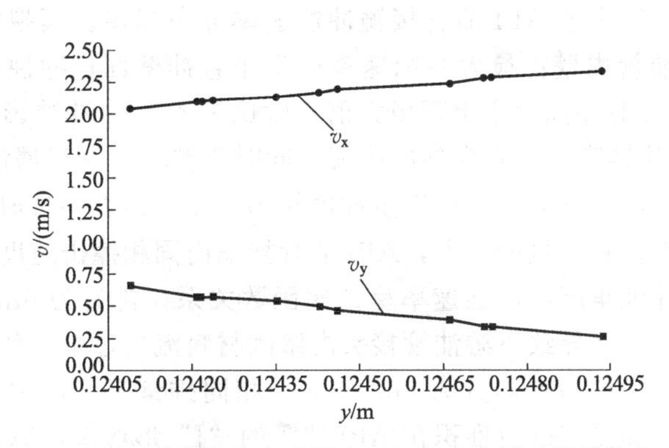

图 5-52 19 号颗粒撞击试样表面竖直速度图（模拟结果）

同时追踪 50 个颗粒得到撞击速度与角度，如图 5-54 所示，其中 46 个颗粒撞击试样表面，4 个没有撞击，得出所有颗粒撞击材料的概率。

通过以上分析，可知颗粒撞击超级 13Cr 不锈钢油管表面造成表层材料松软，表面粗糙度增大，即使是弱腐蚀性介质也会造成新机体材料腐蚀，而更严重的后果在于含氯离子介质流动（洗井反排等过程）使超级 13Cr 不锈钢油管壁面很难达到起初设计的抗腐蚀能力。颗粒撞击后，纯液相介质流动干扰了材料表面再钝化过程，使其过程拖延，更多的氯离子穿透效应也使超级 13Cr 不锈钢很难返回测试初始开路电位值，冲刷作用不仅能在短时间内剥离

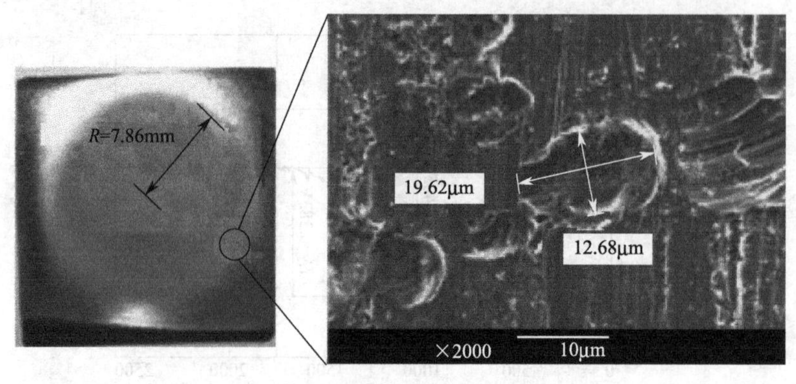

图 5-53　单颗粒撞击 SEM 图像（试验结果）

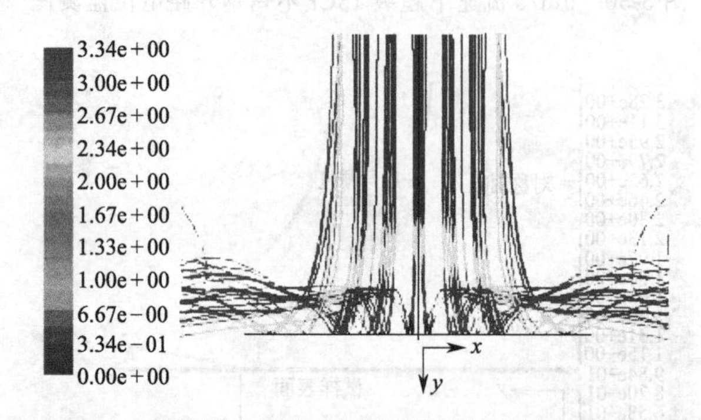

图 5-54　50 颗粒撞击试样表面的速度模拟云图（模拟结果）

材料，而且对后续不锈钢钝化有较大影响。

程嘉瑞等则采用射流试验得到了超级 13Cr 不锈钢半经验预测模型，并结合数值计算进行油管接箍冲蚀模拟，得出了 API 油管接箍冲蚀速率分布规律。模拟结果表明接箍凹槽内壁面冲蚀速率远小于油管内壁；最大冲蚀速率产生于直冲壁面；冲蚀速率随排量增加而增大，排量达到 $6m^3/min$ 时冲蚀速率出现极大值；砂比为 40%时冲蚀影响最严重。API 油管接箍“J”形区域处，流体产生比较强烈的扰流，同时颗粒相被液相携带进入接箍凹槽区域，对接箍内壁、背侧台肩面、直冲台肩面产生冲蚀作用。尤其是直冲台肩面扰流流速变化梯度最大，冲蚀速率也最大。随排量的增大，API 油管接箍内固相撞击速度增大，冲蚀速率也呈现上升趋势。但由于冲蚀角度与冲蚀速率呈二次函数关系，排量为 $6m^3/min$ 时直冲台肩面出现冲蚀速率极大值，这将导致下游油管接头内壁因材料流失过早失效，影响生产安全。因此，40%含砂量工况下冲蚀临界排量为 $6m^3/min$。相同排量下，增加固相含量，一方面颗粒相速度减小，另一方面更多砂粒堆积在 API 油管的“J”形区域，综合导致 40%含砂量时冲蚀速率出现极大值。随含砂量的增加，颗粒之间的相互磨损增大，消耗更多的能量，直径也开始减小，导致冲蚀速率又开始降低。

5.5 磨蚀

5.5.1 13CrS-13Cr 磨损

针对南海高温高压含 CO_2 气井油管在深井及超深井服役过程中的偏磨问题，模拟现场工况开展了大量油管磨损试验。使用自制磨损机，在常温常压条件下，采用三种现场完井液（完井液A、完井液B、完井液C）及清水介质，施加三种不同侧向力，对以13CrS为主的两种不同材质及强度的油管材料进行磨损试验。试验结果表明，在含完井液的介质环境中，完井液能够有效保护油管，降低油管的磨损，其中完井液A减磨效果最好，达到80%～90%；在四种液体介质中，油管累计磨损量随着侧向力的增加而增加，呈现出正比关系，且油管累计磨损量增加速率在磨损初期不断增大，而后逐渐减小变缓趋于稳定；在两种油管材料中，13CrS-110油管材料累计磨损量最低，耐磨性能最好。

近年来，随着我国海洋石油研究不断深入，石油钻井开始向深井和超深井发展，同时，遇到含CO_2和H_2S等酸性流体的工况也越来越多。在深井或超深气井开发中，油管屈曲变形后往往会与套管接触发生往复式摩擦，使油管局部外管壁减薄，导致油管柱抗内压或抗外压能力降低，造成油管柱剩余强度不足而失效，影响井筒完整性，危及油田安全生产，更可能造成环境安全问题。张福祥等研究发现了不同的接触力、摩擦频率条件下P110套管对超级13Cr不锈钢油管的磨损性能，并发现超级13Cr不锈钢油管与P110套管之间的磨损机理以黏着磨损为主，表面形貌为片状剥落和犁沟共存。马文海等也研究了超级13Cr不锈钢油管材料与P110和TP140两种不同套管材料的磨损性能，发现TP140套管对超级13Cr不锈钢油管磨损破坏程度比P110套管大很多。因此，研究油管在服役过程中的偏磨问题，并对油管柱材料的适用性进行评价与优选，对井筒完整性有着重要作用。

采用的油管型号有13Cr-L80、13CrS-110。磨损圆棒由L80-3Cr厚壁套管加工而成。

5.5.1.1 不同侧向力

选择完井液A作为磨损试验介质，在不同接触侧向力（10kN/m、15kN/m、20kN/m）作用下，对13Cr-L80套管圆棒与不同材料油管试片进行磨损试验，其累计磨损量情况如图5-55所示。可见，在10kN/m侧向力作用下磨损18h后，13Cr-L80油管材料累计磨损量为98.0mg，对套管材料造成的累计磨损量为108.2mg；13CrS-110油管材料累计磨损量为33.0mg，对套管材料造成的累计磨损量为39.7mg。在15 kN/m侧向力作用下磨损18h后，13Cr-L80油管材料累计磨损量为132.0mg，对套管材料造成的累计磨损量为140.0mg；13CrS-110油管材料累计磨损量为45.0mg，对套管材料造成的累计磨损量为51.0mg。在20kN/m侧向力作用下磨损18h后，13Cr-L80油管材料累计磨损量为166.0mg，对套管材料造成的累计磨损量为176.0mg；13CrS-110油管材料累计磨损量为54.0mg，对套管材料造成累计磨损量为68.0mg。由此看出：在三种侧向力作用下，两种油管材料累计磨损量及套管累计磨损量增长趋势基本一致，其增长速率在磨损前期随时间延长不断增大，磨损至一定程度时，其增长速率开始缓慢减小，最后保持稳定；油管累计磨损量小于套管累计磨损量，且随着侧向力的增加，油管累计磨损量和套管累计磨损量随之增加，侧向力的增加会使磨损加剧；在三种不同侧向力作用下，13CrS-110油管材料累计磨损量均为最小，对套管材料造成的磨损也最少，13CrS-110油管材料适用性较好。

5.5.1.2 不同介质

在10kN/m接触侧向力作用下，L80-3Cr套管圆棒与两种不同材料油管试片在4种不同介质中进行磨损接触试验，其累计磨损量情况如图5-56所示。

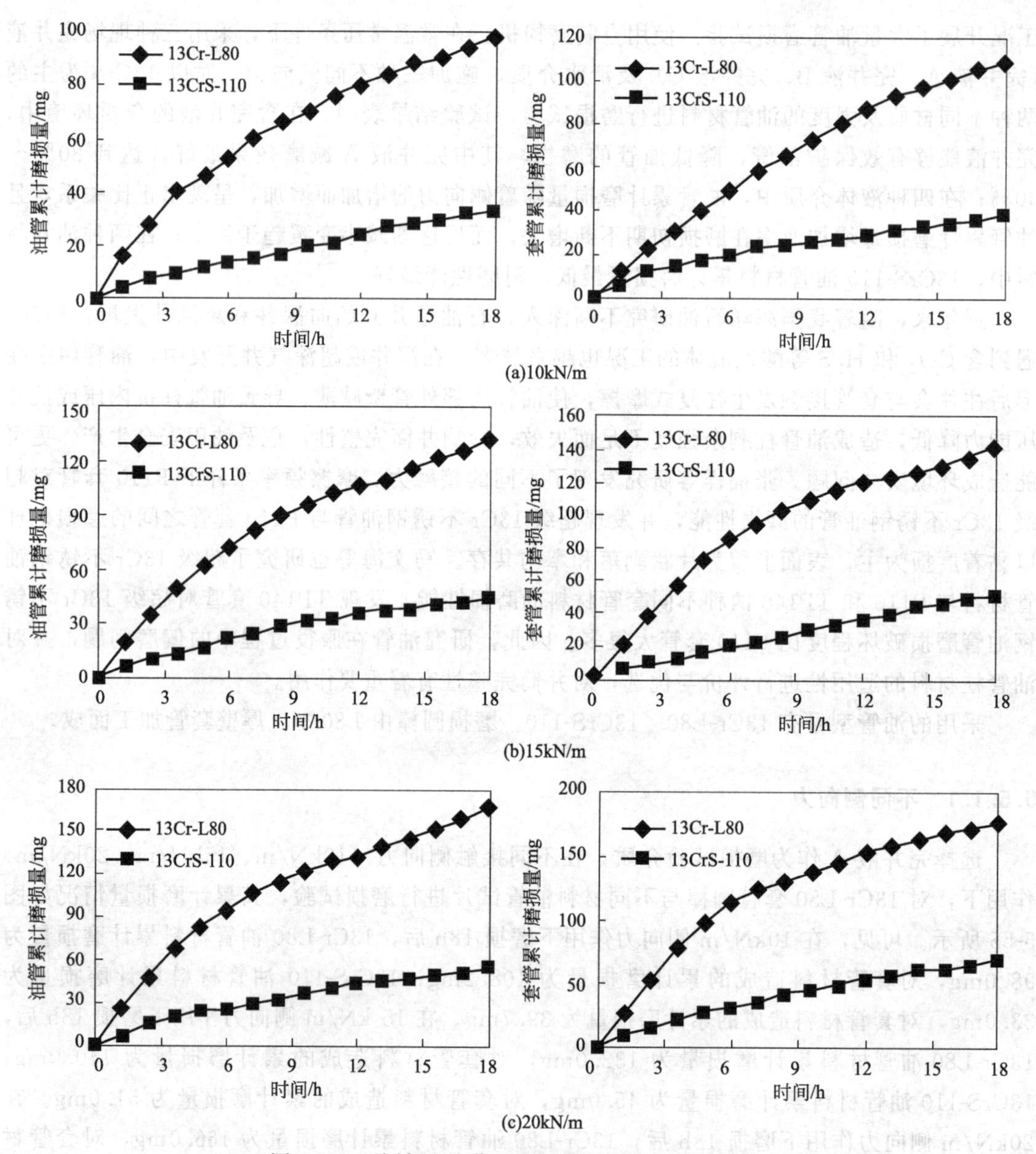

图 5-55　不同侧向力作用下油管与套管累计磨损量

从图 5-56 可见，10kN/m 侧向力作用下，在完井液 A 介质环境中磨损 18h 后，13CrS-L80 油管材料累计磨损量为 98.0mg，对套管材料造成的累计磨损量为 108.2mg；13CrS-110 油管材料累计磨损量为 33.0mg，对套管材料造成的累计磨损量为 39.7mg。在完井液 B 介质环境中磨损 18h 后，13Cr-L80 油管材料累计磨损量为 111.0mg，对套管材料造成的累计磨损量为 120.2mg；13CrS-110 油管材料累计磨损量为 46.3mg，对套管材料造成的累计磨损量为 59.8mg。在完井液 C 介质环境中磨损 18h 后，13Cr-L80 油管材料累计磨损量为 830.0mg，对套管材料造成的累计磨损量为 975.0mg；13CrS-110 油管材料累计磨损量为 155.0mg，对套管材料造成累计磨损量为 243.0mg。在清水介质环境中磨损 18h 后，13Cr-L80 油管材料累计磨损量为 973.0mg，对套管材料造成的累计磨损量为 1106.0mg；13CrS-110 油管材料累计磨损量为 297.0mg，对套管材料造成的累计磨损量为 344.5mg。由此可以

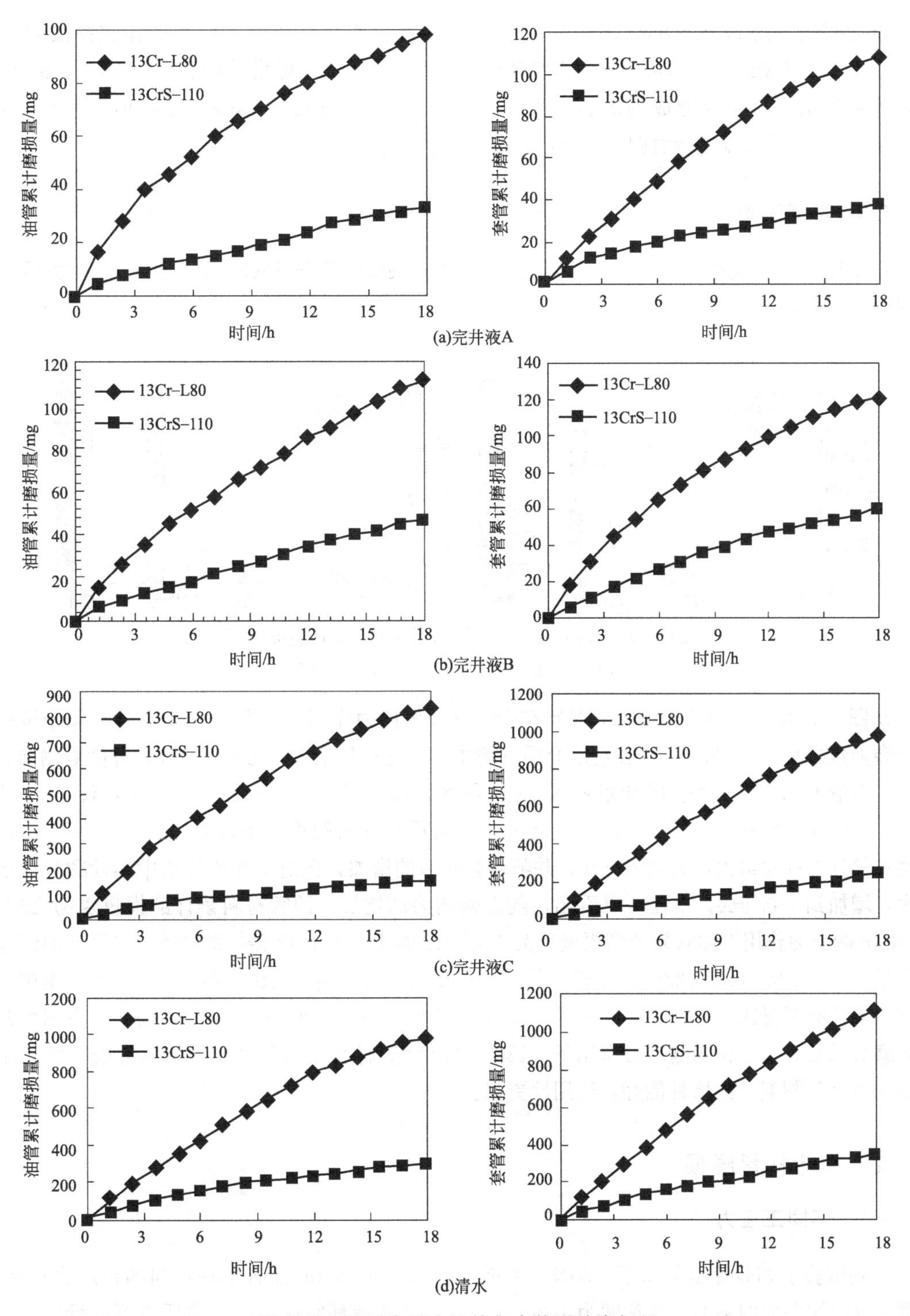

图 5-56 不同介质中油管与套管累计磨损量

看出，在相同侧向力作用下，不同介质环境中，两种油管材料累计磨损量与套管累计磨损量增长趋势基本一致，其增长速率在磨损前期随时间延长不断增大，磨损至一定程度后，其增长速率开始缓慢减小，最后保持稳定。完井液 A 与完井液 B 中油管与套管累计磨损量较小，约为清水中材料累计磨损量的 9%～16%；完井液 C 中材料磨损量比清水略小，约为清水中材料累计磨损量的58%～85%。完井液A与完井液B在材料防磨方面性能比完井液C与清水更为优秀。在四种介质环境中，油管累计磨损量都小于套管累计磨损量，13Cr-L80油管的累计磨损量及对套管造成的磨损在四种种介质环境中均大于13CrS-110油管材料，因而13CrS-110油管材料耐磨性能优于13Cr-L80油管材料。

5.5.1.3 不同油管

在不同介质环境中，不同侧向力作用下13Cr-L80油管与13CrS-110油管材料磨损情况如图5-57所示。

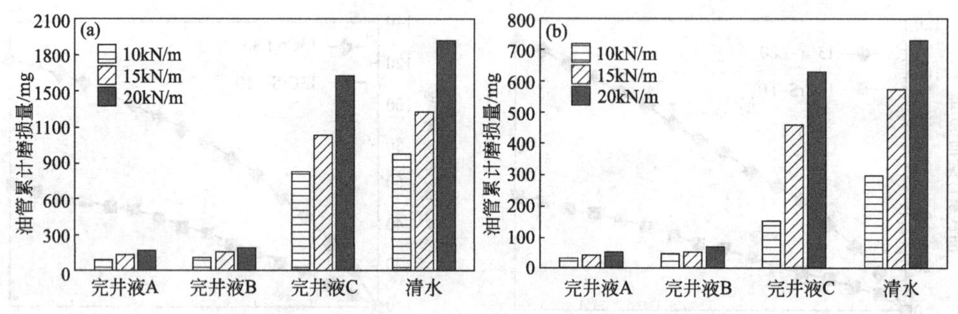

图5-57 13Cr-L80油管及13CrS-110油管磨损情况

(a) 13Cr-L80油管；(b) 13CrS-110油管

从图5-57可见，13Cr-L80油管材料在10kN/m侧向力作用下，完井液A介质环境中试验后累计磨损量最小，为98.0mg，在清水介质环境中累计磨损量最大，为973.0mg，并随着侧向力的增加，在清水介质环境中累计磨损量达到最大，增加到1921.0mg；13CrS-110油管材料在10kN/m侧向力作用下，完井液A介质环境中试验后累计磨损量最小，为33.0mg，在清水介质环境中累计磨损量最大，为297.0mg，并随着侧向力的增加，在清水介质环境中累计磨损量达到最大，增加到730.0mg。由此可以看出，随着侧向力的增加，油管材料累计磨损量也随之增加。15kN/m侧向力作用下油管累计磨损量约为10kN/m的1.30～1.43倍，20kN/m作用下油管累计磨损量约为15kN/m的1.22～1.47倍，累计磨损量与侧向力接近正比关系。在完井液环境中，油管材料累计磨损量比在清水中小，在完井液A中最小，约为清水的1/10，完井液A在四种介质中防磨效果最好。在相同侧向力作用下，13CrS-110油管材料在四种介质中的累计磨损量均小于13Cr-L80油管材料，耐磨性能好，适用性更强。

5.5.2 其他材料磨损

5.5.2.1 不同正压力

分别试验了3Hz摩擦频率下，50N、100N、150N、200N和250N 5种不同的正压力对油管-套管往复摩擦磨损的影响。在密度为1.2g/cm^{3}改性钻井液环空保护液介质环境下进行试验，每组试验做3遍，取平均值。最终根据试验数据得到了P110和TP140 2种钢级套管对超级13Cr不锈钢油管往复磨损状态下磨损失重量随正压力的变化关系，如图5-58(a) 所示。摩擦因数随正压力的变化关系如图5-58(b) 所示，磨损效率随正压力的变化关系如图5-58(c) 所示。

由图5-58可知，2对摩擦副的磨损失重量和磨损效率都随着正压力的增大而逐渐增加，TP140套管对超级13Cr不锈钢油管的磨损破坏程度比P110更大。在介质环境不变的情况下，不管正压力如何变化，摩擦因数都在 0.3 附近波动，表面疲劳磨损状态的程度未发生大的变化。

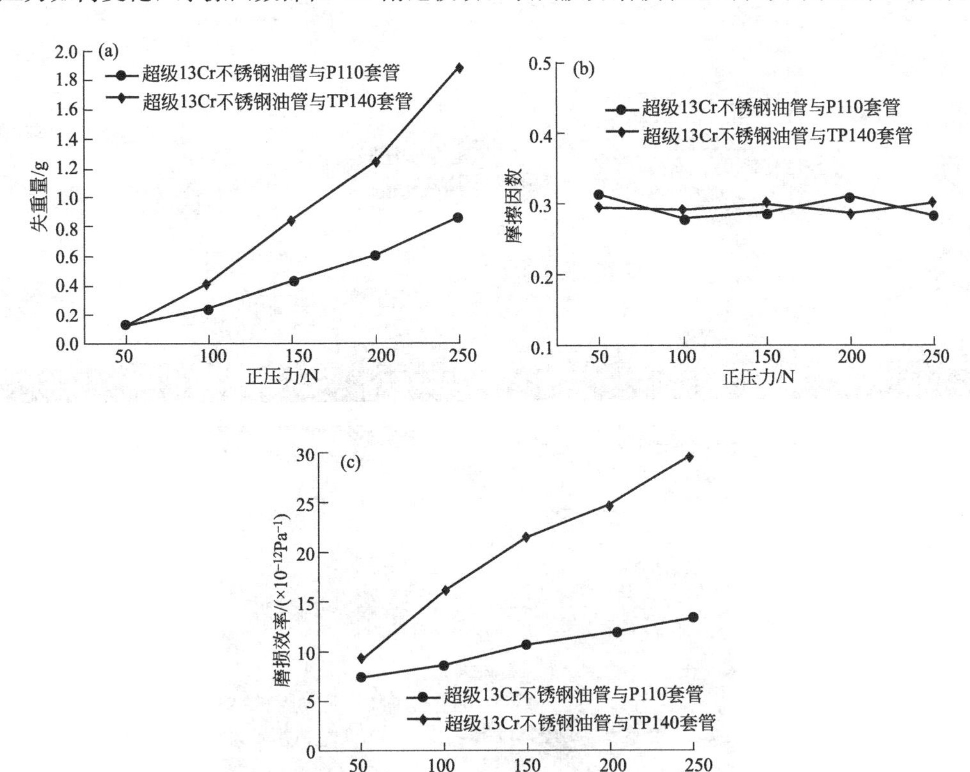

图 5-58　不同正压力下超级 13Cr 不锈钢油管与 P110 和 TP140 套管的磨损规律

(a) 磨损失重量；(b) 摩擦因数；(c) 磨损效率

使用扫描电子显微镜分别对 3Hz 摩擦频率时，50N、150N、250N 不同正压力下的磨损微观形貌进行了观察分析，如图 5-59 所示。其中图 5-59(a)、图 5-59(b)、图 5-59(c) 分别为摩擦频率为 3Hz 时，超级 13Cr 不锈钢油管对 P110 套管在 50N、150N 和 250N 正压力下的磨损形貌。通过表面微观分析发现当正压力增大时，超级 13Cr 不锈钢油管表面片状剥离的破坏程度逐渐增大。根据摩擦学的基本原理，当一对摩擦副之间发生黏着磨损时，摩擦副的接触表面材料会发生片状的剥离破坏。当超级 13Cr 不锈钢油管与 P110 套管之间的正压力增大时，摩擦副的接触表面压得更实，更容易发生黏着磨损，而且随着正压力的不断增大，黏着磨损的破坏程度也越强。

5.5.2.2　不同摩擦频率

在正压力为 250N 时，研究了 1.0Hz、1.5Hz、2.0Hz、2.5Hz 和 3.0Hz 5 种不同的摩擦频率对油管-套管往复摩擦磨损的影响。磨料介质采用密度为 1.2g/cm^3 改性钻井液环空保护液。最终得到 2 种钢级套管对超级 13Cr 不锈钢油管的磨损失重量随摩擦频率变化的趋势，如图 5-60(a) 所示。摩擦因数随摩擦频率变化的趋势如图 5-60(b) 所示，磨损效率随摩擦频率变化的趋势如图 5-60(c) 所示。

从图可以看出，当摩擦频率较小时，P110 套管对超级 13Cr 不锈钢油管相对于 TP140 套管对超级 13Cr 不锈钢油管的磨损表面片状剥离区域面积差别不大，这样就导致了此时 2 对摩擦副的磨损破坏程度比较接近。而当摩擦频率继续增大时，TP140 套管对超级 13Cr 不

图 5-59 超级 13Cr 不锈钢油管对 P110 套管在 3Hz 摩擦频率时不同正压力下的磨损形貌

(a) 50N；(b) 150N；(c) 250N

锈钢油管的片状剥离相比于 P110 套管对超级 13Cr 不锈钢油管严重很多，磨损破坏程度也表现出相应的差别。摩擦副表面的瞬时温度继续升高，磨损状态以黏着磨损为主。

使用 SEM 分别对正压力为 250N 时，1Hz、2Hz、3Hz 不同摩擦频率下的磨损微观形貌进行观察分析，如图 5-61 所示。其中图 5-61(a)、(b)、(c) 分别为 P110 套管对超级 13Cr 不锈钢油管在摩擦频率为 1Hz、2Hz、3Hz 时的磨损表面形貌。

通过表面磨损形貌微观分析发现，当摩擦频率增大时超级 13Cr 不锈钢油管表面片状剥离的破坏程度逐渐增大。当一对摩擦副之间发生黏着磨损时，摩擦副的接触表面材料会发生片状的剥离破坏。当超级 13Cr 不锈钢油管与 P110 套管之间的摩擦频率增大时，摩擦副接触表面的温度升高得更快，摩擦副的接触表面更容易出现黏着结点，黏着磨损也就越来越严重。

5.5.2.3 磨蚀时间

为考察超级 13Cr 不锈钢油管与 P110 套管的磨损随时间的变化，固定摩擦频率为 3Hz 及正压力为 250N，测量了不同实验时间长度下的磨损量、摩擦系数以及磨损效率。根据油管-套管往复摩擦磨损实验方案，考察 10min、20min、30min、40min、50min 和 60min 六种不同时长的磨损时间对油管-套管往复摩擦磨损的影响。在密度为 1.2g/cm^3 改性钻井液环空保护液介质环境下进行实验，每组实验做三遍取平均值。最终得到油管-套管往复摩擦

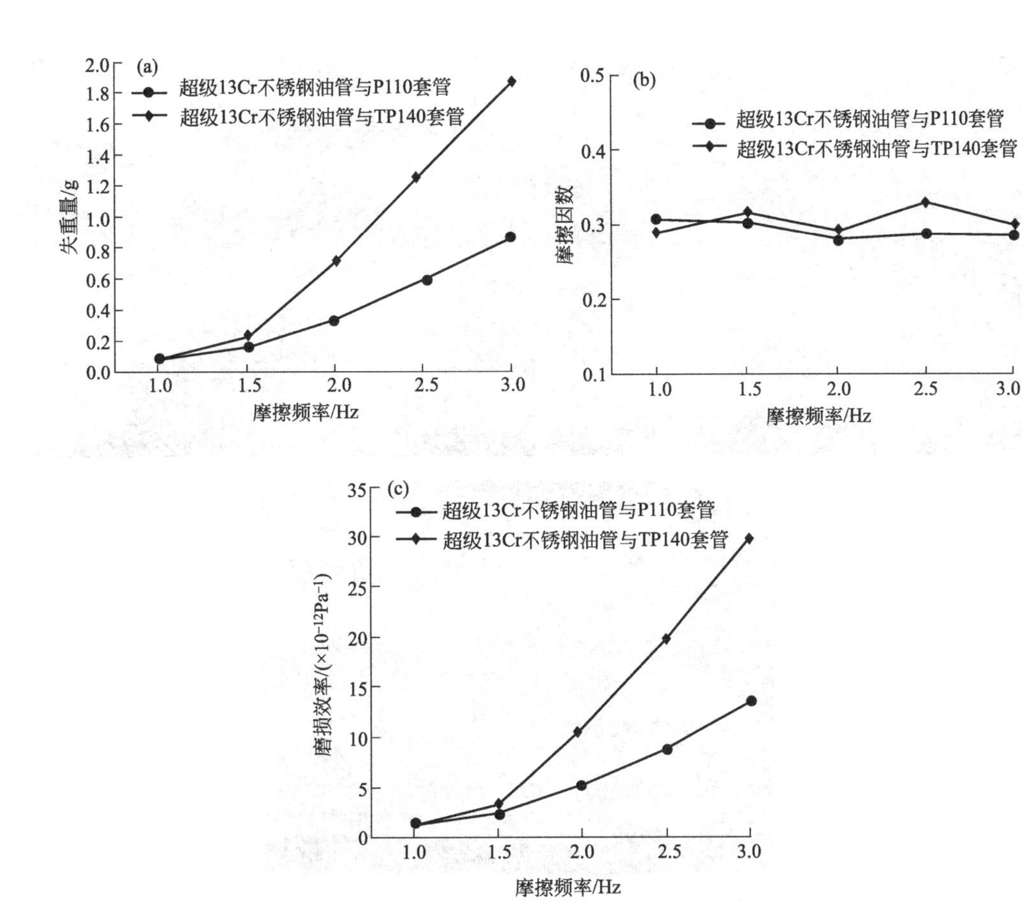

图 5-60 不同摩擦频率下超级 13Cr 不锈钢油管与 P110 和 TP140 套管的磨损规律

(a) 摩擦失重量；(b) 摩擦因数；(c) 磨损效率

磨损在不同磨损时长下的壁厚减薄率，如图 5-62 所示。摩擦系数如图 5-63 所示，磨损效率如图 5-64 所示。

随着磨损时间逐渐增长，超级油管与套管的磨损壁厚减薄率也逐渐增大。由图上可以明确看出，磨损的壁厚减薄率随着摩擦磨损时间的增大呈线性增大的趋势，可以说明在环境介质、摩擦频率及正压力都不变的情况下，磨损状态很可能不随磨损时间的变化而变化。但是事实是否如此还有待微观分析磨损后的表面形貌。

当油管与套管磨损时间增大时，两者之间的摩擦系数波动变化，但是摩擦系数都在 0.28 左右波动。一对摩擦副的摩擦系数与这对摩擦副接触面的表面粗糙度直接相关，与此同时，表面粗糙度是与表面疲劳磨损状态直接相关的。由此可初步分析认为在介质环境不变的情况下，不管磨损的时间如何变化，表面疲劳磨损状态的程度未发生大的改变。

当油管与套管之间的磨损时间增大时，两者之间的磨损效率波动变化。由摩擦学的基本原理可知，磨损效率发生改变，则磨损状态一定发生了改变，但是磨损效率基本不发生改变还不能说明磨损状态一定未发生改变。这种情况具有一定的复杂性，有可能是磨损状态始终未发生改变，也有可能是一种磨损形式逐渐增强而另一种磨损形式逐渐减弱，但是增强的幅度与减弱的幅度大体相当。具体是哪种情况还需进一步深入分析。

使用 SEM 分别观察 250N 正压力、3Hz 摩擦频率下，20min、40min、60min 不同摩擦磨损时长后的磨损微观形貌，如图 5-65 所示。其中图 5-65(a) 为 P110 套管对超级 13Cr 不

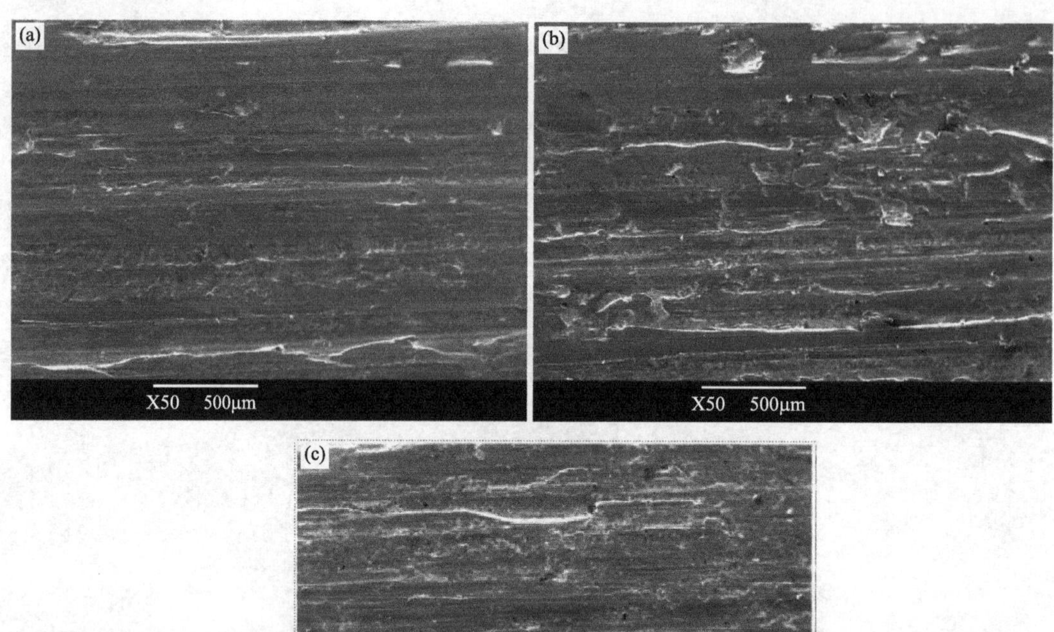

图 5-61 P110 套管对超级 13Cr 不锈钢油管在 250N 正压力时不同摩擦频率下的磨损形貌

(a) 1Hz；(b) 2Hz；(c) 3Hz

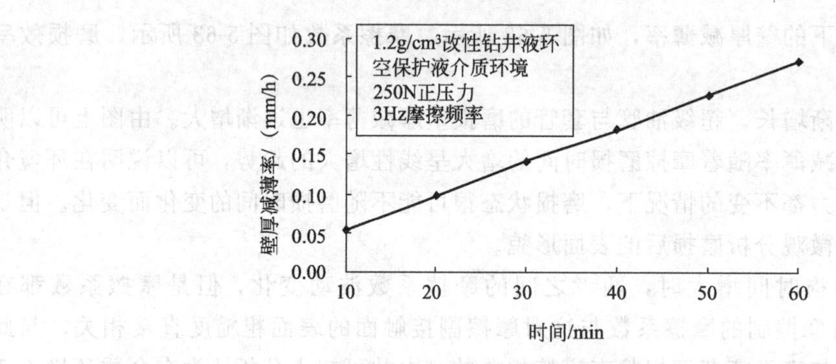

图 5-62 超级 13Cr 油管与套管不同磨损时间的壁厚减薄率

锈钢油管在 250N 正压力、3Hz 摩擦频率下磨损 20min 后的形貌；图 5-65(b) 为 P110 套管对超级 13Cr 不锈钢油管在 250N 正压力、3Hz 摩擦频率下磨损 40min 后的形貌；图 5-65(c) 为 P110 套管对超级 13Cr 不锈钢油管在 250N 正压力、3Hz 摩擦频率下磨损 60min 后的形貌。

当超级 13Cr 油管与套管发生磨损时，磨损后的超级 13Cr 油管表面出现了大量的片状剥离，但是随着磨损时长增长，片状剥离的破坏程度基本不发生改变。结合上文对超级油管与套管不同磨损时长的磨损效率分析，得出超级油管与套管之间的磨损状态不随磨损时间的推

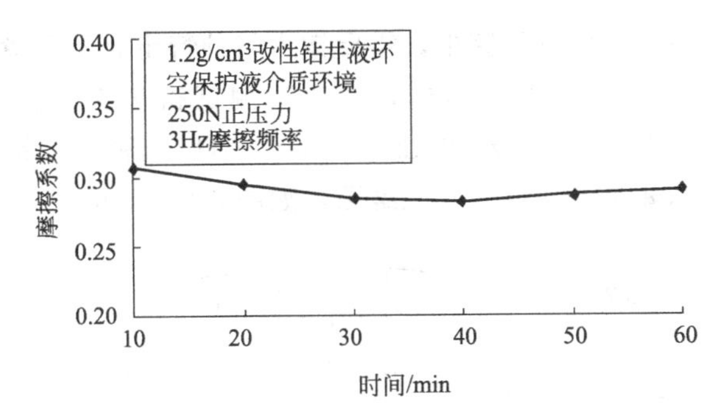

图 5-63　超级 13Cr 油管与套管不同磨损时间的摩擦系数

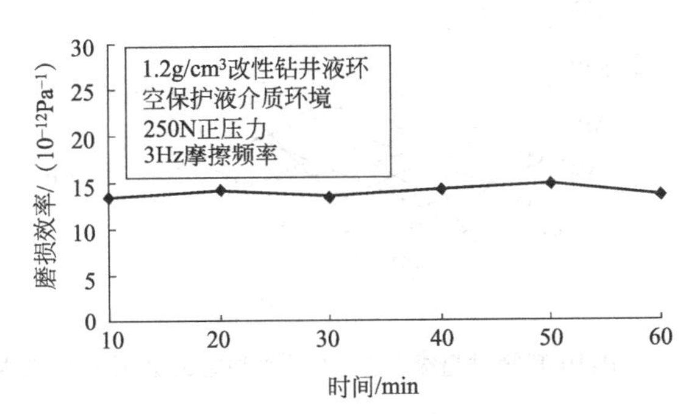

图 5-64　超级油管与套管不同磨损时间的磨损效率

移而发生改变的结论。

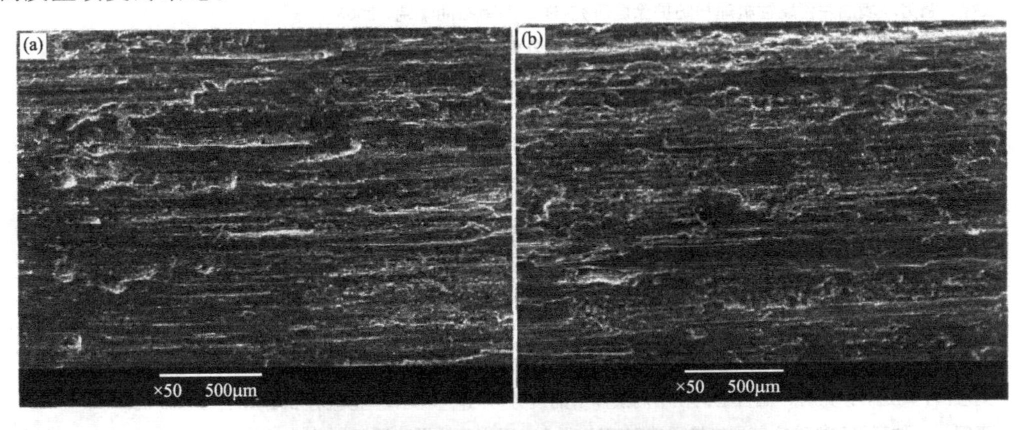

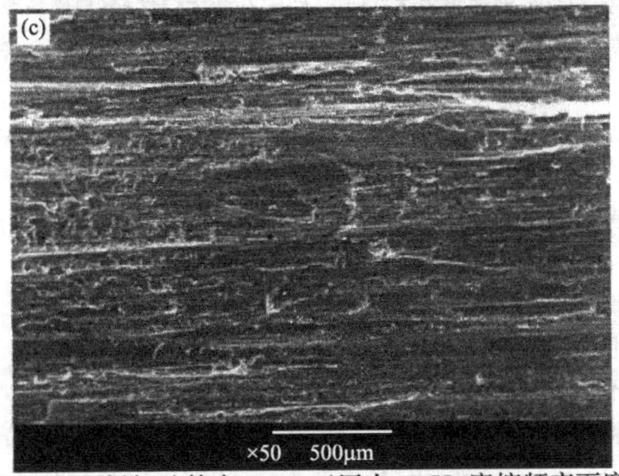

图 5-65　P110 套管对超级 13Cr 不锈钢油管在 250N 正压力、3Hz 摩擦频率下磨损不同时长后的磨损形貌

(a) 20min；(b) 40min；(c) 60min

在工程实践以及管柱安全评价研究中，需要知道某种特定介质环境中任意工况下的壁厚减薄率。在改性钻井液环空保护液环境中，由实验测试得出 50N、100N、150N、200N、250N 五种正压力下以及 1Hz、1.5Hz、2Hz、2.5Hz、3Hz 五种摩擦频率下的失重数据，再换算得出单位时间的壁厚减薄率，绘制成三维图，如图 5-66 所示。

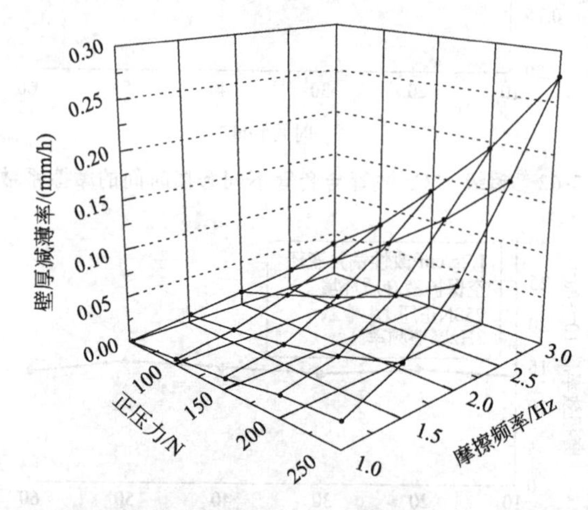

图 5-66　P110 套管对超级 13Cr 不锈钢油管的磨损壁厚减薄率

参考文献

[1] 张智．恶劣环境油井管腐蚀机理与防护涂层研究[D]．西南石油学院，2005.

[2] 冯杰，马春莉，郎帆，等．N80Q 平式油管断裂失效分析[J]．石油矿场机械，2013,42(9)：8-11.

[3] 王荣．金属材料的腐蚀疲劳[M]．西安：西北工业大学出版社，2001.

[4] 崔璐，李臻，王建才，等．油井管的腐蚀疲劳研究进展[J]．石油机械，2015，43(1)：78-83.

[5] 姚小飞，谢发勤，王毅飞．pH 值对超级 13Cr 钢在 NaCl 溶液中腐蚀行为与腐蚀膜特性的影响[J]．材料工程，2014(3)：83-89.

[6] 张丹阳，李臻．P110 钢和 13Cr 不锈钢的腐蚀疲劳裂纹扩展研究[J]．全面腐蚀控制，2019，33(3)：100-106.

[7] 王立翀，吕祥鸿，张志雄，等．断裂油管失效分析[J]．腐蚀与防护，2014，35(3)：302-305.

[8] 吕祥鸿，赵国仙，王宇，等．超级 13Cr 马氏体不锈钢抗 SSC 性能研究[J]．材料工程，2011，2：17-25.

[9] 姚小飞，谢发勤，吴向清，等．Cl^- 浓度对超级 13Cr 油管钢应力腐蚀开裂行为的影响[J]．材料导报，2012，26(18)：38-41.

[10] 刘彦国，马进，孙先明．低合金钢在不同条件下的疲劳行为[J]．力学与实践，2010,32(6)：49-53.

[11] 李臻．一种带可靠性的疲劳裂纹扩展速率表达式[J]．西安石油学院学报(自然科学版)2004，18(6)：67-70.

[12] 张天会，果霖，顾丽春，等．恒幅载荷 ADB610 钢疲劳裂纹扩展规律研究[J]．云南农业大学学报：自然科学版，2014，29(3)：420-424.

[13] 王晶，李晓阳，张亦良．硫化氢环境中低周疲劳裂纹扩展速率的研究[J]．机械强度，2009，31(6)：972-978.

[14] 张亚明，臧晗宇，董爱华，等．13Cr 钢油管腐蚀原因分析[J]．腐蚀科学与防护技术，2009，21(5)：499-501.

[15] 李臻，王文涛，王建才，等．CO_2-Cl^- 共存腐蚀介质中油管钢腐蚀疲劳裂纹扩展性能研究[J]．机械强度，2016，38(5)：957-961.

[16] 赵麦群，雷阿丽．金属的腐蚀与防护[M]．北京：国防工业出版社，2002.

[17] 曹楚南．腐蚀电化学原理[M]．北京：化学工业出版社，2004：284-287.

[18] 吴荫顺．阴极保护和阳极保护[M]．北京：中国石化出版社，2007.

[19] 朱相荣，黄桂桥．金属材料在海水中的接触腐蚀研究[J]．海洋科学，1994，18(6)：55-59.

[20] Schumacher M. Seawater corrosion handbook [M]. New Jersey：Noyes Data Corporation,1979.

[21] 王春生，曾德智，施太和，等．超级 13Cr 油钻杆与 4145H 钻铤的电偶腐蚀测试[J]．中国科技论文，2015，10(9)：

999-1002.

[22] 邢希金，耿亚楠，冯桓楮．井下组合材质防腐电偶腐蚀特征研究[J]．石油工业技术监督，2017，33(1)：46-49.

[23] 吕祥鸿，赵国仙，张建兵，等．超级13Cr马氏体不锈钢在CO_2及H_2S/CO_2环境中的腐蚀行为[J]．北京科技大学学报，2010，32(2)：207-212.

[24] 刘克斌，郭兴蓬．13Cr和超级13Cr不锈钢在$CaCl_2$完井液中的腐蚀行为研究[D]．武汉：华中科技大学，2007.

[25] 林冠发，相建民，常泽亮，等．3种13Cr110钢高温高压CO_2腐蚀行为对比研究[J]．装备环境工程，2008，5(5)：1-5.

[26] 吕祥鸿，赵国仙，杨延清，等．13Cr钢高温高压CO_2腐蚀电化学特性研究[J]．材料工程，2004(10)：16-19.

[27] 赵国仙，吕祥鸿．温度油套管用钢腐蚀速率的影响[J]．西安石油大学学报，2008，23(4)：74-78.

[28] Felton P，Schofield M J. Understanding the high temperature corrosion behaviour of modified 13Cr martensitic OCTG[C]//53th NACE Annual Conference，San Diego，California，March 25—27，1998. Houston：Omnipress，1998.

[29] Ibrahim M Z，Hudson N，Selamat K. Corrosion behavior of super 13Cr martensitic stainless steels in completion fluids[C]//58st NACE Annual Conference，Houston，Texas，April 3—7，2005. Houston：Omnipress，2003.

[30] 李平全．俄罗斯油气输送钢管选用指南：钢管技术条件汇编[M]．西安：中国石油天然气集团公司管材研究所，1999.

[31] Cheldi T，Lo Piccolo E，Scoppio L C. Corrosion behavior of corrosion resistant alloys in stimulation acids[C]//Eurocorr 2004. Nice：cefracor，2004.

[32] 刘艳朝，常泽亮，赵国仙，等．超级13Cr不锈钢在超深超高压高温油气井中的腐蚀行为研究[J]．热加工工艺，2012，(41)10：71-74.

[33] 吴领，谢发勤，姚小飞，等．13Cr-N80油管钢在不同浓度NaCl溶液中的电偶腐蚀行为[J]．材料导报B：研究篇，2013，27(6)：117-120.

[34] Blanda G，BructatoV，Pavia F C，et al. Galvanic deposition and characterization of brushite /hydroxyapatite coatings on 316L stainless steel [J]. Materials Science Engineering，2016，64：93-101.

[35] 杜敏，郭庆锟，周传静．碳钢/Ti和碳钢/Ti/海军黄铜在海水中电偶腐蚀的研究[J]．中国腐蚀与防护学报，2006，26(5)：263-268.

[36] 李君，董超芳，李晓刚，等．Q235-304L电偶对在Na_2S溶液中的电偶腐蚀行为研究[J]．中国腐蚀与防护学报，2006，26(5)：308-314.

[37] Dong C F，Xiao K，Li X G，et al. Erosion accelerated corrosion of a carbon steel-stainless steel galvanic couple in a chloride solution[J]. Wear，2010，270(1)：39-45.

[38] Wang L W，Li X G，Du C W，et al. In situ corrosion cha-racterization of API X80 steel and its corresponding HAZ microstructures in an acidic environment [J]. Journal of Iron Steel Research International，2015，22(2)：135-144.

[39] Liu Y，Xu L N，Lu M X，et al. Corrosion mechanism of 13Cr stainless steel in completion fluid of high temperature and high concentration bromine salt [J]. Applied Surface Science，2014，314：768-776.

[40] 姚小飞，田伟，谢发勤，等．超级13Cr和P110油管钢在NaCl溶液中电偶腐蚀行为的研究[J]．材料导报A：综述篇，2017，31(6)：166-169.

[41] 要玉宏，刘江南，王正品，等．模拟油气田环境中HP13Cr和N80油管钢的CO_2腐蚀行为[J]．腐蚀与防护，2011，32(5)：352-354.

[42] 贺海军，徐德奎，马文海，等．大庆深层气完井管柱CO_2腐蚀防护技术[J]．石油管材与仪器，2016，2(4)：35-38.

[43] Levy A V，Berkeley C A. Corrosion-erosion wear of materials at elevated emperature[J]. Wear，1987，117(18)：129-134.

[44] Madsen B W. Measurement of erosion-corrosion synergism with a slurry wear test apparatus [J]. Wear，1998，12(3)：127-132.

[45] 郑玉贵，姚治铭，李生春，等．外加电位对0Cr18Ni9Ti不锈钢冲刷腐蚀行为的影响[J]．化工机械，1994，21(2)：78-81.

[46] 骆素珍，郑玉贵，李劲，等．浆体含砂量和砂粒粒径对环氧粉末涂层冲蚀规律的影响[J]．腐蚀科学与防护，2002，14(2)：64-66.

[47] 郑玉贵，柯伟．冲刷腐蚀的研究近况[J]．材料科学与工程，1992，10(3)：21-26.

[48] 董刚，张九渊．固体粒子冲蚀磨损研究进展[J]．材料科学与工程学报，2003，21(2)：307-312.

[49] Clark H M. Hartwich R B. Are-examination of the particle size effect in slurry erosion[J]. Wear，2001，248(1/2)：147-161.

[50] Finnie I，McFadden D H. On the velocity dependence of ductile metals by solid partricles at low angles of incidence[J]. Wear，1978，48(1)：181-190.

[51] Mci H. Clark. Paricle velocity and siza effects in laboratory slurry erosion measurements OR do you know what your particles are doing? [J]. Tribolugy International，2002，35(10)：617-624.

[52] 王凯．油井管材料液固两相流体冲刷腐蚀研究[D]．西安：西安石油大学，2013.

[53] 赵晓辉，王珂强．井下管柱材料 HP13Cr 的气相冲蚀磨损研究[J]．广东化工，2013，40(12)：18-20.

[54] 谭靖儇，林红先，黄建红，等．井下管柱用材料 HP13Cr 的气相冲蚀磨损研究[J]．青海石油，2013，31(4)：89-92.

[55] 李臻，程嘉瑞，杨向同，等．超级 13Cr 钢冲蚀数值模拟与试验研究[J]．石油机械，2014，42(11)：166-170.

[56] 程嘉瑞，杨向同，李臻，等．API 油管接箍液固两相流体冲蚀数值模拟[J]．腐蚀与防护，2013，34(12)：1067-1071.

[57] 王治国，窦益华，罗俊生．冲击角度和喷射速度对超级 13Cr 油管冲蚀速率影响实验研究[J]．西安石油大学学报(自然科学版)，2016，31(5)：100-105.

[58] 王治国，杨向同，窦益华，等．大规模水力压裂过程中超级 13Cr 油管冲蚀预测模型建立[J]．石油钻采工艺，2016，38(4)：473-478.

[59] 高文祥，王治国，曹银萍，等．超级 13Cr 钢在液固两相流体中的冲蚀实验研究[J]．科学技术与工程，2014，14(31)：179-182.

[60] 窦益华，王治国，李臻，等．超级 13Cr 钢在蒸馏水和 3.5wt% NaCl 含砂流体中的冲蚀实验研究[J]．钻采工艺，2015，38(1)：76-79.

[61] 张福祥，巴旦，刘洪涛，等．压裂过程超级 13Cr 油管冲刷腐蚀交互作用研究[J]．石油机械，2014，42(8)：89-93.

[62] 张万栋，张超，吴江，等．南海高温高压含 CO_2 气井超级 13CrS 油管柱耐磨损性能测试[J]．石油管材与仪器，2018，4(3)：22-26.

[63] 马文海，钱智超，李臻，等．超级 13Cr 油管在不同材料套管中磨损对比试验[J]．石油机械，2014，42(11)：159-162.

[64] 马晨波，朱华，张文谦，等．往复条件下织构表面的摩擦学性能研究[J]．摩擦学学报，2011，31(1)：50-55.

[65] 马飞，杜三明，张永振．摩擦表面形貌表征的研究现状与发展趋势[J]．润滑与密封，2010，35(8)：100-103.

[66] 马丽心，刘义翔，李文新．粘着磨损及影响因素的研究[J]．哈尔滨商业大学学报，2001，17(1)：74-76.

[67] 韩晓明，高飞，宋宝韫，等．摩擦速度对铜基摩擦材料摩擦磨损性能影响[J]．摩擦学学报，2009，29(1)：89-96.

[68] 续海峰．粘着磨损机理及其分析[J]．机械管理开发，2007，8(S1)：95-96.

[69] 张福祥，杨向同，钱智超，等．超级 13Cr 油管在 P110 套管中往复磨损实验研究[J]．科学技术与工程，2014，14(36)：189-193.

[70] 钱智超．油套管材料往复摩擦磨损特性研究[J]．西安：西安石油大学，2014.